"十二五"职业教育国家规划教
经全国职业教育教材审定委员会审

# 植物与植物生理

新世纪高职高专教材编审委员会 组编
主　编　邓玲姣　朱国兵
副主编　周娜娜　刘　启
　　　　章　璐

第三版

大连理工大学出版社

### 图书在版编目(CIP)数据

植物与植物生理 / 邓玲姣，朱国兵主编. -- 3 版. -- 大连：大连理工大学出版社，2021.1(2025.7 重印)
新世纪高职高专园林园艺类课程规划教材
ISBN 978-7-5685-2845-0

Ⅰ.①植… Ⅱ.①邓… ②朱… Ⅲ.①植物学－高等职业教育－教材②植物生理学－高等职业教育－教材 Ⅳ.①Q94

中国版本图书馆 CIP 数据核字(2020)第 251486 号

大连理工大学出版社出版

地址：大连市软件园路 80 号　邮政编码：116023
营销中心：0411-84707410　84708842　邮购及零售：0411-84706041
E-mail：dutp@dutp.cn　URL：https://www.dutp.cn
大连朕鑫印刷物资有限公司印刷　　大连理工大学出版社发行

幅面尺寸：185mm×260mm　印张：20.25　插页：4　字数：468 千字
2012 年 10 月第 1 版　　　　　　　　　　2021 年 1 月第 3 版
2025 年 7 月第 2 次印刷

责任编辑：李　红　　　　　　　　　　　责任校对：马　双
　　　　　　　　　封面设计：张　莹

ISBN 978-7-5685-2845-0　　　　　　　　　　定　价：55.00 元

本书如有印装质量问题，请与我社营销中心联系更换。

# 编委会

主　编：邓玲姣　朱国兵
副主编：周娜娜　刘　启　章　璐
主　审：何龙飞　周晓舟
编　者：(按姓氏笔画排序)
　　　　邓玲姣（广西农业职业技术学院）
　　　　朱国兵（江西吉安职业技术学院）
　　　　刘　启（江西吉安职业技术学院）
　　　　林　红（广西生态工程职业技术学院）
　　　　周娜娜（海南琼州学院）
　　　　周　媛（广西农业职业技术学院）
　　　　赵　敏（河北工程大学农学院）
　　　　章　璐（湖北生态工程职业技术学院）
主　审：(按姓氏笔画排序)
　　　　何龙飞（广西大学农学院）
　　　　周晓舟（广西农业职业技术学院）

# 前　言

《植物与植物生理》(第三版)是"十二五"职业教育国家规划教材,也是新世纪高职高专教材编审委员会组编的园林园艺类课程规划教材之一。

"植物与植物生理"是农学、园艺、园林技术等所有植物生产类专业以及生物类专业必修的专业基础核心课程。本教材由大连理工大学出版社组织全国多所农业、林业高职高专院校从事植物与植物生理教学和研究的骨干教师编写,教材编写紧紧围绕高职教育的人才培养目标,通过对职业岗位群所需技能与能力的分析、相关课程间知识结构与关系的分析,立足理论教学"必需、够用、实用"为度的原则,重点突出理论与生产实际的结合,形成了涵盖专业能力培养的知识结构和技能体系。

通过课程教学,学生能观察描述植物形态结构、识别常见植物及农田杂草、测定植物重要生理指标、认识植物生长发育过程、应用植物生长物质、锻炼植物的抗逆性,为后续专业课程的教学起到重要的支撑作用,为学生可持续发展奠定良好的基础。

课程内容围绕学生职业能力这一核心,强调教学内容的基础性、服务性、实用性、前沿性,遵循学生的认知发展规律,从简单到复杂,从单项训练到综合训练,按知识能力递进原则,按典型工作任务将植物与植物生理两大部分内容重组序化为 7 个学习情境共 24 个子情境。本教材可供全国高职高专院校农学、园艺、园林、生物技术等相关专业教学使用。

本教材编写分工如下:绪论、子情境 2-3 由邓玲姣编写;情境 1 由周媛编写;子情境 2-1、子情境 2-2 由林红编写;子情境 2-4、子情境 3-1 由章璐编写;子情境 3-2、子情境 4-1、子情境 4-3 由周娜娜编写;子情境 4-2、子情境 4-4、情境 7 由朱国兵编写;情境 5 由赵敏编写;情境 6 由刘启编

写。初稿完成后,由各编写人员交互审阅,并经主编和副主编多次修改,然后由邓玲姣、朱国兵统稿、修改、补充以及设计、绘制图表,最后经何龙飞、周晓舟认真审定全稿。教材编写中用到的电子讲义、课件及复习题由邓玲姣提供。

  本教材全书图文并茂,各子情境后面都附有"知识考核"和"技能考核",是一本体现高职农业院校教育特色,反映当今植物与植物生理发展水平及应用的新教材。各院校使用时可根据本单位学时和具体情况适当取舍,根据季节调整模块内容。

  在教材编写过程中得到了大连理工大学出版社的指导和关心,并通过了他们的审定,也得到了参编人员所在学校领导的支持和众多师生的帮助,在此一并表示感谢。这本教材引用了国内外许多相关的资料和图片,借鉴了多所兄弟院校的教材,这些多数能从书后的参考文献中体现出来,但仍不可能全部列出,在此,特向有关人士深表歉意并谨致谢意。

  由于编者水平有限,编审时间仓促,教材中定会存在不少缺点和错误,敬请科教界同仁和广大读者提出宝贵意见,以便今后做进一步修改和补充。

编 者

2021 年 1 月

所有意见和建议请发往:dutpgz@163.com

欢迎访问职教数字化服务平台:http://sve.dutpbook.com

联系电话:0411-84707492 84706104

# 目 录

绪论 ............................................................................................................ 1

**情境 1　训练观察植物的基本技能** ......................................................... 7
　子情境 1-1　使用和保养普通光学显微镜 ............................................ 7
　子情境 1-2　学会生物绘图 .................................................................. 10
　子情境 1-3　制作植物简易观察片 ...................................................... 12
　子情境 1-4　采集制作植物标本 .......................................................... 16

**情境 2　描述植物形态结构** ................................................................... 21
　子情境 2-1　描述植物细胞及细胞后含物 .......................................... 21
　子情境 2-2　描述植物组织 .................................................................. 35
　子情境 2-3　描述植物营养器官 .......................................................... 49
　子情境 2-4　描述植物生殖器官 .......................................................... 83

**情境 3　识别常见植物** ........................................................................... 104
　子情境 3-1　识别植物基础知识 .......................................................... 104
　子情境 3-2　识别常见植物 .................................................................. 108

**情境 4　测定植物的重要生理指标** ....................................................... 138
　子情境 4-1　测定植物水势 .................................................................. 138
　子情境 4-2　测定植物矿质营养 .......................................................... 157
　子情境 4-3　测定植物的光合作用 ...................................................... 191
　子情境 4-4　测定植物的呼吸作用 ...................................................... 219

**情境 5　植物生长发育过程** ................................................................... 238
　子情境 5-1　植物种子休眠与萌发 ...................................................... 238
　子情境 5-2　认知植物生长 .................................................................. 248
　子情景 5-3　认知植物发育 .................................................................. 258
　子情境 5-4　植物的成熟与衰老 .......................................................... 271

**情境6　应用植物生长物质** ································································· 285
　　子情境6-1　认知植物激素 ····················································· 285
　　子情境6-2　应用植物生长调节剂 ············································ 293

**情境7　锻炼植物抗逆性** ··································································· 300
　　子情境7-1　锻炼植物抗旱性 ···················································· 300
　　子情境7-2　锻炼植物抗寒性 ···················································· 308

**参考文献** ······················································································· 315

# 绪论

## 一、植物的多样性和我国的植物资源

### (一) 植物的多样性

植物种类繁多,据不完全统计,地球上现存的生物有 200 多万种,其中植物有 50 多万种,包括藻类植物、菌类植物、地衣植物、苔藓植物、蕨类植物、裸子植物和被子植物(图 0-1)。

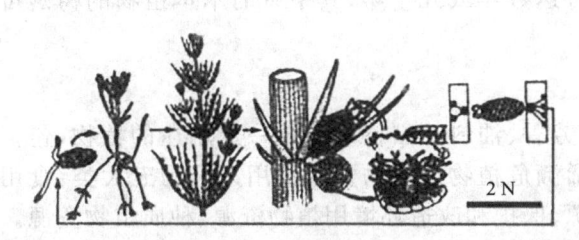

(a) 藻类植物　　　　　　　　　　　　(b) 菌类植物

(c) 地衣植物　　　　　　　　　　　　(d) 苔藓植物(葫芦藓)

(e) 蕨类植物　　　(f) 裸子植物　　　(g) 被子植物(荷花玉兰)

图 0-1　植物类群

植物分布极为广泛，从高山至平原，从海洋至陆地，从赤道至南北极，到处都有植物的分布。

植物体的大小，植物形态结构、生活习性表现出多种多样。有的植物体微小，结构简单，仅由单细胞组成（如衣藻），称为单细胞植物，生活在水中。有的植物体由数百个至数万个细胞组成，直径可达 0.5 cm，肉眼可见（如团藻），称为多细胞群体，生活在水中。有的植物体由很多细胞组成，并形成根、茎、叶、花、果实等器官，称为多细胞植物，有水生、有陆生。细胞中含有叶绿素，能进行光合作用的植物称为绿色植物或自养植物。细胞中无叶绿素，不能进行光合作用的植物称为非绿色植物，有的营腐生生活，如大多数菌类植物；有的营寄生生活，如菟丝子、桑寄生、槲寄生等。非绿色植物中也有少数种类，如硫细菌、铁细菌，可以借氧化无机物获得能量而自行制造食物，属于化学自养植物。

不同植物的生命周期也不同。在适宜条件下，多数细菌仅生活 20~30 min，即可分裂产生新个体，大肠杆菌的代时为 20 min。一年生草本植物在一年中经历两个生长季而完成生命周期，如水稻、玉米、大豆、花生等。二年生草本植物跨越两个年份，经历两个生长季而完成生命周期，如小麦、油菜等。多年生草本植物（如甘薯、菊、番茄、草莓等）和木本植物（如苹果、桃、龙眼、荔枝等），树龄可达数年或几十年，其中有的木本植物的树龄可长达数百年至数千年。

（二）我国的植物资源

植物资源是指具有药用、食用、材用、芳香、油料、鞣料、淀粉等一定用途的植物，包括陆地、湖泊、海洋中的一般植物和一些珍稀濒危植物。植物资源按用途分为五大类：食用植物资源、药用植物资源、工业用植物资源、保护和改造环境用植物资源、种质植物资源。

我国是世界上植物种类最多的国家之一，仅种子植物就有 3 万多种。裸子植物有落叶松、红松、五针松、马尾松、云杉、红豆杉、苏铁、罗汉松等。被子植物中农作物有水稻、小麦、玉米、高粱、甘蔗、棉花、大豆、花生、马铃薯、木薯等；果树有苹果、梨、柿、葡萄、枣、樱桃、柑橘、柚子、桃、李、杏、杨梅、菠萝、香蕉、龙眼、荔枝、杧果、番木瓜、蒲桃等；经济林有多种栎、油桐、毛竹、栗、橡胶树、咖啡、可可、椰子、油棕等；蔬菜类有茄子、黄瓜、辣椒、番茄、白菜、甘蓝等；绿化树中有中国无忧花、木棉、洋紫荆、桂花、大花紫薇、广玉兰、樟树、阴香、榕树、棕榈、假槟榔等；花卉类有水鬼蕉、杜鹃、矮牵牛、月季、茉莉、鸡冠花、一串红、菊花、合果芋等。中国珍贵的植物资源有银杉、荷叶铁线蕨、银杏、普陀鹅耳枥、广西火桐、绒毛皂荚、天目铁木、梭罗树、华盖木、滇桐等。

中国药用植物有 1 万多种，常用药材 700 种，栽培药材 200 种，代表性种类有人参、五味子、甘草、党参、当归、贝母、大黄、何首乌、肉桂、枸杞、红花、草麻黄、菊花、蒙古黄芪、黄连、山药、牡丹、芍药、桑等。目前世界上对药用植物资源开发利用最广泛、最有经验的是亚洲地区，而中国的中医药又在亚洲占主要地位。

另外，东北平原和内蒙古高原分布着辽阔的草原，生长着许多营养价值高的禾本科和豆科牧草，是发展畜牧业的重要植物资源。中国第一次草地普查的植物名录中，初步收录 254 科、4000 余属、9700 余种草原野生植物。图 0-2 显示中国草原主要饲用植物各科种的数量情况。草原野生植物中具有药用价值的多达 6000 种，可制作成食品的有近 2000 种。

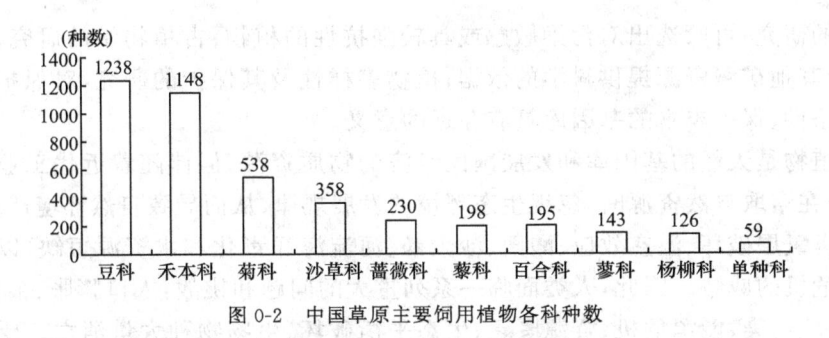

图 0-2 中国草原主要饲用植物各科种数

## 二、植物在自然界和国民经济中的作用

### (一)转储藏能量,为生命活动提供能源

绿色植物的光合作用把简单的无机物($CO_2$和$H_2O$)合成为复杂的有机物糖类,以及进一步同化形成的脂类和蛋白质等物质,少部分用于维持自身生命活动或转化为细胞结构物质,大部分储藏于细胞中,为人类、动物或异养生物提供生命所需要的物质和能源。

### (二)促进物质循环,维持生态平衡

碳是生命的基本元素,地球上物质燃烧、火山爆发、动植物呼吸主要释放出二氧化碳,消耗氧气,非绿色植物对生物尸体分解也会产生二氧化碳。绿色植物进行光合作用时,吸收大量二氧化碳,释放氧气,维持自然界中碳和氧的相对平衡。

在氮的循环中,固氮细菌和固氮蓝藻把空气中的游离氮固定转化为含氮化合物,使之成为植物能够吸收利用的氮。生物有机体死亡后,经非绿色植物(如细菌、真菌等)的分解作用,释放出氨。一部分氨成为铵盐为植物再吸收;另一部分氨经过硝化细菌的硝化作用,形成硝酸盐,而成为植物的主要可用氮源。环境中的硝酸盐也可由反硝化细菌的反硝化作用,再放出游离氮返回大气。

其他如氢、磷、钾、铁、镁、钙等元素,也都以吸收的方式从土壤进入植物体,通过分解作用,又重返土壤。植物通过光合作用、呼吸作用和矿化作用,即进行合成、分解的过程,促进自然界的物质循环,维持生态平衡。

### (三)植物在国民经济中的作用

**1. 植物是发展国民经济的主要资源**

粮、棉、油、菜、果等直接来源于植物,肉类、毛皮、蚕丝、橡胶、造纸等也多依赖于植物提供的原料。存在于地下的煤炭、石油、天然气也主要由远古动植物遗体经地质矿化而形成,都是人类生活的重要能源物资。此外,植物对于保持水土、防风固沙、改善土壤、保护环境、减少污染方面作用也影响深远。

**2. 植物在国民经济发展中的作用**

植物科学的研究为利用植物和改造植物提供理论基础和基本知识:通过对植物区系、植物资源、植被和珍稀濒危植物的调查研究,为农业区划、工业发展和城市建设提供科学的依据;细胞和组织培养、生物工程和分子生物学的发展,为农业上的品种改良和新品种培育开辟了新的前景;植物化学的研究,对开发药用资源、发展医药工业有重要的意义;污

染生态学的研究,可筛选出对污染敏感或具较强抗性的植物;古植物学的研究,可以为找煤、石油及其他矿藏资源提供科学的依据;植物多样性及其保护的研究,对保护生物和人类的生存条件、保护丰富的基因库具有深远的意义。

虽然植物是天然的基因库和发展国民经济的物质资源,但伴随着近代工业的兴起和发展,人类在索取自然资源时,忽视生态环境的发展规律,从而导致自然环境严重恶化,如全球性的臭氧层破坏、温室效应、酸雨、沙尘暴、河流海洋毒化和水资源短缺,以致遭受全球性生态危机的威胁。因此,人类面临一系列重大的问题和挑战:人口膨胀、粮食短缺、疾病危害、环境污染、能源危机、资源匮乏、生态平衡破坏、生物物种大量消亡。要解决人类生存与发展所面临的问题,在很大程度上将依赖于植物科学的发展。

## 三、植物学的发展简史

古时候的人类,在采集野生植物的过程中,逐渐认识了植物,并且学会了栽培植物。随着农、牧业的发展,积累了有关植物的形态特征和生长习性的知识。早在两千多年前,周代的《诗经》已记载了200多种植物。汉代的《神农本草经》记载药用植物365种。北魏贾思勰《齐民要术》概述了当时农、林、果树和野生植物的栽培利用,提出了豆类植物可以肥田及嫁接技术。明代李时珍编著的《本草纲目》详细记载了1094种药用植物,现已译成英、法、德、日、俄等文字,这是世界植物分类和药学方面的重要文献。清代吴其濬编著的《植物名实图考》和《植物名实图考长编》是中国植物学的又一巨著。总之,中国古代植物学萌芽很早,成就也很高,但由于长期受到封建制度的束缚而只限于记载和描述阶段,发展很慢。新中国成立以后,植物学也和其他学科一样迅速发展起来,取得了巨大的成果。例如:中国科学院植物研究所已成为亚洲蕨类标本的收藏中心之一,编写了很多有学术价值的专著,主要有《中国植物志》《中国植被》《新生代植物化石》等。

## 四、未来的农业生产

### (一)植物基因工程

传统育种是基于整体水平上的性状表现而实施改良的,故周期长,改良效果和效率均较差。分子生物学揭示了性状遗传的机制,找到了控制性状发育的基因,把不同植物乃至动物的控制优良性状的基因用"工程"的方法转移到所需的植物中去,实现该植物性状的改良。(表0-1)

表0-1　通过DNA重组技术改良的主要作物及引入的宜农性状

| 作物名称 | 宜农性状 |
|---|---|
| 苜蓿 | 耐除草剂、抗病毒 |
| 苹果 | 抗虫 |
| 油菜 | 耐除草剂、抗虫、油质改良 |
| 硬皮甜瓜 | 抗病毒 |
| 玉米 | 耐除草剂、抗虫、抗病毒,麦胚凝集素 |

续表

| 作物名称 | 宜农性状 |
| --- | --- |
| 棉花 | 耐除草剂、抗虫 |
| 黄瓜 | 抗病毒 |
| 甜瓜 | 抗病毒 |
| 番木瓜 | 抗病毒 |
| 马铃薯 | 耐除草剂、抗虫、抗病毒,提高淀粉含量,许多非马铃薯产物的形成,如溶菌酶 |
| 水稻 | 抗虫、蛋白质含量改良 |
| 大豆 | 耐除草剂、蛋白质含量改良 |
| 南瓜 | 抗病毒 |
| 草莓 | 抗虫 |
| 向日葵 | 蛋白质含量改良 |
| 烟草 | 耐除草剂、抗虫、抗病毒 |
| 番茄 | 抗病毒、耐除草剂、抗虫,熟期改良,高温发育滞后 |
| 核桃 | 抗虫 |

### (二)植物细胞融合

在细胞水平上对植物进行改良,将两个不同植物的细胞以人工方法使其融合得到杂种细胞。方法:将两种植物做单细胞处理;用酶除去细胞壁,制成原生质体;利用融合剂(聚乙二醇)使两种原生质体融合产生融合细胞;在试管中将该融合细胞培养成愈伤组织;继而诱导培养成植株。1978年德国首次获得马铃薯和番茄的细胞融合植物——薯番茄。现已经获得的细胞融合植物有大豆×烟草、拟南芥×白菜、烟草×颠茄、番茄×马铃薯、甘蓝×白菜(白甘蓝)、橙×枳(橙枳)等。

### (三)向农业中引入野生植物

将新的植物从野生状态引入栽培。二战期间,美国因得不到橡胶供应而大量种植银胶菊,后来采用由石油制品合成橡胶,停止种植银胶菊,随着石油短缺,银胶菊又一次成为重要的经济作物。稗子是一种杂草,分布广,抗性强,有较好的开发前景。

### (四)农业生产新领域

21世纪农业一方面生产更多的食物和纤维,另一方面为其他行业提供更多原料。

1. 生物能生产:如利用作物秸秆,通过微生物发酵,使其转化为酒精一类的能源物质。

2. 蛋白质生产,目前主要开发利用单细胞蛋白:如酵母蛋白质含量占细胞干物质的45%~55%,营养十分丰富,成人每天吃10~15 g干酵母,蛋白质的需要就足够了。

3. 有用次生代谢产物生产,利用细胞培养产生有用代谢产物:如用细胞培养方法生产紫草宁衍生物,其生产率是天然栽培植物的700倍。1982年日本成功地用细胞培养法生产出人参。

4. 植物全株利用:如美国一教授发明了用玉米秆、麦秆、稻草、木料和废纸生产人造纤维的新工艺。

## 五、学习"植物与植物生理"的目的和方法

"植物与植物生理"是种植类、生物技术、生物工程专业必修的一门职业能力核心课的前导课。课程以农作物、果树、蔬菜、花卉等主要植物为代表,阐明植物的形态、结构、器官、组织以及生命活动的规律,同时叙述植物与环境之间的关系。它将为学习作物生产技术、园艺生产技术、遗传育种技术、植物保护技术、种子生产与经营等课程打下一定的基础。通过本课程的学习,具备能观察描述植物形态结构、识别常见植物及农田杂草、测定植物重要生理指标、认识植物生长发育过程、应用植物生长物质、锻炼植物的抗逆性等专业能力,具备考取高级作物种子繁育员、农作物植保员、农艺工、果树工、蔬菜工、花卉工等职业资格所需的基础知识和基本技能,具有良好的职业素养、熟练的操作技能,为后续专业课程的学习起到重要的支撑作用,为可持续发展奠定良好的基础。

要学好这门课:首先,兴趣是最好的老师,人人热爱生命,喜爱生命科学,感觉它的神秘、神妙、神圣,要主动探索、提出问题,富于想象,保持好奇和经常思考的天性,通过书本、课程网站、期刊等进行自学。其次,"植物与植物生理"是一门实验科学,要通过观察、对比、分析、实验等理论联系实际,要重视实践操作,善于用所学知识解决生产中的实际问题,才能对植物学知识有一个比较完整和深刻的理解。学习过程中要把握生命的层次,即个体→器官→组织→细胞→细胞器。再次,生物是活的东西,一定要用发展的眼光去看待问题,如在植物发育的不同阶段有不同的形态、生理特征等。

本课程教学建议按照任务驱动、项目教学、教学做合一、理论与实践一体化的教学模式来进行。学习情境的实施主要按照资讯、决策、计划、实施、检查、评价六步法进行。在整个教学过程,学生起主体作用,教师起主导作用。根据不同的学习情境内容灵活选择四阶段教学法、任务驱动教学法、项目教学法、头脑风暴法、思维导图教学法等行动导向教学方法,将直观、实练、考核、仿真操作融为一体,强化学生实践能力培养,突显"以能力为中心"的职业教育特点。

# 情境 1

## 训练观察植物的基本技能

## 子情境 1-1　使用和保养普通光学显微镜

| 学习目标 |
| --- |
| 使用和保养普通光学显微镜 |
| **职业能力** |
| 能熟练使用和保养普通光学显微镜 |
| **学习任务** |
| 1. 概述普通光学显微镜的结构<br>2. 使用普通光学显微镜<br>3. 保养普通光学显微镜 |
| **建议教学方法** |
| 任务驱动教学法、四阶段教学法 |

### 一、用品与材料

普通光学显微镜、擦镜纸、软布、洋葱表皮永久装片等。

### 二、方法与步骤

(一)概述显微镜的结构

普通光学显微镜由机械部分和光学部分组成(图 1-1-1)。

机械部分包括镜座、镜柱、镜臂、载物台、物镜转换器、镜筒、粗调焦螺旋、细调焦螺旋。

光学部分包括物镜、目镜、反光镜和聚光器（由聚光透镜、虹彩光圈和升降螺旋组成）。

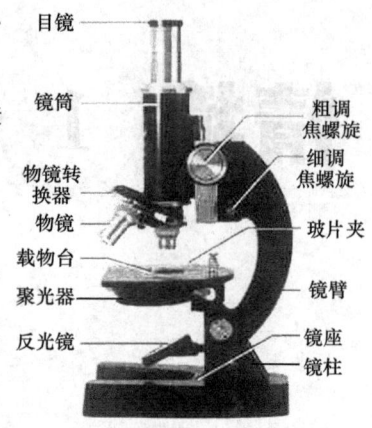

### （二）使用显微镜

1. 取镜和安置。右手握镜臂，左手托镜座，自然持握于胸前，使镜体保持直立（图1-1-2）。放置显微镜时要轻，应放在稍偏于身体的左前方，离桌缘5～10 cm的位置，其右侧桌面用于放置实验记录本或绘图纸。

图1-1-1　普通光学显微镜的结构

检查显微镜的各部分是否完好。用软布擦拭机械部分，用擦镜纸擦拭光学部分，禁止用他物接触镜头。

2. 对光。先将镜筒向后适当倾斜，倾斜角度不可过大。将低倍（4×或10×）物镜正对载物台中央的通光孔。用左眼靠近目镜观察，同时用手调节反光镜和聚光器（图1-1-3），把视野调至适当亮度（镜内所看到的范围叫视野）。

3. 置片。将洋葱表皮永久装片置于载物台上，正面（标签在左上方）朝上，并夹好，用肉眼观察，将玻片中的材料对准通光孔的中央位置（图1-1-4）。

图1-1-2　取镜和安置 　　　图1-1-3　对光 　　　图1-1-4　置片

4. 低倍物镜观察。转动物镜转换器，将低倍（10×）物镜对准通光孔。用眼侧视镜筒下降至离玻片5 mm左右，用左眼观察视野，双眼睁开（左眼观察，右眼绘图），双手一起旋转粗调焦螺旋，使镜筒缓慢上升，直到看到物像为止，再旋转细调焦螺旋，将物像调至最清晰（图1-1-5）。

5. 高倍物镜观察。在用低倍物镜观察到物像后，将观察区域移至视野中央，换用高倍（40×）物镜观察，一般可粗略看到物像。然后，用细调焦螺旋调至物像最清晰（图1-1-6）。若看不到模糊的物像，用眼从侧面看，缓慢下降镜筒至离玻片3 mm左右，再用左眼观察，使镜筒缓慢上升，直到看到物像为止。如镜内亮度不够，应调节光圈口径增加光强。

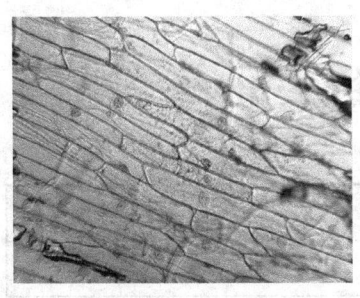

图 1-1-5　低倍物镜观察洋葱表皮细胞 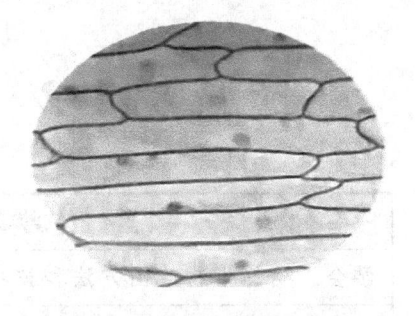　　　　图 1-1-6　高倍物镜观察洋葱表皮细胞

6.还镜。观察完毕,将物镜上升,取下装片,将低倍物镜转至通光孔,下降镜筒,使物镜接近载物台。将反光镜转直,压片夹放正,把显微镜擦拭干净,左手握镜臂,右手托镜座,放回箱内并锁上。

(三)保养显微镜

1.严格按显微镜操作规程进行。

2.观察临时装片时,必须加盖盖玻片,两面擦干再观察,不可倾斜载物台,以免溶液流出,污染和腐蚀镜体。

3.显微镜的零部件不得随意拆卸和调换,如遇部件失灵,禁止强行转动,更不能任意拆修,应立即报告老师解决,以免造成损坏。

4.应注意保持显微镜清洁。机械部分可用软布擦拭,光学部分的灰尘必须使用专用的镜头毛刷拂去,或用吸耳球吹去,再用拭镜纸轻擦,勿用手指或其他粗糙物如砂布等擦拭,以免损坏镜面。镜头上沾有不易擦去的污物,可用棉签蘸少许二甲苯擦拭,再用干净的擦镜纸擦净。

5.不用时应加塑料罩,及时放回箱内。箱内应放一小袋蓝绿色的硅胶干燥剂防潮。

# 考核内容

【专业能力考核】

1.概述显微镜结构。

2.正确使用和保养显微镜。

【职业能力考核】

**考核评价表**

| 子情境 1-1:使用和保养显微镜 |||||||
|---|---|---|---|---|---|---|
| 姓名: |||| 班级: |||
| 序号 | 评价内容 | 评价标准 | 分数 || 得分 | 备注 |
| 1 | 专业能力 | 资料准备充足,获取信息能力强 | 10 | 80 | | |
| | | 概述、使用和保养显微镜方法正确,用时短 | 50 | | | |
| | | 实训作业按要求撰写,总结全面、到位 | 20 | | | |
| 2 | 方法能力 | 获取信息能力、组织实施、问题分析与解决、解决方式与技巧、科学合理的评估等综合表现 | 10 ||||
| 3 | 社会能力 | 工作态度、工作热情、团队协作互助的精神、责任心等综合表现 | 5 ||||
| 4 | 个人能力 | 自我学习能力、创新能力、自我表现能力、灵活性等综合表现 | 5 ||||
| 合计 ||| 100 ||||

教师签字:　　　　　　　　　　　　　　　　　　　　　　　年　　月　　日

# 子情境 1-2　学会生物绘图

| 学习目标 |
|---|
| 学会正确的生物绘图方法和技巧 |
| **职业能力** |
| 能熟练进行生物绘图 |
| **学习任务** |
| 绘制洋葱表皮细胞图 |
| **建议教学方法** |
| 任务驱动教学法、四阶段教学法 |

## 一、用品与材料

显微镜、洋葱表皮永久装片、擦镜纸、软布、实验报告单、中性铅笔(HB)、硬铅笔(2H或3H)、橡皮擦、直尺等。

## 二、方法与步骤

### (一)显微镜观察

在低倍(10×)物镜能清晰观察到洋葱表皮细胞后,选取细胞形态较典型的部位移至视野中央,换用高倍(40×)物镜观察。在视野中看到模糊的物像后,再用细调焦螺旋调至物像最清晰。

### (二)绘图

1. 布局。图的位置安排在纸的偏左上方,右边为图注位置,上方留出实验标题位置,下方留出图题位置,力求上下左右平衡、协调、美观。

2. 构图。左眼观察,右眼绘图。先用HB铅笔勾画出图的轮廓,线条要轻细,注意比例适当,然后将草图与显微镜下的物像比对、修正,用橡皮擦将草图擦一擦,只留下一些痕迹。

3. 绘图。在草图的框架上用2H或3H铅笔进行绘图。下笔要均匀流畅,线条要光滑,粗细均匀,两笔结合处要圆滑,绘线条时要一气呵成。细胞壁、核膜要求实线绘图,液泡用虚线绘图。用不同密度的细圆点表示不同部位的明暗和颜色的深浅,切忌涂抹阴影。加点时铅笔应垂直向下,每个点都要圆滑而均匀,不能有拖尾。

4.标注。图形绘制完成后,要与显微镜下的物像再做对照,检查是否有遗漏或错误,不要将混杂物、破损、重叠等现象绘上。然后,注明各部分的名称。所标文字在图的右侧排列整齐;引线要平直,互不交叉。最后,在图的下方写出图题,说明是某植物某器官的某种结构图(如洋葱表皮细胞结构图),并加括号标明放大倍数。

图 1-2-1 为椴树茎横切面结构。

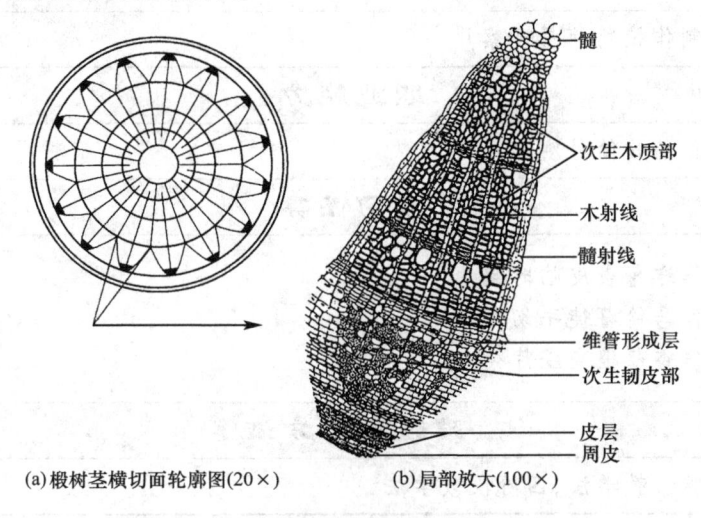

(a)椴树茎横切面轮廓图(20×)　　(b)局部放大(100×)

图 1-2-1　椴树茎横切面结构

# 考核内容

【专业能力考核】

绘相邻两个洋葱表皮细胞结构图,并注明各部分的名称。

【职业能力考核】

**考核评价表**

| 子情境 1-2:学会生物绘图 ||||||||
|---|---|---|---|---|---|---|---|
| 姓名: |||| 班级: ||||
| 序号 | 评价内容 | 评价标准 || 分数 || 得分 | 备注 |
| 1 | 专业能力 | 资料准备充足,获取信息能力强 || 10 | 80 |  |  |
|  |  | 生物绘图规范、科学、美观、正确,用时短 || 50 |  |  |  |
|  |  | 实训作业按要求撰写,总结全面、到位 || 20 |  |  |  |
| 2 | 方法能力 | 获取信息能力、组织实施、问题分析与解决、解决方式与技巧、科学合理的评估等综合表现 || 10 |||  |
| 3 | 社会能力 | 工作态度、工作热情、团队协作互助的精神、责任心等综合表现 || 5 |||  |
| 4 | 个人能力 | 自我学习能力、创新能力、自我表现能力、灵活性等综合表现 || 5 |||  |
|  |  | 合计 || 100 ||||

教师签字:　　　　　　　　　　　　　　　　　　　　　　　年　　月　　日

# 子情境1-3 制作植物简易观察片

| 学习目标 |
|---|
| 学会制作植物简易观察片 |
| **职业能力** |
| 能制作植物简易观察片 |
| **学习任务** |
| 1. 制作洋葱表皮临时装片<br>2. 制作马铃薯徒手切片<br>3. 制作香葱根尖压片 |
| **建议教学方法** |
| 任务驱动教学法、四阶段教学法 |

## 一、制作洋葱表皮临时装片

### (一)用品与材料

显微镜、擦镜纸、洋葱鳞茎、蒸馏水、载玻片、盖玻片、碘液、吸水纸、软布、纱布、镊子、双面刀片、解剖针、培养皿等。

### (二)方法与步骤(图1-3-1)

1. 准备

将载玻片、盖玻片洗净,用纱布擦干。擦拭载玻片时,用左手的拇指和食指夹住载玻片的边缘,右手将纱布包住载玻片上下两面,反复轻轻擦拭,擦过的载玻片不要再用手触摸其上下表面。盖玻片薄而脆弱,擦拭时要十分小心,一般用右手的拇指和食指隔着纱布捏住盖玻片上下两面轻轻转动,把玻片擦净。

2. 取材

先滴一滴蒸馏水在载玻片中央,用刀片在洋葱鳞茎内表皮上纵横划成约0.5 cm$^2$的小格,用镊子将其撕下置于载玻片上的水滴中,并用解剖针挑平。比较幼嫩的材料则用毛笔或滴管取材和放置,以免损伤其组织和细胞。

3. 封片

将盖玻片平放在载玻片的一端(露出1/3),右手用镊子轻持盖玻片,使其左侧边缘与水滴接触,慢慢放平盖玻片,避免盖玻片下方产生气泡。如有气泡产生,可用镊子揭开盖玻片,重做这一步。盖玻片下的水过多,会溢出到显微镜上,可以用吸水纸从盖玻片的一侧吸去多余水分。如果水不能在盖玻片下铺满,则容易产生气泡,可从盖玻片的一侧再加一点清水,将气泡驱走。

4. 染色

在盖玻片的边缘加一滴4‰的I-KI溶液(碘液),再用吸水纸从另一侧吸去水分,以拉动染液加速向盖玻片下扩散,使材料着色。若用0.1‰的中性红染液,可见液泡被染成红色,使细胞各部分更加清楚。最后,用吸水纸擦干净载玻片。

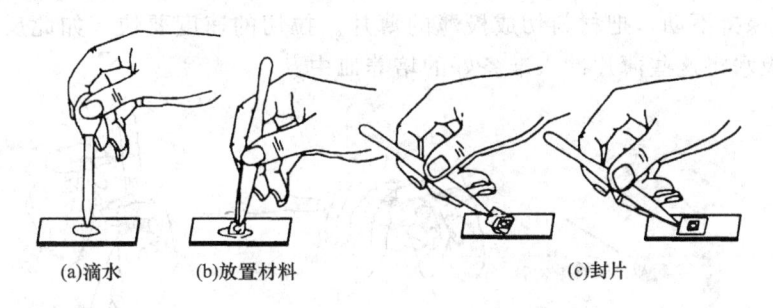

(a)滴水　(b)放置材料　(c)封片

图 1-3-1　临时装片方法

5. 镜检

将做好的临时装片进行镜检,观察洋葱表皮细胞结构。

(1)细胞壁。位于细胞的最外面。

(2)细胞质。细嫩细胞的细胞质充满整个细胞,成熟细胞的细胞质被大液泡挤压到紧贴细胞壁而成一薄层。

(3)细胞核。细胞质中有一个染色较深的圆球形颗粒,即细胞核。

(4)液泡。将光线调暗,可见细胞内较亮的地方,即液泡。幼嫩细胞的液泡较小而数目多,成熟细胞通常只有一个大液泡,占细胞的绝大部分。

(三)临时装片的保存方法

如果所制作的临时装片需要保存较长的一段时间,则可用30‰的甘油水溶液代替水来封片。将制作好的装片平放在一个大培养皿中(培养皿底部先垫上一张滤纸),盖上培养皿的上盖。待盖玻片下水分散失一部分后,从盖玻片边缘补充一些甘油水溶液,如此反复,直至盖玻片下水分完全挥发,材料完全浸入甘油中。这样处理后的装片称为半永久装片,可保存一个月以上。

## 二、制作马铃薯徒手切片

(一)用品与材料

显微镜、擦镜纸、马铃薯块茎、蒸馏水、载玻片、盖玻片、碘液、吸水纸、纱布、镊子、解剖针、双面刀片、培养皿、滴管、毛笔等。

(二)方法与步骤

1. 准备

取一小培养皿,盛以清水适量,准备好刀片(双面刀片或剃刀)、滴管、毛笔等工具。

## 2. 取材和整形

将马铃薯块茎切成长约 3 cm，横截面约为 5 mm×5 mm 的条形。

## 3. 切片（图 1-3-2）

将材料上端切去少许，使切口平滑。以清水润湿刀面和材料上端。以左手的三个手指（拇指、食指和中指）握持材料，使材料直立，材料的上沿应保持略高于食指，食指略高于拇指，中指顶住材料下端，切片时配合食指和拇指向上推送材料。右手持刀片，将刀片平放在左手的食指上，刀口向内并与材料断面平行，右手手臂用臂力自左前方向右后方拉切（手腕、手指保持不动），把材料切成极薄的薄片。拉切的速度要快。如此反复，切下多片后，用滴管吸水将这些薄片冲入准备好的培养皿中。

图 1-3-2 徒手切片方法

## 4. 装片与镜检

用毛笔或镊子从培养皿中挑选薄而透明的切片，制成临时装片进行镜检，可看到许多白色卵圆形的淀粉粒（图 1-3-3）。将光线调暗，可看到淀粉粒上的轮纹。如加碘液，淀粉粒则都变成蓝紫色。

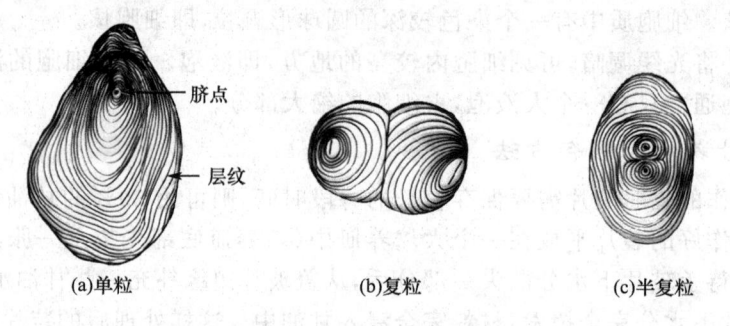

(a) 单粒　　(b) 复粒　　(c) 半复粒

图 1-3-3 马铃薯淀粉粒

※附：叶片或叶状材料的徒手切片方法

对叶片或叶状材料（如花瓣等）做徒手切片的具体方法如下：先准备好刀片、毛笔及盛水的培养皿。将支持物（如马铃薯块茎）切成长约 2 cm、横截面约 5 mm×5 mm 的条形，在其一侧切出深约 3 mm 的纵长切口。从叶状材料上剪下一长约 2 cm、宽约 3 mm 的长条，夹入支持物的切口中。然后，将支持物连同材料一起做徒手横切，所切出的薄片移至盛水的培养皿中。用毛笔挑选最好的切片（不要附带支持物），置于载玻片上，以水封片。必要时也可进行染色。

## 三、制作香葱根尖压片

（一）用品与材料

显微镜、擦镜纸、香葱根尖、蒸馏水、载玻片、盖玻片、吸水纸、镊子、双面刀片、培养皿、0.3%甲紫水溶液、1∶1酒精醋酸溶液、70%酒精、1 N盐酸、圆形滤纸等。

（二）方法与步骤

1. 培养幼根

于实验前3~4 d，从市场上买回香葱，用剪刀除去老根，将下端埋于湿沙中，置于温暖处，每天浇水，3~4 d后香葱可长出嫩根。

2. 取材与固定

剪取香葱嫩根根尖5~10 mm放进小瓶中，立即加入1∶1酒精醋酸溶液，固定8~24 h后，转入70%酒精中保存备用。

3. 离析材料

在载玻片上滴一滴1 N盐酸，放入根尖解离3~5 min后，用吸水纸吸去多余的盐酸。

4. 制片

切取根尖端生长点部分(乳白色)1~2 mm，置于载玻片上。滴一滴0.3%甲紫水溶液，将材料染色3~5 min，盖上盖玻片。以一小块吸水纸放在盖玻片上，左手按住载玻片，用右手拇指在吸水纸上对准根尖部分轻轻挤压，将根尖压成均匀的薄层。用力要适当，不能将根尖压烂，不要移动盖玻片。

5. 镜检

将做好的压片进行镜检，观察有丝分裂的各个时期(图1-3-4)。

(1)前期：染色质经螺旋化变粗形成染色体，核膜、核仁消失。

(2)中期：染色体排列在细胞赤道板上，可清晰地数出染色体的数目。

(3)后期：染色单体彼此分离，形成两组染色体，分别向细胞两极移动。

(4)末期：染色体解螺旋形成染色质丝，形成两个子核；胞质分裂形成两个子细胞。

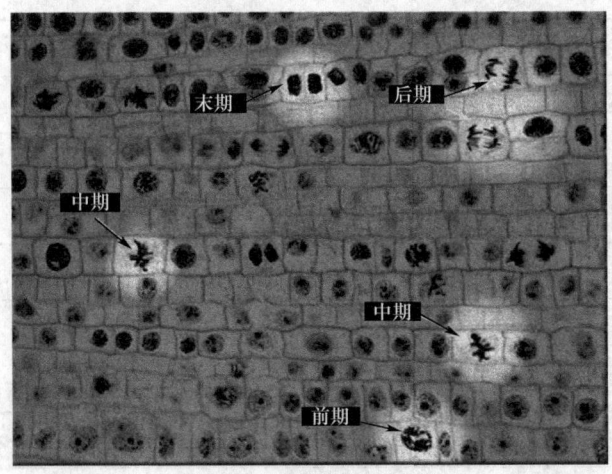

图1-3-4　观察香葱根尖压片

## 考核内容

**【专业能力考核】**

1. 制作洋葱表皮临时装片。
2. 制作马铃薯徒手切片。
3. 制作香葱根尖压片。

**【职业能力考核】**

考核评价表

| 子情境1-3:制作植物简易观察片 |||||||
|---|---|---|---|---|---|---|
| 姓名: |||| 班级: |||
| 序号 | 评价内容 | 评价标准 | 分数 || 得分 | 备注 |
| 1 | 专业能力 | 资料准备充足,获取信息能力强 | 10 | 80 | | |
| | | 制作植物简易观察片方法正确,用时短,效果好 | 70 | | | |
| 2 | 方法能力 | 获取信息能力、组织实施、问题分析与解决、解决方式与技巧、科学合理的评估等综合表现 | 10 || | |
| 3 | 社会能力 | 工作态度、工作热情、团队协作互助的精神、责任心等综合表现 | 5 || | |
| 4 | 个人能力 | 自我学习能力、创新能力、自我表现能力、灵活性等综合表现 | 5 || | |
| | | 合计 | 100 || | |

教师签字:　　　　　　　　　　　　　　　　　　　　　年　　月　　日

# 子情境1-4 采集制作植物标本

| 学习目标 |
|---|
| 掌握采集与制作植物标本技术 |
| **职业能力** |
| 能采集制作植物标本 |
| **学习任务** |
| 1. 制作蜡叶标本<br>2. 制作浸制标本 |
| **建议教学方法** |
| 任务驱动教学法、四阶段教学法 |

## 一、制作蜡叶标本

（一）仪器与用品

枝剪、小铲子、采集箱（或采集袋）、海拔表、标本夹、吸水纸、标本记录本、号签、台纸、铅笔、标本签、针线、胶水、放大镜、玻璃纸、刀片等。

（二）方法与步骤

1. 选取标本

采集的草本植物必须具有根、茎、叶、花或果，若整株过长，可以折成"V"或"N"字形。木本植物必须具有花或果；裸子植物要有孢子叶球；蕨类植物要能看到孢子囊（群）；寄生植物则要连同其寄主一起采集。采集的标本要有代表性。用于研究的植物标本，同一号标本要采集2~3份或更多；用于教学的标本也可以每一号仅采集一份。标本的长和宽不应超过 35 cm×25 cm。去除虫蛀叶，叶太密集而不容易展平时也可以稍剪掉些，但为了能在标本上看到叶序，摘掉叶片时应保留下叶柄。

2. 编号和记录

标本整形完毕后编号，在不易脱落的部位挂上填好的号签，认真进行观察，在标本记录本上记录标本特征，尽快放入采集箱（或采集袋）内。记录时应注意下列事项：

(1) 填写的采集号必须与号签号数一致。
(2) 胸径指从树干基部向上1.3 m处的树干直径。
(3) 花主要记录颜色、形状、花被和雌雄蕊的数目。
(4) 果主要记录颜色和类型。
(5) 叶主要记录背腹面的颜色，表皮毛的有无和类型，是否具有乳汁等。
(6) 茎主要记录树皮颜色和裂开的状态。
(7) 分布指路边、林下、林缘、岸边、水里等。

示例——植物标本采集记录签

### ××××标本馆
#### 植物标本采集记录签

采集号：_____ 采集日期：_____年_____月_____日

名称：科名_____ 土名_____

　　　拉丁名_____

产地：_____省_____市、县_____乡、镇

　　　山顶、山谷、坡地、平地、沼地、池塘、_____

生活型：乔本、灌木、藤本、草本、_____

　　　　株高_____ m，胸径_____ cm

形态：花_____

　　　果_____

　　　叶_____

　　　茎_____

分布：常见、少见、偶见、丛生、散生、_____

附记：_____

用途：_____

标本份数：_____

3. 压干标本

将吸水纸(草质)折叠成标本夹一样大小,放在标本夹的一片夹板上,把已整形的植株或枝条的枝叶平放其上,展平,勿使叶片过多重叠,注意每份标本上都要有正面朝上和反面朝上的叶。标本上盖上3~5层吸水纸,再放下一份标本,直至将需要处理的标本全部夹入吸水纸中,最后将另一片标本夹的夹板压上,用绳或带绑紧,以压出植物中的水分。薄而软的花、果,先用软的纸包好再夹,以免损伤。1天后,打开标本夹,换下潮湿的吸水纸,换上干纸,重新捆绑起来。在换纸的过程中注意将皱叠的叶片、花再次展平。以后,每一两天换纸1次,3~4天后标本开始干燥,并逐渐变脆,这时捆扎不可太紧,以免损伤标本。每次换下的吸水纸可晒干或晾干后反复使用。

4. 消毒标本

标本干燥后要消毒防蛀,采用传统的升汞(氯化汞)浸、喷、刷等方法。一般是将标本浸入0.05%的氯化汞酒精溶液中浸泡1 min,捞出,晾干。由于升汞有剧毒,消毒处理时要戴上橡胶手套操作。教学用标本可以不进行消毒处理。

5. 装订标本

用宽度约3 mm的较强韧的纸条将标本装订在台纸上。装订时要选择植物体的关键部位如关节处,用刀片在其两侧的台纸上切出小口,插入纸条固定,在台纸的反面粘贴。重要的器官要特别(针线)固定,大而软的叶片或花瓣等可加白乳胶粘牢。也可将整个标本用白乳胶粘在台纸上,再用小纸条固定。标本在台纸上的布局要美观大方,在台纸左上角和右下角要留出适当的位置。从采集记录本上复制一份植物标本采集记录签,贴在台纸的左上角。

6. 鉴定保存

标本固定后,进行种类鉴定,然后把鉴定结果写入标本签,再把它贴在台纸右下角。

## 二、制作浸制标本

(一)保存绿色标本

1. 用品与材料

50%的醋酸、10%甲醛或70%乙醇、醋酸铜结晶、绿色植物或果实。

2. 方法与步骤

(1)制备母液。在50%的醋酸中加入醋酸铜结晶,直到饱和不溶为止,将上部的清液作为母液。

(2)配制处理液。将母液与水按照1∶4的比例配制成处理液。

(3)处理标本。将处理液加热到85 ℃后,将绿色植物放入,并翻动。经过10~30 min,可见到植物颜色由绿变褐,再变绿。

(4)保存标本。将变绿的植物取出,用清水冲洗,然后保存在10%甲醛或70%乙醇中。

## （二）保存红色标本

### 1. 用品与材料

硫酸铜、甲醛、硼酸、水、75％乙醇、甘油、亚硫酸等。

### 2. 保存液的配制

(1) 25 mL 甲醛、25 mL 甘油和 1000 mL 水；

(2) 30 g 硼酸、20 mL 甲醛、130 mL 75％乙醇和 1000 mL 水；

(3) 20 mL 亚硫酸、2 g 硼酸和 1000 mL 水。

### 3. 方法与步骤

先将红色标本放入 10％～15％硫酸铜水溶液中，或放入由 4 mL 甲醛、3 g 硼酸和 400 mL 水配制的混合液中，浸泡 24 h。如果药液不混浊，则可转入保存液中。

## （三）黄色标本保存法

用 6％亚硫酸 250 mL、85％乙醇 550 mL 和 450 mL 水配成混合液，直接将黄色果实等标本放入长期保存。

## （四）黑色和紫色标本保存法

将材料浸入 5％硫酸铜水溶液中 24 h，然后保存在由 45 mL 甲醛、280 mL 95％乙醇和 200 mL 水配制的混合液中。若发现有沉淀，过滤后再使用。

## （五）标本瓶封口法

### 1. 暂时封口法

用蜂蜡和松香各 1 份，分别熔化并混合，加入少量凡士林调成胶状物，涂于瓶盖边缘，将盖压紧。或将石蜡熔化，用毛笔涂于瓶口相接的缝上，再用线或纱布将瓶盖与瓶口接紧，倒转标本瓶，把瓶盖部分浸入熔化的石蜡中，达到严密封口。

### 2. 永久封口法

以酪胶及消石灰各 1 份混合，加入水调成糊状进行封盖，干燥后由于酪酸钙硬化而密封。

## （六）贴标签

将植物标本签填写后，贴于标本瓶瓶身适当位置。

# 考核内容

【专业能力考核】

1. 制作一份蜡叶标本。
2. 制作一份浸制标本。

## 【职业能力考核】

### 考核评价表

| 子情境1-4：采集制作植物标本 |||||||
|---|---|---|---|---|---|---|
| 姓名： |||| 班级： |||
| 序号 | 评价内容 | 评价标准 | 分数 || 得分 | 备注 |
| 1 | 专业能力 | 资料准备充足，获取信息能力强 | 10 | 80 |  |  |
|  |  | 采集制作植物标本方法正确，用时短，标本美观 | 50 |  |  |  |
|  |  | 实训作业按要求撰写，总结全面、到位 | 20 |  |  |  |
| 2 | 方法能力 | 获取信息能力、组织实施、问题分析与解决、解决方式与技巧、科学合理的评估等综合表现 | 10 ||  |  |
| 3 | 社会能力 | 工作态度、工作热情、团队协作互助的精神、责任心等综合表现 | 5 ||  |  |
| 4 | 个人能力 | 自我学习能力、创新能力、自我表现能力、灵活性等综合表现 | 5 ||  |  |
|  |  | 合计 | 100 ||  |  |

教师签字：　　　　　　　　　　　　　　　　　　　　　　　　年　　月　　日

# 情境 2

## 描述植物形态结构

## 子情境 2-1　描述植物细胞及细胞后含物

| 学习目标 |
| --- |
| 1. 认识细胞形态结构<br>2. 认识细胞后含物 |
| **职业能力** |
| 能描述植物细胞形态结构及细胞后含物 |
| **学习任务** |
| 1. 描述植物细胞形态结构<br>2. 描述植物细胞后含物 |
| **建议教学方法** |
| 思维导图教学法、理实一体教学法 |

### 一、植物细胞的概念

1665年英国人虎克用自制的显微镜观察软木薄片(图 2-1-1),发现软木是由蜂巢式的小室构成,定名为细胞(cell)(图 2-1-2)。虎克看到的细胞实际上是没有原生质的细胞壁。

1838—1839年,德国植物学家施莱登和动物学家施旺发表了细胞学说,证明:①所有动植物是由细胞组成的;②细胞是通过细胞分裂而来的;③精子和卵子都是细胞;④一个细胞可以分裂形成组织和器官。细胞是一切动植物体的基本结构单位。植物细胞是组成植物体结构和功能的基本单位。

图 2-1-1　虎克与自制的显微镜 　　　　　　图 2-1-2　虎克显微镜下的软木切片

## 二、植物细胞的形态和大小

细胞在游离状态下呈球形，但在植物体内，由于所处的位置和生理功能不同，在形态上表现出多样性（图 2-1-3），如长筒形（导管）、圆柱形（叶肉细胞）、梭形（形成层细胞）、长梭形（纤维细胞）、扁长方形、不规则形（表皮细胞）、多面体、星形（表皮毛）、球形等。

植物细胞的大小差异很大，细胞的直径一般为 20～100 μm，最小的球菌直径仅 0.5 μm。但西红柿、西瓜的果肉细胞直径较大，可达 1 mm，肉眼可见。苎麻的纤维长度为 55 cm。

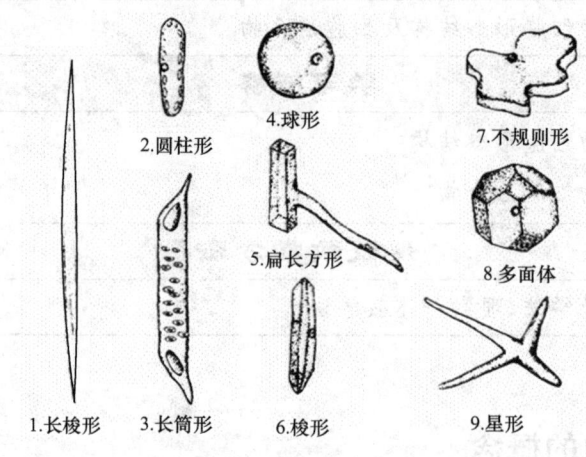

1. 长梭形　2. 圆柱形　3. 长筒形　4. 球形　5. 扁长方形　6. 梭形　7. 不规则形　8. 多面体　9. 星形

图 2-1-3　植物细胞的形态

## 三、植物细胞的基本结构

活的植物细胞由细胞壁和原生质体构成（图 2-1-4）。细胞壁是包被在植物细胞最外面的保护结构，动物细胞不具有细胞壁。原生质体是细胞内全部生活物质的总称，在光学显微镜下是一团半透明、半流动、不均匀的亲水胶状物，具有极性。原生质体是细胞各类代谢活动进行的主要场所。

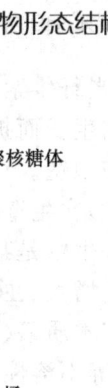

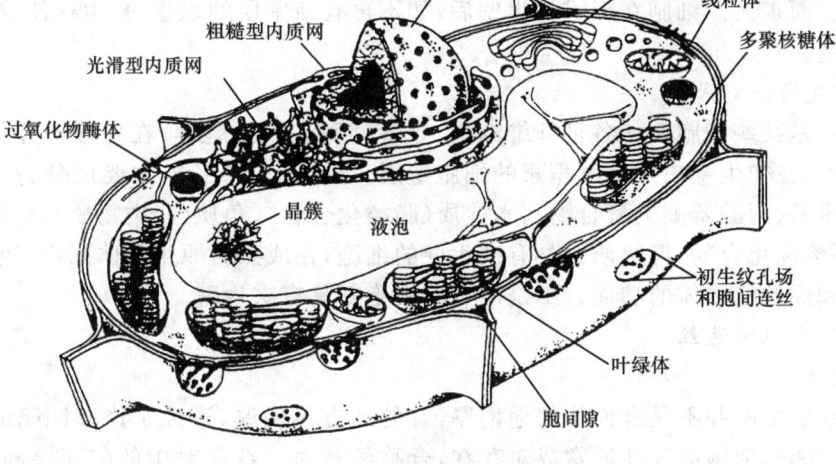

图 2-1-4　植物细胞结构

(一)细胞壁

细胞壁是植物细胞最外一层的坚韧外壳,由原生质体分泌的物质所构成。细胞壁、液泡、质体是植物细胞与动物细胞相区别的三大结构特征。其主要功能是维持细胞的形状和大小,支持和保护着原生质体,并与植物的吸收、运输、蒸腾、分泌等生理活动密切相关。

1. 细胞壁的层次

在显微镜下细胞壁可分为胞间层、初生壁和次生壁(图 2-1-5)。

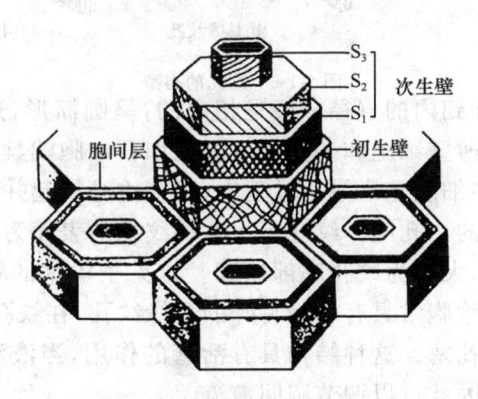

图 2-1-5　植物细胞壁结构模型

(1)胞间层

胞间层是新的子细胞形成时所产生的,是与相邻细胞所共有的一层。成分主要是果胶质。果胶是一类多糖物质,黏而柔软,具有一定的可塑性和高度亲水性,能将相邻细胞黏合在一起,能缓冲细胞间的挤压又不致阻碍细胞的生长和表面积的扩大。

果胶质可以被果胶酶或酸、碱等溶解,使相邻细胞分离。例如西瓜、番茄等果实成熟时,体内的果胶酶分解果胶质,果肉细胞分离,果实变软。麻类植物的茎浸入水中沤麻,也是利用微生物分泌酶来分解果胶质,使细胞相互分离。

(2)初生壁

初生壁是细胞生长、体积增大时所形成的壁层,分别位于胞间层两侧。主要成分是纤维素、半纤维素和果胶质。初生壁一般都很薄，厚度1～3 μm。具有弹性和可塑性，可随细胞的生长而扩大。细胞在形成初生壁后，如不再有新壁层的积累，初生壁便成为它们永久的细胞壁。

（3）次生壁

次生壁是某些细胞例如各种纤维细胞、导管、管胞、石细胞等，在生理上分化成熟、体积停止增大、在初生壁内侧继续积累的细胞壁层，厚度5～10 μm，主要成分为纤维素，还会填充木质素（丙酸苯酯类聚合物）、木栓质（脂类化合物）、角质（脂类物质）、矿质（钙、硅、镁、钾等不溶性化合物）等物质。具有次生壁的细胞，在成熟时原生质体死亡，残留的细胞壁起支持和保护植物体的功能。不是所有的细胞都具有次生壁。

2. 纹孔和胞间连丝

（1）纹孔

次生壁的增厚并不是全面均匀地增厚，有的地方不增厚，形成了许多凹陷的区域，称为纹孔。相邻两细胞的纹孔通常成对存在，合称纹孔对。纹孔对中的胞间层和两边的初生壁，合称纹孔膜。纹孔是细胞间水分和物质交换的通道。纹孔的腔，称为纹孔腔。纹孔有三种类型，即单纹孔、具缘纹孔和半具缘纹孔（图2-1-6）。

(a) 单纹孔　　(b) 具缘纹孔　　(c) 半具缘纹孔

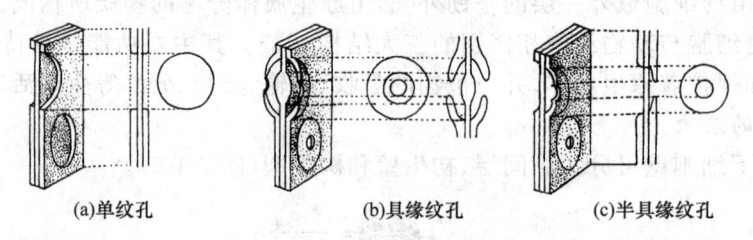

图2-1-6　纹孔的类型

单纹孔的纹孔腔从外到内的直径一般是相等的，呈圆筒形，这种纹孔的表面为圆形，边缘不隆起，植物体内的薄壁细胞和一些厚壁细胞如石细胞就具有这种类型的纹孔。

具缘纹孔的特点是在细胞壁增厚的过程中，纹孔边缘拱起并覆盖纹孔腔，拱起部分叫纹孔缘，纹孔缘中心留下的小孔叫作纹孔口。这种纹孔的表面为两个大小不同、套在一起的同心圆，小圆为纹孔口，大圆为纹孔底部轮廓。常见于输水的管胞和导管，某些裸子植物，特别是松柏类植物的管胞常具有较为特殊的具缘纹孔，在纹孔膜的中央形成了一个圆盘状加厚的结构，称为纹孔塞。这种结构具有活塞的作用，当液流很快时，压力会把纹孔塞推向一面堵住纹孔口，因此可以调节胞间液流。

半具缘纹孔是由单纹孔和具缘纹孔形成的纹孔对，主要发生在薄壁细胞与厚壁细胞相邻的细胞壁上。

（2）胞间连丝

相邻两个植物细胞间的原生质细丝通过纹孔相互连接，这种原生质细丝叫胞间连丝，是细胞间物质、信息和能量交流的通道（图2-1-7）。胞间连丝使相邻细胞的细胞质膜、细胞质、内质网交融在一起，将多细胞植物体连为一个整体，如含羞草的

图2-1-7　柿胚乳细胞的胞间连丝

感振运动。

3.细胞壁的生长

细胞壁的生长包括初生壁的生长(主要增大面积)和次生壁的生长(主要增加厚度)。在次生壁增厚过程中,细胞内合成一些特殊的物质渗入壁内,改变壁的性质以适应功能的变化。细胞壁的这种变化包括木质化、栓质化、角质化和矿质化。

木质化是指木质素填充到细胞壁中,增强细胞壁的硬度,使细胞壁的机械强度增强的过程。如木材主要由高度木化增厚的木纤维、导管或管胞等构成,桃、李等果核主要由高度木化增厚的石细胞组成。

栓质化是木栓质在细胞壁中沉积的过程。栓质化的细胞壁不透水、不透气,细胞内原生质体与周围隔绝而死亡。如老茎和老根表面的木栓细胞能有效地防止水分蒸发,凯氏带中的木栓质是物质和水分运输的屏障等。作物体表细胞壁的栓质化程度与作物抗病性的强弱有一定关系。

角质化是细胞壁沉积角质(脂类化合物)的过程。一般在植物地上器官的表皮细胞外壁因角质渗入而角质化,角质还在表皮细胞外堆积成无色的透明层,叫作角质层,以减少植物体的水分流失,过滤强光,防止机械损伤、昆虫摄食和病菌感染等。角质层的厚薄与作物抗病性的强弱有一定关系。角质是脂类化合物,油类和脂溶性的物质较易透过,因而使用以油做溶剂的农药,可提高药效。

矿质化是细胞壁中积累矿物质如钙盐、二氧化硅等的过程。矿质化的细胞壁粗糙而坚硬,可增加植物的支持力,并保护植物不易受到动物的侵害。如水稻、小麦、玉米等禾本科植物表皮细胞的外壁中,常积累有二氧化硅而硅质化,增加硬度,并有保护功能。

(二)原生质体

原生质体是细胞壁内一切有生命物质的总称,可分为细胞核和细胞质两部分。

1.细胞膜

细胞膜又称质膜,是位于原生质体外围、紧贴细胞壁的膜结构。组成质膜的主要物质是蛋白质和脂类,以及少量的多糖、微量的核酸、金属离子和水。

细胞膜和细胞内膜系统总称为生物膜,具有相同的基本结构特征。科学家对膜的分子结构提出了许多模型,其中,桑格(Singer)和尼克森(Nicolson)1972年提出的流动镶嵌模型(图2-1-8)受到广泛的支持。按照这一假说,生物膜的骨架由磷脂双分子层组成,蛋白质分子以不同的方式镶嵌其中,细胞膜的表面还有糖分子,形成糖脂、糖蛋白;生物膜的内外表面上,脂类和蛋白质的分布不平衡,反映了膜两侧的功能不同;磷脂双分子层具有流动性,其脂类分子可以自由移动,蛋白质分子也可以横向移动。膜中的蛋白质有的是特异性酶类,在一定条件下,它们具有"识别"、"捕捉"和"释放"某些物质的能力,从而对膜内外物质的交换起调控作用。

细胞膜的主要功能包括:防止细胞外物质自由进入细胞,保证细胞内环境的相对稳定,使各种生化反应能够有序进行;对出入细胞的物质有很强的选择透过性;通过胞饮作用、吞噬作用或胞吐作用吸收、消化和外排细胞膜外、膜内的物质;在细胞识别、信号传递等方面具有重要作用。

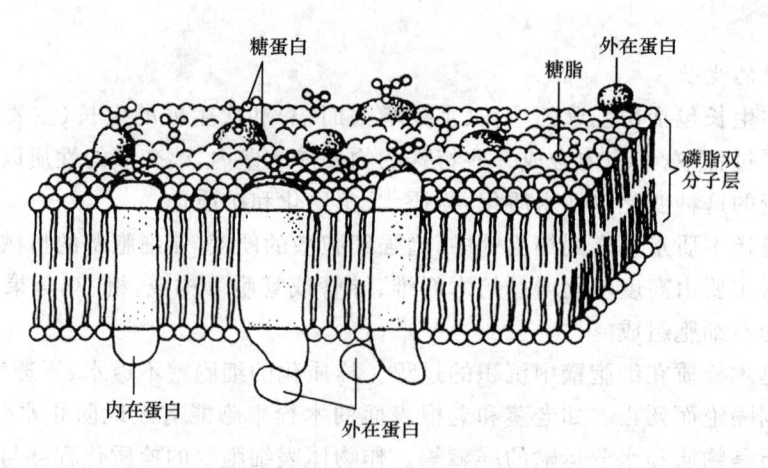

图 2-1-8 膜结构——流动镶嵌模型

2. 细胞器

细胞器是细胞内具有特定的形态、结构和功能的亚细胞结构。活细胞的细胞质内有多种细胞器,包括具有双层膜结构的质体、线粒体,具有单层膜结构的内质网、高尔基体、液泡、溶酶体、圆球体和微体,以及无膜结构的核糖体、微管、微丝等。

(1)细胞核

细胞核一般呈圆球形或椭球形,存在于细胞质中。在幼嫩细胞中,细胞核位于细胞中央,占整个细胞体积的1/3~1/2。成熟细胞中,由于中央大液泡的形成,细胞核被挤向细胞壁。高等植物细胞一般仅有一个细胞核;一些低等植物细胞如藻类常有双核或多核;分化成熟的筛管分子,其细胞核解体,因而不具有细胞核。一般说来,没有细胞核的细胞不能长期正常生活。

细胞核的主要成分包括DNA、蛋白质、少量的RNA,其结构一般由核膜、核仁和核质三部分组成(图2-1-9)。

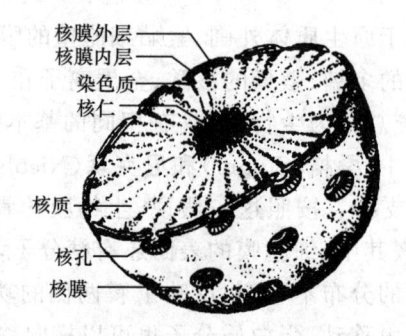

图 2-1-9 细胞核的结构

① 核膜

核膜为双层膜,位于核的最外层,起着控制核与细胞质之间物质交换的作用。膜上具有许多小孔,称为核孔。核孔能随细胞代谢状态不同而进行开闭。例如,小麦在活跃生长的分蘖时期,核膜上呈现相当大的孔,当进入寒冬季节时,抗寒的冬性品种的核孔随着气温的降低逐渐关闭,而不抗寒的春性品种的核孔却依然张开,因此,核孔的开闭可能对小麦在低温下停止细胞分裂和生长、增进抗寒能力起着一定的调控作用。

②核仁

核质内有一个或几个球状的颗粒,叫作核仁。核仁是核内合成和储藏核糖体 RNA 及装配核糖体亚单位的重要场所,它的大小随细胞生理状态而变化。代谢旺盛的细胞,如分生区的细胞,往往有较大的核仁;而代谢较慢的细胞,核仁较小。

③核质

核仁以外,核膜以内充满着以核酸和蛋白质为主要成分的胶态物质,称为核质。核质在光学显微镜下是均一的,如果用碱性染料苏木精进行染色,则可见一部分不着色或着色很浅的物质,即核液。核液中含有蛋白质、RNA 和多种酶。另一部分着色较深的物质称为染色质。染色质由 DNA、蛋白质和少量 RNA 组成,通常情况下染色质呈极细的细丝分散在核液中,叫作染色质丝。细胞分裂时,染色质高度螺旋化,形成较大的、具有特定形状和结构的染色体。当分裂结束,染色体的螺旋又松散开来,扩散成为染色质。不同物种的染色体数目是相对恒定的,如玉米为 20 条,豌豆为 14 条,小麦为 42 条,这对维持物种的稳定有重要意义。

细胞核是遗传物质(DNA)存在和复制的场所,它控制着蛋白质的合成、细胞的生长和发育,因此,细胞核是细胞的遗传、控制中心。

(2)线粒体

线粒体是细胞内进行有氧呼吸,将储藏的化学能转变成生物能的主要场所(图 2-1-10)。线粒体多呈颗粒状、杆状。一般代谢旺盛的细胞中线粒体数目多,如玉米的一个根冠细胞中有 100~3000 个线粒体。

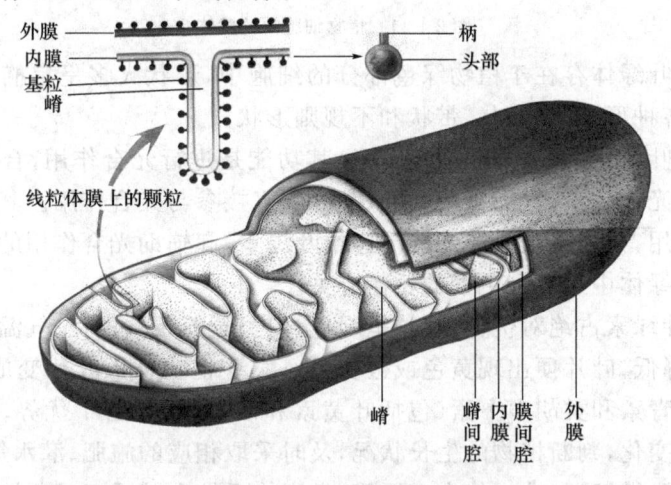

图 2-1-10 线粒体的立体结构模型

线粒体由两层膜包被,外膜平滑,内膜向内折叠形成嵴。一般来说,能量代谢旺盛,细胞中线粒体的内膜上嵴的数目也多。嵴表面有许多圆球形颗粒,称为基粒。两层膜之间有腔,线粒体中央是液态的基质。基质内含有与呼吸作用有关的酶。线粒体是细胞呼吸作用的主要场所,将糖、脂肪、蛋白质等营养物质中的能量分解转化成可利用的形式,即 ATP,有细胞"动力工厂"之称。

(3)质体

质体是绿色植物细胞特有的细胞器,是一类合成和积累同化产物的细胞器。根据质体的功能和色素情况，分为叶绿体、白色体和有色体（图2-1-11）。

白色体
(a)马铃薯块茎细胞内的白色体

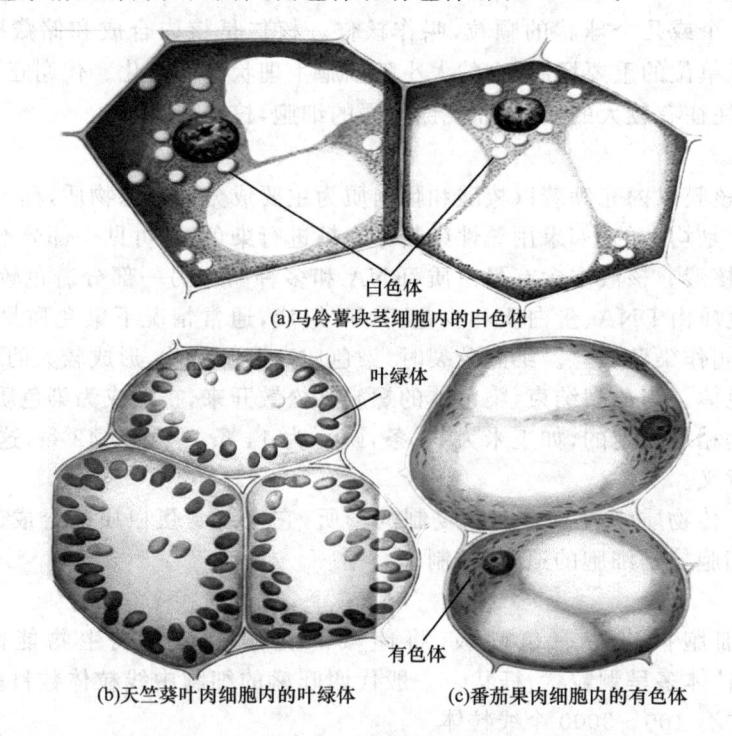

叶绿体

有色体
(b)天竺葵叶肉细胞内的叶绿体　　(c)番茄果肉细胞内的有色体

图2-1-11　植物细胞内的质体

高等植物的叶绿体存在于植物绿色部分的细胞中，形状大多呈扁椭圆形。在低等植物中，叶绿体有各种形状，如杯状、带状和不规则形状。

叶绿体含有叶绿素、叶黄素和胡萝卜素，其功能是进行光合作用，合成有机物。其中叶绿素是主要的光合色素，它能吸收和利用光能，直接参与光合作用。其他两类色素不能直接参与光合作用，只能将吸收的光能传递给叶绿素，起辅助光合作用的功能。植物叶片的颜色与细胞叶绿体中这三种色素的比例有关。

一般情况，叶绿素占绝对优势，叶片呈绿色，但当营养条件不良、气温降低或叶片衰老时，叶绿素含量降低，叶片便出现黄色或橙黄色。某些植物秋天叶片变成红色，就是因为叶片细胞中的花青素和类胡萝卜素（包括叶黄素和胡萝卜素）占了优势。在生产过程中，常可根据叶色的变化，判断植物的生长状况，及时采取相应的施肥、灌水等栽培措施。

在透射电子显微镜下，叶绿体由双层膜、类囊体系统和基质三部分构成（图2-1-12）。

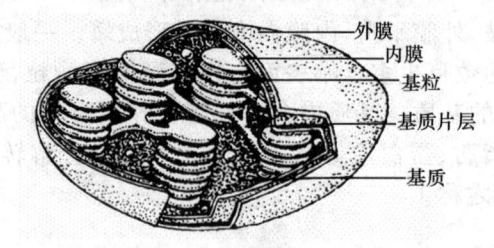

外膜
内膜
基粒
基质片层
基质

图2-1-12　叶绿体的超显微结构

两层单位膜位于叶绿体最外面。类囊体系统包括基粒类囊体和基质类囊体，许多圆盘状的基粒类囊体（膜上分布着与光能转化有关的色素和酶类）整齐平行地垛叠在一起构成基粒，基质类囊体是连接基粒类囊体的桥梁。一个叶绿体含有40～60个基粒，基粒以外为基质，基质不含色素，具有与$CO_2$的同化固定有关的全套酶类。基粒和基质分别完成光合作用中不同的化学反应，光反应在基粒上进行，暗反应在基质中进行。

白色体不含色素，近于球形，也由双层膜包被，其内部结构简单，在基质中仅有少数不发达的片层。质体无色，称为前质体，有的含原叶绿素，见光变绿。根据白色体的功能及所储藏的物质不同可将其分为造粉体、造蛋白体和造油体。造粉体是储存淀粉的白色体，主要分布于子叶、胚乳、块茎和块根等储藏组织中，遇碘呈蓝紫色；储存蛋白质的白色体称为造蛋白体，常见于分生组织、表皮和根冠等细胞中，遇碘呈黄色；储存脂类物质的白色体为造油体，存在于胞基质中，遇苏丹Ⅲ呈橙红色。

有色体形状多样，呈椭圆形、纺锤形、结晶体形、球形等（图2-1-13），由前质体发育而来，或由叶绿体失去叶绿素而成，是含有类胡萝卜素（包括黄色的叶黄素和红色的胡萝卜素）的质体。在不同细胞或同一细胞的不同时期，由于二者的含量不同，有色体呈红色、橘黄、黄色等种种色彩。有色体可见于部分植物的花瓣、成熟的果实、胡萝卜的储藏根以及衰老的叶片中，使植物的果实、花瓣呈现鲜艳的颜色，吸引动物、昆虫，有利于传粉和果实种子的传播。

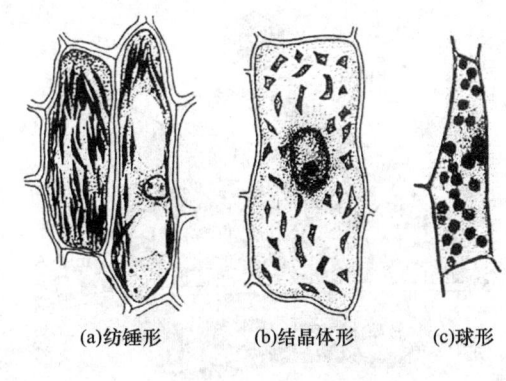

(a)纺锤形　(b)结晶体形　(c)球形

图2-1-13　有色体的形状

三种质体在一定条件下可以发生转变，例如在有光的条件下，马铃薯块茎细胞内的白色体可以转变为叶绿体；果实成熟时，果实细胞内的叶绿体可转变为有色体；当胡萝卜根的上部长出地面时，上部根细胞内的有色体则转变为叶绿体等。

（4）内质网

内质网是由单层膜围成的扁平的囊、槽、池或管状的相互沟通的网状系统（图2-1-14）。一类在膜的外侧附有许多颗粒状的核糖体，称为粗糙型内质网；另一类在膜的外侧不附有颗粒状的核糖体，表面光滑，称光滑型内质网。两种内质网在一定的位置上互相连接着，并且可以互相转变。大多数植物细胞内都含有这两种类型的内质网，但两者含量的多少则因细胞类型和功能的不同而不同。

(a)粗糙型内质网与光滑型内质网　(b)内质网的结构

图2-1-14　内质网的类型和结构

粗糙型内质网与蛋白质的合成有关,光滑型内质网主要用于合成和运输脂类和多糖。内质网可与核膜的外膜、质膜相连,甚至通过细胞壁的胞间连丝与相邻细胞的内质网发生联系。因此,内质网构成了一个细胞内和细胞间物质运输的管道系统。

(5) 核糖体(核糖核蛋白体、核蛋白体)

核糖体是无膜状包被的颗粒结构,在电子显微镜下可见由两个近于半球形、大小不等的亚基结合而成(图2-1-15),其主要成分是RNA和蛋白质。在细胞质中,它们以游离状态存在,或附着于粗糙型内质网的膜上(图2-1-16)。此外,在细胞核、线粒体和叶绿体中也存在。核糖体是细胞中蛋白质合成的中心。在执行蛋白质合成功能时,多个核糖体常串联在一起,形成多核糖体。由转运核糖核酸tRNA将胞基质中的氨基酸运至核糖体处,在那里按信使核糖核酸mRNA模板将氨基酸合成各种蛋白质。核糖体被喻为"蛋白质装配机器"。

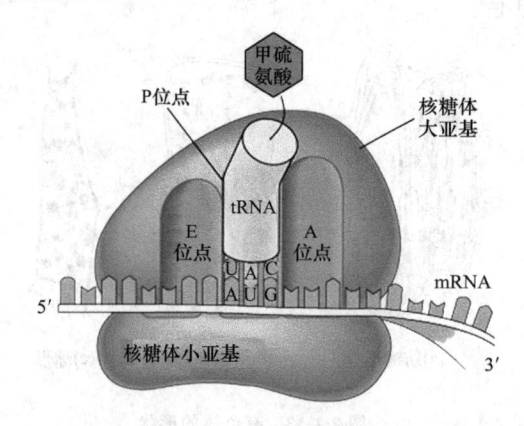

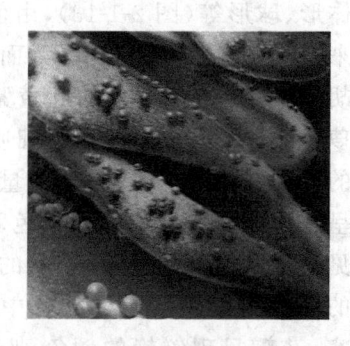

图2-1-15 核糖体的结构　　　　图2-1-16 附着在内质网上的核糖体

(6) 高尔基体

高尔基体是由一叠(一般为1~8个)扁平、平滑、近圆形的单位膜围成的多囊结构。囊周边有分支的小管,连成网状,小管末端膨大成泡状,小泡由膨大部分收缩断裂而脱离高尔基体,游离到胞基质中(图2-1-17)。

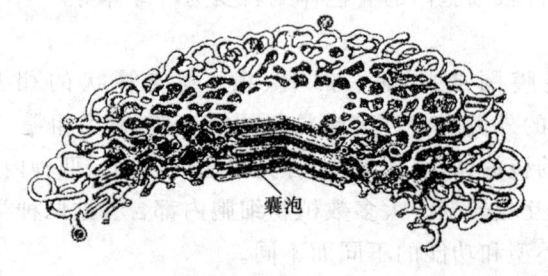

图2-1-17 高尔基体

高尔基体的主要功能是合成多糖(纤维素、半纤维素),参与细胞壁的形成,对内质网合成的蛋白质、脂肪进行加工、分类与包装,然后送到细胞特定的部位或分泌到细胞外。有实验证明,根冠细胞分泌黏液,松树的树脂道上皮细胞分泌树脂等,也都与高尔基体活动有关。

(7) 液泡

液泡被一层液泡膜包被,膜内充满着细胞液。幼小的植物细胞具有许多小而分散的液泡，随着细胞的生长，液泡也长大，相互合并，形成一个中央大液泡，它可占据细胞体积的90%以上。这时，细胞质、细胞核被挤成紧贴细胞壁的薄层（图2-1-18）。具有中央大液泡是植物细胞成熟的标志，也是植物细胞区别于动物细胞的特征之一。有些细胞成熟时，也可以同时保留几个较大的液泡，细胞核被细胞质索悬挂于细胞的中央。

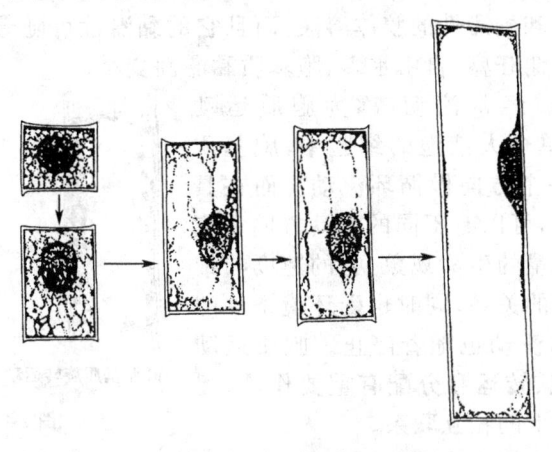

图2-1-18 细胞的生长和液泡的形成

液泡里的水溶液称为细胞液。细胞液的主要成分是水，此外还溶有各种有机物和无机盐，如糖类、有机酸、蛋白质、磷脂、草酸钙、硝酸盐、磷酸盐、花青素、植物碱、单宁、晶体等，因此，可使细胞具有酸、甜、苦、涩等味道。例如甘蔗的茎和甜菜的根中含有大量蔗糖，具有很浓的甜味。许多果实含有丰富的有机酸，造成强烈的酸味。茶叶和柿子等因含大量单宁而具涩味，并使破损后的伤口很快变成黑色。许多植物含有丰富的植物碱，如罂粟含吗啡，烟草含尼古丁，茶叶和咖啡含咖啡因等。许多植物细胞液中溶解有花青素，从而使花瓣、果实或叶片显出红色、紫色或蓝色。花青素的显色与细胞液的pH有关，酸性时呈红色，碱性时呈蓝色，中性时呈紫色。常见的牵牛花在早晨为蓝色，以后渐转红色，就是这个缘故。细胞液还含有很多无机盐，有些盐类因过饱和而结晶，常见的有草酸钙结晶。细胞液中各类物质的富集，使细胞液保持相当的浓度，这对于细胞渗透压和膨压的维持，以及水分的吸收有着很大的关系，使细胞能保持一定的形状和进行正常的活动。同时，高浓度的细胞液使细胞在低温时不易冻结，在干旱时不易丧失水分，提高了抗寒和抗旱的能力。

液泡中的代谢产物不仅对植物细胞本身具有重要的生理意义，也是人们开发利用植物资源的重要来源之一。例如，从甘蔗的茎、甜菜的根中提取蔗糖，从罂粟果实中提取鸦片，从盐肤木、化香树中提取单宁作为栲胶的原料等。近年来，开发新的野生植物资源正在引起人们越来越大的兴趣，如刺梨、酸枣等果实被用作制取新型饮料；从花、果实中提取天然色素，用于轻工、化工，尤其是食品工业的着色。天然色素的开发已成为当前国内外十分重视的一个研究领域。

液泡的主要生理功能包括：维持细胞的渗透压，使细胞具有吸水能力；提高植物的抗寒、抗旱能力；储藏营养物质，积累与转化代谢废物；细胞液中的酶能破坏、消化细胞中各种细胞器，分解储藏物质等，参与细胞代谢活动。

在活细胞中，除以上细胞器外，还含有溶酶体、圆球体、微体、微管等细胞器。这些细胞器体积较小，在光学显微镜下不易看到，但也在细胞的生命活动中起着重要作用。

## 植物与植物生理

### 3. 胞基质

在电子显微镜下，看不出特殊结构的透明溶液，称为胞基质。细胞器及细胞核都包埋于其中。它的化学成分很复杂，含有水、无机盐、溶解的气体、糖类、氨基酸、核苷酸等小分子物质，也含有一些生物大分子，如蛋白质、RNA 等，其中包括许多酶类。它们使胞基质表现为具有一定弹性和黏滞性的胶体溶液，而且它的黏滞性可随着细胞生理状态的不同而发生改变。细胞代谢旺盛，自由水多，胞基质黏滞性变小。

细胞内的胞基质经常流动，称为胞质运动（图 2-1-19）。在具有单个大液泡的细胞中，胞基质常常围绕着液泡朝一个方向做循环流动。而在具有多个液泡的细胞中，可以有不同的流动方向。胞质运动是一种消耗能量的生命现象，它的速度与细胞的生理状态有密切的关系，同时也受环境条件的影响，一旦细胞死亡，流动也随着停止。胞质运动对胞内各种物质合成、转运和分配有重要作用，促进了细胞器之间生理上的相互联系。

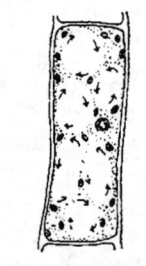

(a) 胞基质旋转运动　　(b) 胞基质回旋运动

图 2-1-19　胞质运动

胞基质的功能是为细胞代谢和细胞器之间物质运输提供场所和介质，同时为各类细胞器提供必需的营养和原料。

### 四、植物细胞后含物

植物细胞后含物是指植物细胞内储藏的营养物、代谢废物或植物的次生物。植物细胞后含物种类很多，如淀粉、蛋白质、脂肪和油类、有机酸、晶体、单宁、生物碱等。下面介绍几种常见的植物细胞后含物。

#### （一）淀粉

植物细胞中的碳水化合物在造粉体中形成颗粒状，称为淀粉粒。淀粉是植物细胞中碳水化合物最为普遍的一种储藏形式。例如，禾本科作物籽粒的胚乳细胞，甘薯、马铃薯、木薯等薯块的储藏薄壁组织细胞，都有大量的淀粉粒存在。淀粉遇碘呈蓝紫色。

淀粉粒多为圆球形、椭球形或多面体形。造粉体中积累淀粉时，先形成一个核心，然后逐层地积累淀粉，这一中心便形成了淀粉粒的脐点。许多植物的淀粉粒，在显微镜下可以看到围绕脐点有许多亮暗相间的轮纹。淀粉粒分为单粒淀粉、复粒淀粉和半复粒淀粉（图 2-1-20）。

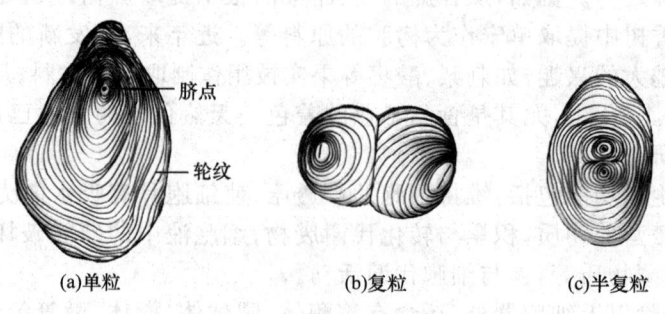

(a) 单粒　　(b) 复粒　　(c) 半复粒

图 2-1-20　植物淀粉粒的类型

不同植物的淀粉粒的大小、形状和脐点所在的位置都各有其特点,因此,在有限的范围内可作为植物种类、商品检验、药物鉴定上的依据之一(图2-1-21)。

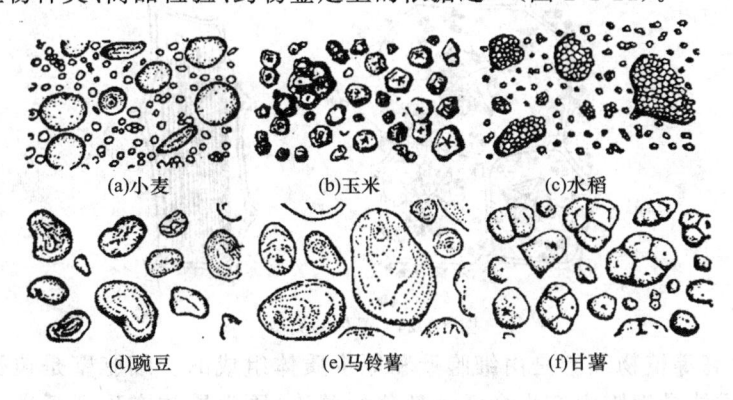

(a)小麦　　　(b)玉米　　　(c)水稻
(d)豌豆　　　(e)马铃薯　　(f)甘薯

图2-1-21　几种植物的淀粉粒

### (二)蛋白质

细胞中储藏的蛋白质与原生质体中呈胶体状态的有生命的蛋白质不同,它们是无生命的,呈比较稳定的固体状态,储藏蛋白质遇碘呈黄色,可依此鉴定蛋白质。储藏的蛋白质是结晶或无定形的固体。结晶的蛋白质因具有晶体和胶体的二重性,因此被称为拟晶体,以与真正的晶体相区别。蛋白质拟晶体有不同的形状,如方形、球形等。例如,在马铃薯块茎近外围的薄壁细胞中就有方形蛋白质拟晶体的存在,因此,马铃薯削皮后会损失蛋白质的营养。无定形的蛋白质常被一层膜包裹成圆球状的颗粒,称为糊粉粒(图2-1-22)。例如,禾谷类植物种子胚乳最外一层细胞中含有大量的糊粉粒,称为糊粉层。

有些糊粉粒既包含无定形蛋白质,又包含蛋白质拟晶体。

### (三)脂肪和油类

脂肪和油类是在造油体中合成的,含能量最高而体积最小的储藏物质,遇苏丹Ⅲ变橙红色,在常温下为固体的称为脂肪,为液体的称为油类。它们一般存在于一些油料作物的种子或果实中(图2-1-23)。

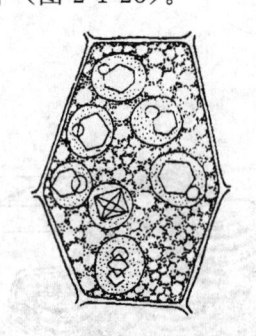

图2-1-22　蓖麻种子的糊粉粒 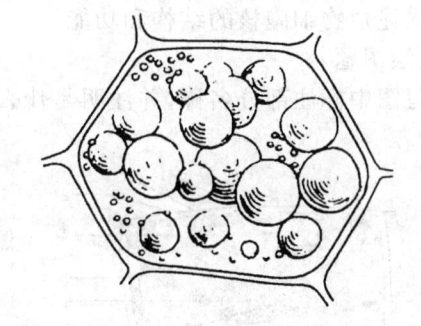　　　图2-1-23　植物细胞中的油滴

### (四)晶体

在一些细胞的液泡内常含有晶体,一般认为是新陈代谢的废弃物,形成晶体后便避免了对细胞的毒害,如草酸钙结晶。根据晶体的形状可以分为单晶、针晶和簇晶三种。单晶呈棱柱状或角锥状。针晶两端呈尖锐的针状,并常集聚成束。簇晶是由许多单晶联合成

的复式结构,呈球状,每个单晶的尖端都突出于球表面(图2-1-24)。

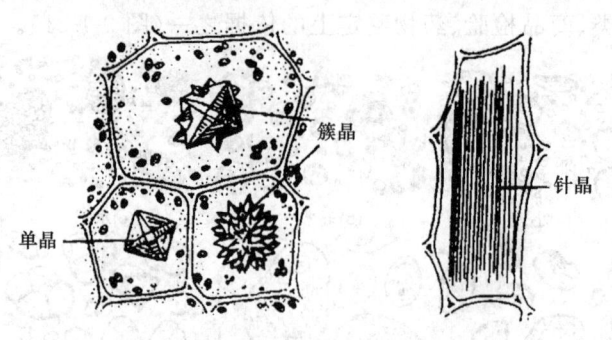

图 2-1-24 晶体的类型

综上所述,高等植物细胞是由细胞壁和原生质体组成的。细胞壁是包被着原生质体的外壳。原生质体是细胞内有生命活动部分的总称,原生质体在生命活动过程中产生多种多样的后含物。原生质体包括细胞质和细胞核。细胞质的最外层是质膜,它是生物膜的一种,质膜内充满了不具结构特征的液状胶体,为胞基质。胞基质内分布着不同类型的细胞器,如线粒体、质体、内质网、核糖体、高尔基体、液泡等。

## 考核内容

【专业能力考核】

一、名词解释

细胞;原生质体;质膜;细胞器;纹孔;胞间连丝;细胞后含物。

二、描述题(用思维导图法归纳并进行描述)

1. 描述洋葱细胞的形态结构。
2. 描述植物细胞后含物的种类、存在形式和功能。
3. 描述细胞壁的层次、特点和组成成分。
4. 描述常见细胞壁的特化类型、特点及在植物体中的分布。
5. 描述植物细胞细胞器的名称、结构和功能。
6. 描述植物细胞核的结构和功能。

三、绘图题

填写图中标注部分名称,并注明是什么结构图。

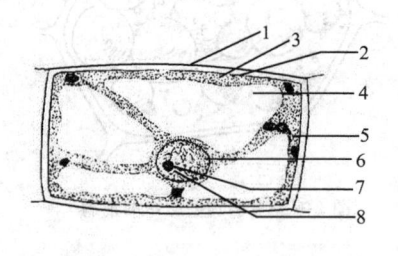

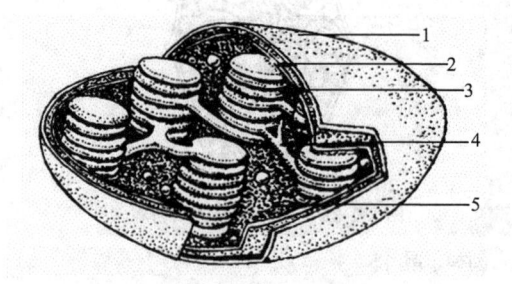

四、应用题

植物秋季落叶时,叶片变成黄色或红色的原因是什么?

【职业能力考核】

**考核评价表**

| 子情境2-1:描述植物细胞及细胞后含物 ||||||||
|---|---|---|---|---|---|---|---|
| 姓名： |||| 班级： ||||
| 序号 | 评价内容 | 评价标准 ||| 分数 | 得分 | 备注 |
| 1 | 专业能力 | 资料准备充足,获取信息能力强 ||| 10 | | |
| | | 植物细胞及细胞后含物描述正确,用时短 ||| 50 | 80 | |
| | | 实训作业按要求撰写,总结全面、到位 ||| 20 | | |
| 2 | 方法能力 | 获取信息能力、组织实施、问题分析与解决、解决方式与技巧、科学合理的评估等综合表现 ||| 10 | | |
| 3 | 社会能力 | 工作态度、工作热情、团队协作互助的精神、责任心等综合表现 ||| 5 | | |
| 4 | 个人能力 | 自我学习能力、创新能力、自我表现能力、灵活性等综合表现 ||| 5 | | |
| 合计 ||||| 100 | | |

教师签字： 年 月 日

# 子情境 2-2　描述植物组织

| 学习目标 |
|---|
| 认识植物组织的结构特征及在植物体内的分布 |
| **职业能力** |
| 能描述植物组织的结构特征及在植物体内的分布 |
| **学习任务** |
| 1.描述植物组织的结构特征及在植物体内的分布<br>2.观察根尖的有丝分裂 |
| **建议教学方法** |
| 思维导图教学法、理实一体教学法 |

## 一、植物细胞的分化和组织的形成

细胞的形态结构与功能是相适应的,例如叶肉细胞含叶绿体,进行光合作用;表皮细胞外壁角质化,行使保护功能;导管分子呈长管状,行使运输功能等。细胞在结构和功能上的特化,称为细胞分化。

细胞分化导致植物体中形成许多生理功能不同、形态结构相应发生变化的细胞组合,通常把形态结构相似、功能相同的一种或多种类型细胞组成的结构单位,称为组织。由一种类型细胞构成的组织,称为简单组织;由多种类型细胞构成的组织,称为复合组织。

在个体发育中,组织的形成是植物体内细胞分裂、生长、分化的结果。

## 二、植物组织的类型

根据组织的发育程度、形态结构及其生理功能的不同,通常将植物组织分为分生组织和成熟组织两大类。

(一)分生组织

1. 分生组织的概念

分生组织指植物体内有分裂能力的细胞群。

2. 分生组织的类型

根据在植物体上的位置,可以把分生组织分为顶端分生组织、侧生分生组织和居间分生组织(图 2-2-1)。

(1)顶端分生组织

顶端分生组织位于根和茎或侧枝的顶端(图 2-2-2)。它们的分裂活动可以使根和茎不断伸长,并在茎上形成侧枝和叶,使植物体扩大营养面积。茎的顶端分生组织最后还将产生生殖器官。

顶端分生组织细胞的特征:细胞小而等径,具有薄壁,细胞核位于中央并占有较大的体积,液泡小而分散,原生质浓厚。

(2)侧生分生组织

侧生分生组织位于根和茎的外周,树皮内侧,包括形成层和木栓形成层。形成层的活动能使根和茎不断增粗。木栓形成层的活动是使长粗的根、茎表面或受伤的器官表面形成新的保护组织(树皮)。

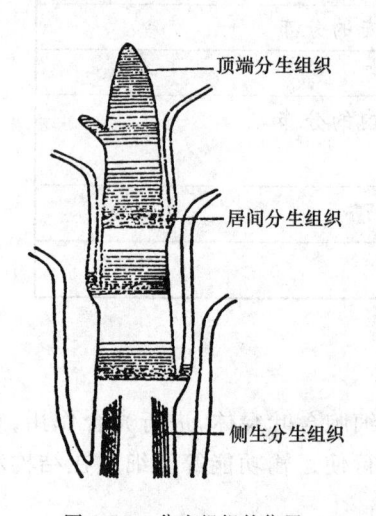

图 2-2-1 分生组织的位置

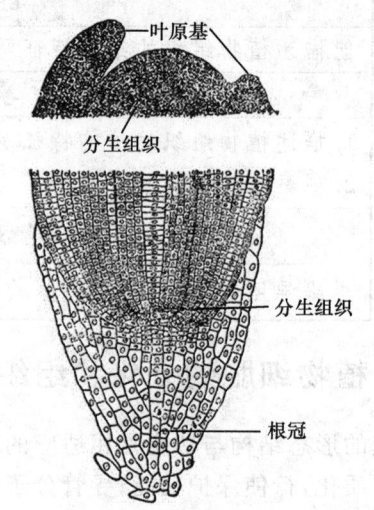

图 2-2-2 根尖和茎尖的顶端分生组织

形成层细胞大部分呈长梭形,液泡明显,细胞质不浓厚,其分裂活动往往随季节的变化而具有明显的周期性。

单子叶植物没有侧生分生组织,无增粗生长。如竹子,一般竹笋有多粗,将来形成的竹茎便有多粗。

(3) 居间分生组织

居间分生组织是位于成熟组织之间的分生组织，是顶端分生组织在某些器官中局部区域的保留，主要存在于多种单子叶植物的茎和叶中。例如，水稻、小麦等谷类作物茎的拔节和抽穗，葱、蒜、韭菜的叶子剪去上部还能继续伸长等，都是因为茎或叶基部居间分生组织活动的结果。花生雌蕊柄基部的居间分生组织的活动，能把开花的子房推入土中（下针期）。

居间分生组织细胞持续分裂的时间较短，一般分裂一段时间后，所有细胞都转变为成熟组织。

此外，按来源和性质，分生组织也可分为原分生组织、初生分生组织和次生分生组织。其中，顶端分生组织包括原分生组织和初生分生组织，侧生分生组织则属于次生分生组织。

(二) 成熟组织

1. 成熟组织的概念

成熟组织指不具有分裂能力的细胞群（少数具有潜在分裂能力）。

2. 成熟组织的类型

(1) 保护组织

保护组织是覆盖于植物体表起保护作用的组织，由一层或数层细胞组成。它的作用是防止水分过度散失，控制植物与环境的气体交换，防止病虫害侵袭和机械损伤等。根据保护组织的来源、形态结构及其功能的强弱，可将其分为初生保护组织——表皮，次生保护组织——周皮。

① 表皮

表皮分布于幼嫩的根、茎、叶、花、果实和种子的表面，通常是一层生活细胞（夹竹桃等植物的叶上表皮，具有多层生活细胞所组成的复表皮），细胞排列紧密，彼此常呈波状或不规则紧密嵌合，除气孔外，无细胞间隙；除表皮细胞外，还有气孔、表皮毛、角质层和蜡被等附属结构（图 2-2-3）。表皮的形态特征是物种鉴定的依据之一。

(a) 双子叶植物的表皮　　(b) 单子叶植物的表皮

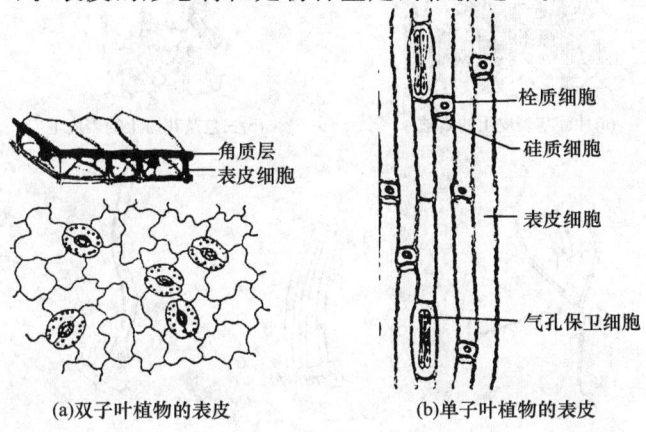

图 2-2-3　植物的表皮

>> 植物与植物生理

茎和叶的表皮细胞，外壁往往较厚并角质化，表面沉积一层明显的角质层，可有效地减少体内水分蒸腾，防止病菌侵入和增加机械支持作用。有的植物向外分泌蜡质形成蜡被。如荷叶表面有角质层，蜡被不透水，水珠在上面不会沾湿叶表。有些植物（如甘蔗的茎、葡萄和苹果的果实）在角质层外还具有一层蜡质的"霜"，它的作用是使表面不易浸湿，具有防止病菌孢子在体表萌发的作用。在生产实践中，植物体表面层的结构情况是选育抗病品种、使用农药或除草剂时必须考虑的因素。

表皮上具有许多气孔，它们是气体出入植物体的门户，与光合作用、蒸腾作用密切相关。双子叶植物的气孔器一般由一对肾形保卫细胞以及它们之间的孔隙（气孔）、孔下室，有的还有一至多个副卫细胞共同组成；单子叶植物的气孔器由两个哑铃形的保卫细胞和两个菱形的副卫细胞组成。副卫细胞位于保卫细胞的外侧或周围（图 2-2-4）。

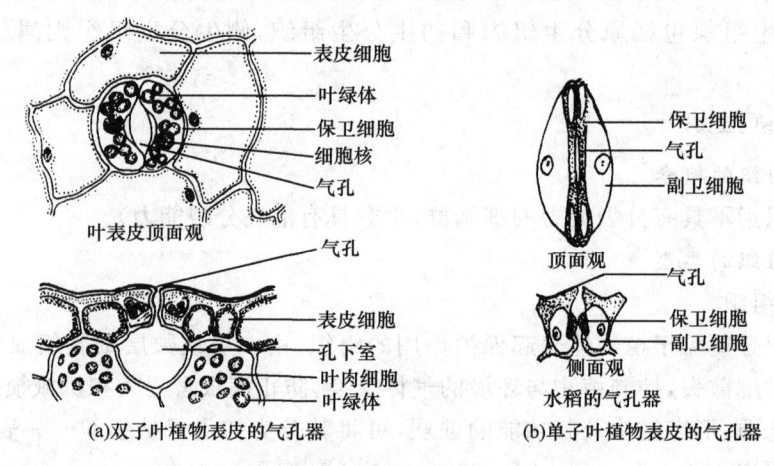

(a) 双子叶植物表皮的气孔器　　(b) 单子叶植物表皮的气孔器

图 2-2-4　植物表皮的气孔器

表皮还可以具有各种单细胞或多细胞的毛状附属物（图 2-2-5）。一般认为表皮毛具有保护和防止水分散失的作用。我们用的棉和木棉纤维，都是它们的植物种皮上的表皮毛。有些植物具有分泌功能的表皮毛，可以分泌出芳香油、黏液、树脂、樟脑等物质。

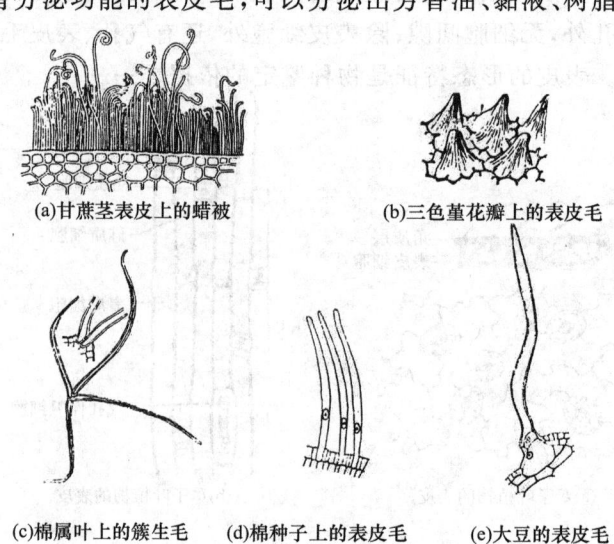

(a) 甘蔗茎表皮上的蜡被　　(b) 三色堇花瓣上的表皮毛

(c) 棉属叶上的簇生毛　(d) 棉种子上的表皮毛　(e) 大豆的表皮毛

图 2-2-5　表皮附属物

表皮在植物体上存在的时间长短,依所在器官是否具有加粗生长而异,具有明显加粗生长的器官,如裸子植物和大部分双子叶植物的根和茎,表皮会因器官的增粗而破坏、脱落,由周皮所取代。在较少或没有次生生长的器官上,例如叶、果实、大部分单子叶植物的根和茎上,表皮可长期存在。

②周皮

周皮是取代表皮的次生保护组织,存在于有加粗生长的根和茎的表面。它由侧生分生组织的木栓形成层形成。木栓形成层分裂产生的细胞向外分化成木栓层,向内分化成栓内层。木栓层、木栓形成层和栓内层合称周皮[图2-2-6(a)]。

木栓层具多层细胞,紧密排列,无胞间隙,细胞壁较厚并高度栓化,原生质体解体,细胞腔中常存在树脂和单宁。因此,木栓层具有不透水、绝缘、隔热、耐腐蚀、质轻等特性,其抗御逆境的能力强于表皮。同时也使它在商业上有相当的重要性,可用来制作日常用品或做轻质绝缘材料和救生设备等,栓皮槠、栓皮栎和黄檗是商业用木栓的主要原料。

木栓形成层只有一层细胞,具有分生组织的特点。

栓内层薄壁的生活细胞,常常只有一层细胞厚。

由木栓形成层产生的大量疏松细胞突破周皮,在树皮表面形成各种形状的小突起,称为皮孔。皮孔在原来气孔器的下方,皮孔是植物体与外界交换气体的通道[图2-2-6(b)]。

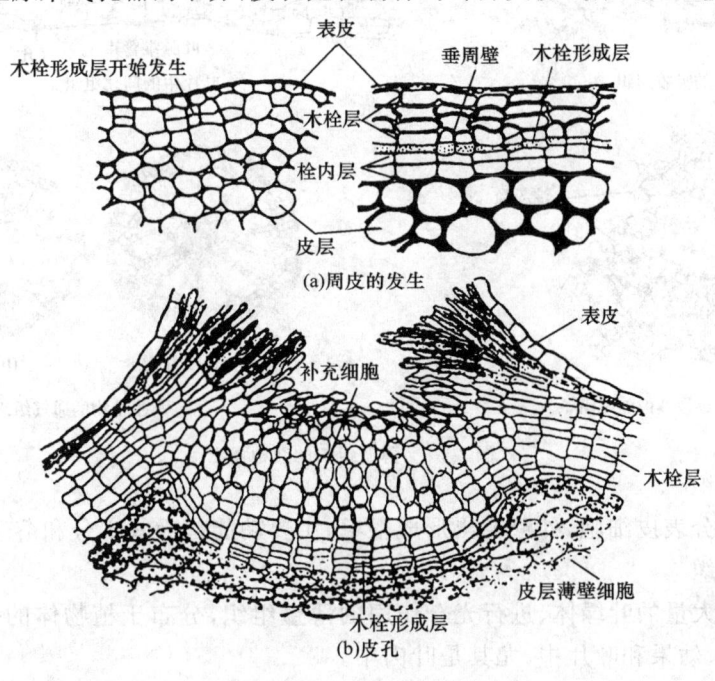

图2-2-6 周皮的发生和皮孔

(2)薄壁组织(基本组织)

薄壁组织在植物体内所占的比例最大,如茎和根的皮层及髓部、叶肉细胞、花、果实和种子中,主要组成物质是薄壁组织,其他各种组织,如机械组织和输导组织等,常包埋于其中。因此,薄壁组织是组成植物体的基础,也称基本组织。

薄壁组织的特征:细胞壁薄,细胞排列疏松,有明显的细胞间隙,液泡大,核相对较小,被挤向靠近细胞壁,相邻细胞通常有大型纹孔对(图2-2-7)。

薄壁细胞一般分化程度较低,具有较大的可塑性,在一定条件下可恢复分生能力,形成次生分生组织(形成层或木栓形成层);薄壁组织还可形成愈伤组织,使创伤愈合,在扦插、嫁接的成活和进行组织培养时生成不定根,获得再生植株。在植物体发育的过程中,常能进一步发育为特化程度更高的组织,如竹茎在成熟老化的过程中,薄壁细胞增厚并木质化,发育为厚壁组织。

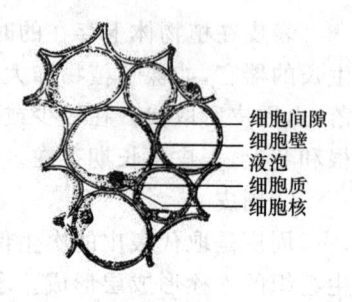

图 2-2-7 薄壁组织的一般形态

根据生理功能,薄壁组织可分为吸收组织、同化组织、储藏组织、储水组织、通气组织、传递细胞等(图2-2-8)。

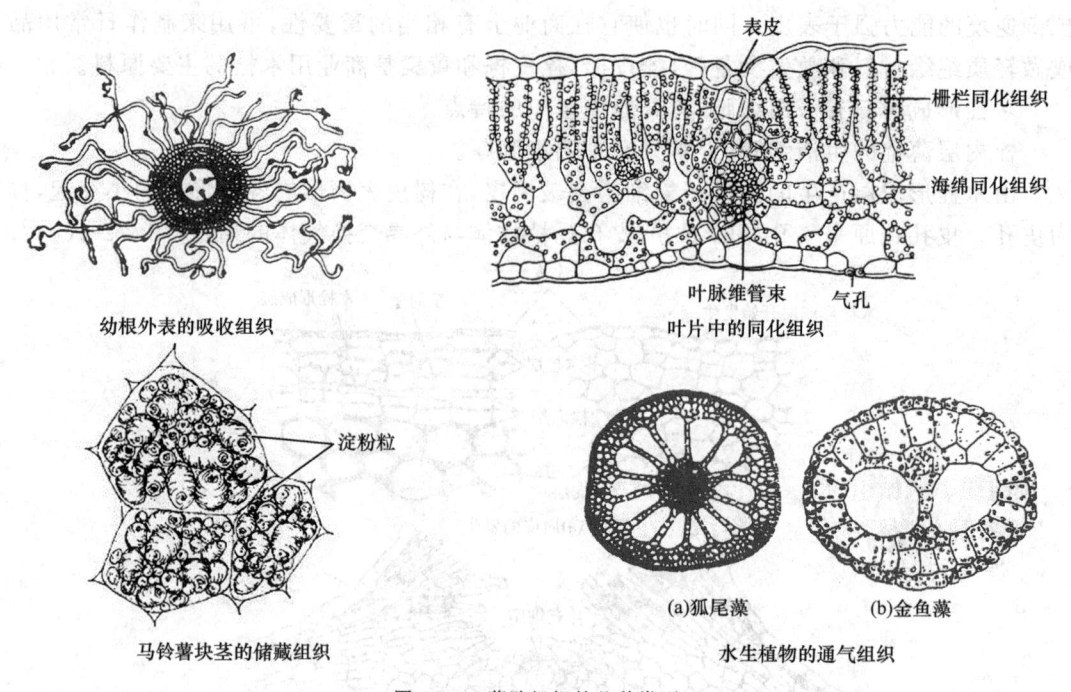

幼根外表的吸收组织

叶片中的同化组织

马铃薯块茎的储藏组织

水生植物的通气组织

图 2-2-8 薄壁组织的几种类型

① 吸收组织

根尖的部分表皮细胞,外壁突出形成根毛,主要功能是吸收水分和溶于水的无机盐。

② 同化组织

细胞含有大量的叶绿体、进行光合作用的薄壁组织,分布于植物体的一切绿色部分,如幼茎和叶柄、幼果和叶片中,尤其是叶肉中。

③ 储藏组织

储藏营养物质的薄壁组织,主要存在于各类储藏器官,如块根、块茎、球茎、鳞茎、果实和种子中,根、茎的皮层和髓等。

④ 储水组织

储藏有丰富水分的薄壁组织,细胞大,细胞壁薄,液泡大,液泡中含有大量的黏性汁液,一般存在于旱生的肉质植物中,如仙人掌、龙舌兰、景天、芦荟等。

⑤通气组织

储存和输导气体的薄壁组织,在水生和湿生植物如水稻、莲、睡莲等的根茎叶结构的发育过程中,部分细胞死亡,形成相互贯通的气道、气腔,储藏着大量空气,有利于光合作用、呼吸作用过程中气体的交换。

⑥传递细胞

细胞壁向细胞腔内突入,形成许多不规则的突起,从而使质膜内陷和折叠,增大原生质的表面积,使细胞的吸收、分泌和物质交换面积显著增大,这类细胞胞间连丝发达,与迅速传递和短途运输密切相关,因而称为传递细胞。

传递细胞普遍存在于小叶脉的周围,成为叶肉和输导分子之间物质运输的桥梁。在许多植物茎或花序轴节部的维管组织、分泌结构中,在种子的子叶、胚珠、胚乳或胚柄等部位也有分布。传递细胞的发现使人们对物质在活细胞间的高效率的运输和传递有了更进一步的认识。

(3)机械组织

机械组织是对植物起主要支持作用的组织,它有很强的抗压、抗张和抗曲挠的能力。植物有一定的硬度,枝干能挺立,叶子能平展,能经受狂风暴雨及其他外力的侵袭,都与机械组织的存在有关。机械组织细胞的特点是其细胞壁均匀或不均匀加厚。根据其细胞的形态、细胞壁加厚程度与加厚方式,可将其分为厚角组织和厚壁组织。

①厚角组织

厚角组织为生活细胞,细胞细长,细胞内含有叶绿体,细胞壁增厚不均匀,仅在其角隅处或相毗邻的细胞间的初生壁显著增厚(图2-2-9),细胞壁含纤维、果胶,不含木质。有潜在的分裂能力。具有一定的坚韧性、可塑性和伸展性,能适应器官的生长与伸长。

厚角组织常分布于幼嫩的茎、花梗和叶柄等器官的外围,或直接在表皮下,往往形成连续的圆筒或束状。常在具有脊状突起的茎和叶柄中,例如在薄荷的方茎中,南瓜、芹菜具棱的茎和叶柄中。在叶片中,厚角组织成束地位于较大叶脉的一侧或两侧。

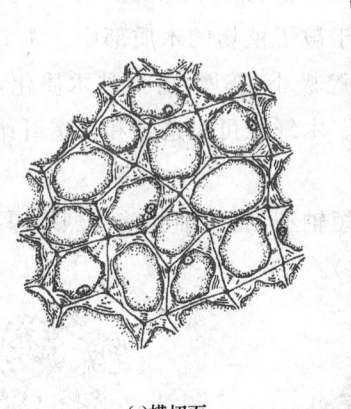

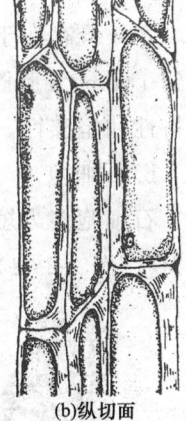

(a)横切面　(b)纵切面

图2-2-9　薄荷茎的厚角组织

②厚壁组织

厚壁组织是一类细胞壁全面次生增厚不变、常木质化的组织,其细胞腔狭小,细胞成熟时,原生质体通常死亡分解,成为只留有细胞壁的死细胞,具有较强的支持作用。根据其形状不同又可分为纤维和石细胞。

a.纤维

纤维细胞狭长,两端尖细,细胞壁明显次生增厚,细胞腔极小,细胞壁上有少数小的纹孔,广泛分布于成熟植物体的各部分。尖而细长的纤维通常在体内相互重叠排列,紧密地结合成束，因此，具有更大的抗压能力和弹性，成为成熟植物体中主要的支持组织(图 2-2-10)。

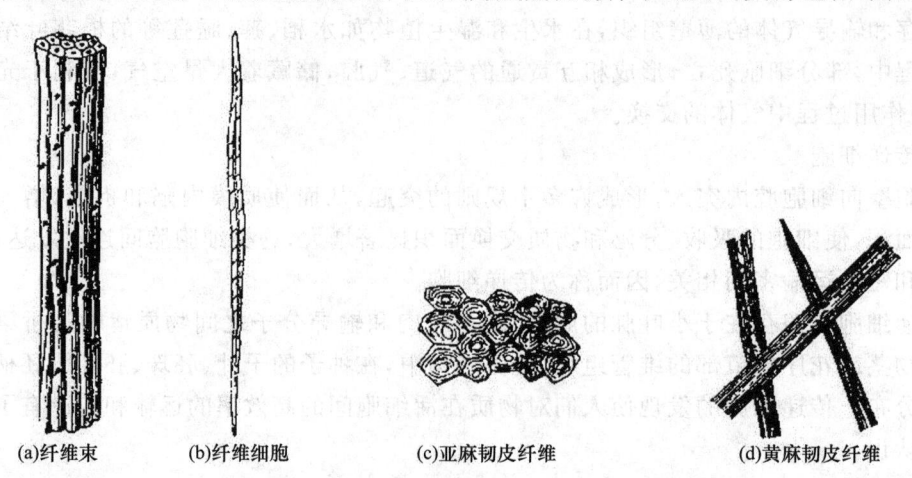

(a)纤维束　　(b)纤维细胞　　(c)亚麻韧皮纤维　　(d)黄麻韧皮纤维

图 2-2-10　厚壁组织——纤维

根据纤维存在的部位，可将纤维分为韧皮纤维和木纤维。韧皮纤维主要存在于被子植物的韧皮部，是两端尖削的长纺锤形的死细胞，细胞腔呈狭长的缝隙。纤维的横切面呈多角形、长卵形、圆形等。次生细胞壁极厚，不会木质化或只轻度木质化，主要由纤维素组成，坚韧而有弹性，在植物体中能抗折断，可弯曲，可做优质纺织原料。

木纤维存在于被子植物的木质部中。木纤维也是长纺锤形细胞，但较韧皮纤维短，通常约 1 mm，细胞腔极小，壁厚，常强烈木质化，硬度大而韧性差，抗压力强，可增强树干的支持性和坚实性。木纤维可供造纸和人造纤维之用。

b. 石细胞

石细胞多为短轴型细胞，细胞壁强烈增厚并木质化，死细胞，纹孔道分支或不分支，呈放射状(图 2-2-11)。

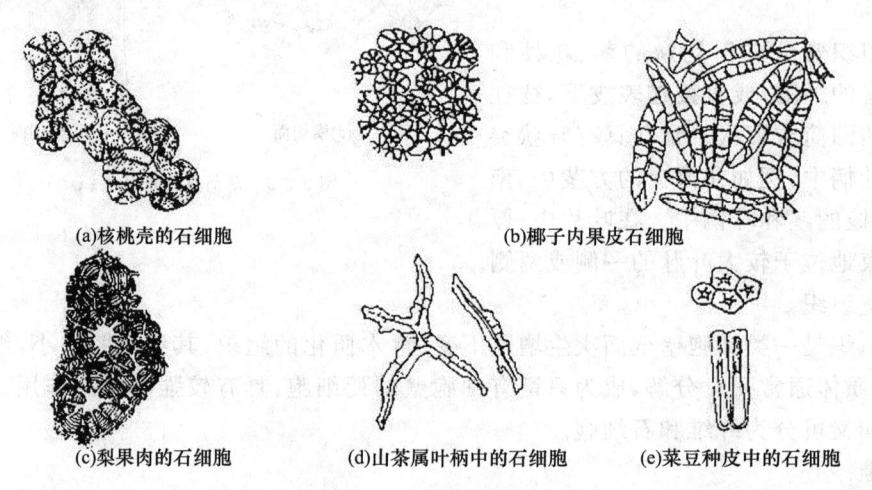

(a)核桃壳的石细胞　　(b)椰子内果皮石细胞

(c)梨果肉的石细胞　　(d)山茶属叶柄中的石细胞　　(e)菜豆种皮中的石细胞

图 2-2-11　厚壁组织——石细胞

石细胞常单个散生或数个集合成簇包埋于植物的茎、叶、果实和种子的薄壁组织中，有时也可连续成片地分布,有增大器官的硬度和加强支持的作用。例如梨果肉中坚硬的颗粒便是成簇的石细胞,它们数量的多少是梨品质优劣的一个重要指标。茶、桂花的叶片中具有单个的分支状的石细胞,散布于叶肉细胞间,增大了叶的硬度,与茶叶的品质也有关系。核桃、桃、椰子果实中坚硬的核,便是多层连续的石细胞组成的果皮。许多豆类的种皮也因具多层石细胞而变得很硬。在某些植物的茎中也有成堆或成片的石细胞分布于皮层、髓或维管束中。

(4) 输导组织

输导组织由一些管状细胞上下连接而成,常和机械组织一起组成束状,贯穿在植物体各器官内,担负输导水分、无机盐和有机物的作用。根据构造和功能不同,可分为两种类型——导管和筛管。

① 导管和管胞

导管普遍存在于被子植物的木质部,是由许多管状死细胞纵向连接成的一种输导组织。组成导管的每一个细胞称为导管分子。导管分子在幼小时是活细胞,成熟后细胞壁木质化加厚,原生质体解体、消失,变成死细胞,其端壁逐渐溶解,形成的单个空洞称为穿孔。导管长短不一,由几厘米到一米左右,有些藤本植物可长达数米。穿孔的形成及原生质体的消失使导管成为中空的连续长管,有利于水分及无机盐的纵向运输。导管还可通过侧壁上的纹孔或未增厚的部分与毗邻的细胞进行横向运输。

根据导管的发育先后和侧壁木质化增厚方式,可将其分为环纹导管、螺纹导管、梯纹导管、网纹导管和孔纹导管五种类型(图2-2-12)。

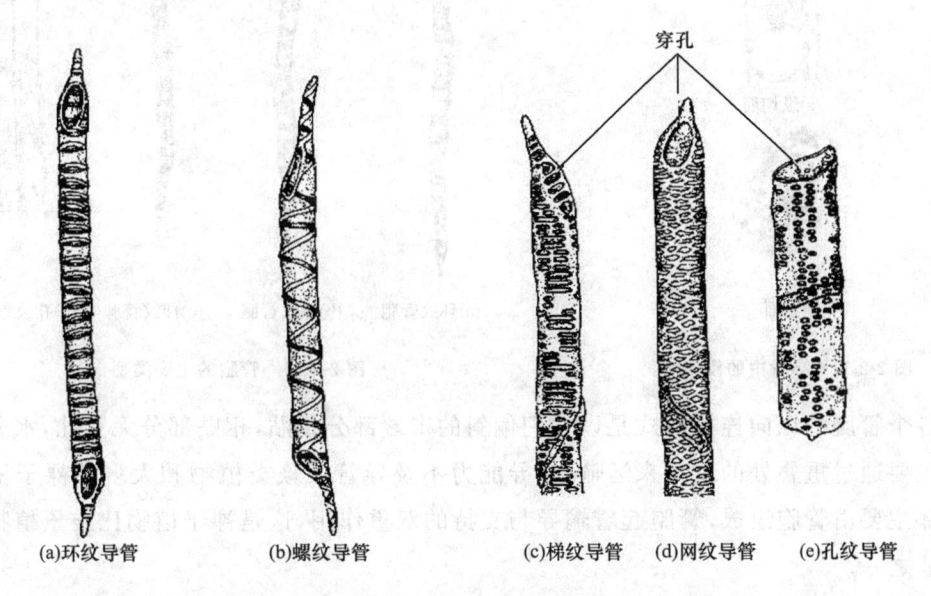

(a) 环纹导管　(b) 螺纹导管　(c) 梯纹导管　(d) 网纹导管　(e) 孔纹导管

图 2-2-12　导管的主要类型

环纹导管和螺纹导管是在器官生长早期形成的,其导管分子细长而腔小(尤其是环纹导管),其侧壁分别呈环状或螺旋状,木质化加厚,输导与支持作用较弱。由于其增厚的部

### 植物与植物生理

分不多，未增厚的管壁部分仍可适应于器官的生长而伸延，但易被拉断，如莲藕折断的丝是螺纹导管所拉伸的。

梯纹导管、网纹导管和孔纹导管是在器官生长中后期形成的，其导管分子短粗而腔大，输导能力和支持能力强（尤其是孔纹导管）。梯纹导管增厚部分呈横条状突起，外观似梯状。网纹导管增厚部分进一步增多，因此增厚部分成网状，不增厚的部分是网眼（初生壁）。孔纹导管管壁大部分增厚，不增厚部分成纹孔，植物器官停止延伸生长时才出现。

导管不能永久保持输导能力，随着植物的生长和新导管的产生，老的导管通常会失去输导功能，由于邻接导管的薄壁细胞连同其内含物如单宁、树脂等物质侵入导管腔内，形成侵填体（图2-2-13），使导管输导能力降低，甚至丧失，但侵填体对防止病菌的侵害以及增强木材的致密程度和耐水性能都有一定的作用。

管胞是绝大部分蕨类植物和裸子植物唯一的输水组织，在多数被子植物木质部中，管胞和导管可同时存在。管胞是两端尖斜、径较小、壁较厚、不具穿孔的管状死细胞，次生壁的木质化和增厚方式与导管相似，在侧壁上也呈现环纹、螺纹、梯纹和孔纹等多种方式的加厚纹饰（图2-2-14）。环纹、螺纹管胞的加厚面小，支持力低，多分布在幼嫩器官中。其余几种管胞多出现在较老的器官中，结构颇为坚固，兼有较强的机械支持功能。

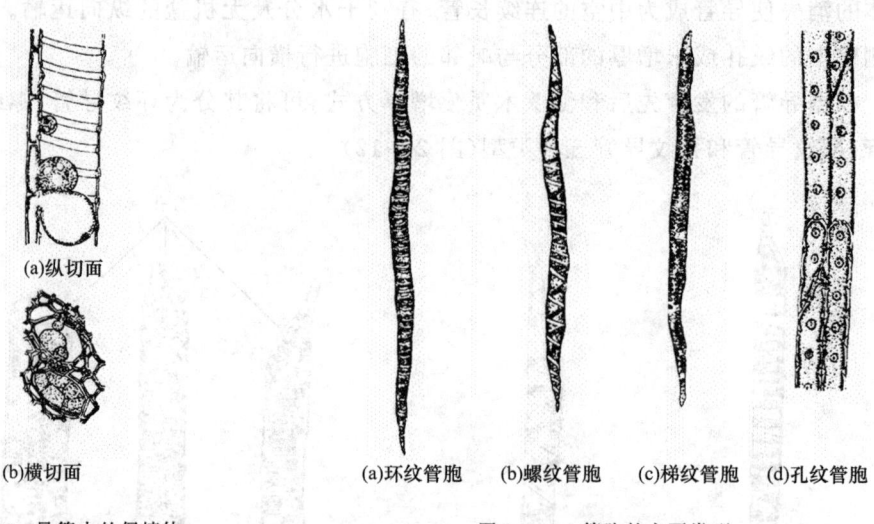

(a)纵切面
(b)横切面

图2-2-13 导管中的侵填体

(a)环纹管胞　(b)螺纹管胞　(c)梯纹管胞　(d)孔纹管胞

图2-2-14 管胞的主要类型

各个管胞的纵向连接方式是以它们偏斜的末端部分相贴，相贴部分无穿孔，水分和无机盐主要通过重叠处的纹孔来运输，输导能力不及导管。蕨类植物和大多数裸子植物的木质部主要由管胞组成，管胞起着输导与支持的双重作用，这是裸子植物比被子植物原始的特征之一。

②筛管和伴胞

筛管存在于被子植物的韧皮部中，它们是由许多管状的、薄壁无核的生活细胞（筛管分子）纵向连接成的一种输导组织（图2-2-15），长距离运输光合产物。

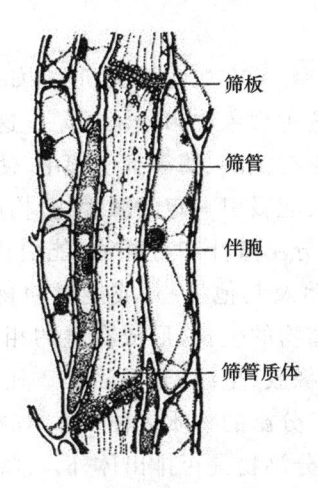

图 2-2-15　筛管

筛管分子只有初生壁,壁的主要成分是果胶和纤维素,细胞壁上分化出许多较大的穿孔,称筛孔,具有很多穿孔的区域称筛域,分布有筛域的端壁称筛板。穿过筛孔的原生质成束状,称联络索,联络索通过筛孔彼此相连,使纵向连接的筛管分子相互贯通,形成运输同化产物的通道。成熟筛管分子具有活的原生质体,但细胞核解体,液泡膜也解体,许多细胞器(如线粒体、内质网等)退化,出现特殊的蛋白质(P-蛋白体),有人认为它是一种收缩蛋白,可能在筛管运输有机物中起作用。

筛管分子的侧面通常与一个或一列伴胞相毗邻,筛管与伴胞来源于同一母细胞,通过一次不等的纵分裂,变成两个细胞,大的发育成筛管,小的发育成伴胞。伴胞具有细胞核及各类细胞器,与筛管分子相邻的壁上有稠密的筛域,协助和保证筛管的活性与运输功能。

筛管运送养分的速度每小时可达 10～100 cm。通常,筛管功能只有一个生长季,在衰老或休眠的筛管中,筛板上会大量积累胼胝质(黏性碳水化合物),形成垫状的胼胝体封闭筛孔,筛管、伴胞死去。少数植物如葡萄、椴树的筛管功能可保持多年,当次年春季筛管重新活动时,胼胝体消失,联络索又能重新沟通。此外,当植物受到损伤等外界刺激时,筛管分子也能迅速形成胼胝质,封闭筛孔,阻止营养物的流失。

③筛胞

筛胞是蕨类植物和裸子植物体内主要承担输导有机物的细胞。筛胞通常细长,末端尖斜,细胞壁上有不明显的筛域出现,筛孔细小,不形成筛板结构。许多筛胞的斜壁或侧壁相接而纵向叠生。筛胞运输有机物质的效率比筛管低,是比较原始的运输有机物质的组织。

导管和筛管是被子植物体内物质输导的重要组织,但也是病菌感染、传播扩散的主要通道。如土壤中的枯萎病菌入侵根部后,其菌丝可随导管到达地上部分的茎和叶,某些病毒可借昆虫刺吸取食而进入筛管,引起植株发病。因此,研究输导组织的特性,有利于合理施用内吸传导型农药,有效防治病、虫、草害。

### (5)分泌组织

某些植物细胞能合成一些特殊的有机物或无机物,如挥发油、树脂等,并把它们排出体外、细胞外或积累于细胞内,这种现象称为分泌现象。这些分泌物在植物的生活中起着多种作用,例如,根的细胞能分泌有机酸、酶等到土壤中,使难溶性的盐类转化成可溶性的物质而被植物吸收利用;同时,又能吸引一定的微生物,构成特殊的根际微生物群,为植物健壮生长创造更好的条件;植物分泌蜜汁和芳香油,能引诱昆虫前来采蜜,帮助传粉。某些植物分泌物能抑制或杀死病菌及其他植物,或能对动物和人形成毒害,有利于保护自身。另一些分泌物能促进其他植物的生长,形成有益的相互依存关系等。许多植物的分泌物具有重要的经济价值,例如橡胶、生漆、芳香油等。凡是能产生、储藏、输导分泌物的细胞或细胞群都称为分泌组织。分泌的物质多种多样,如挥发油、蜜汁、乳汁、树脂、单宁、结晶、有机酸、酶、盐类等。根据分泌物是否排出体外,可将其划分为外分泌组织和内分泌组织两类。

#### ①外分泌组织

外分泌组织一般分布在植株的表皮内,其分泌物排出体外。常见的类型有蜜腺、腺鳞、腺毛、腺鳞、排水器等(图2-2-16)。

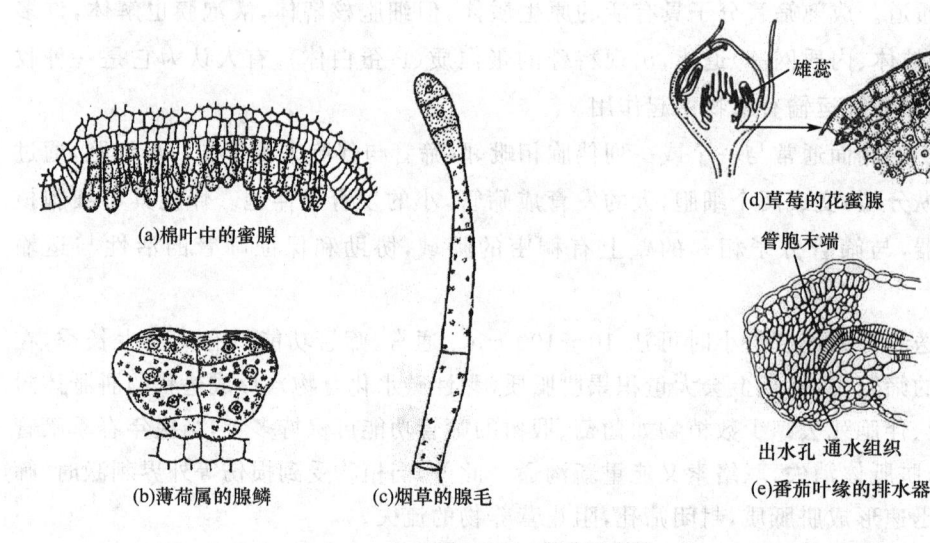

图2-2-16 外分泌组织

蜜腺是能分泌蜜汁的多细胞腺体结构,存在于许多虫媒传粉植物的花部。它们由表皮及其内层细胞共同形成,即由保护组织和分泌细胞构成。蜜腺分泌糖液的作用是对虫媒传粉的适应,蜜腺发达和蜜汁分泌量多的植物,是良好的蜜源植物,经济价值很高。一般蜜源植物在长日照、适宜的温度和湿度以及合理的施肥条件下,能够促进蜜汁的分泌和提高含糖量。

腺鳞的顶部分泌细胞较多,呈鳞片状排列(如唇形科植物)。有些植物的茎叶上具有泌盐的腺鳞(如补血草属、无叶柽柳),特称盐腺,有调节植物体内盐分的作用。

腺毛是表皮毛的一种,由柄、头两部分组成,头部由单个或多个分泌细胞组成,分泌物积累在细胞壁与角质层之间,随着分泌物增多,突破角质层排出来,如薄荷叶的表皮毛。腺毛的分泌物常为黏液或精油,对植物具有一定的保护作用。食虫植物的变态叶上可以有多种腺毛分别分泌蜜露、黏液和消化酶等,有引诱、黏着和消化昆虫的作用。

腺表皮指植物体某些部位的表皮细胞为腺性,具有分泌的功能。例如矮牵牛、漆树等许多植物的花的柱头表皮即腺表皮,细胞成乳头状突起,具有浓厚的细胞质,并有薄的角质层,能分泌出含有糖、氨基酸、酚类化合物等组成的柱头液,有利于黏着花粉和控制花粉萌发。

排水器是植物将体内多余的水分直接排出体外的结构,常分布于植物的叶尖和叶缘,由出水孔、通水组织和维管组织组成。排水器排水的过程称为吐水。在温湿的夜间或清晨,常在叶尖或叶缘出现水滴,就是经排水器分泌出的。如旱金莲、卷心菜、番茄、草莓、慈姑和莲等植物吐水更为普遍。吐水现象往往可作为根系正常生长活动的一种标志。

②内分泌组织

内分泌组织是将分泌物储存于植物体内的分泌结构。它们常存在于基本组织内。常见的类型有分泌细胞、分泌腔、分泌道、乳汁管等(图 2-2-17)。

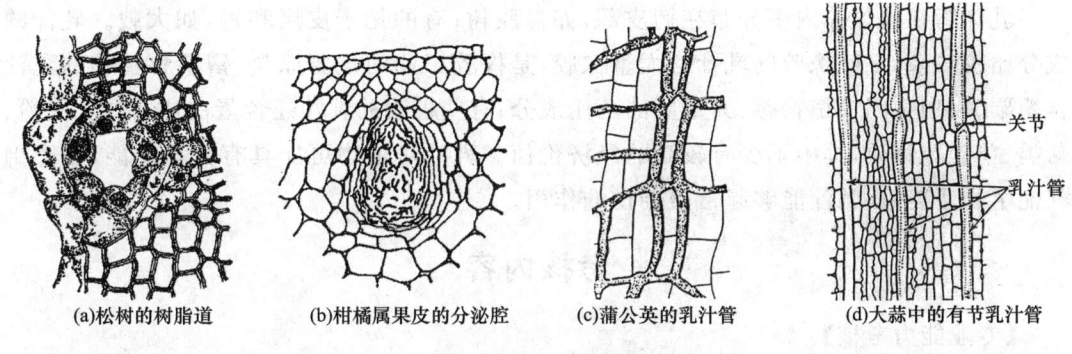

(a)松树的树脂道　(b)柑橘属果皮的分泌腔　(c)蒲公英的乳汁管　(d)大蒜中的有节乳汁管

图 2-2-17　内分泌组织

a. 分泌细胞

分泌细胞一般单个地分散于薄壁组织中,细胞体积通常明显地较周围细胞大,容易识别。根据分泌物质的类型,分为油细胞(如樟科、木兰科、蜡梅科、胡椒科等)、黏液细胞(如仙人掌科、锦葵科、椴树科等)、含晶细胞(如桑科、石蒜科、鸭跖草科等)、鞣质细胞(含有单宁的细胞,如葡萄科、景天科、豆科、蔷薇科等)以及芥子酶细胞(白花菜科、十字花科)等。

b. 分泌腔

分泌腔是植物体内多细胞构成的储藏分泌物的腔室结构。根据腔室形成的方式可分为溶生分泌腔和裂生分泌腔两种类型。溶生分泌腔是由一群具有分泌能力的分泌细胞溶解而形成的腔室,分泌物储积在腔中。如橘的果皮和叶中,棉的茎、叶、子叶中都有这种类型的分泌腔。裂生分泌腔是由有分泌能力的细胞群胞间层溶解,细胞相互分开,细胞间隙扩大而形成的腔室,周围一至多层分泌细胞将分泌物排入腔室中。

c. 分泌道

分泌道为管状的内分泌结构,管内储存分泌物质。分泌道也有溶生和裂生两种方式,但多为裂生形成。如松柏类植物的树脂道即分泌细胞的胞间层溶解,细胞相互分开而形成的长形细胞间隙,完整的分泌细胞环生于分泌道周围,由这些分泌细胞分泌的树脂储存于分泌道中。树脂的产生,增强了木材的耐腐性。漆树中有裂生的分泌道称为漆汁道,其中储有漆汁。树脂和漆汁都是重要的工业原料,经济价值很高。杧果属的茎、叶也有分泌道。

d. 乳汁管

乳汁管是能分泌乳汁的管状结构。按其形态发生特点分为无节乳汁管和有节乳汁管两类。

无节乳汁管起源于单个细胞,随植物的生长而强烈伸长,形成一多核的分枝巨型的细胞,可长达数米,贯穿于植物体中。细胞进行核的分裂,不产生细胞壁,管中具有多核,如桑科、夹竹桃科、大戟属植物的乳汁管。

有节乳汁管由多个长圆柱形细胞连接而成,通常为端壁溶解而连通,在植物体内形成复杂的网络系统,如三叶橡胶、莴苣属、木薯、番木瓜等。

乳汁管在植物体内多分布在韧皮部,如橡胶树;有的见于皮层和髓,如大戟。乳汁的成分比较复杂,三叶橡胶的乳汁含大量橡胶,是橡胶工业的重要原料;罂粟科植物的乳汁含罂粟碱、咖啡因等植物碱,为重要的药用成分;有些植物的乳汁还含蛋白质、糖类、淀粉、萜类、单宁等物质,其中不少有较高的经济价值。乳汁对植物可能具有保护功能,在防御其他生物侵袭时,乳汁能够起覆盖创伤的作用。

# 考核内容

【专业能力考核】

一、名词解释

组织;分生组织;成熟组织;维管束;木质部;韧皮部;有限维管束;无限维管束;皮组织系统;维管组织系统;基本组织系统。

二、描述植物组织的结构特征、功能及在植物体内的分布。

三、填写图中主要部分名称,并注明是哪类组织。

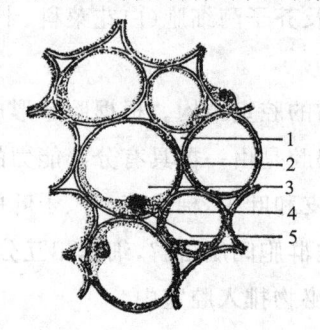

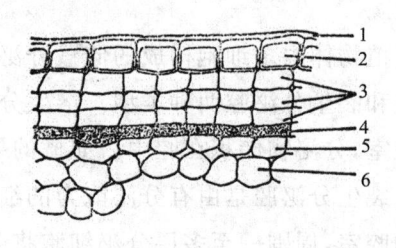

【职业能力考核】

**考核评价表**

| | | 子情境2-2:描述植物组织 | | | |
|---|---|---|---|---|---|
| 姓名: | | 班级: | | | |
| 序号 | 评价内容 | 评价标准 | 分数 | 得分 | 备注 |
| 1 | 专业能力 | 资料准备充足,获取信息能力强 | 10 | | |
| | | 描述植物组织正确、熟练、用时短 | 50　80 | | |
| | | 实训作业按要求撰写,总结全面、到位 | 20 | | |
| 2 | 方法能力 | 获取信息能力、组织实施、问题分析与解决、解决方式与技巧、科学合理的评估等综合表现 | 10 | | |
| 3 | 社会能力 | 工作态度、工作热情、团队协作互助的精神、责任心等综合表现 | 5 | | |
| 4 | 个人能力 | 自我学习能力、创新能力、自我表现能力、灵活性等综合表现 | 5 | | |
| | | 合计 | 100 | | |

教师签字:　　　　　　　　　　　　　　　　　　　年　　月　　日

# 子情境2-3　描述植物营养器官

| 学习目标 |
|---|
| 认识植物根、茎、叶形态结构 |
| **职业能力** |
| 能描述植物根、茎、叶形态结构 |
| **学习任务** |
| 1. 描述根形态结构<br>2. 描述茎形态结构<br>3. 描述叶形态结构 |
| **建议教学方法** |
| 思维导图教学法、理实一体教学法 |

细胞是构成植物体的基本结构单位,由细胞形成各种组织,再组成各种器官。植物的器官有营养器官和生殖器官之分。植物的营养器官包括根、茎、叶。被子植物是植物界进化最高级、种类最多、分布最广的类群。下面我们以被子植物为例来描述根、茎、叶的外部形态和内部结构。

## 一、描述根形态结构

(一)根的形态

1. 根的种类

大豆种子包括种皮和胚,其中胚由胚芽、胚轴、胚根和子叶组成(解剖大豆种子)。当种子萌发时,胚根突破种皮向地生长,形成主根。主根上产生一级侧根,侧根再生二、三级侧根。在茎、叶和胚轴上产生的根称为不定根,例如玉米、高粱、甘蔗靠近地面的茎节部,葡萄、甘薯、榕树等植物的茎上,秋海棠、落地生根的叶上,洋葱、水稻、小麦等植物的胚轴和分蘖节上,均能产生不定根。生产上月季、牡丹、葡萄、甘薯的扦插,兰花、凤梨的组织培养,金花茶、樱花的高空压条等繁殖方法,就是利用植物能产生不定根的特性。

2. 根系的种类

一株植物地下部分所有根的总体称为根系。根系分为直根系和须根系(图 2-3-1)。主根粗壮发达,侧根与主根有明显区别的根系称为直根系,如大豆、棉花、油菜、果树以及树木等大多数双子叶植物的根系。主根不发达或早期停止生长,在茎的基部产生许多粗细相似的不定根,由不定根形成的根系称为须根系,如小麦、水稻、蒜、洋葱、竹类等单子叶植物的根系。

(a)大豆直根系　　(b)小麦须根系　　(c)直根系　　(d)须根系

图 2-3-1　根系的种类

3. 根系在土壤中的分布

根据根系在土壤中分布的状况,一般可分为深根系和浅根系两类。深根系的特点是主根发达,垂直向下生长,深入土层,可达 3 m 以上,如大豆、棉花、树木、果树等。浅根系的特点是主根不发达,侧根或不定根向四面扩展,根系大部分分布在土壤表层,如水稻(图 2-3-2)、玉米、小麦、葱等。直根系多为深根系,须根系多为浅根系。

根系的分布也受外界环境的影响,一般土壤肥沃,结构疏松,含水量适当,光照充足时根系发达。此外,人为的影响也能改变根系的深度。如植物幼苗期的表面灌溉,苗木的移植、压条和扦插,易于形成浅根系;种子繁殖,深耕多肥,易于形成深根系。因此,在农林业生产中,应掌握各种植物根系的特性,为根系的发育创造良好的环境条件,为稳产、高产、优产打下良好的基础。

图 2-3-2　水稻根系在土壤中的分布

根的主要生理功能是吸收作用,即从土壤中吸收水分和无机盐,并将植物固定在土壤中,维持植物的重力平衡。根还能合成细胞分裂素、赤霉素、氨基酸、植物碱等重要的物质,调节地上部分的生长。有些植物的根还具有繁殖和储藏作用,如甘薯、木薯、萝卜等。人参、当归、甘草等植物的根还被用作药材。

## (二)根的结构

### 1. 根尖及其分区

从根的顶端到着生根毛的部位叫作根尖。根尖从尖端向后依次分为根冠、分生区、伸长区和成熟区(根毛区)四个部分(图 2-3-3)。

(1)根冠

根冠位于根的先端,由薄壁细胞组成的帽状结构套在分生区外,保护着幼嫩的生长点。外层细胞能分泌多糖类黏液,使土粒表面润滑,减少摩擦,便于根尖在土壤中生长。根冠前端细胞中含有淀粉体,起着"平衡石"的作用,保证根的向地性生长。

(2)分生区

分生区位于根冠的上方,长 1~2 mm,属于分生组织。细胞壁薄、核大、质浓、无液泡或液泡小。通过细胞分裂,不断产生新细胞,可以补充根冠或转变为伸长区。

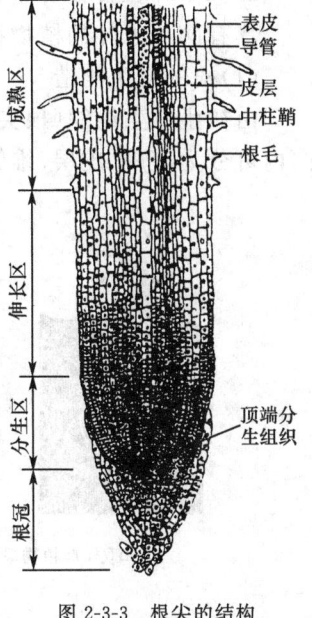

图 2-3-3　根尖的结构

(3)伸长区

伸长区位于分生区的上方,长 2~5 mm,是由分生区产生的细胞发展而来。细胞停止分裂,细胞内出现较大的液泡,细胞体积迅速伸长。同时,开始出现组织分化,最早的筛管和导管相继出现。伸长区是根生长的主要区域。

(4)成熟区

成熟区位于伸长区的上方,由伸长区发展而成。细胞体积停止伸长,已分化成各种成熟组织。成熟区的表面密生根毛,亦称为根毛区。它的一部分表皮细胞的外壁向外突出伸长成管状,细胞质紧贴细胞壁,中央为一大液泡,细胞核常位于先端,角质层极薄,外壁上有黏液和果胶质,有利于吸收和固着(图 2-3-4)。根毛区是根吸收水分和无机盐的主要部位。

根毛的寿命只有数天或十几天,当老的根毛死亡时,由邻接的伸长区形成新的根毛,随着根尖的向前生长,根毛区的位置也不断向前推进。失去根毛的成熟区,主要行使输导和支持功能。

根毛数量多,密度大,大大增加了根的吸收面积。但在土壤干旱的情况下,根毛会发生萎蔫而枯死,从而影响吸收,这是土壤干旱造成减产的主要原因之一。在育苗移栽时提倡带土移苗,尽量减少根尖和根毛的损伤,提高幼苗成活率。移栽后采取充分灌溉和部分修剪枝叶等措施,防止植物过度蒸腾失水而死亡。

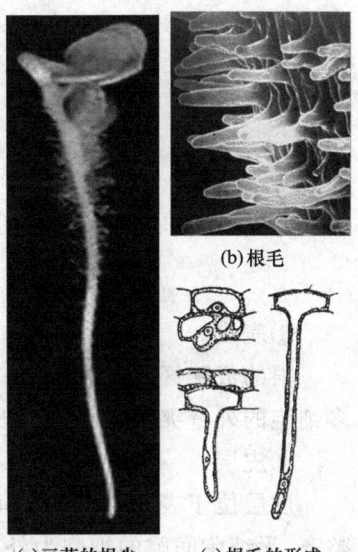

图 2-3-4　成熟区的根毛及根毛的形成

## 2.双子叶植物根的结构

具有两片子叶的植物称为双子叶植物,如大豆、蓖麻等。

### (1)根的初生构造

由初生分生组织(根尖的分生区)所形成的结构叫初生结构。根的成熟区横切面由外向内可分为表皮、皮层、维管柱(中柱)三大部分(图2-3-5)。

(a)双子叶植物根初生结构轮廓图　　(b)双子叶植物根初生结构立体图

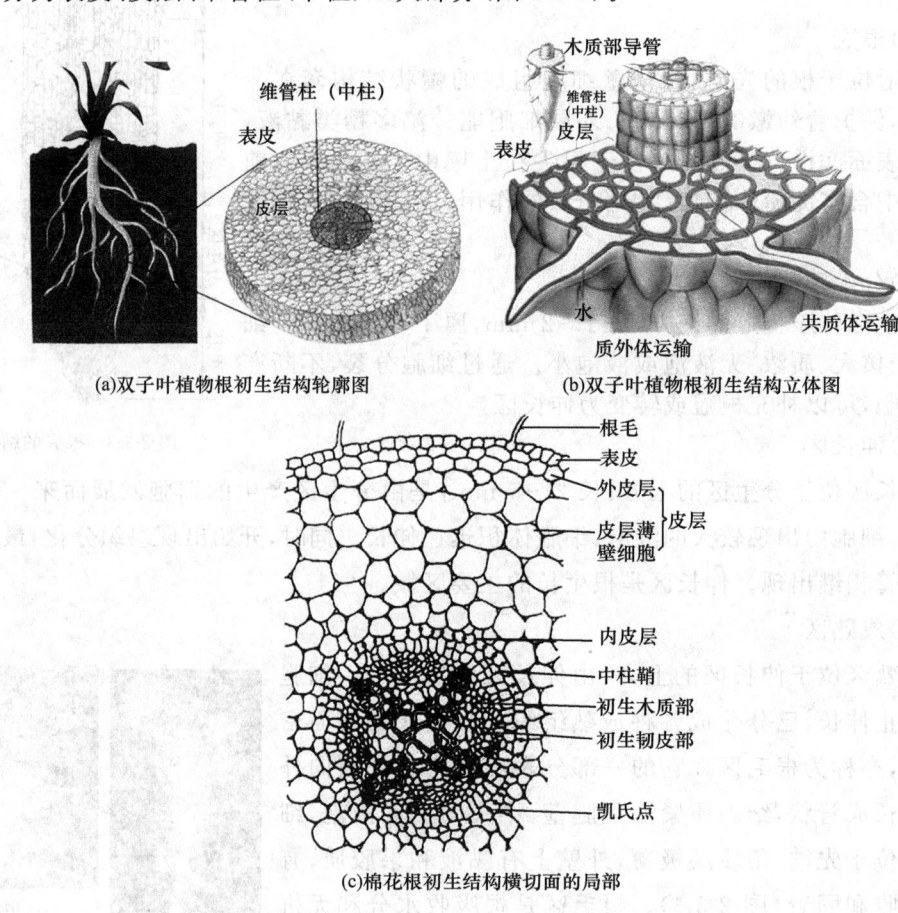

(c)棉花根初生结构横切面的局部

图2-3-5　双子叶植物根初生结构

①表皮

根的成熟区最外面是由一层表皮细胞组成,细胞排列紧密,无细胞间隙,细胞壁薄,很多细胞的外壁突出形成管状根毛,其主要功能是吸收水分和无机盐。

②皮层

皮层位于表皮与中柱之间,由许多排列疏松的薄壁细胞组成。皮层最外1~2层排列整齐、无细胞间隙的细胞为外皮层。当根毛死亡,表皮脱落时,外皮层细胞的细胞壁发生木栓化成为保护组织。

外皮层以内多层排列疏松的薄壁细胞,具有储藏、运输和通气功能,称为中皮层。

皮层最内的一层细胞为内皮层(图2-3-6),细胞排列紧密,没有细胞间隙,细胞的侧壁和上下壁有木化、栓化的带状加厚区域,环绕细胞一圈,叫凯氏带。凯氏带能限制和阻碍水分和物质通过,当根吸收的水分、无机盐向内运输时,只有通过内皮层细胞的外壁—原生质体—内壁进入中柱,无法通过细胞壁(凯氏带)。原生质对物质的运输具有选择性和调控作用。因此,内皮层在植物吸收、运输水分和无机盐的过程中起着极为重要的作用。

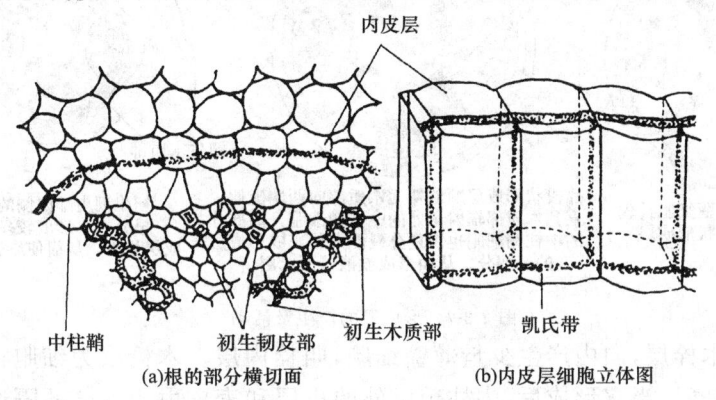

图 2-3-6　内皮层的结构

③维管柱

维管柱也叫中柱,是皮层以内的整个中心部分,它包括中柱鞘、初生木质部、初生韧皮部和薄壁细胞四个部分。

中柱鞘位于维管柱的最外层,由紧贴内皮层的一层或几层薄壁细胞组成。细胞排列紧密,并具有潜在的分裂能力,在一定条件下,中柱鞘细胞能分裂产生侧根、不定根、不定芽及一部分形成层和木栓形成层。

初生木质部位于根的中央,由导管、管胞、木纤维、薄壁细胞组成,它的主要功能是运输水分和无机盐。在横切面上呈辐射状,初生木质部的辐射角通常有一定的数目,双子叶植物一般为 2~5 束,单子叶植物一般为 6 束以上。

初生韧皮部位于两个初生木质部辐射角之间,与初生木质部相间排列。束的数目与初生木质部数目相等。初生韧皮部主要由筛管、伴胞、韧皮纤维、薄壁细胞组成,它的主要功能是运输有机物质。

薄壁细胞位于初生韧皮部和初生木质部之间,这些细胞能恢复分裂能力,成为形成层的一部分。

少数双子叶植物的根,在维管柱的中央由薄壁细胞组成,称为髓,如蚕豆、花生、茶等。但多数双子叶植物根的中央无髓。

(2)根的次生构造

①形成层的产生及活动

初生木质部和初生韧皮部之间的薄壁细胞,与初生木质部辐射角相对的中柱鞘细胞恢复分裂,形成形成层。形成层不断地向外分裂产生次生韧皮部,向内分裂产生次生木质部,因而使根均匀地增粗(图 2-3-7)。次生木质部与次生韧皮部之中,产生一些呈辐射状排列的薄壁细胞,称为射线,有横向运输水分和养料的功能。

②木栓形成层的产生及活动

在形成层活动的同时,中柱鞘细胞恢复分裂,形成木栓形成层。木栓形成层进行分裂

图2-3-7 形成层的产生及活动

（从左至右说明）
- 初生韧皮部内的薄壁细胞首先发生分裂形成片段状形成层。
- 片段状形成层顺着初生木质部向两端延伸，直到木质部辐射角处的中柱鞘细胞，该部分的中柱鞘细胞也恢复分裂能力转变成形成层的一部分，从而形成波浪状形成层。
- 初生韧皮部内侧的形成层早发生，早分裂，形成较多的次生组织把形成层外推，从而使维管形成层呈圆环形。

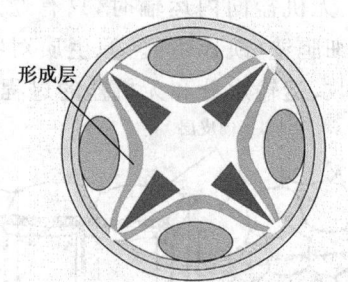

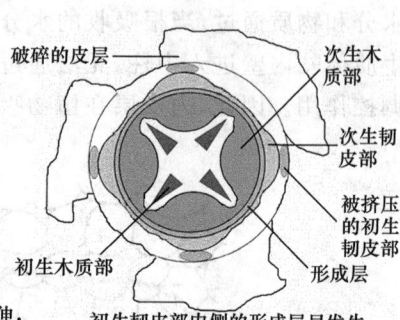

活动，向外产生木栓层，向内产生少量薄壁细胞，叫栓内层。木栓层为细胞栓质化的死细胞，不透水，不透气。当它形成后，中柱鞘以外的皮层和表皮由于养分的隔绝逐渐死亡脱落，木栓层代替表皮起保护作用。木栓层、木栓形成层和栓内层，三者总称为周皮。

形成层和木栓形成层属于次生分生组织，由它们所形成的结构，叫次生结构。根的次生构造由外向内分为周皮、初生韧皮部、次生韧皮部、形成层、次生木质部、初生木质部、射线。有些植物还含有髓（图2-3-8）。

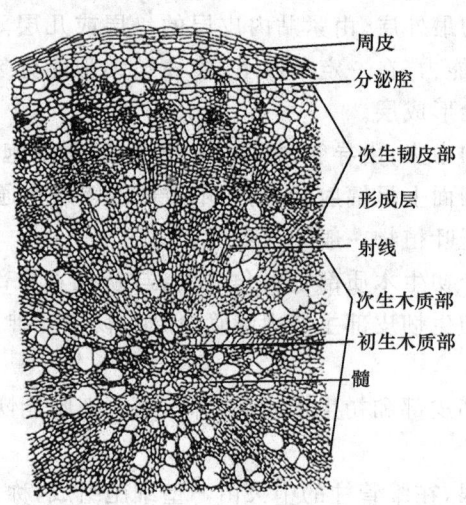

图2-3-8 棉花老根次生结构横切面的局部

### 3. 单子叶植物根的结构

以水稻、小麦为例，单子叶植物根的基本结构也可分为表皮、皮层、维管柱（中柱）三个部分。

（1）表皮

表皮是根最外一层细胞，具有吸收和保护功能。根毛枯死后，表皮往往解体脱落。

（2）皮层

靠近表皮的一至数层细胞在根发育后期变为厚壁的机械组织，起支持和保护作用。水稻根中部分皮层细胞解体破坏，形成很大的气腔，并与茎、叶的气腔互相贯通，形成通气组织(图 2-3-9)。叶片中的氧气可通过气腔进入根部,供给根的呼吸,所以水稻能生活在水湿的环境中。然而,三叶期以前的秧苗,通气组织尚未形成,根所需要的氧气要靠土壤供应,故这段时间的畦面不能长期保持水层。

内皮层细胞的壁,在生长后期常发生五面壁(侧壁、上下壁和内壁)增厚,仅靠近皮层的外壁不增厚。在横切面上,呈马蹄形。因此,这些内皮层细胞能防止水分和无机盐进入维管柱。而正对着木质部辐射角的内皮层细胞壁不增厚,这些细胞叫通道细胞,水分和无机盐可通过通道细胞进入维管柱。

(3)维管柱(中柱)

维管柱最外的一层薄壁细胞为中柱鞘,可产生侧根。初生木质部辐射角数目一般在6束以上(小麦7~8束,水稻6~10束,玉米12束)。初生韧皮部与初生木质部辐射角相间排列,二者之间的薄壁细胞,不能恢复分裂能力,不产生形成层,无增粗生长。维管柱中央有髓,后期变成厚壁组织,起支持作用(图 2-3-10)。

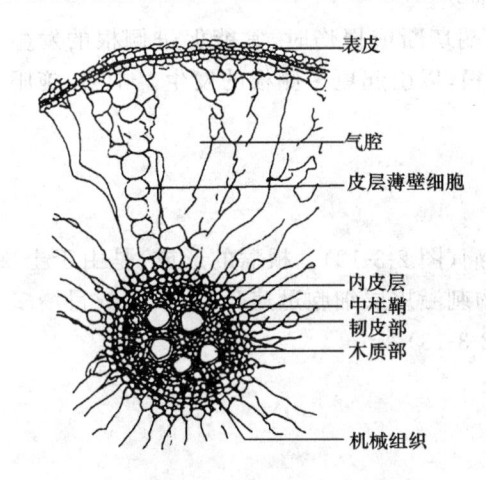

图 2-3-9 水稻老根横切面的局部

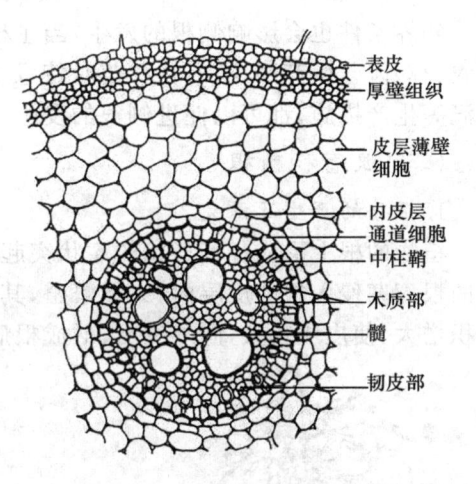

图 2-3-10 小麦老根横切面的局部

单子叶植物根与双子叶植物根相比较有以下区别:

①初生木质部辐射角数目一般在 6 束以上。

②不能产生形成层,根的增粗生长有限。

③不能形成木栓形成层,生长后期,靠近表皮的数层皮层细胞转变为厚壁细胞,起支持和保护作用;内皮层发生五面壁增厚,在横切面上呈马蹄形,存在通道细胞;水稻根的皮层形成气腔。

④有髓(或髓腔),在根发育的后期,髓转变为厚壁细胞,以增强中柱的支持和巩固作用。

4.侧根的形成

(1)侧根形成的部位

侧根由中柱鞘细胞恢复分裂能力产生。

(2)侧根的形成过程

侧根的形成过程是中柱鞘细胞→根冠和侧根的分生区→根的原始体→侧根。中柱鞘细胞恢复分裂形成侧根的根冠和分生区,然后由分生区细胞不断分裂、生长和分化,形成侧根的原始体,再逐渐伸长,形成侧根(图 2-3-11)。

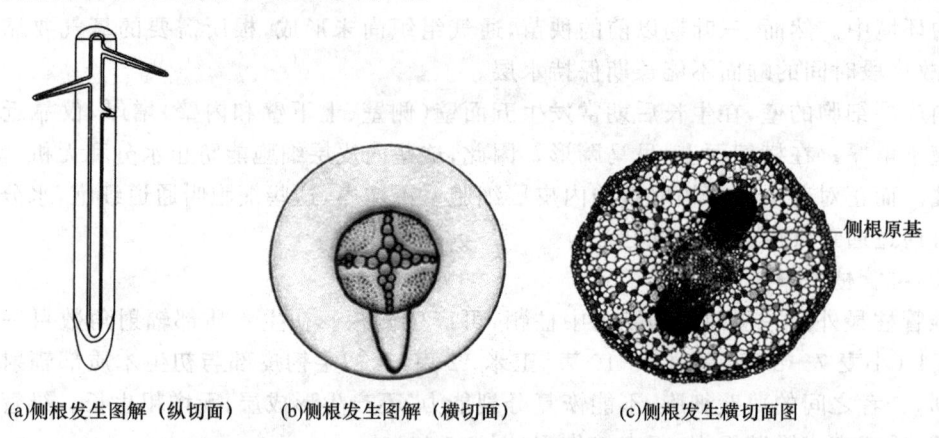

(a)侧根发生图解（纵切面）　　(b)侧根发生图解（横切面）　　(c)侧根发生横切面图

图 2-3-11　侧根的发生

外界条件也会影响侧根的发生,当主根的顶端切断或损伤时,常能促进侧根的发生,在农、林、园艺生产中,有时在移苗时特意切断主根,以引起更多侧根的发生。中耕、施肥、灌溉等生产措施,都可以促进侧根的发生。

### (三)根瘤和菌根

#### 1. 根瘤的产生及意义

植物的根上形成各种形状的瘤状突起,叫根瘤(图 2-3-12)。根瘤的形成,是由于土壤中的根瘤菌侵入根的皮层内,大量繁殖,其分泌物刺激皮层细胞迅速分裂,细胞数目增多,体积增大,使皮层膨大,向外突出,形成根瘤(图 2-3-13)。

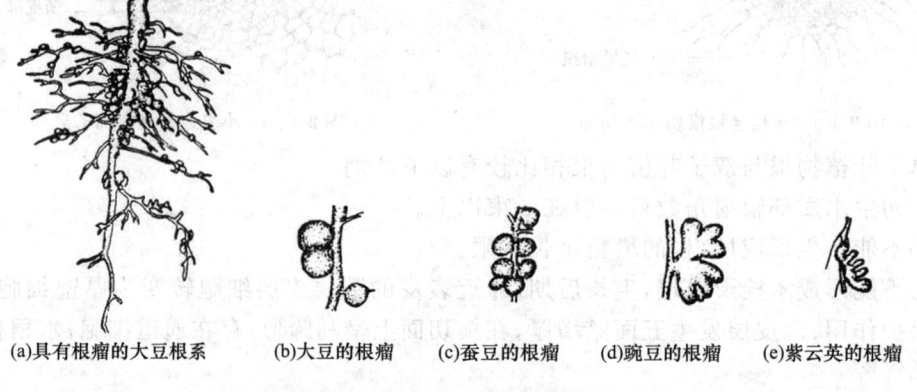

(a)具有根瘤的大豆根系　　(b)大豆的根瘤　　(c)蚕豆的根瘤　　(d)豌豆的根瘤　　(e)紫云英的根瘤

图 2-3-12　几种豆科植物的根瘤

根瘤菌侵入根部以后,从植物的根中吸收水分和养料。同时,它能固定空气中的游离氮,合成含氮化合物,供植物利用,这种植物与微生物之间互为有利的关系称为共生。豆科植物都有固氮作用,可作为绿肥使用。例如,667 $m^2$ 苜蓿如生长良好,一年可积累 20 kg 氮素,相当于 100 kg 硫铵,能提高土壤肥力,提高作物产量。

根瘤菌的种类很多,并具有专一性,每一种根瘤菌只能与一定种类的豆科植物共生。例如,花生的根瘤菌不能感染大豆,反过来也一样。一般土壤中缺乏根瘤菌,在农业生产上常将根瘤菌制成菌肥,在播种豆科植物时用以拌种,可促进根瘤的形成。

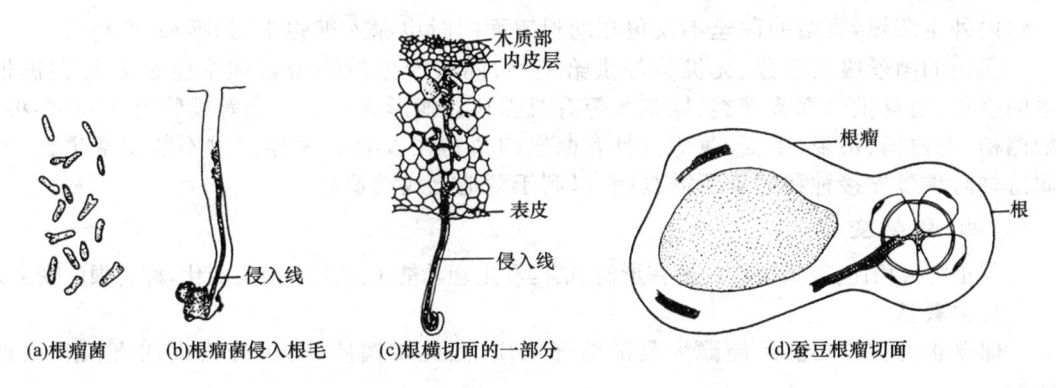

(a)根瘤菌　(b)根瘤菌侵入根毛　(c)根横切面的一部分　(d)蚕豆根瘤切面

图 2-3-13　根瘤的形成

除豆科植物外,还发现 100 多种植物能形成根瘤,如木麻黄、罗汉松、杨梅、铁树、沙棘等,禾本科的早熟禾属、看麦娘属的植物也能够结瘤、固氮。

近年来,把固氮基因转入农作物和某些经济植物中已成为分子生物学和遗传工程的研究目标。

2. 菌根的形成及意义

种子植物的根和真菌也有共生关系,和真菌共生的根称为菌根。菌根有外生菌根、内生菌根和内外生菌根三种类型。

外生菌根:真菌的菌丝包在幼根的表面,有时也侵入皮层细胞间,但不进入细胞内,以菌丝代替根毛的功能,增加了根系的吸收面积,如松树、毛白杨等。

内生菌根:真菌的菌丝大部分侵入皮层细胞中,加强吸收机能,促进根内的物质运输,如柑橘、核桃、李、葡萄、小麦、葱等(图 2-3-14)。

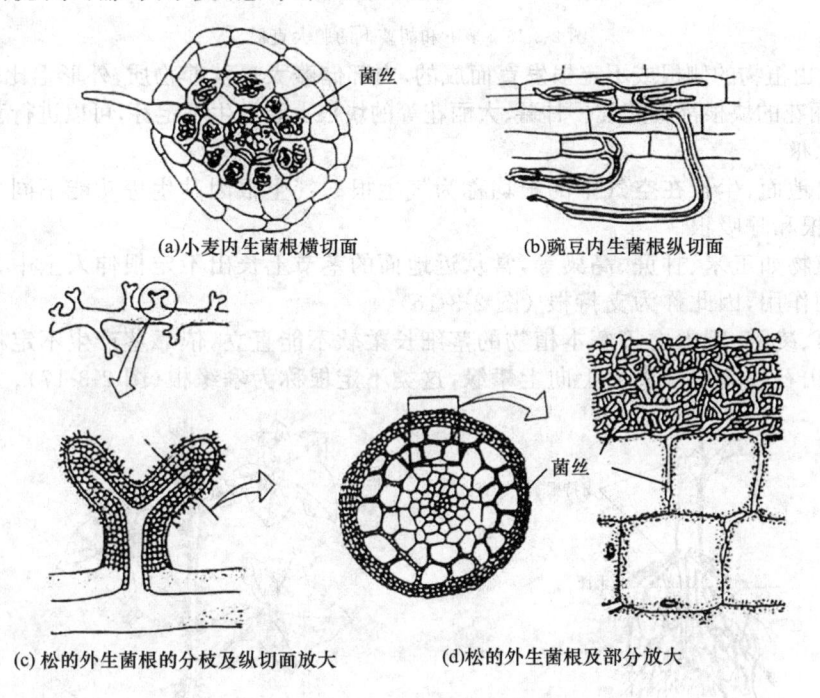

(a)小麦内生菌根横切面　(b)豌豆内生菌根纵切面

(c)松的外生菌根的分枝及纵切面放大　(d)松的外生菌根及部分放大

图 2-3-14　菌根

内外生菌根：真菌的菌丝不仅包在幼根表面同时也深入细胞中，如苹果、柳树等。

真菌的菌丝吸收水分、无机盐等供给植物，同时产生植物激素和维生素 B 等促进根系的生长；植物供给真菌糖类、氨基酸等有机养料。能形成菌根的高等植物有 2000 多种，如侧柏、毛白杨、银杏、小麦、葱等。具有菌根的植物在没有真菌存在时不能正常生长，因此造林时须事先接种和感染所需真菌，以利于荒地上成功造林。

### （四）根的变态

与正常根相比，有些植物的根在形态、结构和生理功能上发生了很大变化，称为根的变态。

#### 1. 储藏根

储藏根的主要功能是储藏大量的营养物质，因此常肉质化，可分为肉质直根和块根两种。

萝卜、胡萝卜、甜菜的肥大直根，属于肉质直根。但胡萝卜根是靠次生韧皮部中发达的薄壁组织储藏营养物质的，而萝卜根是靠次生木质部中大量的薄壁组织储藏营养物质的（图 2-3-15）。

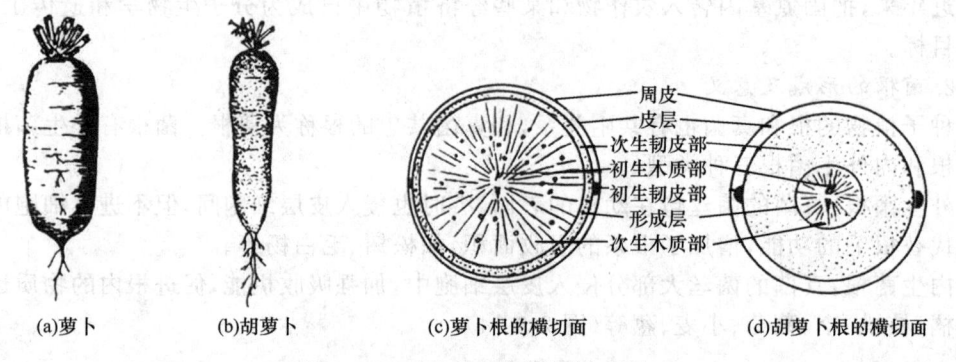

图 2-3-15 萝卜和胡萝卜的肥大直根

块根是由植物的侧根或不定根发育而成的，内部储藏大量营养物质，外形上比较不规则，如甘薯、大丽花的块根都属此类。甘薯、大丽花等的块根上能发生不定芽，可以进行营养繁殖。

#### 2. 气生根

凡露出地面，生长在空气中的根均称为气生根。气生根因其生理功能不同，又分为支持根、攀缘根和呼吸根。

有些植物如玉米、甘蔗、高粱等，常从近地面的茎节上长出不定根伸入土中，起辅助支持植物体的作用，因此称为支持根（图 2-3-16）。

常春藤、凌霄、爬山虎等藤本植物的茎细长柔软不能直立，依靠茎产生不定根，吸附在其他树干、山石或墙壁等表面上向上攀缘，这类不定根称为攀缘根（图 2-3-17）。

图 2-3-16 玉米的支持根

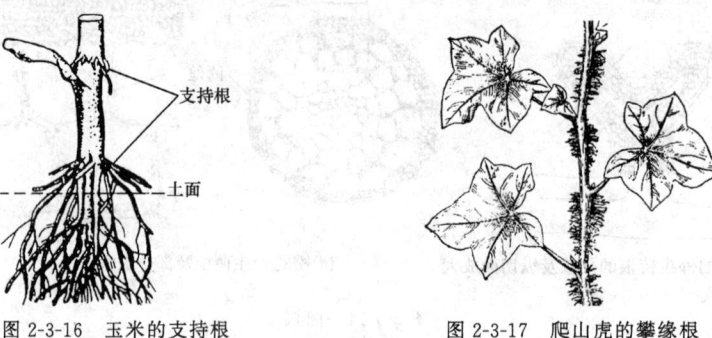

图 2-3-17 爬山虎的攀缘根

生活在海边泥水中的红树和水松,有部分根垂直向上生长,挺立在泥外空气中,有利于通气,以适应土壤中缺氧的情况,这类根被称为呼吸根(图 2-3-18)。

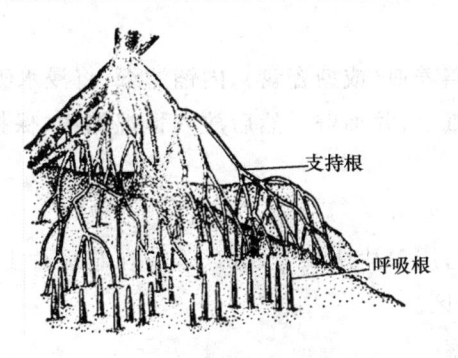

图 2-3-18　红树的呼吸根

3. 寄生根

有些寄生植物,如菟丝子,以茎紧密地缠绕在寄主茎上,茎上的不定根形成吸器,侵入寄主体内,吸收水分和有机养料,这种吸器称为寄生根(图 2-3-19)。

(a) 菟丝子缠绕在寄主(常为豆类)茎上　　(b) 菟丝子寄生根纵切面、寄主横切面及寄生情况

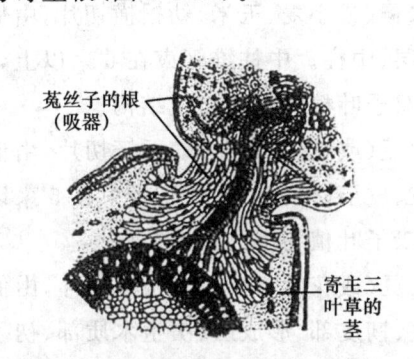

图 2-3-19　菟丝子的寄生根

### (五)技能训练——根的解剖结构观察

【实训目的】

通过根尖及根横切片结构观察,能区分根尖各部分,能描述根的初生结构和次生结构的特征。

【用品与材料】

显微镜、放大镜、培养皿、滤纸、盖玻片、载玻片、镊子、刀片、玉米(或小麦、水稻)籽粒、水稻(或小麦、玉米)幼根横切片、大豆(或花生、棉花)幼根横切片、大豆(或花生、棉花)老根横切片。

【方法与步骤】

1. 根尖及其分区

(1) 幼根的培养

试验前一个星期,用培养皿(或搪瓷盘),内铺滤纸,将浸水吸胀后的玉米籽粒(或大豆种子)均匀排在潮湿的滤纸上,并加盖。然后放入恒温箱中,保持温度 20~25 ℃,使根长到 1~2 cm,即可观察。

(2) 根尖外形观察

选择生长良好的幼根,用刀片从根毛处切下,放在载玻片上(下面垫一黑纸),用肉眼或放大镜观察其外形和分区。

(3) 根尖纵切结构观察

取洋葱根尖纵切片观察,可见从其尖端向上依次为根冠、分生区、伸长区和成熟区。

2. 根的结构观察

(1) 单子叶植物根的初生结构

取水稻(或小麦、玉米)幼根横切片,由低倍到高倍的顺序观察其结构,从外向内包括表皮、皮层、中柱。中柱维管束在 6 束以上,内皮层细胞五面壁加厚。

(2) 双子叶植物根的初生结构

取大豆(或花生、棉花)幼根横切片,由低倍到高倍的顺序观察其初生结构,从外向内包括表皮、皮层、中柱。中柱维管束在 5 束以下,内皮层细胞带状加厚。

(3) 双子叶植物根的次生结构

取大豆(或花生、棉花)老根横切片,由低倍到高倍的顺序观察其初生结构,从外向内包括周皮、韧皮部、形成层、次生木质部、初生木质部、髓等。

【实训考核】

1. 区分根尖分区,并描述各区细胞特点及功能。

2. 描述根的初生结构和次生结构。

3. 绘制水稻(或玉米)幼根、大豆(或棉花)幼根和老根横切面轮廓图,并注明各部分结构名称,如图 2-3-20 所示。

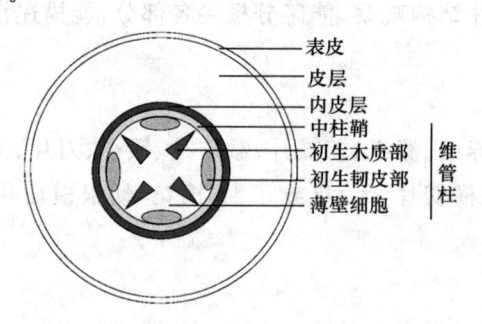

图 2-3-20 双子叶植物根初生结构的轮廓

## 二、描述茎的形态结构

### (一)茎的形态

**1. 茎的外形**

茎的形状通常为圆柱形,如水稻、大豆、果树、玉米、甘蔗。有些植物的茎为四棱形(如一串红、花叶紫苏)、三棱形(如莎草)、多棱形(如芹菜)和扁圆形(如仙人掌、昙花)等。

着生叶和芽的茎称为枝条。枝条上着生叶的部位称为节,相邻两节之间的部分叫节间。节间显著伸长的枝条称为长枝,节间短而密集的枝条称为短枝(图2-3-21)。果树(如梨、苹果)中短枝一般为结果枝,长枝一般为营养枝。枝条顶端生有顶芽,枝条与叶片之间的夹角称为叶腋,叶腋内生有腋芽,也叫侧芽。木本植物的叶脱落后,在节上留下的疤痕,称为叶痕。叶痕中的点状突起,是枝条和叶柄之间的维管束断离后留下的痕迹,称为叶迹。木本植物的鳞芽萌发时由于芽鳞脱落留下的痕迹,称为芽鳞痕(图2-3-22)。根据芽鳞痕的数目,可以判断木本植物枝条的年龄。在园艺和园林生产管理中,需要一定年龄的枝或茎作为扦插、嫁接的材料,芽鳞痕就可作为一种识别枝条年龄的依据。在木本植物的枝条上还有许多皮孔,是茎与外界进行气体交换的通道。枝条的形态特征即具有节、节间、叶腋、顶芽、侧芽、叶痕、叶迹、芽鳞、芽鳞痕、皮孔、长枝、短枝。

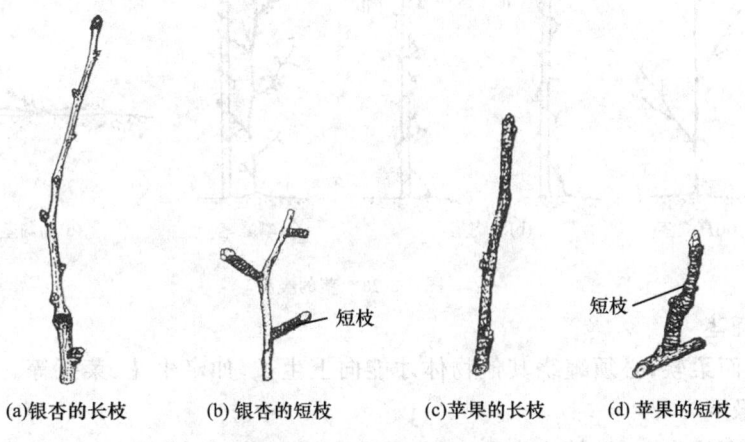

(a)银杏的长枝　(b)银杏的短枝　(c)苹果的长枝　(d)苹果的短枝

图 2-3-21　长枝和短枝

茎连接根、叶,输导水分、无机盐和有机物;茎支持着叶、花、果实,使叶片获得充分的阳光以进行光合作用,有利于花粉、果实和种子的传播;有些植物的茎还具有储藏(如甘蔗、莲藕、荸荠、马铃薯)和繁殖作用。茎还具有多种经济用途。茎可食用,也可药用,如杜仲的树皮、天麻的块茎和黄精的根状茎。麻类植物茎中的韧皮纤维,橡胶树茎中的橡胶,漆树茎中的漆汁,均为重要的工业原料。许多木本植物茎的材质良好,是重要的建材。对植物茎的开发利用,在发展国民经济中具有重要的意义。

**2. 茎的类型**

根据茎的生长习性,将茎分为以下四种类型(图2-3-23)。

(1)直立茎

茎直立生长,如茄、玉米、大豆、果树等大多数植物都属于直立茎。

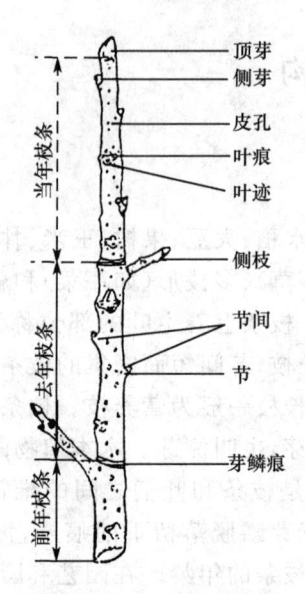

图 2-3-22　胡桃冬枝的外形

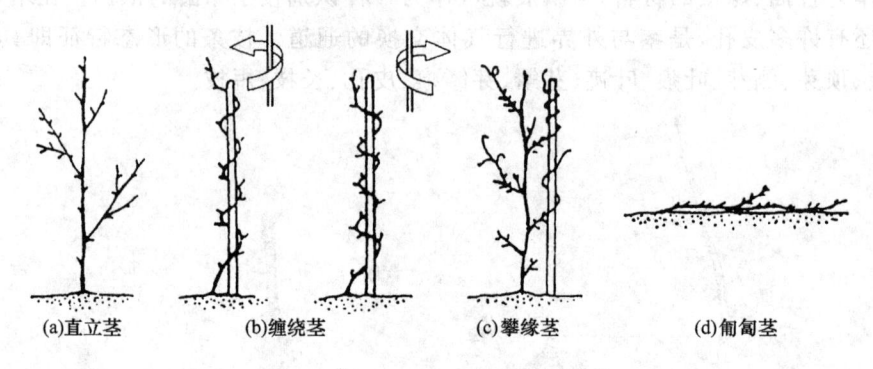

图 2-3-23　茎的类型

(2) 缠绕茎

茎细长而柔软,必须缠绕其他物体才能向上生长,如牵牛花、菜豆等。

(3) 攀缘茎

茎柔软不能直立,必须依靠卷须(如黄瓜、葡萄、豌豆)或吸盘(如爬山虎)等攀缘其他物体向上生长。

(4) 匍匐茎

茎平卧在地面上,向四周蔓延生长,在与地面接触部位的节上长出不定根起固定作用,如甘薯、草莓等。

具有攀缘茎和匍匐茎的植物,统称为藤本植物。藤本植物有木本的,如葡萄和忍冬;有草本的,如菜豆、南瓜和旱金莲等。

根据茎的质地可分为以下两种类型。

(1) 木本茎

茎木质化程度高,坚硬。木本植物中主干粗大明显的称乔木,如龙眼、荔枝、苹果、梨;主干不明显,分枝几乎从地面开始的称灌木,如扶桑、变叶木。

(2)草本茎

茎木质化程度较低,脆软,如水稻、小麦。

在一个生长季节内完成开花结实过程的称一年生植物,如大豆、水稻、玉米;需要两个生长季节才能完成开花结实过程的称二年生植物,如甜菜、小麦、油菜;需要三年以上才能完成开花结实过程的称多年生植物,如桃、李、苹果、龙眼。

3.茎的分枝与分蘖

(1)茎的分枝

茎的分枝方式可分为如下三种(图 2-3-24、图 2-3-25)。

(a)单轴分枝　　(b)合轴分枝　　(c)假二叉分枝

图 2-3-24　分枝的类型

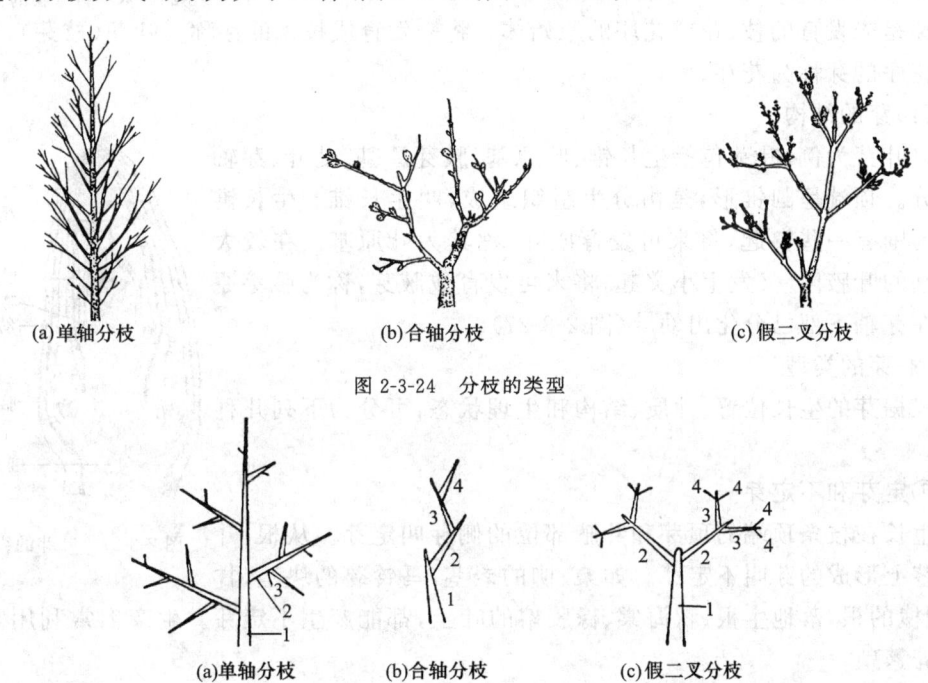

(a)单轴分枝　　(b)合轴分枝　　(c)假二叉分枝

图 2-3-25　分枝类型图解

①单轴分枝

主干直立粗大,侧枝生长弱于主干,这种分枝方式叫单轴分枝,如松、杉、杨、麻类等。

②合轴分枝

主茎的顶芽生长到一定时期便生长缓慢或死亡,由顶芽下的一个侧芽萌发成新枝代替顶芽继续生长,如此多次重复,形成由许多侧枝接合而成的茎干,这种分枝方式称为合轴分枝。合轴分枝形成的主干弯曲,株形开展,花芽较多,有利于繁殖,如葡萄、番茄、苹果、枣、李等。

③假二叉分枝

顶芽死亡或不发育,在近顶芽下面的对生侧芽同时发育出两个分枝,后各分枝重复这种方式,叫假二叉分枝,如辣椒、丁香、石竹、茉莉等。

(2)分蘖

分蘖是禾本科植物(如水稻、小麦等)的特殊分枝方式。禾本科植物生长的初期,从靠近地面节上产生的分枝,称为分蘖。产生分蘖的节称为分蘖节。主茎上长出的分蘖称为一级分蘖,由一级分蘖上长出的分蘖称为二级分蘖,以此类推(图 2-3-26)。能及时抽穗结实的分蘖,称为有效分蘖;不能抽穗结实的分蘖,称为无效分蘖。在农业生产中常采用合理密集、控制水肥、调整播期等措施,促进有效分蘖的生长发育,控制无效分蘖的发生,确保丰产。

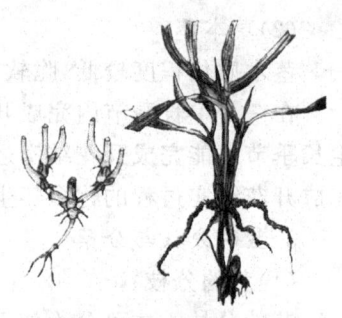

图 2-3-26 禾本科植物的分蘖

### 4. 芽及其类型

芽是未发育的枝、花或花序的原始体。将来发育成枝条的芽称为叶芽(枝芽),发育成花或花序的芽称为花芽。

(1)芽的结构

以叶芽为例,叶芽包括生长锥、叶原基、腋芽原基、幼叶、芽轴几部分。顶端呈圆锥形,是由分生组织组成,叫生长锥。生长锥基部周围有一些突起,将来可发育成叶,称其为叶原基。在较大叶原基的叶腋内,又发生小突起,将来可发育成腋芽,称为腋芽原基。在芽轴下部已分化出幼叶(图 2-3-27)。

(2)芽的类型

根据芽的生长位置、性质、结构和生理状态,可分为下列几种类型。

①定芽和不定芽

生长在枝条顶端的顶芽和叶腋部位的侧芽叫定芽。从根、叶或老茎上形成的芽叫不定芽。如桑、柳的老茎,马铃薯的块茎,甘薯、刺槐的根,落地生根、秋海棠、橡胶榕的叶上,都能产生不定芽。生产上常利用它们进行营养繁殖。

图 2-3-27 叶芽的纵切面

②叶芽、花芽和混合芽

芽展开后形成营养枝的芽称为叶芽,形成花或花序的芽称为花芽,既形成花又形成枝的芽称为混合芽,如苹果、梨的顶芽。花芽和混合芽较叶芽肥大(图 2-3-28)。

花芽　　叶芽　　混合芽

图 2-3-28 叶芽、花芽和混合芽

③鳞芽和裸芽

有芽鳞包被的芽,称为鳞芽;没有芽鳞包被的芽,称为裸芽。芽鳞是一种变态叶,包在芽的外面,起保护作用。

④活动芽和休眠芽

能在当年生长季节萌发的芽,称为活动芽。一年生植物的芽,多是活动芽。而温带木本植物枝条形成的芽,当年或多年不萌发,称为休眠芽。

(二)茎的构造

1. 茎尖及其分区

当叶芽萌发伸长时,通过茎尖做纵切面观察,可以看到由芽的顶端至基部,可以分为分生区、伸长区和成熟区。茎的生长就是在茎尖进行的。

(1)分生区

分生区位于茎尖的顶端,由分生组织组成,通过细胞分裂,增加细胞的数量和体积。在分生区的后部周围,生有若干个小突起,将来发育成叶,称为叶原基。通常在第二或第三个叶原基腋部生出一些小的突起物,将来发育成腋芽,称为腋芽原基。

(2)伸长区

伸长区位于分生区后方,包括几个节和节间,细胞停止分裂,迅速伸长,因此节间长度增加。伸长区是茎生长的主要部位。

(3)成熟区

成熟区位于伸长区后方,细胞停止伸长生长,形成各种成熟组织。

2. 双子叶植物茎的结构

(1)双子叶植物茎的初生构造

由茎顶端的分生组织,通过细胞分裂、伸长和分化所形成的构造叫初生构造。将茎尖的成熟区做一横切,在横切面上,从外向内可分为表皮、皮层、中柱(维管柱)三部分(图2-3-29)。

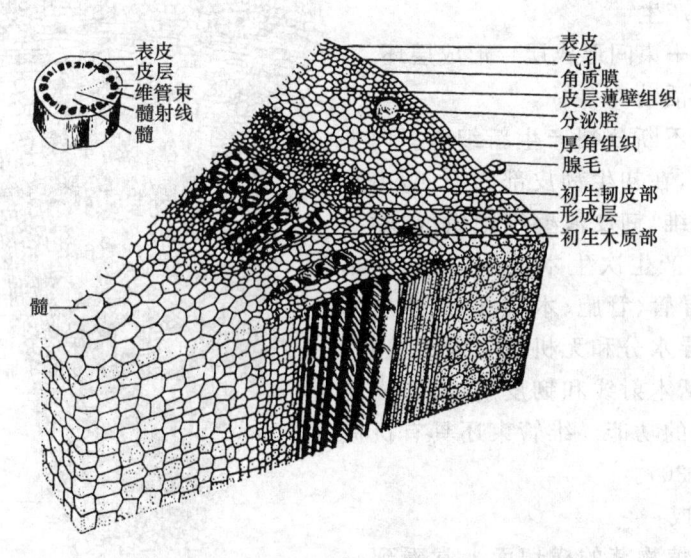

图2-3-29 棉花幼茎横切面局部立体结构

①表皮

表皮指幼茎最外面的一层活细胞,外壁角质化,不含叶绿体。表皮上有气孔、表皮毛、腺毛等附属结构。这种结构特点有利于防止水分的过度散失和病虫害入侵,又不影响透光和通气,属于保护组织。

②皮层

皮层是位于表皮以内、中柱以外的多层薄壁细胞。靠近表皮的数层细胞多分化为厚角组织,担负支持幼茎的作用。含有叶绿体,能进行光合作用,因此,幼茎常呈绿色。有的植物皮层中有分泌腔(如棉、向日葵)、乳汁管(如甘薯、夹竹桃)、树脂道(如松)等。水生植物的皮层薄壁组织有气腔,构成通气组织(如水稻、莲藕)。皮层最内的一层细胞为内皮层,除少数沉水植物外,一般不明显。有些植物茎的内皮层细胞富含淀粉粒,称为淀粉鞘。

③中柱

中柱是皮层以内所有组织的总称。它是由维管束、髓和髓射线三部分组成。大多数植物茎内没有中柱鞘或中柱鞘不明显。因此,皮层和中柱之间无明显的界线。

维管束是由初生木质部和初生韧皮部组成的束状结构,在茎的横切面上呈环状排列。初生木质部位于维管束内侧,初生韧皮部位于维管束外侧(外韧维管束),两者之间为束内形成层,属无限维管束。甘薯、烟草、马铃薯、南瓜等(茄科)茎的维管束,为双韧维管束。

髓位于茎的中央,由薄壁细胞组成,具有储藏养料的作用。有些植物的髓,在茎形成早期,细胞解体消失,变成中空,如蚕豆、南瓜等。

各维管束之间的薄壁细胞,在横切面上呈辐射状排列,叫髓射线。向外与皮层细胞相连,向内与髓相接,具有横向运输和储藏养料的功能。与束内形成层相连接的髓射线细胞还能转化为束间形成层。

(2)双子叶植物茎的次生构造

①形成层的产生与活动

a.形成层的产生

束内形成层+束间形成层=形成层环。

b.形成层的活动

形成层细胞不断分裂产生新细胞。向外产生次生韧皮部,在初生韧皮部的内侧,由筛管、伴胞、韧皮纤维、韧皮薄壁细胞组成,输导有机物质。向内产生次生木质部,在初生木质部的外侧,由导管、管胞、木质纤维、木质薄壁细胞组成,输导水分和无机盐。同时,还产生维管射线,包括木射线和韧皮射线,起横向运输和储藏养料的功能。维管束还具有机械支持作用(图2-3-30)。

c.年轮的形成

多年生木本植物茎的横切面上常看到一圈圈的同心圆环,即年轮。

每年的春夏季形成的木材,导管多而大,细胞壁较薄,色浅而疏松,构成早材(春材)。

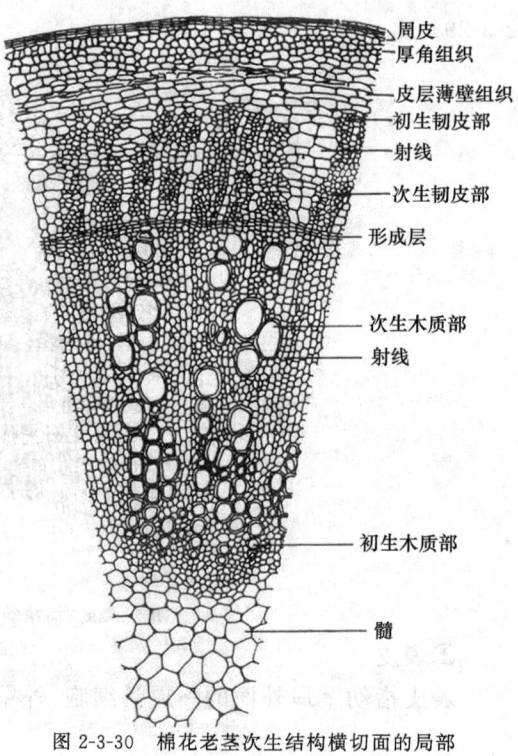

图2-3-30 棉花老茎次生结构横切面的局部

夏末初秋形成的木材,导管少而小,细胞壁较厚,色深而紧密,构成晚材(秋材)。同一年中的早材和晚材形成一个年轮。树木通常一年只形成一个年轮,因此,从年轮的数目可推算出树木的年龄(图2-3-31)。

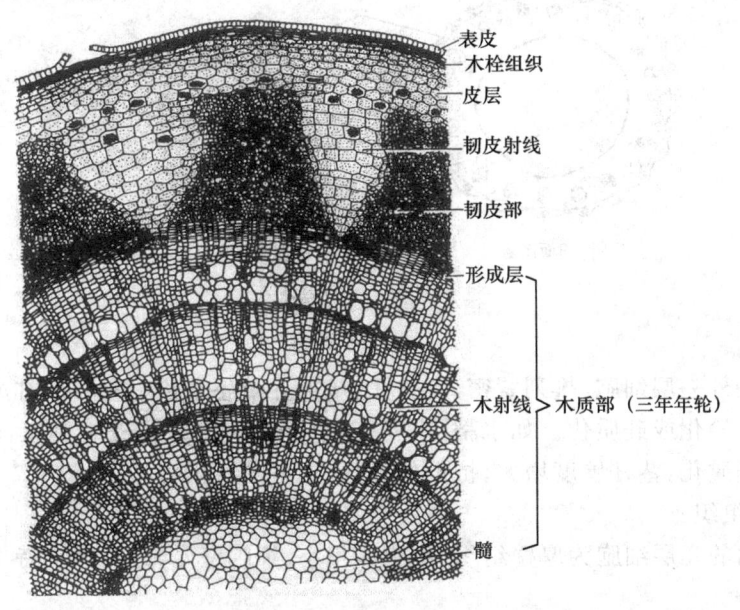

图 2-3-31　椴树三年生茎横切面

d. 边材与心材

很多树木,木材的中心部分常被树胶、树脂及色素等物质所填充,颜色较深,质地较坚硬,这部分木材称为心材。心材失去输导机能,但具有较强的支持作用,因其含水量少,不易腐烂,材质较好。心材以外的木材叫边材。其颜色较浅,材质较差,具有输导功能(这就是树怕剥皮不怕空心的道理)。随着茎的增粗,边材逐渐转变成心材,心材的数量会逐年增加(图2-3-32)。

② 木栓形成层的形成及活动

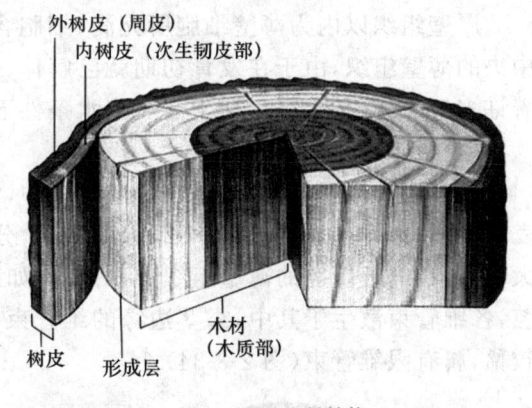

图 2-3-32　木材结构

茎的木栓形成层可以由皮层薄壁细胞、表皮细胞(苹果、柳)、厚角组织(大豆、花生)、初生韧皮部(茶)转变而成。木栓形成层进行分裂活动,向外产生木栓层,向内产生栓内层。栓内层细胞含有叶绿体,故为绿色。木栓层为细胞栓质化的死细胞,不透水,不透气。木栓层、木栓形成层和栓内层,三者总称为周皮。历年形成的周皮和夹于其间死亡的表皮、皮层组织,合称为树皮。习惯上,将形成层以外的部分叫树皮(假树皮)(图2-3-32)。树皮上有皮孔,是老茎进行气体交换的通道。

综上所述,双子叶植物茎的次生构造,自外而内依次为周皮、皮层(有或无)、韧皮部、形成层、木质部、维管射线、髓射线、髓。

### 3. 单子叶植物茎的结构

单子叶植物茎的结构以水稻和玉米茎的结构为例来说明(图 2-3-33、图 2-3-34)。

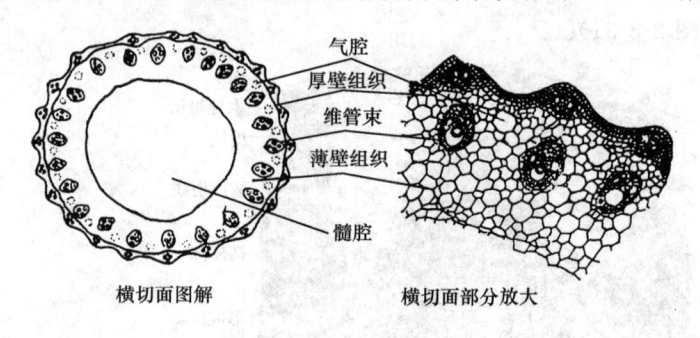

图 2-3-33　水稻茎横切面

**(1) 表皮**

表皮是最外一层细胞,排列紧密,有气孔、蜡被等附属结构(如高粱、甘蔗等)。有些植物的细胞壁木栓化或硅质化。如水稻、小麦、玉米茎的表皮细胞的细胞壁,由于渗入二氧化硅而发生硅质化,茎秆硬度增大,抗倒伏,对病虫害的抵抗力增强。

**(2) 厚壁组织**

表皮以内的几层细胞为厚壁组织,细胞体积小,细胞壁厚,起机械支持作用,增强植物的抗倒伏能力。

**(3) 薄壁组织**

厚壁组织以内为薄壁细胞所充满,细胞含叶绿体,故幼茎呈现绿色。水稻、小麦茎秆中央的薄壁组织,由于在发育初期就已解体,形成空腔,叫髓腔。水稻的薄壁组织里分布着许多气腔,它是水稻长期生活在淹水条件下,适应水生的一种通气组织。

**(4) 维管束**

维管束的数目很多,散生在薄壁组织中,它们的排列方式有两种类型:一类如水稻、小麦等,维管束排列成两环,外环维管束较小,分布在靠近表皮的厚壁组织中,内环维管束较大,分布在靠近髓腔的薄壁组织中;另一类如玉米、高粱、甘蔗等,茎内充满薄壁组织,无髓腔,各维管束散生于其中,靠茎边缘的维管束较小,排列紧密,靠中央的维管束较大,排列较稀,属有限维管束(图 2-3-34)。

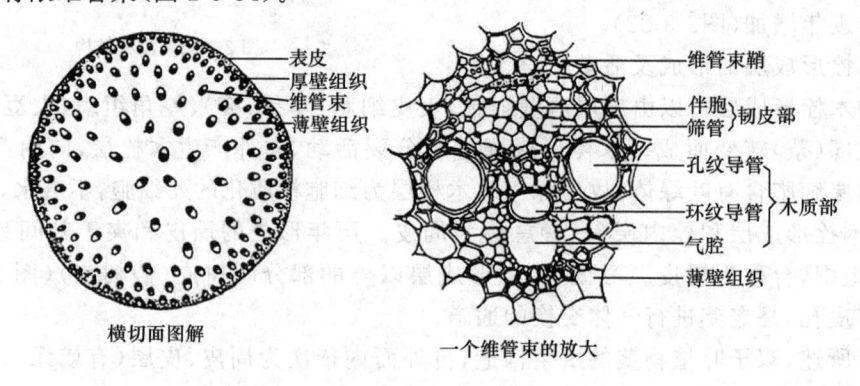

图 2-3-34　玉米茎横切面

维管束由韧皮部、木质部和维管束鞘组成。

韧皮部向着茎外,由筛管和伴胞组成。木质部向着茎中心,三个导管呈"V"字形,上部有两个大的导管,下部有一两个较小的导管和气腔。维管束鞘位于维管束的外面,由多层厚壁细胞组成,起机械支持作用。

水稻矮秆品种(抗倒伏品种)的茎秆,节间较短,髓腔较小,厚壁组织较发达。施足底肥,浅水勤灌,适时排水晒田,改善光照条件,可使水稻茎秆坚实粗壮,厚壁组织发达,维管束数目增多,抗倒伏能力增强。

禾本科植物节间伸长时,称为拔节。抽穗时,茎的伸长生长特别迅速,这是几个节间同时进行伸长生长的结果。

双子叶植物与单子叶植物茎结构的区别见表2-3-1。

表2-3-1　　　　　　　双子叶植物与单子叶植物茎结构的区别

| 内容 | 植物类别 ||
| --- | --- | --- |
| | 双子叶植物 | 单子叶植物 |
| 表皮 | 角质化,多年生木本植物表皮脱落 | 角质化、木栓化或硅质化,不脱落 |
| 初生结构 | 分为表皮、皮层、中柱三部分 | 无表皮、皮层、中柱三部分之分 |
| 维管束 | 无限维管束,在茎中环状排列 | 有限维管束,在茎中散生,有维管束鞘 |
| 木质部 | 木质部导管多、分散 | 木质部导管呈"V"字形 |
| 次生结构 | 有形成层和木栓形成层,产生次生构造,茎能不断增粗 | 无形成层和木栓形成层,不产生次生构造,茎增粗有限 |

### (三)茎的变态

**1. 地上茎的变态**

(1)肉质茎

植物的茎肥大,肉质,称肉质茎,主要功能是储藏水分和养料,还能进行光合作用,如莴苣、仙人掌、球茎甘蓝等(图2-3-35)。

(a)球茎甘蓝　　(b)仙人掌

图2-3-35　肉质茎

(2)茎卷须

许多攀缘植物的芽发育成卷须,具有攀缘功能,称茎卷须,如黄瓜、南瓜、葡萄等(图2-3-36)。

### (3) 茎刺

由茎变态形成的具有保护功能的刺，称茎刺，如皂荚、山楂、柑橘等（图 2-3-37）。

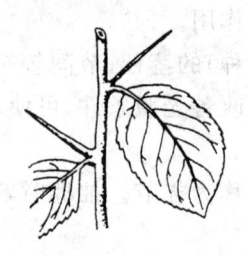

图 2-3-36　葡萄的茎卷须　　　　　　　图 2-3-37　茎刺

### (4) 叶状茎

茎转变成叶状，扁平，呈绿色，能进行光合作用，称为叶状茎，如昙花、蟹爪兰、天门冬等（图 2-3-38）。

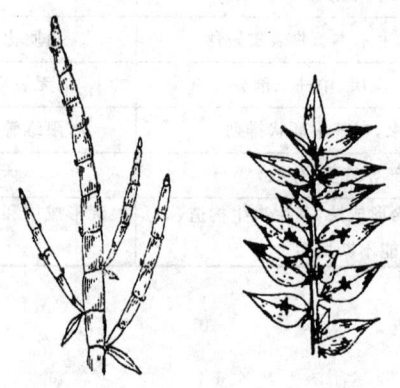

图 2-3-38　叶状茎

## 2. 地下茎变态

### (1) 根状茎

根状茎的外形与根相似，横着伸向土中，但它具有节和节间，有芽，节上有不定根和退化的叶，如莲藕、竹、芦苇、姜、茅草等（图 2-3-39）。

### (2) 块茎

块茎为块状的肉质地下茎。块茎上有"芽眼"，相当于节，"芽眼"内长芽，如马铃薯、菊芋等（图 2-3-40）。

图 2-3-39　莲的根状茎　　　　　　　图 2-3-40　马铃薯的块茎

(3) 鳞茎

鳞茎基部为一个扁平而节间极短的鳞茎盘,其上生有顶芽,将来发育为花序,四周有鳞叶,为食用的主要部分,如洋葱、蒜、百合、水仙等(图 2-3-41)。

图 2-3-41 洋葱的鳞茎

(4) 球茎

球茎是肥而短的地下茎,节和节间明显,节上有退化的叶和腋芽,基部可发生不定根。球茎内储藏大量的淀粉等营养物质,如荸荠、慈姑、芋等(图 2-3-42)。

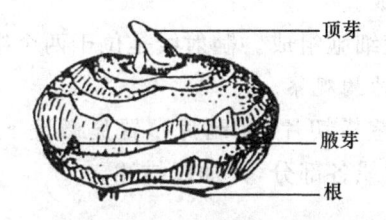

图 2-3-42 荸荠的球茎

(四)技能训练——芽和茎的解剖结构观察

【实训目的】

通过实训能识别芽的类型,描述芽的结构;能描述植物茎的解剖结构特点。

【用品与材料】

显微镜、放大镜、刀片、丁香(或胡桃)的叶芽、桃(或棉花)的花芽、苹果(或梨)的混合芽、玉米(或水稻)的幼茎(或制片)、大豆(或花生、棉花)幼茎横切片和老茎横切片。

【方法与步骤】

1. 芽的结构观察

取丁香叶芽用刀片纵切后,在放大镜下观察,可看到芽由芽鳞、生长锥、叶原基、幼叶和腋芽原基组成。取苹果混合芽用刀片纵切,可看到芽由芽鳞、幼叶、花原基组成。

2. 单子叶植物茎的结构观察

取玉米茎横切片(或制片)置显微镜下观察。

(1) 表皮

茎最外一层细胞,排列紧密,细胞壁上有发亮的硅质。

(2) 厚壁组织

表皮以内的几层细胞为厚壁组织,细胞体积小,细胞壁厚,起机械支持作用。

(3) 薄壁细胞

厚壁组织里面是薄壁组织,无髓腔。

(4)维管束

在薄壁组织中,散生着许多维管束。每一维管束由初生木质部、初生韧皮部、维管束鞘组成,无形成层,属有限维管束。

3.双子叶植物茎的初生结构观察

取大豆(或花生、棉花)幼茎横切片(或制片)置于显微镜下观察。

(1)表皮

表皮是最外一层细胞,外壁有角质层,其上有表皮毛和气孔等。

(2)皮层

皮层由厚角组织(细胞内有叶绿体)及薄壁组织组成。

(3)中柱

中柱包括维管束、髓射线和髓三部分。

维管束多呈束状,在横切片上许多维管束排成一环。每个维管束都是由初生韧皮部、束内形成层和初生木质部组成。

髓位于茎的中心,由薄壁细胞组成。髓射线是位于两个维管束之间的薄壁组织。

4.双子叶植物茎的次生结构观察

取有加粗生长的棉花老茎横切片(或制片),置显微镜下观察,分清周皮、皮层、韧皮部、形成层、木质部、髓及髓射线各部分,并加以描述。

【实训考核】

1.描述茎的初生结构和次生结构。

2.绘制玉米茎的一个维管束图,并注明各部分结构。

3.绘制双子叶植物茎的初生结构、次生结构横切面轮廓图,并注明各部分结构名称。

## 三、描述叶形态结构

叶是植物进行光合作用、蒸腾作用和气体交换的营养器官。有些植物的叶还有繁殖和储藏的作用,如落地生根、白菜等。

(一)叶的形态

1.叶的组成

植物的叶一般由叶片、叶柄和托叶三部分组成(图2-3-43)。具有叶片、叶柄、托叶三部分的叶称为完全叶,如大豆、苹果、梨、桃等。缺少其中一或两部分的叶称为不完全叶,如甘薯、向日葵、葡萄的叶缺托叶,莴苣、白菜的叶只有叶片。

图2-3-43 叶的组成

(1)叶片

叶片一般呈绿色的扁平体,是光合作用、蒸腾作用和气体交换的主要场所。叶片中分布着叶脉,叶脉是叶中的维管束,它的作用是支持叶片的伸展、输导水分和养料。

(2)叶柄

叶柄是叶片与茎的连接部分,是运输水分和营养物质的通道,并支持叶片伸展,以充分接受阳光。

(3)托叶

托叶是叶柄基部所生的绿色小叶，常成对而生，起到保护幼叶的作用。

禾本科植物的叶，由叶片、叶鞘两部分组成(图 2-3-44)。有的禾本科植物在叶片和叶鞘交界处内侧有叶舌。在叶片基部(叶舌)两侧还有叶耳。叶舌和叶耳的有无、形状、大小和色泽等，可以作为鉴别禾本科植物的依据。

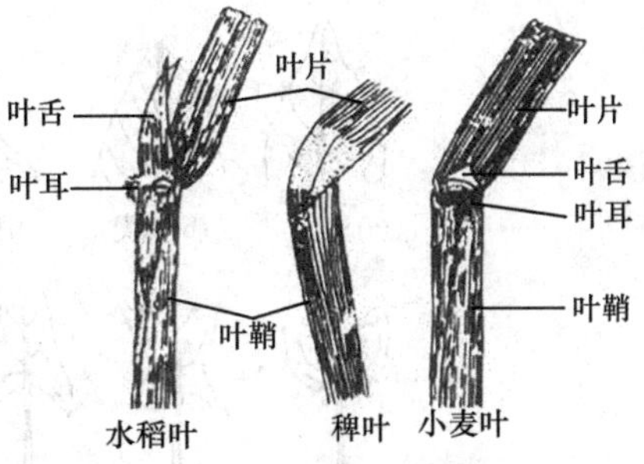
叶片
叶舌
叶耳
叶片
叶舌
叶耳
叶鞘
叶鞘
水稻叶
稗叶
小麦叶
图 2-3-44 禾本科植物的叶

2. 叶片的形态

叶片的形态包括叶形、叶尖、叶基、叶缘、叶裂、叶脉等。

(1)叶形

根据叶片的长度和宽度的比例及最宽处所在的位置，可分为披针形(如桃、柳)、卵形(如小叶女贞)、圆形(如睡莲)、长椭圆形(如枇杷、玉兰)、倒披针形(如海桐)、线形(如麦、稻、韭菜)、剑形(如剑麻)等。另外，根据叶片的具体形状，可分为针形(如松)、鳞形(如杉、柏)、扇形(如银杏)、琴形(如琴叶榕)、犁形(如犁头菜)、三角形(如慈姑)、菱形、匙形等。叶片的形状是识别植物的主要依据之一(图 2-3-45)。

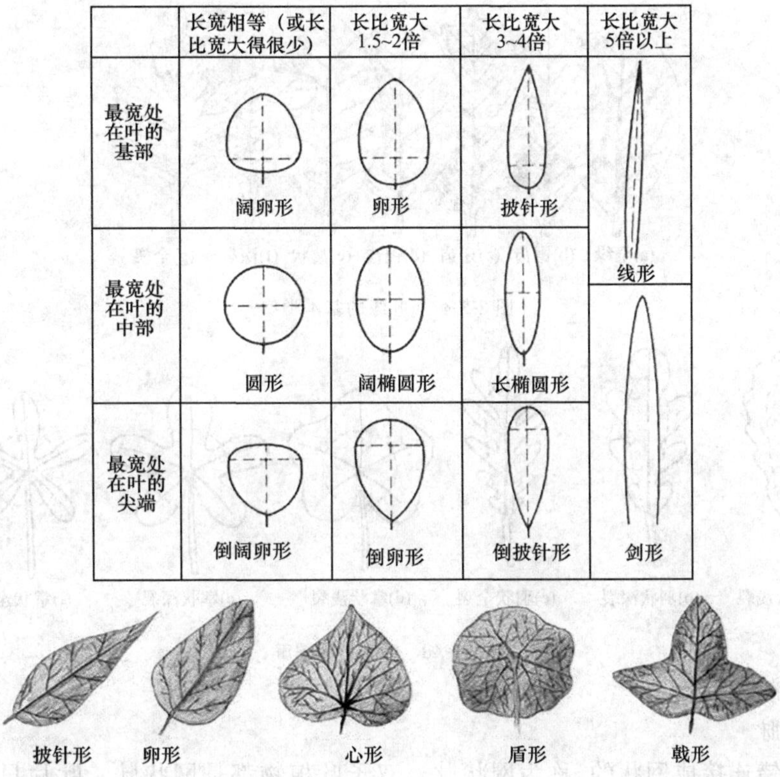
长宽相等（或长比宽大得很少）
长比宽大1.5~2倍
长比宽大3~4倍
长比宽大5倍以上
最宽处在叶的基部
阔卵形
卵形
披针形
线形
最宽处在叶的中部
圆形
阔椭圆形
长椭圆形
最宽处在叶的尖端
倒阔卵形
倒卵形
倒披针形
剑形
披针形
卵形
心形
盾形
戟形
图 2-3-45 叶片的基本形状

叶尖、叶基也因植物种类不同而呈现各种不同的形态(图2-3-46)。

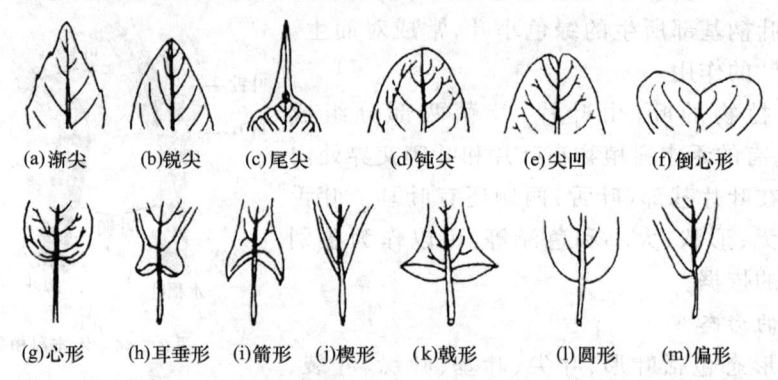

(a)渐尖　(b)锐尖　(c)尾尖　(d)钝尖　(e)尖凹　(f)倒心形

(g)心形　(h)耳垂形　(i)箭形　(j)楔形　(k)戟形　(l)圆形　(m)偏形

图2-3-46　叶尖和叶基的类型

（2）叶缘

叶片的边缘称为叶缘。叶缘完整无缺的，称全缘，如丁香；叶缘像锯齿的，称锯齿缘，如桃；叶缘像牙齿的，称牙齿缘，如桑；叶缘像波浪形的，称波浪缘，如茄（图2-3-47）。如果叶缘凹凸很深的，称叶裂（也称缺刻）。叶裂可分为羽状裂和掌状裂两种，每种又可分为浅裂、深裂和全裂三种（图2-3-48）。叶裂不到叶缘至中脉（基部）一半时，称浅裂，如油菜、棉花；叶裂深于叶缘至中脉（基部）一半时，称深裂，如蒲公英；叶裂达主脉或基部的，称全裂，如马铃薯等。

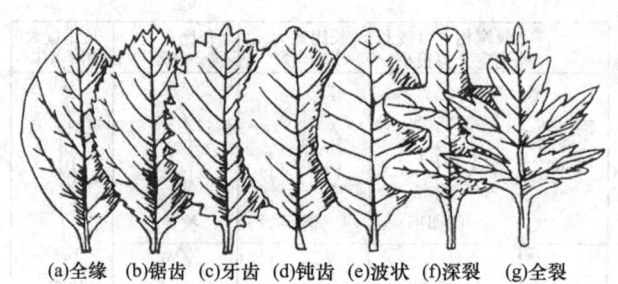

(a)全缘　(b)锯齿　(c)牙齿　(d)钝齿　(e)波状　(f)深裂　(g)全裂

图2-3-47　叶缘的基本类型

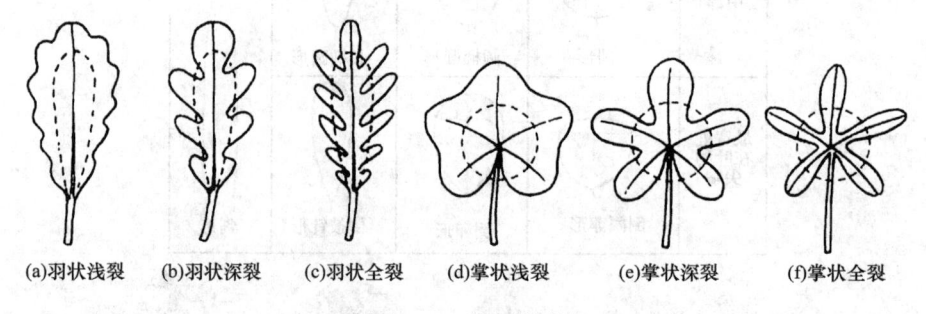

(a)羽状浅裂　(b)羽状深裂　(c)羽状全裂　(d)掌状浅裂　(e)掌状深裂　(f)掌状全裂

图2-3-48　叶裂形状图解

（3）叶脉

① 网状脉

叶脉交错连接成网状的，称为网状脉。双子叶植物都是网状脉。叶片只有一条主脉的，称为羽状网脉，如大豆、桃、苹果、杨、柳等。叶片上有数条主脉，开展如掌状的，称为掌状网脉,如棉花、葡萄、南瓜等(图 2-3-49)。

②平行脉

叶脉彼此平行或近于平行的,称为平行脉。大多数单子叶植物都是平行脉。平行脉可分为直出平行脉(如水稻、小麦、玉米)、弧状脉(如车前、玉簪)、横出脉(如香蕉、美人蕉)、射出脉(如棕榈、蒲葵)、叉状脉(如银杏)[图 2-3-49]。

(a)羽状网脉　　(b)掌状网脉　　(c)弧状脉　　(d)射出脉　　(e)横出脉　　(f)叉状脉

图 2-3-49　叶脉的类型

3. 单叶与复叶

(1)单叶[图 2-3-50(a)]

一个叶柄上只生一个叶片的,称单叶,如梨、黄瓜、玉米等。

(2)复叶

一个叶柄上生有两个或两个以上叶片的,称复叶。复叶包括总叶柄、小叶柄、小叶。复叶的小叶叶腋内没有芽,这是区分单叶与复叶的特征。复叶根据小叶排列的方式可分为以下几种类型[图 2-3-50(b)]。

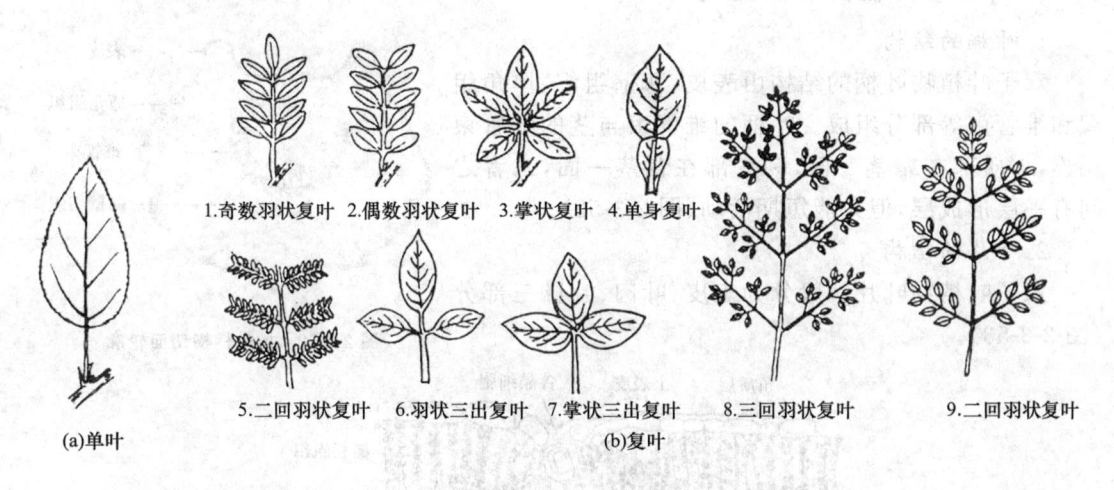

1.奇数羽状复叶　2.偶数羽状复叶　3.掌状复叶　4.单身复叶
5.二回羽状复叶　6.羽状三出复叶　7.掌状三出复叶　8.三出羽状复叶　9.二回羽状复叶

(a)单叶　　(b)复叶

图 2-3-50　单叶与复叶

一个叶柄上着生三个小叶的,称为三出复叶,如大豆、菜豆等。

一个叶柄上着生三个以上小叶的,形似手掌,称为掌状复叶,如七叶树、刺五加、大麻等。

有许多小叶着生在总叶柄的两侧,呈羽毛状,称为羽状复叶。根据小叶的数目分为奇数羽状复叶(如月季、刺槐)和偶数羽状复叶(如花生、蚕豆)。根据羽状复叶叶柄分枝的次数,又可分为一回羽状复叶(如月季)、二回羽状复叶(如合欢)和三回羽状复叶(如南天竹)。

### 植物与植物生理

单身复叶是三出复叶的一种变形，其两侧的小叶退化，仅留下顶端的一片小叶，外形很像单叶，如柑橘、柚等。

#### 4. 叶序与叶镶嵌

**(1) 叶序**

叶在茎上排列的方式，称为叶序，分为互生、对生、轮生三种类型。茎上每个节只着生一个叶的，叫作互生，如向日葵、桃、杨等。每个节上相对着生两个叶的，叫作对生，如丁香、芝麻、一串红等。每个节上着生三个或三个以上叶的，叫作轮生，如夹竹桃、茜草等。另外，还有一些植物，其节间极度缩短，使叶簇生于短枝上，称簇生，如银杏、松等（图 2-3-51）。

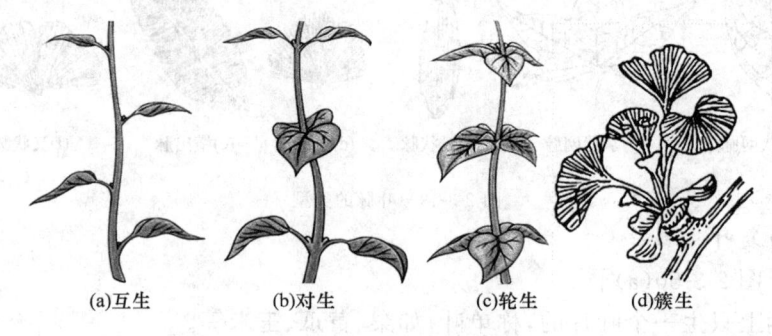

(a)互生　(b)对生　(c)轮生　(d)簇生

图 2-3-51　叶序的类型

**(2) 叶镶嵌**

相邻两节上的两个叶片不会重叠，相互错开排列的现象，称为叶镶嵌。叶镶嵌有利于叶片接受阳光。

### (二) 双子叶植物叶的结构

#### 1. 叶柄的结构

双子叶植物叶柄的结构由表皮、薄壁组织、厚角组织和维管束等部分组成。叶柄的维管束与茎的维管束相连，木质部在靠茎一面，韧皮部在背茎一面，二者之间有一层形成层，但只能短期活动（图 2-3-52）。

#### 2. 叶片的结构

双子叶植物叶片一般分为表皮、叶肉、叶脉三部分（图 2-3-53）。

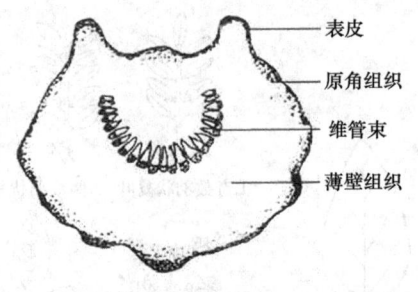

图 2-3-52　桃叶柄横切面轮廓

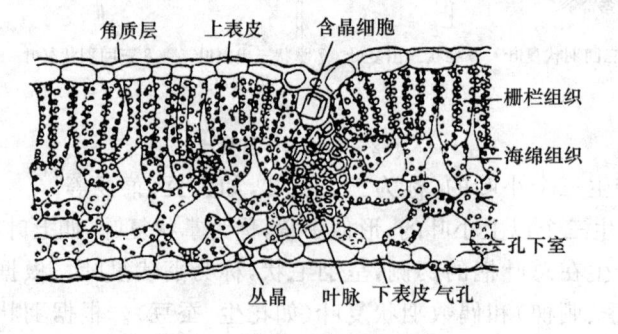

角质层　上表皮　含晶细胞　栅栏组织　海绵组织　孔下室　丛晶　叶脉　下表皮　气孔

图 2-3-53　双子叶植物叶片横切面

76

(1)表皮

表皮通常由一层无色透明的活细胞组成,覆盖在叶片上面(腹面)的表皮叫作上表皮,叶片下面(背面)的表皮叫作下表皮,由表皮细胞、气孔器、排水器和表皮毛组成。

①表皮细胞

叶片的表皮细胞一般是呈不规则的扁平细胞,侧壁凹凸不平,彼此镶嵌,紧密结合。从叶的横切面观察,表皮细胞外壁较厚,并覆盖着角质层,防止水分过度蒸腾和病菌的侵入,起保护作用。

②气孔器

气孔器分布在表皮细胞之间,由两个肾形的保卫细胞围成,两个保卫细胞之间的胞间隙称为气孔,保卫细胞和气孔合称为气孔器(图2-3-54),是叶片与外界进行气体交换和水分蒸腾的通道,也是根外施肥和喷洒农药的入口。

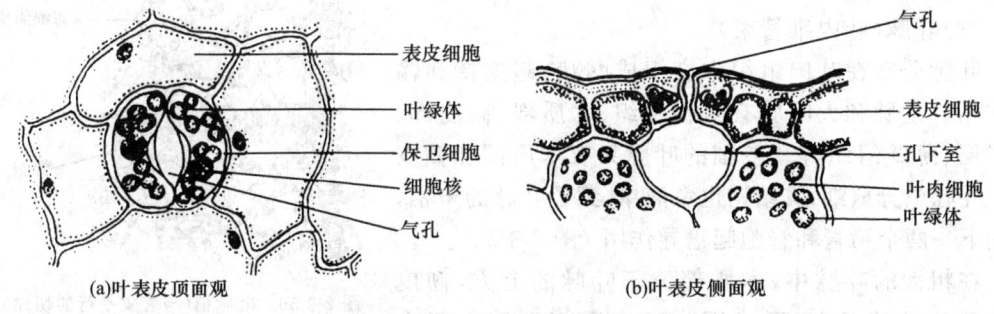

图 2-3-54 双子叶植物叶下表皮的气孔器

保卫细胞内含有叶绿体,能进行光合作用,它的细胞壁在靠近气孔的一面较厚,其他各面较薄。当保卫细胞通过光合作用把积累的淀粉转变为可溶性葡萄糖时,细胞液浓度增加,从邻近的表皮细胞吸水而膨胀,气孔就张开;反之,保卫细胞失水收缩,气孔就关闭。当植物失水过多时,气孔也会关闭。所以,根外施肥和喷洒农药应选择在阴天或晴天的早上和傍晚进行。

③排水器

有些植物(如葡萄、番茄、马蹄莲等)的叶尖或叶缘处还有排水结构,称为排水器(图2-3-55)。排水器由水孔和通水组织组成。水孔没有自动调节开闭的作用,往往成为病菌入侵的孔道。水孔下方有疏松的通水组织,与脉梢的管胞相连。生长在水分充足、潮湿环境中的植株,叶尖或叶缘的水孔向外溢出液滴的现象称为吐水。吐水现象是根系吸收作用强的一种标志,并能用以判断苗长势的强弱。

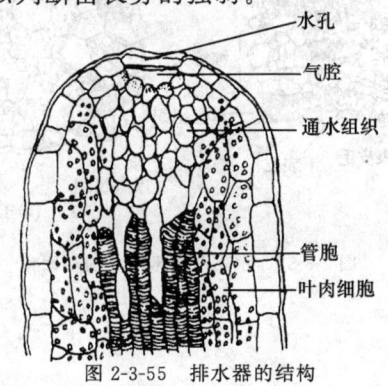

图 2-3-55 排水器的结构

### (2) 叶肉

上、下表皮之间的绿色薄壁组织称为叶肉。叶肉细胞内含有叶绿体，是叶片进行光合作用的主要场所。多数双子叶植物的叶肉分化为栅栏组织和海绵组织两部分。

栅栏组织是位于上表皮下方的一至数层长圆柱形细胞，排列较紧密，呈栅栏状。细胞内含较多的叶绿体，因而叶片的上表面绿色较深，它的主要功能是进行光合作用。

海绵组织是位于栅栏组织与下表皮之间的形状不规则的细胞，排列疏松，细胞内含较少的叶绿体，故叶片背面的绿色较浅。在气孔内方形成较大的空隙，称为孔下室。海绵组织的胞间隙与孔下室相连。其主要功能是气体交换，也能进行光合作用。

大多数双子叶植物的叶肉分化为栅栏组织和海绵组织，叶的上下两面的颜色深浅不同，称为异面叶。禾本科植物的叶肉没有栅栏组织和海绵组织的分化，叶上下两面的颜色没有明显的区分，称为等面叶。

### (3) 叶脉（叶内维管束）

叶脉分布在叶肉组织中交织成网状，起支持和输导作用。主脉和大叶脉有机械组织、木质部、韧皮部、形成层、薄壁组织等。较细的叶脉只有木质部和韧皮部。叶脉愈分愈细，其结构也愈简单，到了叶脉的末梢，只剩下一两个筛管和管胞起输导作用（图2-3-56）。

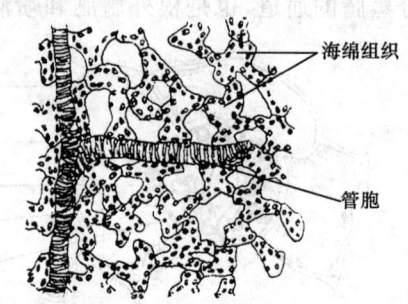

图 2-3-56 叶脉梢（与表皮平行的切面）

在粗大的叶脉中，木质部位于叶脉的上方，韧皮部位于叶脉的下方，形成层位于木质部和韧皮部之间，机械组织位于木质部和韧皮部的外围。

另外，在叶脉末梢附近分布着具有短途运输作用的特化薄壁细胞——传递细胞，能更有效地将叶肉细胞的光合产物输送到筛管；同时，对于韧皮部和木质部之间的溶质交换也有重要作用。

### （三）单子叶植物叶的结构

单子叶植物（以禾本科植物为例）叶片结构也包括表皮、叶肉和叶脉三个基本部分（图2-3-57）。

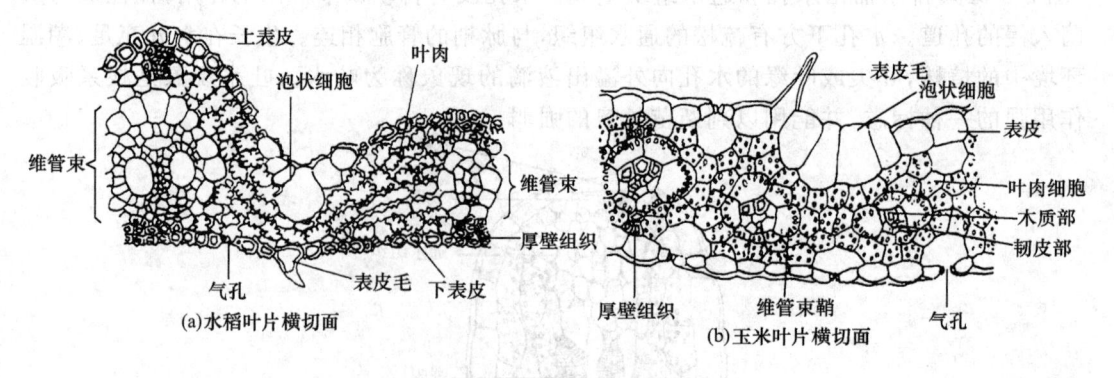

图 2-3-57 水稻和玉米叶片横切面
(a) 水稻叶片横切面
(b) 玉米叶片横切面

## 1. 表皮

表皮由表皮细胞、气孔器、排水器等部分组成。表皮细胞的形状比较规则,排列成行,分为长细胞和短细胞。长细胞的细胞壁角质化、硅质化;短细胞分为硅质细胞和栓质细胞两种类型(图2-3-58)。禾本科植物的叶坚硬挺拔与表皮细胞硅质化有关,生产上施用硅酸盐或采用无病稻草还田等措施,均有利于细胞的硅质化。

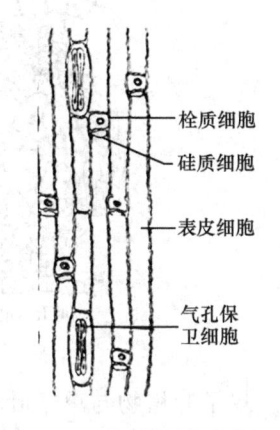

在上表皮细胞中还有一些大型的薄壁细胞,称为泡状细胞,通常位于两维管束之间,成行排列,在横切面上,呈扇形排列,泡状细胞有较大的液泡,能储积大量水分,在天气干燥时,泡状细胞因失水而收缩,叶片卷曲,以减少蒸腾;当大气湿润时,泡状细胞吸水膨胀而使叶片展开,因此,又叫作运动细胞。玉米、小麦、水稻、竹等禾本科植物的泡状细胞都很明显(图2-3-57)。

图2-3-58 禾本科植物表皮细胞

禾本科植物的气孔器由保卫细胞、副卫细胞和气孔组成。保卫细胞呈哑铃形,两端膨大而壁薄,中部狭窄而壁厚。在其外侧还有一对近似半球形的副卫细胞(图2-3-59)。当保卫细胞吸水膨胀时,气孔就开;反之,气孔就闭。气孔的数目在叶片的背腹两面近乎相等,但在近叶尖和叶缘的部分分布较多。气孔多的地方,有利于光合作用,也增强了蒸腾失水。所以水稻插秧,有时把叶尖割掉,以减少失水。

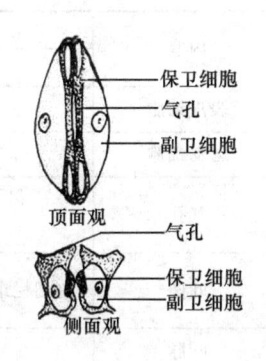

气孔、排水器和泡状细胞往往是病菌侵入的途径。

图2-3-59 水稻的气孔器

## 2. 叶肉

禾本科植物的叶肉没有栅栏组织和海绵组织的区别,属于等面叶。水稻、小麦的叶肉细胞壁向内皱褶,形成具有"峰、谷、腰、环"的结构(图2-3-60)。这有利于更多的叶绿体排列在细胞的边缘,易于接受$CO_2$和光照,进行光合作用。当相邻叶肉细胞的"峰、谷"相对时,可使细胞间隙加大,便于气体交换。小麦旗叶的叶肉细胞比低位叶的叶肉细胞短而宽,环数增多,光合面积与胞间隙增大,从而提高了旗叶的光合效率。

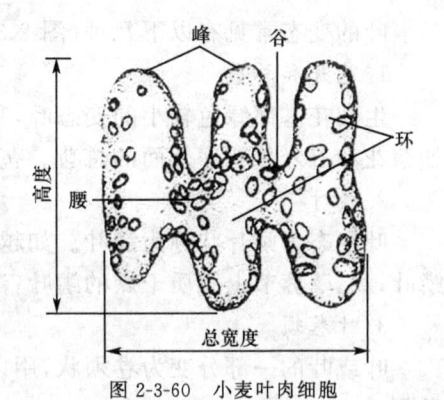

图2-3-60 小麦叶肉细胞

## 3. 叶脉

叶脉由木质部、韧皮部和维管束鞘组成,无形成层。维管束鞘有两种类型:一类如玉米、高粱、甘蔗等的维管束鞘,细胞较大,含有大而色深的叶绿体,积累淀粉的能力强。特别在维管束周围紧密毗连着一圈叶肉细胞,呈"花环"状排列,这种结构有利于固定叶内产生的$CO_2$,从而提高光合作用的效率。另一类如小麦、大麦、水稻等的维管束鞘,细胞含较少的叶绿体,无"花环"结构。禾本科植物叶脉的上、下方,往往分布有成片的厚壁组织,加强叶脉的支持作用(图2-3-61)。

(a)玉米叶　　　　　(b)小麦叶　　　　　(c)水稻叶

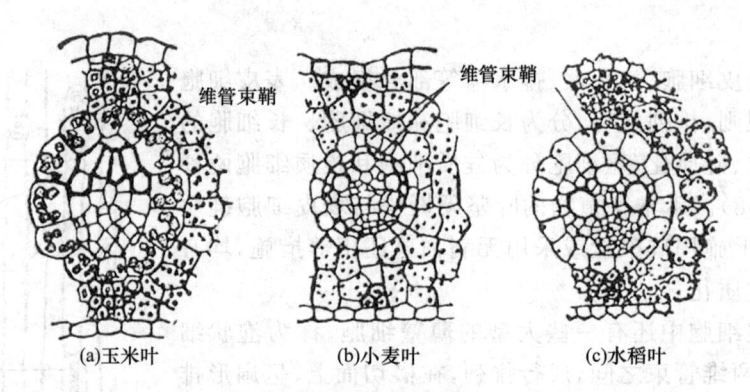

图 2-3-61　几种禾本科植物维管束鞘的形态

双子叶植物与单子叶植物叶片结构的区别见表 2-3-2。

表 2-3-2　　　　　双子叶植物与单子叶植物叶片结构的区别

| 内容 | 植物类别 ||
|---|---|---|
|  | 双子叶植物 | 单子叶植物 |
| 表皮细胞 | 角质化 | 角质化、木栓化、硅质化 |
| 运动细胞 | 无 | 有 |
| 气孔 | 保卫细胞呈半月形,无副卫细胞,气孔多分布在下表皮 | 保卫细胞呈哑铃形,有副卫细胞,气孔在上下表皮的分布没有差异 |
| 叶肉 | 有栅栏组织和海绵组织的分化,叶为异面叶 | 没有栅栏组织和海绵组织的分化,叶为等面叶 |
| 叶脉 | 有形成层,无维管束鞘 | 无形成层,有维管束鞘 |

### (四)叶的变态

叶的变态常见有以下几种(图 2-3-62)。

#### 1.苞片和总苞

生在花基部绿色较小的变态叶,称为苞片。聚生在花序基部的苞片总体,称为总苞,如菊花和玉米雌花序外面的总苞。苞片和总苞起保护花和果实的作用。

#### 2.鳞叶

叶变态为鳞片状称为鳞叶。如越冬木本植物鳞芽外的芽鳞;洋葱、百合地下茎的肉质鳞叶;藕、荸荠节上膜质干燥的鳞叶;洋葱肉质鳞叶外面还有膜质鳞叶。

#### 3.叶卷须

叶或叶的一部分变为卷须状,用以攀缘生长,称为叶卷须。如豌豆顶端的小叶变成叶卷须。

#### 4.叶刺

叶或叶的一部分变为刺状,称为叶刺,如仙人掌、小檗的叶刺,刺槐、酸枣的托叶刺。

#### 5.捕虫叶

有些植物的叶变成捕虫叶。如猪笼草、狸藻的叶呈囊状,叶上有分泌黏液和消化液的腺毛,能分泌消化液把捕捉到的昆虫消化吸收,为食虫植物所特有。

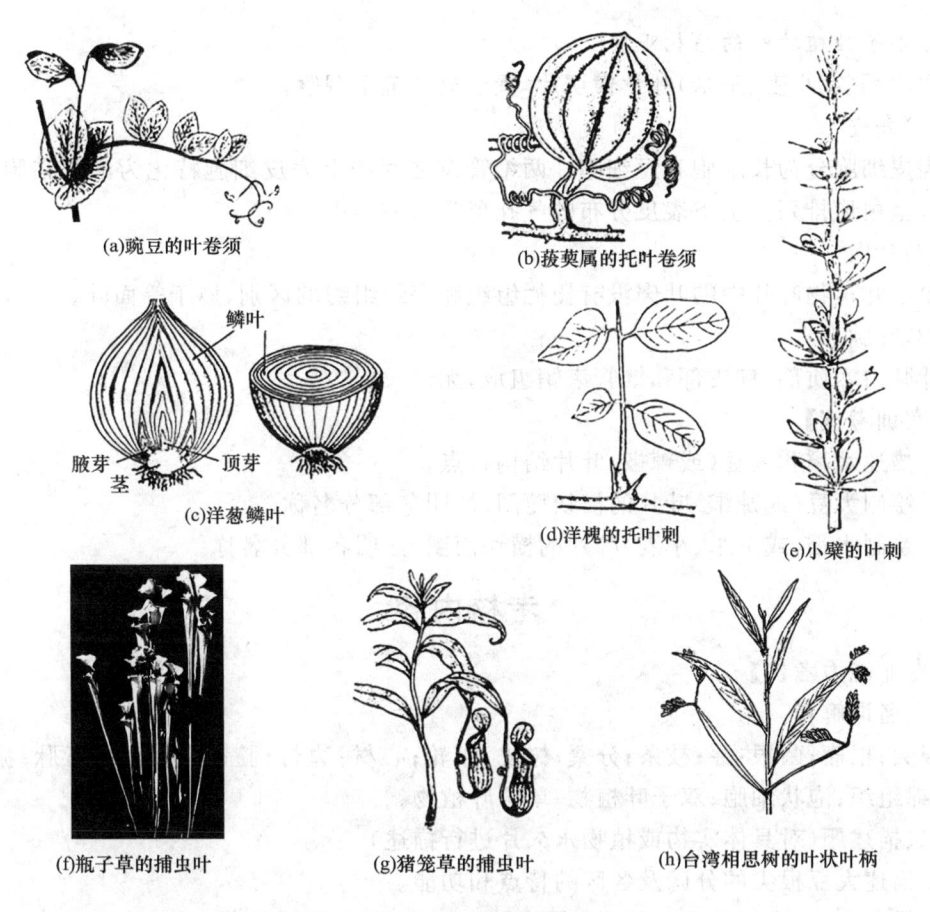

(a)豌豆的叶卷须　(b)菝葜属的托叶卷须　(c)洋葱鳞叶　(d)洋槐的托叶刺　(e)小檗的叶刺　(f)瓶子草的捕虫叶　(g)猪笼草的捕虫叶　(h)台湾相思树的叶状叶柄

图 2-3-62　叶的变态

## （五）技能训练——叶的解剖结构观察

**【实训目的】**

通过实训能描述双子叶植物和单子叶植物叶的结构特点。

**【用品与材料】**

显微镜、水稻（或小麦、玉米）叶片横切片、大豆（或辣椒）叶片横切片。

**【方法与步骤】**

1. 双子叶植物叶的结构观察

取大豆（或辣椒）叶片横切片，置于显微镜下观察。

(1) 表皮

表皮通常由一层无色透明、排列紧密的细胞组成，分为上表皮和下表皮，下表皮分布有较多的气孔器。

(2) 叶肉

叶肉是由薄壁细胞组成的，包括栅栏组织和海绵组织，内含叶绿体，属于异面叶。

(3) 叶脉

叶脉由木质部（在上）和韧皮部组成（在下），主脉和大叶脉中有形成层。

**2.单子叶植物叶的结构观察**

取水稻(或小麦、玉米)叶片横切片,置于显微镜下观察。

(1)表皮

表皮细胞分为长细胞和短细胞。两维管束之间的上表皮细胞特化为泡状细胞(运动细胞),呈扇形排列。上下表皮分布的气孔器数目差不多。

(2)叶肉

单子叶植物叶片中的叶肉没有栅栏组织和海绵组织的区别,属于等面叶。

(3)叶脉

叶脉由木质部、韧皮部和维管束鞘组成,无形成层。

【实训考核】

1.描述水稻和大豆(或辣椒)叶片结构特点。

2.绘制大豆(或辣椒)叶片的横切面图,注明各部分名称。

3.绘制水稻(或玉米、小麦)叶片的横切面图,注明各部分名称。

# 考核内容

【专业能力考核】

一、名词解释

根尖;根瘤;菌根;芽;枝条;分蘖;树皮;年轮;心材;边材;髓;网状脉;平行脉;栅栏组织;海绵组织;泡状细胞;双子叶植物;单子叶植物。

二、描述题(对具体实物或植物永久片进行描述)

1.描述大豆根尖的分区及各区的特点和功能。

2.描述大豆(或西红柿)、苹果(或龙眼)、水稻、玉米的根形态、初生结构及功能(针对不同专业进行选取)。

3.描述大豆(或西红柿)、苹果(或龙眼)、水稻、玉米的茎形态、初生结构及功能(针对不同专业进行选取)。

4.描述大豆(或西红柿)、苹果(或龙眼)、水稻、玉米的叶形态、结构及功能(针对不同专业进行选取)。

三、绘图题(园艺专业可选取苹果、龙眼、西红柿、辣椒)

1.绘制大豆、水稻根的初生结构横切面轮廓图,注明各部分名称。

2.绘制大豆、水稻茎的初生结构横切面轮廓图,注明各部分名称。

3.绘制大豆、水稻叶的横切面结构图,注明各部分名称。

四、应用题

1.为什么萝卜、胡萝卜不宜移栽,而采用直播?

2.农业生产上用根瘤菌制种应注意哪些问题?

3.为什么水稻能生活在水中,而大豆不能?

【职业能力考核】

考核评价表

| 子情境2-3：描述植物营养器官 |||||||
|---|---|---|---|---|---|---|
| 序号 | 评价内容 | 评价标准 | 分数 || 得分 | 备注 |
| 1 | 专业能力 | 资料准备充足，获取信息能力强 | 10 | 80 | | |
| | | 对植物营养器官描述正确，用时短 | 50 | | | |
| | | 按要求完成实训和实训作业，总结分析全面、到位 | 20 | | | |
| 2 | 方法能力 | 获取信息能力、组织实施、问题分析与解决、解决方式与技巧、科学合理的评估等综合表现 | 10 ||||
| 3 | 社会能力 | 工作态度、工作热情、团队协作互助的精神、责任心等综合表现 | 5 ||||
| 4 | 个人能力 | 自我学习能力、创新能力、自我表现能力、灵活性等综合表现 | 5 ||||
| | | 合计 | 100 ||||

教师签字：　　　　　　　　　　　　　　　　　　　　年　　月　　日

# 子情境2-4　描述植物生殖器官

| 学习目标 |
|---|
| 1. 认识花的组成和结构 |
| 2. 认识种子的结构和类型 |
| 3. 认识果实的结构和类型 |
| **职业能力** |
| 1. 能描述花的组成和结构 |
| 2. 能描述种子的结构和类型 |
| 3. 能描述果实的结构和类型 |
| **学习任务** |
| 1. 描述花的组成和结构 |
| 2. 描述种子的结构和类型 |
| 3. 描述果实的结构和类型 |
| **建议教学方法** |
| 思维导图教学法、理实一体教学法 |

　　被子植物的生殖器官包括花、果实和种子。研究植物生殖器官的结构和有性生殖过程的规律，对于调控植物的发育和繁殖，提高作物产量，意义重大。

# 一、描述花的组成和结构

## （一）花的组成

一朵完整的花分为 5 个部分：花柄、花托、花被、雄蕊群和雌蕊群（图 2-4-1）。其中，花被又包括花萼和花冠两部分。

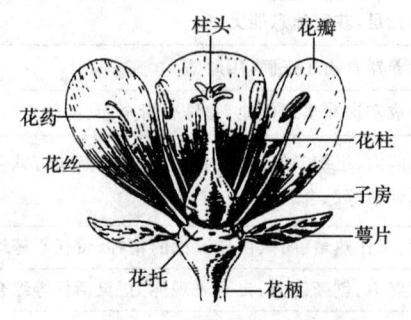

图 2-4-1 花的基本组成部分

### 1. 花柄和花托

花柄是着生花的小枝，是茎向花输送营养物质的通道。当果实形成时，花柄变为果柄。

花托位于花柄的顶端，是花萼、花冠、雄蕊、雌蕊着生的部位。花托的形状因植物而异（图 2-4-2）。

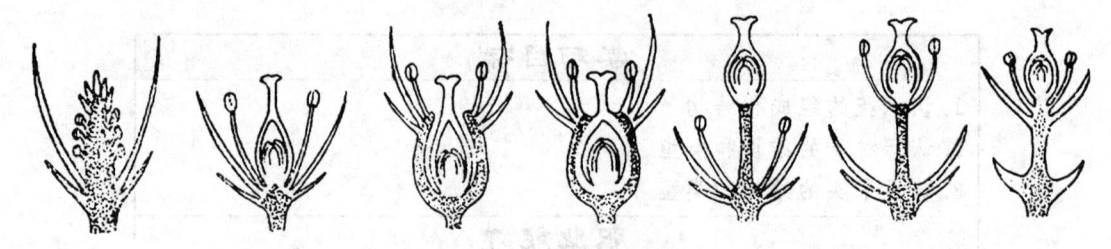

图 2-4-2 花托的形状

### 2. 花被

花萼和花冠合称为花被。同时具有花萼和花冠的花，称为两被花，如油菜、大豆、番茄。只有花萼或花冠的花，称为单被花，如大麻、桑、甜菜。没有花被的花，称为无被花，如杨、柳。洋葱、百合的花萼和花冠形态不易区分，统称为花被。

（1）花萼

花萼位于花的最外轮，由数枚萼片组成。花萼一般只有一轮，但也有两轮的，如棉花、扶桑等，外轮叫副萼，内轮叫花萼。

根据组成花萼的各个萼片的离合情况，可分为离萼（如油菜、桃）和合萼（如大豆、花生、茄）；根据开花后花萼是否脱落，可分为落萼（如白菜、油菜）和宿萼（如茄、番茄、柿）。花萼有保护幼果的作用。

（2）花冠

花冠位于花萼的内侧，由花瓣组成。花冠呈现不同颜色，有的还能分泌蜜汁和香味，具有招引昆虫传粉和保护雌雄蕊的作用。

根据花瓣的离合情况,花冠可分为:
①离瓣花冠
一朵花中的花瓣彼此完全分离,称为离瓣花冠。常见的有蔷薇形花冠(如桃、李、梅、苹果、月季、玫瑰等)、十字形花冠(如油菜、白菜、萝卜等)、蝶形花冠(如大豆、蚕豆等)三种类型(图2-4-3)。
②合瓣花冠
一朵花中的花瓣,基部互相连合或全部连合,称合瓣花冠。连合的部分叫花冠筒,分离的部分叫花冠裂片。常见的有漏斗状花冠(如牵牛、甘薯等)、钟状花冠(如南瓜、桔梗等)、轮状花冠(如茄、常春藤等)、唇形花冠(如芝麻、薄荷、一串红等)、筒状花冠(如向日葵花序中央的花)、舌状花冠(如向日葵花序周缘的花、莴苣的花等)几种类型(图2-4-3)。

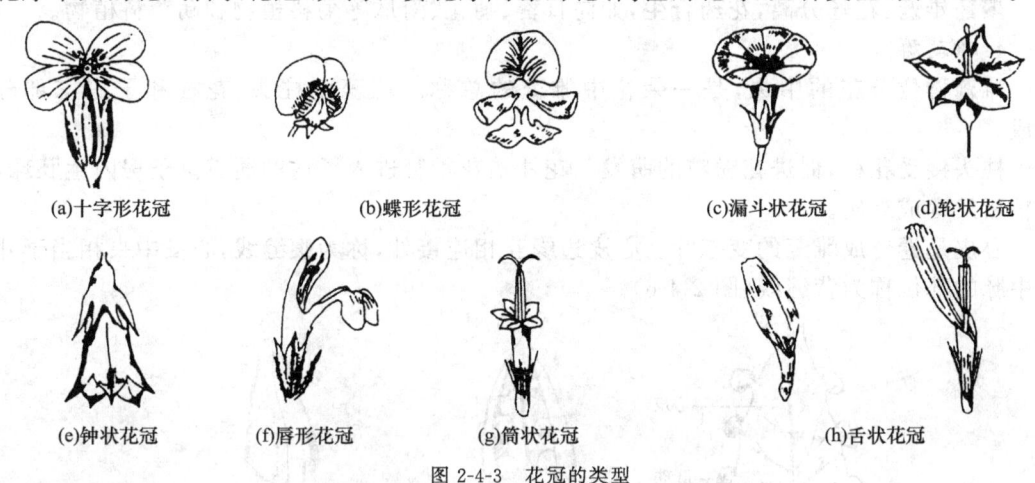

(a)十字形花冠　(b)蝶形花冠　(c)漏斗状花冠　(d)轮状花冠

(e)钟状花冠　(f)唇形花冠　(g)筒状花冠　(h)舌状花冠

图2-4-3　花冠的类型

3.雄蕊群
雄蕊群位于花冠的内侧,是一朵花中雄蕊的总称。雄蕊由花丝和花药两部分组成(图2-4-4)。花药生于花丝顶端,一般由2~4个花粉囊组成,囊内形成花粉粒。花丝支持花药,有利于散放花粉,输送水分和养料。
根据雄蕊的离生和合生情况,分为离生雄蕊和合生雄蕊(图2-4-5)。

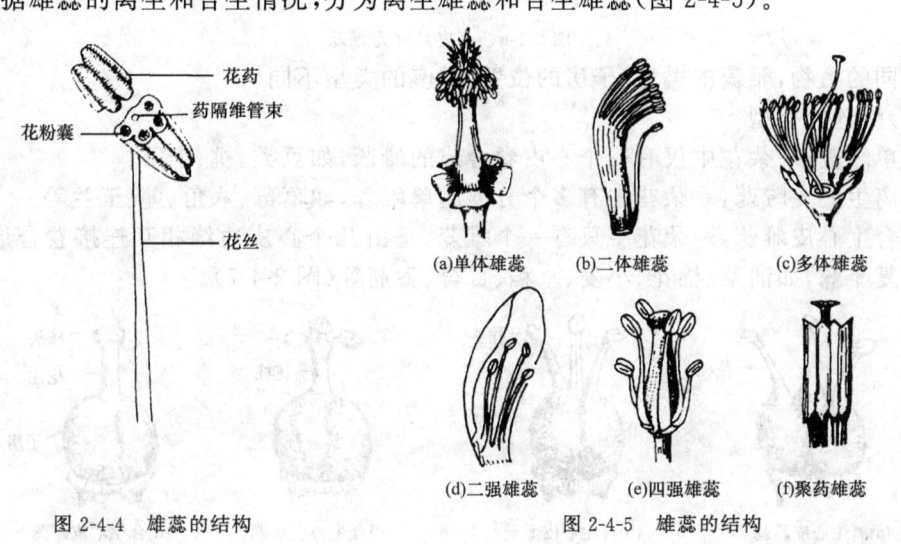

花药
药隔维管束
花粉囊
花丝

(a)单体雄蕊　(b)二体雄蕊　(c)多体雄蕊

(d)二强雄蕊　(e)四强雄蕊　(f)聚药雄蕊

图2-4-4　雄蕊的结构　　图2-4-5　雄蕊的结构

### (1)离生雄蕊

花中雄蕊各自分离,称为离生雄蕊,如蔷薇、石竹等。典型的有如下两种类型:

二强雄蕊:花内雄蕊4枚,2长2短,如芝麻、益母草等唇形花科植物。

四强雄蕊:花内雄蕊6枚,4长2短,如萝卜、油菜等十字花科植物。

### (2)合生雄蕊

花中雄蕊形成不同程度的连合,称为合生雄蕊。有以下几种类型:

单体雄蕊:花丝下部连合成筒状,上部或花药仍分离,如棉花、木槿、扶桑等。

二体雄蕊:雄蕊10枚,9枚花丝连合,1枚单生,如大豆等蝶形花科植物。

多体雄蕊:雄蕊多数,花丝基部合生成多组,上部或花药分离,如蓖麻、金丝桃等。

聚药雄蕊:花丝分离,花药合生,如向日葵、菊花、南瓜等菊科植物和葫芦科植物。

### 4.雌蕊群

雌蕊群位于花的中央,是一朵花中雌蕊的总称。雌蕊由柱头、花柱和子房三部分组成。

柱头接受花粉,促进花粉粒的萌发。花柱是花粉管进入子房的通道。子房内生胚珠,受精后发育成果实。

心皮是卷合成雌蕊的变态叶。心皮边缘互相连接处,称为腹缝线,心皮中央相当于叶片中脉的部位称为背缝线(图2-4-6)。

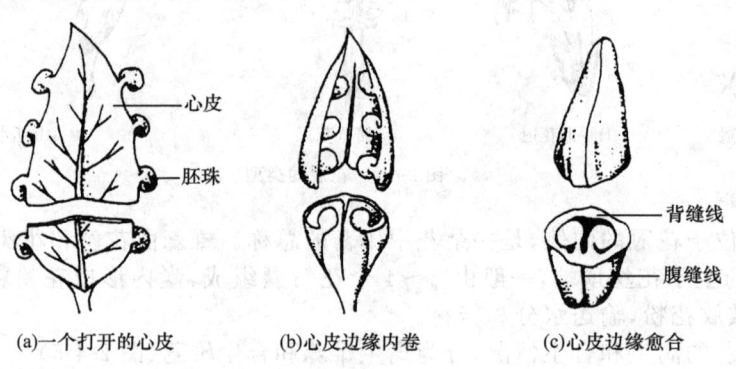

(a)一个打开的心皮　　(b)心皮边缘内卷　　(c)心皮边缘愈合

图 2-4-6　心皮发育为雌蕊

不同的植物,雌蕊的类型、子房的位置、胎座的类型不同。

(1)雌蕊的类型

①单雌蕊:一朵花中仅有一个心皮卷合成的雌蕊,如豆类、桃、李等。

②离生心皮雌蕊:一朵花中有多个分离的单雌蕊,如草莓、八角、莲、玉兰等。

③合生心皮雌蕊:一朵花中只有一个雌蕊,是由几个心皮边缘相互连接卷合形成的,又称为复雌蕊,如油菜、棉花、小麦、水稻、百合、番茄等(图2-4-7)。

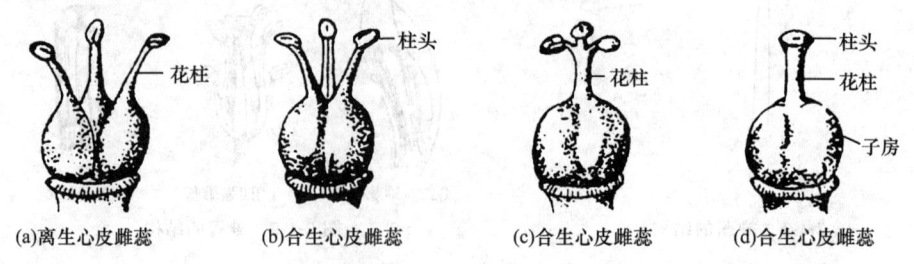

(a)离生心皮雌蕊　(b)合生心皮雌蕊　(c)合生心皮雌蕊　(d)合生心皮雌蕊

图 2-4-7　雌蕊的类型

(2)子房的位置

根据子房在花托上着生的位置以及和花托的连合情况,可分为以下几种(图2-4-8):

①上位子房下位花:子房只有底部与花托相连,如棉、水稻、油菜等。

②上位子房周位花:子房只有底部与花托相连,花萼、花冠、雄蕊着生于杯状的花筒上,如桃、李等。

③半下位子房周位花:子房下半部陷于花托中,并与花托愈合,如甜菜、马齿苋等。

④下位子房上位花:整个子房埋于凹陷的花托中,并与花托愈合,如南瓜、向日葵、苹果等。

(a)下位花　　　(b)周位花　　　(c)周位花　　　(d)上位花
（上位子房）　（上位子房）　（半下位子房）　（下位子房）

图 2-4-8　子房的位置

(3)胎座的类型

子房内着生胚珠的部位叫胎座。胎座具有不同的类型(图2-4-9)。

①边缘胎座:单子房,1室,胚珠着生于腹缝线上,如豆类。

②侧膜胎座:复子房,1室或假数室,胚珠着生于腹缝线上,如油菜、西瓜、黄瓜等。

③中轴胎座:复子房,多室,心皮边缘与中央形成轴,胚珠着生于中轴上,如柑、棉、苹果、百合、番茄、茄等。

④特立中央胎座:中轴胎座的隔膜消失后成为一室,中轴残留不达子房顶,胚珠着生于中轴上,如石竹、马齿苋等。

⑤基生胎座和顶生胎座:胚珠着生于子房的基部(如向日葵)或顶部(如桃、桑等)。

(a)边缘胎座　(b)侧膜胎座　(c)中轴胎座　(d)特立中央胎座　(e)顶生胎座　(f)基生胎座

图 2-4-9　胎座的类型

(二)禾本科植物花的结构特点

现以水稻、小麦为例说明禾本科植物花的结构特点(图2-4-10)。

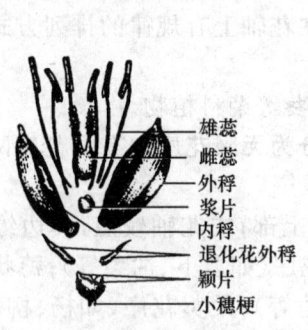

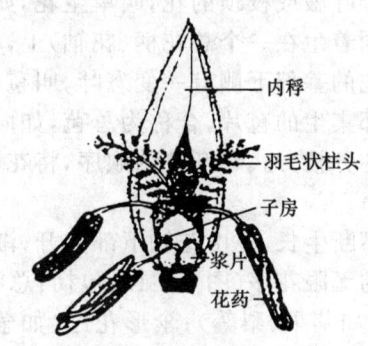

(a)水稻花的结构　　(b)小麦花的结构

图 2-4-10　禾本科植物花的结构

外稃:外稃一枚,是花基部的苞片,中脉明显并延长成芒。
内稃:内稃一枚,退化的花被。
浆片:浆片两枚,退化的花被。开花时,吸水膨胀,将内外稃撑开,使花药和柱头露出,以利于传粉。
雄蕊:雄蕊3枚或6枚。
雌蕊:雌蕊一枚,位于花中央。

禾本科植物常是数朵小花共同着生于小穗轴上,组成小穗(图2-4-11)。

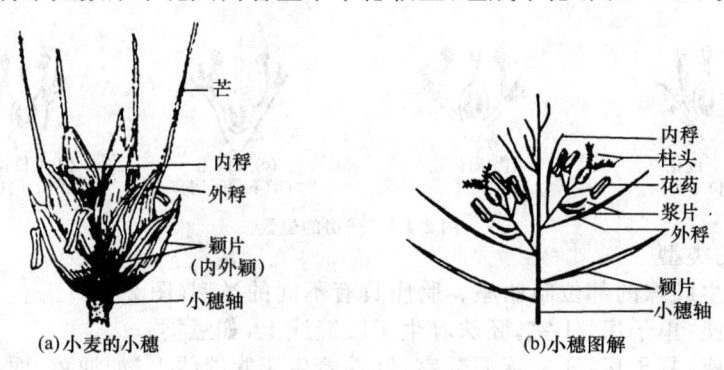

图2-4-11 禾本科植物的小穗

### (三)花与植株的性别

**1. 花的性别**

两性花:一朵花中同时具有雄蕊和雌蕊的花,如水稻、大豆、苹果等植物的花。

单性花:一朵花中只有雄蕊或雌蕊的花,可分为雌花和雄花,如银杏、玉米等植物的花。

无性花:一朵花中没有雄蕊和雌蕊的花,如向日葵边缘的花。

**2. 植株的性别**

雌雄同株:雄花和雌花生于同一植株上,如玉米、蓖麻等。

雌雄异株:雄花和雌花分别生于两株植株上,如银杏、杨、柳、菠菜等,可分为雄株和雌株。

杂性同株:一株植物中,两性花与单性花同时存在,如荔枝、柿等。

### (四)花序

单独着生于叶腋或枝顶的花,叫单生花,如桃、棉等。

许多花共同着生在一个总花柄(花轴)上,花在花轴上有规律的排列方式,叫花序。

有的花在花的基部下侧有一变态叶,叫苞片。

在花序基部集生的苞片,合称为总苞,如向日葵等菊科植物。

根据花轴的分枝方式和开花的顺序,将花序分为无限花序和有限花序两大类。

**1. 无限花序**

花轴顶端不断生长,花由花轴下部先开,渐及上部;或花轴较短,其边缘的花先开,渐及中央。常见的无限花序(图2-4-12)包括:总状花序(如萝卜、油菜等);穗状花序(如车前等);伞房花序(如苹果、梨等);伞形花序(如葱、韭等);柔荑花序(如杨、柳等);头状花序(如向日葵等);隐头花序(如无花果等)。

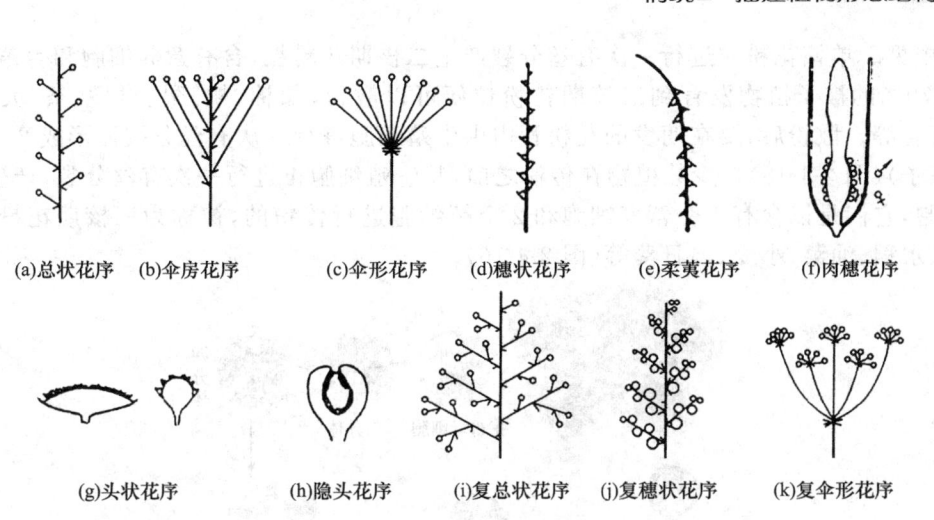

(a)总状花序　(b)伞房花序　(c)伞形花序　(d)穗状花序　(e)柔荑花序　(f)肉穗花序

(g)头状花序　(h)隐头花序　(i)复总状花序　(j)复穗状花序　(k)复伞形花序

图 2-4-12　无限花序的类型

## 2.有限花序

有限花序又叫离心花序,也叫聚伞花序。花序顶端或中央的花先形成,开花顺序是由上而下,由内而外,因而花轴的伸长受到限制。常见的有限花序的类型如图 2-4-13 所示。

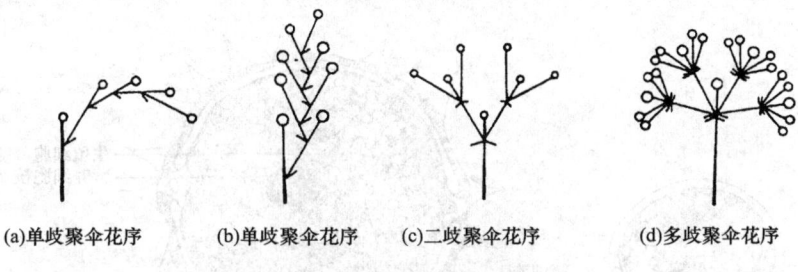

(a)单歧聚伞花序　(b)单歧聚伞花序　(c)二歧聚伞花序　(d)多歧聚伞花序

图 2-4-13　有限花序的类型

## (五)成熟花药和花粉粒的结构

### 1.成熟花药的结构(图 2-4-14)

花药由药隔和花粉囊组成。药隔包括药隔维管束和药隔薄壁组织。花粉囊包括表皮、纤维层和中层、药室和花粉粒。

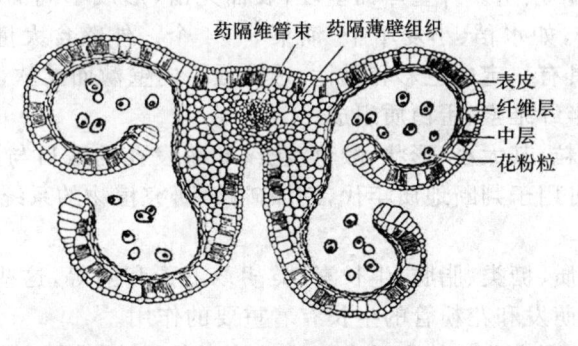

图 2-4-14　成熟花药的结构

### 2.花粉粒的发育与结构

花粉母细胞($2n$)经减数分裂产生的单核花粉粒($n$)——小孢子,壁薄,质浓,核位于细胞中央。单核花粉粒进行一次有丝分裂产生二核期花粉粒,含有营养细胞和生殖细胞。约有70%的被子植物发育到二核期花粉粒便可以散粉,如棉、桃、梨、柑橘、茶、大葱、大豆、百合等。散粉后,要在萌发的花粉管内由生殖细胞进行一次有丝分裂而形成2个精细胞(精子)(图2-4-15)。少数植物在传粉之前,其生殖细胞再进行一次有丝分裂,产生2个精细胞,它们是以含有1个营养细胞和2个精细胞进行传粉的,被称为三核期花粉粒,如玉米、水稻、油菜、小麦、向日葵等(图2-4-16)。

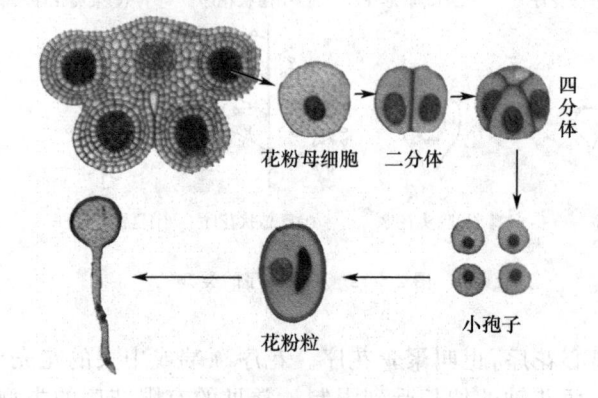

图 2-4-15 花粉粒的发育

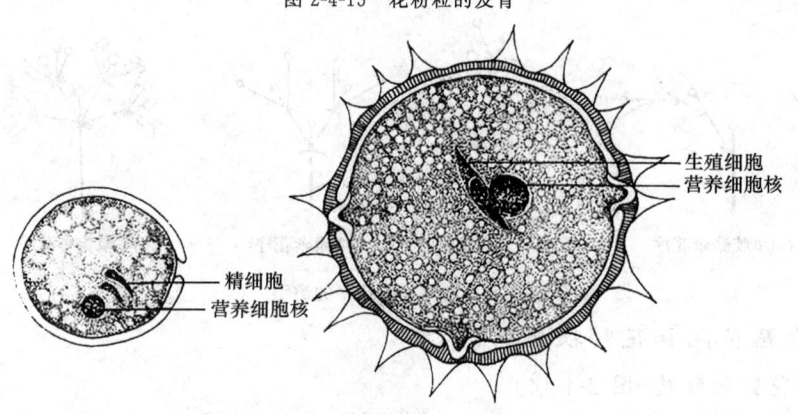

图 2-4-16 二核期花粉粒与三核期花粉粒

成熟的花粉粒有两层壁。外壁厚而坚硬,表面光滑,形成不同的花纹及萌发孔,萌发孔的数目为一至多个,如水稻、小麦1个,油菜3~4个。外壁含大量的孢粉素及胡萝卜素、脂类、蛋白质等,具有一定的色彩和黏性,透性强。内壁薄而柔软,富有弹性,易吸水膨胀,由纤维素、果胶、半纤维素、蛋白质组成。

不同植物的花粉粒,其大小、形状、颜色、花纹和萌发孔的数目与排列各不相同,具有较强的种属特异性,可用于判断地质年代,勘探矿藏,研究植物的系统分类、演化和地理分布等(图2-4-17)。

花粉粒含有蛋白质、糖类、脂肪、生长素、类胡萝卜素和酶等,这些物质对保持花粉粒的生活力及花粉粒的萌发和花粉管的生长有着重要的作用。

在农业和林业上,研究花粉的生活力和花粉的储存条件,进行人工辅助授粉和杂交授粉,以提高结实率或获得优良的杂交组合;利用花药和花粉进行离体培养,产生花粉植物,可作为新的育种方法;在医疗保健方面,可用花粉制造各种保健食品等。

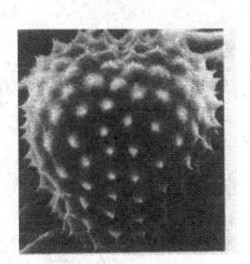

(a)七叶树花粉粒　　(b)百合花粉粒　　(c)豚草花粉粒

图 2-4-17　不同植物花粉粒的形态

## （六）成熟胚珠和胚囊的结构

### 1.胚珠的结构与类型

成熟胚珠的结构包括珠心、珠被、珠孔、珠柄、合点、胚囊（图 2-4-18）。

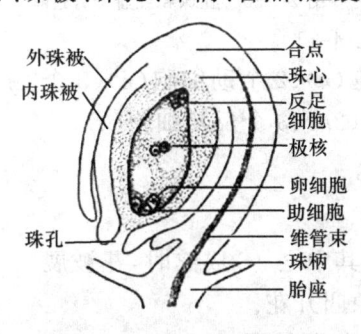

图 2-4-18　胚珠的结构模式图

不同的植物具有不同的胚珠类型。常见的胚珠类型有直生胚珠（如大麦、大黄等）、倒生胚珠（如水稻、小麦、瓜类等）、弯生胚珠（如油菜等）、横生胚珠（如锦葵等）（图 2-4-19）。

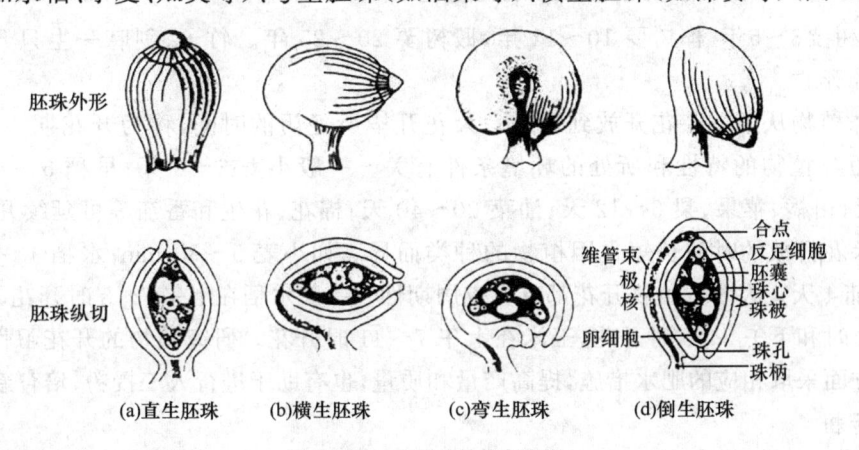

(a)直生胚珠　　(b)横生胚珠　　(c)弯生胚珠　　(d)倒生胚珠

图 2-4-19　胚珠的结构与类型

### 2.胚囊的发育与结构

（1）胚囊的发育过程（图 2-4-20）

珠心→胚囊母细胞 —减数分裂→ 四分体 —三个消失→ 一个发育成单核胚囊 —有丝分裂→ 八核胚囊

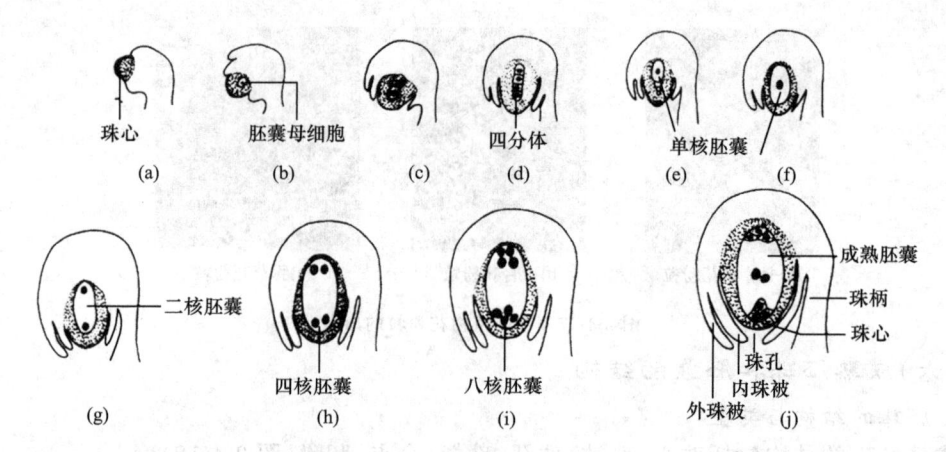

图 2-4-20　胚珠和胚囊发育过程

(2)成熟胚囊的结构(图 2-4-21)

成熟胚囊包括1个卵细胞($n$)、2个助细胞($n$)、2个极核细胞($n$)或1个中央细胞($2n$)、3个反足细胞($n$)。

(七)开花、传粉和受精

1. 开花与开花期

当花中花粉粒和胚囊(或其中之一)成熟时,花被展开,露出雌蕊和雄蕊,这种现象叫开花。

不同植物的开花习性不完全相同,反映在开花年龄、开花季节和花期长短等方面。例如:一二年生植物,生长几个月后就开花;多年生植物一般生长多年后才开花,如桃树要3~5年,桦树要10~12年,椴树要20~25年。竹子、剑麻一生只开一次花,开花后即死亡。

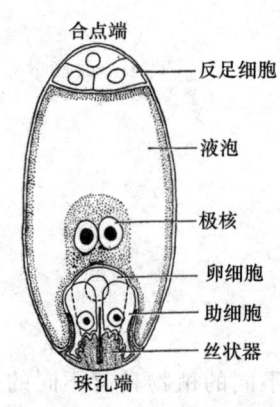

图 2-4-21　成熟胚囊的结构

一株植物从第一朵花开放到最后一朵花开毕所经历的时间,称为开花期。植物开花期的长短与植物的特性和所处的环境条件有关。一般小麦3~6天;早稻5~7天;晚稻9~10天;柑橘、苹果、梨6~12天;油菜20~40天;棉花、花生和番茄等可延续几个月。

一朵花开放的时间长短也因植物的种类而异。如小麦5~30 min;水稻1~2 h;棉约3天;番茄4天。大多数植物开花都有昼夜周期性。一般水稻在上午7~8时开花,小麦在上午9~11时和下午3~5时开花,玉米在上午7~11时开花。研究植物的开花习性,有利于在栽培方面采取相应的肥水措施,提高产量和质量,也有助于进行人工授粉,培育新品种。

2. 传粉

成熟的花粉粒借助外力传到雌蕊柱头上的过程,称为传粉。

(1)传粉的方式

传粉有自花传粉和异花传粉两种方式。

①自花传粉

成熟的花粉粒落到同一朵花的柱头上,叫自花传粉。但在生产上把同株异花间的传粉也称为自花传粉;果树栽培上将同一品种不同植株间的传粉也称为自花传粉。如小麦、水稻、棉花、番茄、芝麻、豆类都是自花传粉。典型的自花传粉方式是闭花传粉,如豌豆、花生的花尚未开放,即已完成受精过程。闭花受精可避免花粉粒为昆虫所吞食,或被雨水淋湿而遭破坏,是对环境条件不适于开花传粉时的一种适应方式。

②异花传粉

一朵花的花粉落到另一朵花的柱头上的过程,称为异花传粉。如玉米、油菜、向日葵、苹果、梨、瓜类等都是异花传粉。作物栽培上指不同植株间的传粉;果树栽培上指不同品种间的传粉。

自然界里异花传粉的植物较普遍,异花传粉比自花传粉优越。异花传粉植物的雌雄配子的遗传性具有较大差异,由它们结合产生的后代具有较强的生活力和适应性;而自花传粉植物正相反。因此,由于长期自然选择和演化的结果,不少植物的花在结构和生理上形成了许多避免自花传粉而适应异花传粉的性状。

a. 单性花:雌雄同株,如玉米、瓜类等;雌雄异株,如杨、柳、菠菜、大麻、桑、银杏等。

b. 雌雄蕊异熟:两性花中雌蕊与雄蕊的成熟时间不一致,造成雌雄花期不遇。雄蕊先熟,如玉米、向日葵、苹果、草莓、泡桐等;雌蕊先熟,如油菜、甜菜、车前、柑橘、木兰等。

c. 雌雄蕊异长或异位:两性花中雌蕊与雄蕊的长度不一样,如荞麦、报春花、酢浆草等。

d. 自花不孕:花粉粒落到同一朵花或同一植株花的柱头上而不能受精结实的现象,如鸭梨、向日葵、荞麦、番茄等。

(2)传粉的媒介

异花传粉的媒介主要是风和昆虫,少数以水、鸟、蜗牛及蝙蝠等为媒介。由于长期的演化,不同植物对传粉媒介往往产生一些相适应的结构。

①风媒花

依靠风力传粉的植物为风媒植物,如水稻、小麦、玉米、杨、柳、板栗等。它们的花称为风媒花(图2-4-22)。风媒花常形成穗状花序或柔荑花序,花小,花被不鲜艳,无蜜腺和香气。花丝细长,易受风力摆动散出花粉;花粉粒数量多,小而轻,外壁光滑干燥,适于风力传播;雌蕊柱头大,常呈羽毛状,便于接受花粉。

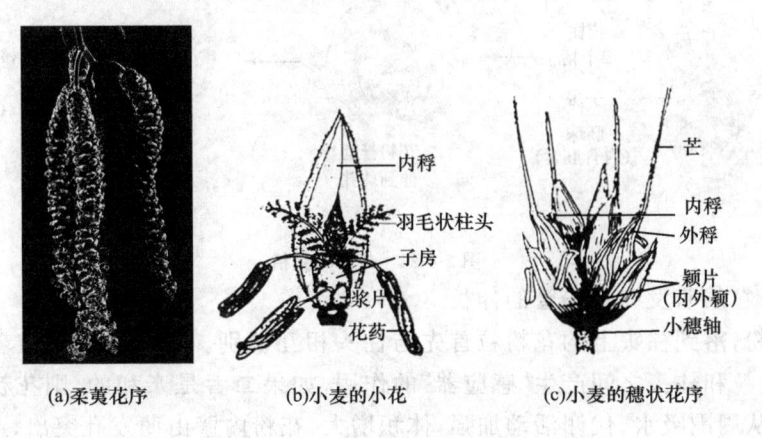

(a)柔荑花序　(b)小麦的小花　(c)小麦的穗状花序

图2-4-22　风媒花植物的花和花序

据估计,一株玉米可产生1500万~3000万花粉粒,可借风传到200~250 m的距离。

所以,在进行玉米杂交试验和制种时,必须有数百米的隔离区,以防混杂。

②虫媒花

依靠昆虫传粉的植物为虫媒植物,如向日葵、油菜、桃、苹果、瓜类等。它们的花称为虫媒花。传粉的昆虫有蜂、蝶、蛾、蚁等。虫媒花一般花冠大,花被鲜艳,具有香味和蜜腺,花粉粒较大、粗糙,有花纹,有黏性,容易被昆虫黏附。

(3)农业上对传粉规律的利用

①异花传粉的利用

异花传粉的植物常会出现花期不遇或受环境条件的影响,如气候不良,缺乏适当的传粉媒介等都会减少受精的机会,造成作物减产。在农业生产中,采用人工辅助授粉的方法,以弥补授粉不足,可大幅度提高作物的产量和品质。例如,向日葵在自然条件下,空秕粒较多,如果进行人工辅助授粉,则可提高结实率和含油量。对玉米进行人工辅助授粉,可减少果穗顶端缺粒,提高结实率,可增产8%~10%。

对一些虫媒传粉的作物和果树,在田间或果园养蜂,可起到良好的辅助授粉效果,有利于增产。鸭梨是自花不孕植物,核桃、苹果等为雌雄异熟植物,可配置授粉树,以提高结实率。

②自花传粉的利用

自花传粉虽引起后代衰退,但有提纯作物品种的有利一面。在玉米育种中,选择具有某些优良性状的单株,进行人工自花传粉(自交),经过连续4~5代严格的自交和选择后,生活力虽有衰退,但在苗色、叶形、穗粒、生育期等方面达到整齐一致时,就能成为一个稳定的自交系。利用两个自交系配制杂种,具有显著的增产效益。

3.受精作用

精细胞与卵细胞相互融合的过程称为受精(图2-4-23)。

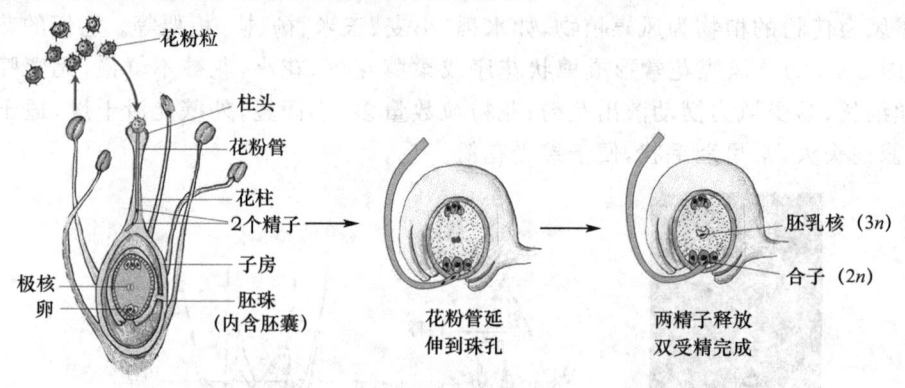

图2-4-23 传粉与受精

(1)花粉粒的萌发和花粉管的伸长

经过传粉,落到柱头上的花粉粒首先与柱头相互识别。柱头表面覆盖着一层蛋白质薄膜,在花粉粒和柱头之间产生"感应器"的作用,如果二者是亲和的,则花粉粒可得到柱头的滋养并从周围吸水,代谢活动加强,体积增大,花粉内壁由萌发孔突出,此过程称为花粉粒的萌发。

花粉粒萌发后,花粉管进入柱头,穿过花柱而到达子房。当花粉管生长时,如果是二核期花粉粒,生殖细胞在花粉管中再分裂一次,形成两个精细胞。花粉管到达子房后,通常从珠孔进入胚囊,称为珠孔受精。少数植物的花粉管从合点部位进入胚囊,称为合点受精;或从胚珠中部进入胚囊,称为中部受精。为什么花粉管总能准确地伸向胚珠和胚囊呢?目前有研究认为,花柱道、子房内壁、胎座、珠孔道和助细胞等,能分泌某些化学物质(如钙、硼),诱导花粉管的定向生长。所以植物开花期不能缺硼。

(2)双受精过程及其意义

花粉管进入胚囊后,花粉管先端破裂,两个精细胞、营养核和其他内容物释放于胚囊。其中一个精子与卵细胞融合形成受精卵(合子),受精卵将来发育为胚。另一个精子与两个极核融合,形成三倍体的初生胚乳核,将来发育成胚乳(图2-4-23)。这种由两个精子分别与卵细胞和极核融合的现象,称为双受精作用。双受精作用是被子植物有性生殖所特有的现象。

双受精具有重要的生物学意义。首先,精卵融合,即由2个单倍体的雌雄性细胞融合,形成了二倍体的合子,恢复了各种植物体原有的染色体倍数,保持了物种的相对稳定性;其次,由于精卵融合,将父母本具有差异的遗传物质重新组合,形成具有双重遗传性的合子,对选育新品种和生物的进化具有重要作用;第三,精子与极核融合,形成三倍体的初生胚乳核,同样具有父母本双亲的遗传性,生理活性更强,形成胚乳后以营养物质供胚吸收,可使子代生活力更强,适应性更广。因此,双受精在植物界有性生殖中是进化最高级的形式。

4. 单性结实

被子植物在正常情况下,受精以后子房发育为果实。但有些植物,不经受精其子房也能形成果实,这种现象称为单性结实。单性结实的果实里不含种子,称为无籽果实。单性结实有两种情况:一种是天然单性结实,特点是子房不经过传粉、受精或其他任何刺激而形成无籽果实,如香蕉、柑橘、柿、瓜类、葡萄和柠檬的某些品种;另一种是刺激性单性结实,特点是子房必须经过一定刺激才能形成无籽果实,如利用马铃薯的花粉刺激番茄花的柱头,或用某些苹果品种的花粉刺激梨的柱头均可得到无籽果实;低温和高光强度可以诱导番茄产生无籽果实;短光周期和较低的夜温可导致瓜类出现单性结实;生产上利用生长素处理某些植物的雌花,也能得到无籽果实。如近年来用一定浓度的2,4-D、吲哚乙酸或萘乙酸等生长素的水溶液喷洒西瓜、番茄或葡萄等的花蕾都能获得无籽果实。

单性结实形成无籽果实,但无籽果实并非就是单性结实所致。有些植物虽然完成了受精作用,但胚珠在形成种子的过程中受到阻碍,也可产生无籽果实。

5. 受精后花的变化

卵细胞受精后,花的各部分发生显著变化。花萼、花冠一般枯萎(花萼有宿存的),雄蕊以及雌蕊的柱头和花柱也凋萎,而胚珠发育成种子,子房发育成果实,花柄成为果柄。现将受精后由花至果实和种子的发育过程表解如下:

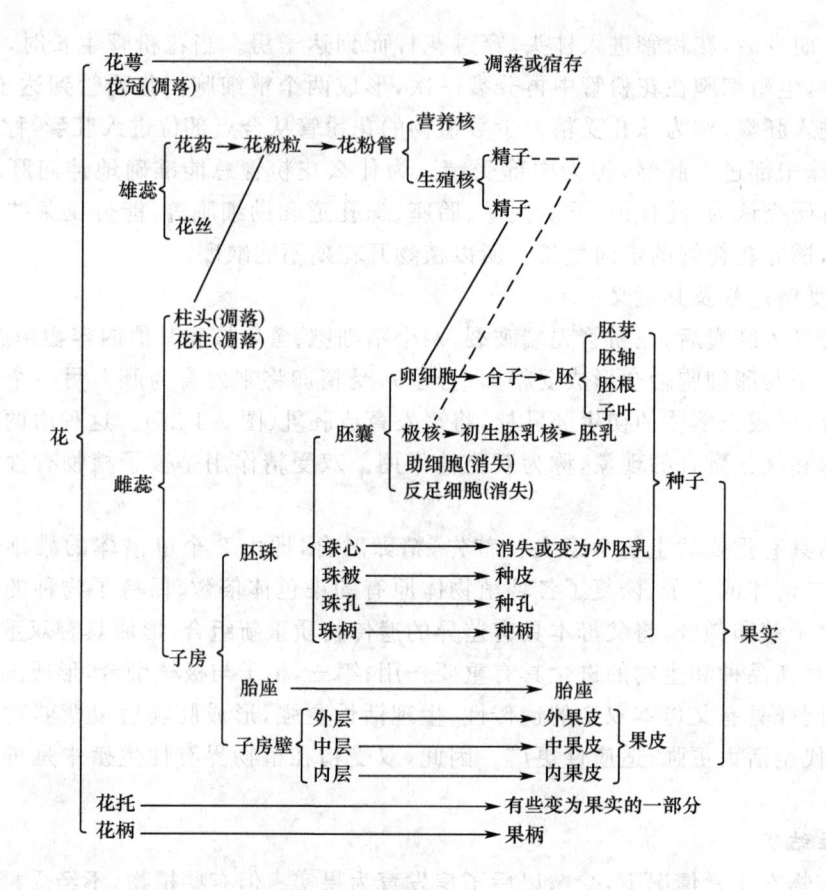

```
                    ┌ 花萼 ──────────────→ 凋落或宿存
                    │ 花冠(凋落)
                    │        ┌ 花药 → 花粉粒 → 花粉管 ┬ 营养核
                    │ 雄蕊 ──┤                        └ 生殖核 ┬ 精子
                    │        └ 花丝                            └ 精子
                    │        ┌ 柱头(凋落)
                    │        │ 花柱(凋落)
                    │        │              ┌ 卵细胞 → 合子 → 胚 ┬ 胚芽
                    │        │              │                    │ 胚轴
花 ──┤                       │              │                    │ 胚根
                    │        │    ┌ 胚囊 ──┤ 极核 → 初生胚乳核 → 胚乳  └ 子叶
                    │ 雌蕊 ──┤    │        │ 助细胞(消失)
                    │        │    │        └ 反足细胞(消失)              ┐
                    │        │    │        ┌ 珠心 ──────→ 消失或变为外胚乳 │
                    │        │    │ 胚珠 ──┤ 珠被 ──────→ 种皮              ├ 种子 ┐
                    │        │    │        │ 珠孔 ──────→ 种孔              │      │
                    │        │    │        └ 珠柄 ──────→ 种柄              ┘      │
                    │        │    │ 胎座 ─────────────→ 胎座                       ├ 果实
                    │        └ 子房│        ┌ 外层 ──→ 外果皮 ┐                     │
                    │             │ 子房壁 ┤ 中层 ──→ 中果皮 ├ 果皮                │
                    │             │        └ 内层 ──→ 内果皮 ┘                     │
                    │ 花托 ─────────────────→ 有些变为果实的一部分                 │
                    └ 花柄 ─────────────────→ 果柄
```

## 二、描述种子的基本结构和类型

种子是种子植物所特有的由胚珠发育而成的繁殖器官。

### (一)种子的基本结构

1. 种皮

种皮是种子外面的保护层,具有保护作用。种皮通常有两层,外层叫外种皮,内层叫内种皮。有的种子种皮只有一层,称为种皮。种皮上具种脐、种孔。

2. 胚乳

胚乳是种子储藏营养物质的部分,储藏的营养物质是种子胚发育成幼苗的物质基础。主要的营养物质为淀粉、脂肪、蛋白质。但不同的种子,三种营养物质的含量不同。因此,可将植物的种子分为三种类型:淀粉类种子,如小麦、玉米等禾谷类植物种子;脂肪类种子,如花生、芝麻、油菜等植物的种子;蛋白质类种子,如大豆、豌豆等豆类植物的种子。

3. 胚

胚是种子的最重要部分,是新植物体的原始体。胚可分为胚芽、胚轴、胚根、子叶四部分。

### (二)种子的主要类型

根据种子的构造不同,通常把种子分为以下几种类型。

1. 双子叶无胚乳种子

如豆类、瓜类、白菜、萝卜、桃、梨、苹果等植物的种子。

以大豆为例来说明双子叶无胚乳种子的结构(图 2-4-24)。大豆种子由种皮、胚组成，胚由胚芽、胚轴、胚根和子叶(二片)四部分组成。

2. 双子叶有胚乳种子

如蓖麻、荞麦、茄、番茄、辣椒、葡萄等植物的种子。

以蓖麻为例来说明双子叶有胚乳种子的结构(图 2-4-25)。蓖麻种子由种皮、胚乳、胚(胚芽、胚轴、胚根、子叶)组成。外种皮坚硬,有花纹,存在种阜、种孔。内种皮为白色膜质。

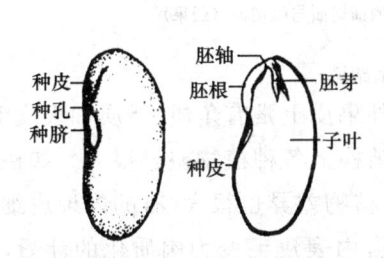

图 2-4-24 双子叶无胚乳种子结构

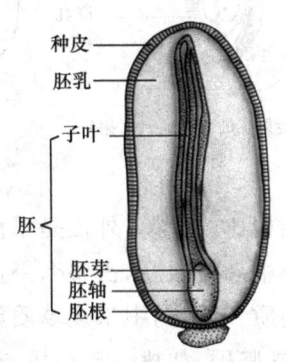

图 2-4-25 双子叶有胚乳种子的结构(蓖麻)

3. 单子叶有胚乳种子

如小麦、玉米、水稻等禾谷类，葱，蒜等植物的种子。

以小麦、玉米种子为例来说明单子叶有胚乳种子的结构(图 2-4-26)。种子由种皮(与果皮愈合)、胚乳、胚(胚芽鞘、胚芽、胚轴、胚根、胚根鞘、子叶一片)组成。

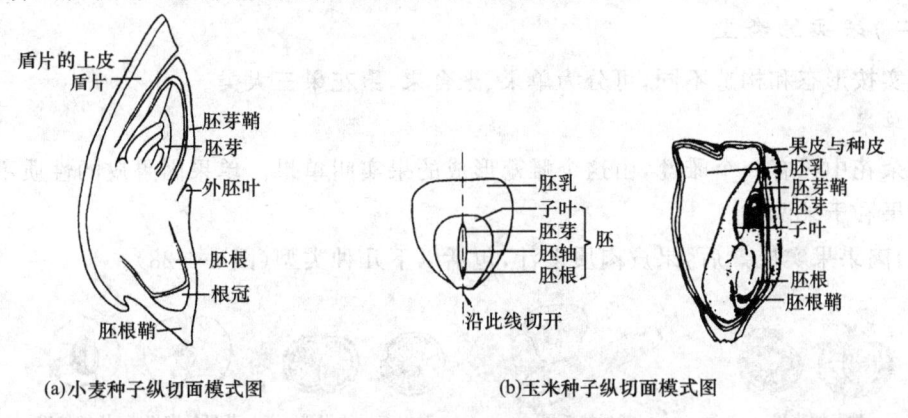

(a)小麦种子纵切面模式图

(b)玉米种子纵切面模式图

图 2-4-26 单子叶有胚乳种子的结构

4. 单子叶无胚乳种子

如慈姑、泽泻、眼子菜等的种子。种子由种皮、胚组成,胚由胚芽、胚轴、胚根和子叶(一片)四部分组成。

## 三、描述果实的结构和类型

(一)果实的来源与构造

单纯由子房发育成的果实叫作真果,如桃、玉米、茶、大豆、柑橘等。真果由果皮、种子组成。果皮由外果皮、中果皮和内果皮组成。

除子房外,还有花托、花萼、花冠,甚至整个花序也参与果实的形成,这种果实叫假果,如瓜类、苹果、菠萝、梨等(图 2-4-27)。

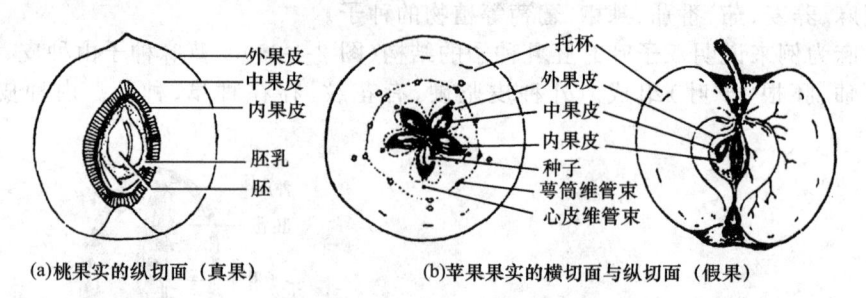

(a)桃果实的纵切面(真果)　　(b)苹果果实的横切面与纵切面(假果)

图 2-4-27　桃和苹果果实的结构

真果的结构比较简单,外面是果皮,内含种子。外果皮上常有角质、蜡质和表皮毛,并有气孔分布。中果皮很厚,占整个果皮的大部分,在结构上各种植物差异很大。如桃、李、杏的中果皮肉质,刺槐的中果皮革质等。内果皮各种植物差异也很大,有的内果皮细胞木质化加厚,非常坚硬,如桃、李、核桃;有的内果皮膜质,内表皮毛变为肉质化的汁囊,如柑橘、柚等;有的内果皮分离成单个的浆汁细胞,如葡萄、番茄等。

假果的结构比较复杂,如苹果、梨的可食部分主要由花托发育而成,而真正由子房发育来的中央核心部分占很少比例,其内为种子。瓜类的果实也属假果,其花托与外果皮结合成为坚硬的果壁,中果皮和内果皮肉质。桑葚和菠萝的果实由整个花序发育而成。

(二)果实的类型

果实按形态和构造不同,可分为单果、聚合果、聚花果三大类。

1. 单果

一朵花中只有一个雌蕊,由这个雌蕊形成的果实叫单果。单果因果皮的性质不同,可分为肉果和干果两类。

(1)肉果　果实成熟后,果皮肉质多汁,包括以下几种类型(图 2-4-28)。

番茄的浆果　　黄瓜的瓠果　　温州蜜柑的柑果　　苹果的梨果　　桃的核果

图 2-4-28　肉果的主要类型

①浆果:外果皮薄,中果皮、内果皮肉质多汁,种子一至多数,如柿、葡萄、番茄、香蕉、茄等。

②核果:外果皮薄,中果皮肉质,内果皮坚硬木质化成为果核,内含一粒种子,如桃、李、杏、梅、核桃等。

③柑果:外果皮革质,有许多油腔,中果皮疏松,具有橘络(维管束),内果皮膜质,每个心皮的内果皮形成一个囊瓣,内有肉质多汁的表皮毛,如柑橘、柚等。

④梨果：由下位子房发育成的假果，果实大部分由花托发育而成，并与外果皮、中果皮愈合，肉质，内果皮革质，如苹果、梨、枇杷、山楂等。

⑤瓠果：由下位子房发育成的假果，花托和外果皮结合成坚硬的果壁，中果皮、内果皮肉质，胎座很发达，如瓜类。

(2)干果果实成熟后，果皮干燥，分为裂果和闭果两类。

①裂果果实成熟后，果皮开裂。根据开裂方式不同又可分为下列几种类型(图2-4-29)。

(a)荠菜的短角果　(b)豌豆的荚果　(c)油菜的长角果　(d)梧桐的聚合蓇葖果　(e)虞美人　(f)棉花　(g)车前草

(h)紫堇的蒴果　(i)曼陀罗的蒴果　(j)罂粟的蒴果　(k)海录属的蒴果　(l)落花生的荚果

图2-4-29　裂果的类型

a.荚果：由单雌蕊发育而成，子房一室，边缘胎座，成熟时沿腹缝线和背缝线两边开裂，如豆类；也有不开裂的，如花生、合欢等。

b.蓇葖果：由单雌蕊或离生雌蕊发育而成，子房一室，成熟时仅沿背缝线或腹缝线一边开裂，如八角、梧桐、芍药、飞燕草、牡丹等。

c.角果：由2心皮复雌蕊发育而成，子房一室，具假隔膜，成熟时两边开裂，种子附着在假隔膜的两侧。角果又可分为长角果和短角果。白菜、萝卜、油菜等果实的角果很长，称为长角果；荠菜、独行菜角果短，称为短角果。

d.蒴果：由复雌蕊发育而成，一至多室，成熟时有各种不同的开裂方式，如纵裂(棉花、百合、紫堇、曼陀罗、烟草、牵牛等)、孔裂(罂粟、虞美人等)、齿裂(石竹)、盖裂(海录属、桉树类等)和周裂(马齿苋、车前草)等。

②闭果果实成熟时，果皮不开裂，有以下几种类型(图2-4-30)。

a.瘦果：由一室子房形成，含一粒种子，果皮和种皮分离，如白头翁、向日葵、荞麦等。

b.颖果：由一室子房形成，含一粒种子，果皮与种皮紧密愈合，不易分离，如小麦、玉米、水稻等禾本科植物。

c.翅果：果皮延伸成翅，如榆、槭、枫杨等。

d.坚果：果皮坚硬木质化，含一粒种子，如榛子、栗子、橡子等。

e.分果：果实由两个或两个以上心皮组成，每个心皮发育成一个小果，内含一粒种子，成熟时各小果彼此分离，但小果并不开裂，如锦葵、蜀葵、蓖麻等。胡萝卜、芹菜等伞形科

99

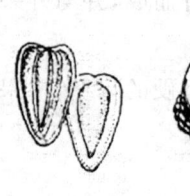

(a)向日葵的瘦果　(b)栎的坚果　(c)小麦的颖果　(d)槭的翅果　(e)胡萝卜的分果

图 2-4-30　闭果的主要类型

植物的果实,成熟时分离成两个悬垂的果实,叫双悬果。

2.聚合果

由一朵花中的多数离生单雌蕊聚集生长在花托上,共同形成一个果实,称为聚合果。每一离生雌蕊各为为一单果,根据小果的类型可分为聚合瘦果(草莓)、聚合核果(悬钩子)、聚合坚果(莲)和聚合蓇葖果(八角、芍药)(图 2-4-31)。

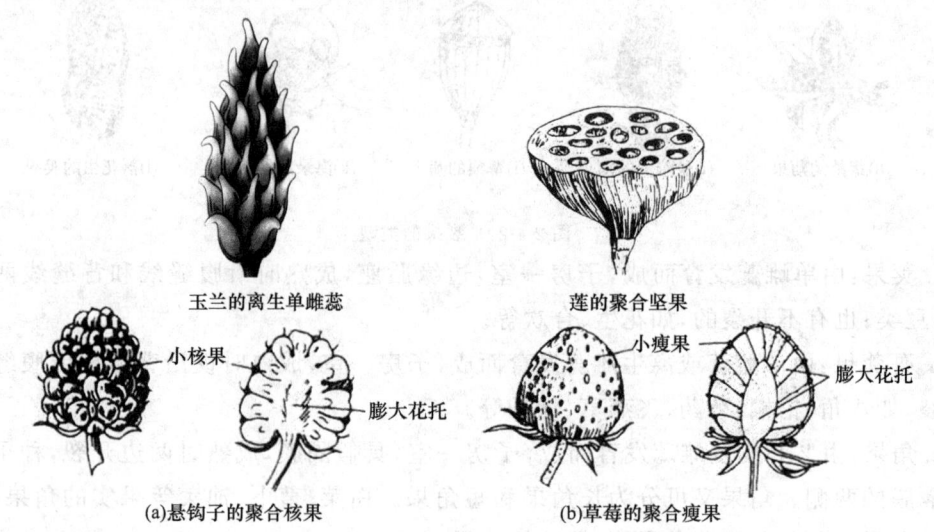

玉兰的离生单雌蕊　　　　　莲的聚合坚果

小核果　　　　　　　　　　小瘦果　　　　膨大花托
　　　　　　膨大花托

(a)悬钩子的聚合核果　　　　(b)草莓的聚合瘦果

图 2-4-31　聚合果

3.聚花果

由整个花序形成的果实,称为聚花果(复果),如菠萝、无花果、桑葚等(图 2-4-32)。

(a)桑葚　　　(b)无花果　　　(c)菠萝

图 2-4-32　聚花果

## 四、技能训练

（一）花的解剖结构观察

【实训目的】

通过实训能描述被子植物花的组成和结构。

【用品与材料】

显微镜、镊子、放大镜、各种植物刚开放或将要开放的花朵（如大豆、百合、扶桑、月季、南瓜、玉米、水稻等植物的花朵）、百合花药和子房横切片。

【方法与步骤】

1. 花的组成观察

用镊子解剖百合（或大豆等植物）的花，用放大镜观察花的各部分：花柄、花托、花萼、花冠、雄蕊和雌蕊。雄蕊由花药和花丝组成，雌蕊由柱头、花柱和子房组成。

制花粉粒临时装片，观察不同植物花粉粒的形状。

2. 花药结构的观察

取百合花药横切片，先在低倍镜下观察，可见花药呈蝶状，其中有四个花粉囊，分左右对称两部分，中间有药隔相连（包括药隔维管束和药隔薄壁组织）。换高倍镜仔细观察一个花粉囊的结构。

3. 子房结构的观察

取百合子房横切片，在低倍镜下观察，可见到有3个心皮围合成3个子房室，胎座为中轴胎座，在每个子房室里有两个倒生的胚珠，它们背靠生在中轴上。移动载玻片，选择一个完整而清晰的胚珠进行观察。

【实训考核】

1. 描述百合花的组成和结构。

2. 绘制百合花药横切面图，注明各部分名称。

3. 绘制成熟胚珠结构图，注明各部分名称。

（二）种子和果实的解剖结构观察

【实训目的】

通过实训能描述种子的结构和类型，能描述果实的结构和类型。

【用品与材料】

显微镜、镊子、放大镜、解剖刀、各种植物的种子（如大豆、西瓜、白菜、蓖麻、葡萄、玉米、小麦等)和果实(如西红柿、葡萄、桃、苹果、柑橘、西瓜、黄瓜、豆类、油菜、花生、棉花、向日葵、栗子、枫杨、菠萝、草莓等)。

【方法与步骤】

1．描述种子的结构和类型

解剖大豆、蓖麻、玉米等种子，用放大镜观察种子的各部分，描述种子的结构和类型。

2．描述果实的结构和类型

解剖西红柿、桃、苹果、柑橘、黄瓜、豆类、油菜、花生、棉花、向日葵、栗子、枫杨、菠萝、草莓等果实，用放大镜观察果实的果皮、种子数、心皮数、胎座的类型、果实成熟后开裂情况，描述果实的结构和类型。

【实训考核】

1．描述种子的结构和类型。

2．描述果实的结构和类型。

# 考核内容

【专业能力考核】

一、名词解释

两性花；单性花；雌雄同株；雌雄异株；自花传粉；异花传粉；受精作用；双受精。

二、描述题(对具体实物进行描述)

1．解剖一朵典型的花，描述花的组成和结构。

2．描述种子的结构和类型。

3．描述果实的结构和类型。

4．描述植物对异花传粉有哪些适应特点。

三、绘图题

1．绘制成熟花药横切面图，注明各部分名称。

2．绘制成熟胚珠结构图，注明各部分名称。

四、应用题

1．农业生产上对传粉规律有哪些利用？

2．阐述无籽果实形成的原因，农业生产上有哪些应用？

【职业能力考核】

**考核评价表**

| 子情境 2-4:描述植物生殖器官 ||||||||
|---|---|---|---|---|---|---|---|
| 姓名: |||| 班级: ||||
| 序号 | 评价内容 | 评价标准 || 分数 || 得分 | 备注 |
| 1 | 专业能力 | 资料准备充足,获取信息能力强 || 10 | 80 | | |
| | | 对植物生殖器官描述正确、规范,用时短 || 50 | | | |
| | | 按要求完成实训和实训作业,总结分析全面、到位 || 20 | | | |
| 2 | 方法能力 | 获取信息能力、组织实施、问题分析与解决、解决方式与技巧、科学合理的评估等综合表现 || 10 || | |
| 3 | 社会能力 | 工作态度、工作热情、团队协作互助的精神、责任心等综合表现 || 5 || | |
| 4 | 个人能力 | 自我学习能力、创新能力、自我表现能力、灵活性等综合表现 || 5 || | |
| | | 合计 || 100 || | |

教师签字:　　　　　　　　　　　　　　　　　　　　　　年　　月　　日

# 情境 3

## 识别常见植物

## 子情境 3-1　识别植物基础知识

| 学习目标 |
|---|
| 正确使用植物检索表 |
| **职业能力** |
| 能使用植物检索表检索植物 |
| **学习任务** |
| 1. 解剖并描述 2~3 种植物<br>2. 使用植物检索表检索 2~3 种植物 |
| **建议教学方法** |
| 任务驱动教学法、理实一体化教学法 |

## 一、植物分类的基础知识

植物分类的方法分为人为分类法和自然分类法。以植物经济用途和形态、习性的一个或几个特点作为分类标准的分类法称为人为分类法。以植物相同点的多少作为分类标准的分类法称为自然分类法。自然分类法能反映出物种彼此亲缘关系的远近和植物在进化中的地位。目前由以植物器官的外部形态特征作为分类依据,逐渐向实验分类学方向发展。

### (一)植物分类单位

种是分类学上的基本单位。所谓种,是指起源于共同的祖先,具有相似的形态特征,且能进行自然繁殖,具有一定自然分布区域的生物类群。品种不是分类单位。根据进化学说,一切生物起源于共同的祖先,彼此都有亲缘关系,并经历从低级到高级、由简单到复杂的系统演化过程,故分类学上按自然分类法把亲缘关系相近的种归为属,相近的属合为科,相近的科并为目,以至纲、门、界等分类单位,因此,界、门、纲、目、科、属、种是分类学上的各级分类单位,各级分类单位又根据需要划分为亚门、亚目、亚科、亚属、亚种、变种、变型等。

(二)植物的命名法则

1. 种名(植物的学名):植物的学名是以瑞典植物学家林奈(Linnaeus)所倡用的双名法给植物命名的。它以两个拉丁文的词给植物命名,第一个词是属名,通常表示植物的名称、特点等,为名词,第一个字母大写;第二个词是种加词(种名),通常表示产地、习性或特征,一般为形容词,第一个字母小写。一个完整的拉丁名还要在名称之后附加命名人姓名或姓氏缩写,第一个字母大写。因此,植物的学名由三部分组成:属名、种名(种加词)和命名人姓名(或姓氏缩写)。如

(1)水稻的学名:

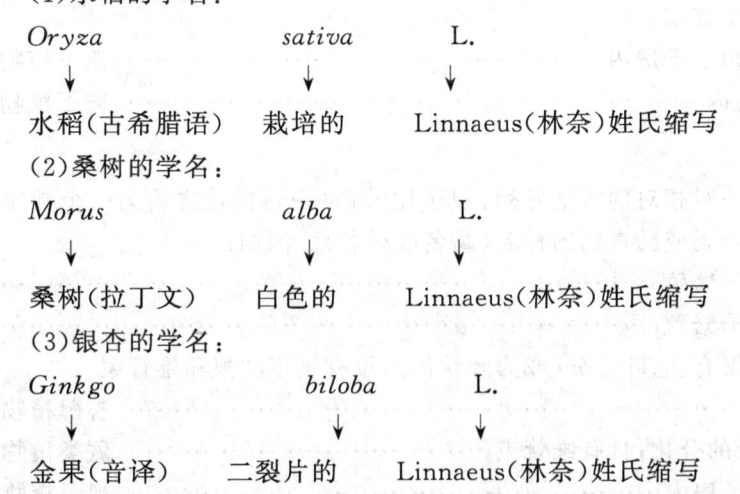

*Oryza*            *sativa*            L.
↓                         ↓                 ↓
水稻(古希腊语)     栽培的       Linnaeus(林奈)姓氏缩写

(2)桑树的学名:

*Morus*            *alba*            L.
↓                       ↓                ↓
桑树(拉丁文)      白色的       Linnaeus(林奈)姓氏缩写

(3)银杏的学名:

*Ginkgo*           *biloba*           L.
↓                       ↓                ↓
金果(音译)       二裂片的     Linnaeus(林奈)姓氏缩写

2. 亚种名:属名+种名+命名人+sub.+亚种名+亚种命名人。如紫花地丁:*Viola philippica* L. sub. *manda* W. Beck。

3. 变种名:属名+种名+命名人+var.+变种名+变种命名人。

如糯稻的学名:

*Oryza*      *sativa*        L.       var.      *glutinosa*     Matsum
↓              ↓              ↓           ↓         ↓           ↓
稻的古希腊名 种加词(栽培的) 姓氏缩写 变种缩写 变种加词 变种命名人

双名法是国际植物命名法则,克服了国家、地区的限制,避免了同物异名和同名异物情况的发生,便于植物研究与学术交流。

## 二、编制植物检索表

植物检索表是识别和鉴定植物的工具,是根据法国人拉马克(Lamarck,1744—1829)的二歧分类原则进行编制的。把一群植物相对的特征、特性分成对应的两个分支,再把每个分支中相对的性状分成相对应的两个分支,依次下去直到编制到科、属或种检索表的终

点为止。为了便于使用,各分支按其出现先后顺序,在前边加上一定的顺序数字,相对应的两个分支前的数字或符号应是相同的。植物界主要是分科、分属、分种三种检索表。常见的植物分类检索表有定距检索表和平行检索表两种。

### (一)定距检索表

在定距检索表中,相对应的特征编为相同的号码,书写在距书页左边相同距离处,每次一项特征比上一项特征书写行向右缩进一定距离,如此继续下去,描写行越来越短,直到检索到科、属或种的学名为止。

1.植物无种子,以孢子繁殖
  2.植物体结构简单,仅有茎、叶之分(或为叶状体);没有真正的根和维管束
    ……………………………………………………………… 苔藓植物门
  2.植物体有根、茎、叶的分化;具有维管束……………… 蕨类植物门
1.植物有种子,以种子繁殖
  2.胚珠裸露,不包于子房内 …………………………… 裸子植物门
  2.胚珠包于子房内 ……………………………………… 被子植物门

### (二)平行检索表

在平行检索表中,每一对相对的特征并列,便于比较;每一行描述之后为一个数字或学名,注明下一步查阅的号码或已查到的种名(属名或科名)。例如:

1.植物无种子,以孢子繁殖 ……………………………………………… 2
1.植物有种子,以种子繁殖 ……………………………………………… 3
2.植物体结构简单,仅有茎、叶之分(或为叶状体);没有真正的根和维管束
………………………………………………………………………… 苔藓植物门
2.植物体有根、茎、叶的分化;具有维管束 ……………………… 蕨类植物门
3.胚珠裸露,不包于子房内 ……………………………………… 裸子植物门
3.胚珠包于子房内 ………………………………………………… 被子植物门

平行检索表,由于各项特征均排列在书页左边的同一条直线上,既美观、整齐又节省篇幅,但不足的是没有定距检索表那样醒目易查。

## 三、应用植物检索表

### (一)描述植物

采集 2~3 种具有茎、叶、花、果实和种子等器官的植物(草本植物取全株),对各植物形态特征进行观察、比较并做好记录。

### (二)检索植物

对照植物分类检索表(分科、分属、分种检索表)进行鉴定,检索上述植物的科、属和种名。

### (三)检索植物时应注意的问题

1.植物标本要尽可能完整,最好有茎、叶、花和果实,特别是花尤其重要。

## 一、双子叶植物纲的主要科

### (一)木兰科(Magnoliaceae)

**1. 科的特征**

乔木或灌木。茎、叶含油细胞。单叶互生,全缘或浅裂;托叶大,叶脱落后有明显的托叶痕。花大型,单生,两性,偶单性,整齐,下位;花托伸长或突出;花被呈花瓣状;雌雄蕊多数,分离,轮状或螺旋状排列在伸长的花托上。聚合蓇葖果。种子有胚乳。

木兰科是双子叶植物中最原始的科。本科有12属220种,分布于亚洲的热带和亚热带,少数在北美洲南部和中美洲,集中分布于我国西南部、南部及中南半岛。我国有11属130余种。

**2. 识别要点**

木本,单叶互生,有环状托叶痕,茎、叶具油细胞,花单性,雄雌蕊多数,螺旋状排列,聚合蓇葖果。

**3. 常见植物**

玉兰(*Magnolia denudata* Desr.)(木兰、白玉兰)(图 3-2-1)、含笑花[*Michelia figo* (Lour.)Spreng.]、白兰花(*Michelia alba* DC.)、广玉兰(*Magnolia grandiflora* L.)、鹅掌楸[*Liriodendron chinense*(Hemsl.)Sarg.]、紫玉兰(*Magnolia liliiflora* Desr.)、木莲(*Manglietia fordiana* Oliv.)等,均可作为庭园观赏树种;厚朴(*Magnolia officinalis* Rehder & E. H. Wilson)、五味子[*Schisandra chinensis*(Turcz.)Baill.](北五味子、山花椒)(图 3-2-2)均可药用;八角茴香(*Illicium verum* Hook. f.)的果实为调味品。

图 3-2-1 玉兰

图 3-2-2 五味子

### (二)毛茛科(Ranunculaceae)

**1. 科的特征**

草本。叶互生,少对生,托叶不发达或无。花两性,少单性,辐射对称或两侧对称,单生或排成聚伞花序、总状花序及圆锥花序等;萼片5枚至多数呈花瓣状,花瓣2至多片或缺。雌雄蕊多数,螺旋状排列;心皮多数,离生或一部分合生;子房1室,胚珠1至多个。果为瘦果或蓇葖果,少为浆果或蒴果。

毛茛科植物含有各种生物碱,不少种类为药用或有毒植物。花大,色泽艳丽,因而有些为观赏植物。本科有50属约2000种,广布于世界各地,多见于北温带与寒带。我国有

43属，约700种。

2. 识别要点

草本，叶分裂或复叶。萼片、花瓣各5枚，或无花瓣，萼片花瓣状；雌雄蕊多数，离生。果为瘦果或蓇葖果。

3. 常见植物

毛茛（*Ranunculus japonicus* Thunb.）（图3-2-3）、黄连（*Coptis chinensis* Franch.）（图3-2-4）。

此外，还有作为药用和观赏植物栽培的芍药（*Paeonia lactiflora* Pall.）、牡丹（*Paeonia suffruticosa* Andrews）、花毛茛（*Ranunculus asiaticus* Lepech）、乌头（*Aconitum carmichaeli* Debeaux）、白头翁［*Pulsatilla chinensis*（Bunge）Regel］、银莲花［*Anemone cathayensis* Kitag.］等。

图3-2-3 毛茛 　　　　　图3-2-4 黄连

### （三）十字花科（Cruciferae）

1. 科的特征

草本。单叶互生，基生叶常呈莲座状，无托叶，全缘或羽状深裂。花两性，辐射对称，常排成总状花序；萼片、花瓣各为4枚，花冠十字形；雄蕊6枚，4长2短，为四强雄蕊；雌蕊由2心皮组成，被假隔膜分成2室，侧膜胎座，子房上位。果实为角果。种子无胚乳。

十字花科植物多数可以食用，也有的供观赏和药用。本科有350属，约3200种，全球分布，主产北温带。我国产96属411种。

2. 识别要点

总状花序，十字形花冠，四强雄蕊，角果，侧膜胎座，具假隔膜。

3. 常见植物

蔬菜作物有花椰菜（*Brassica oleracea* L. var. *botrytis* L.）、大白菜［*Brassica pekinensis*（Lour.）Rupr.］、甘蓝（*Brassica oleracea* L.）、芥菜［*Brassica juncea*（L.）Czern］、榨菜［*Brassica juncea*（L.）Czern. et Coss. var. *tumida* Tsen et Lee］、萝卜（*Raphanus sativus* L.）等。油料作物有油菜（*Brassica campestris* L.）等。观赏花卉有羽衣甘蓝（*Brassica oleracea* L. var. *acephala* form. *tricolor* Hort.）（图3-2-5）、紫罗兰［*Matthiola incana*（L.）R. Br.］（图3-2-6）等。

图 3-2-5　羽衣甘蓝 　　　　　　　　图 3-2-6　紫罗兰

### (四) 石竹科 (Caryophyllaceae)

**1. 科的特征**

草本,茎节部膨大。单叶全缘、对生,常在基部连成一线。花两性,辐射对称,多为聚伞花序;萼片4~5枚,宿存,分离或合生;花瓣4~5枚,分离;雄蕊2轮,8~10枚,花粉球形;雌蕊2~5心皮,子房上位,1室;胚珠多数或为1个。种子内无胚乳。蒴果,顶端齿裂,少数瓣裂或为浆果。

本科有88属约2000种植物,分布全球,尤以北温带最多。我国产32属400余种,全国均有分布。有的供观赏,有的药用,也有的是田间杂草。

**2. 识别要点**

叶对生,茎节部膨大,基部连成一线;雄蕊为花瓣的2倍;特立中央胎座;蒴果。

**3. 常见植物**

观赏种类有石竹(*Dianthus chinensis* L.)、香石竹(*Dianthus caryophyllus* L.)、满天星(*Gypsophila paniculata* L.)(图3-2-7)、米瓦罐(*Silene conoidea* L.)(图3-2-8)等;药材有繁缕[*Stellaria media* (L.)Cirillo]、牛繁缕[*Malachium aquaticum* (L.)Moench]等;野生种类有王不留行[*Vaccaria segetalis* (Neck.)Garcke ex Asch.]、蚤缀(*Arenaria serpyllifolia* L.)等。

图 3-2-7　满天星 　　　　　　　　图 3-2-8　米瓦罐

### (五) 蓼科 (Polygonaceae)

**1. 科的特征**

草本,少数木本。茎节部常膨大。单叶互生,全缘,托叶膜质鞘状。花两性,花序穗状

或圆锥状。花小,无花瓣,萼片3~6枚;雄蕊3~9枚,雌蕊由2~3心皮组成,子房上位,1室,花柱2~3个,分离或下部连合。果实为瘦果或坚果,两面凸起或三棱形。种子有胚乳。

本科有40属800余种,全球分布,主产北温带。我国产14属220余种,分布于南北各省。可以食用、药用和观赏,还有部分是杂草。

2. 识别要点

具膜质托叶鞘,花被不分化,茎节部膨大,基生胎座,瘦果或坚果。

3. 常见植物

荞麦（*Fagopyrum esculentum* Moench）、何首乌［*Fallopia multiflora*（Thunb.）Haraldson］、水蓼（*Polygonum hydropiper* L.）(图3-2-9）。

此外,还有木蓼［*Atraphaxis frutescens*（L.）Eversm.］、酸模（*Rumex acetosa* L.）、沙拐枣（*Calligonum mongolicum* Turcz.）(图3-2-10）、丛枝蓼（*Polygonum caespitosum* Blume）、山蓼（*Clematis hexapetala* Pall.）等。

图3-2-9 水蓼　　　　图3-2-10 沙拐枣

（六）苋科（Amaranthaceae）

1. 科的特征

草本,少数为小灌木或攀缘植物。单叶互生或对生,无托叶。花小,两性或单性,单生或排成穗状花序、头状花序或圆锥状聚伞花序;单被,辐射对称,常密集簇生,萼片3~5枚,干膜质,有色彩;雄蕊1~5枚,与萼片对生,基部连合成管;子房上位,由2~3心皮组成,1室,花柱2~3裂。果为胞果,盖裂或不裂。种子有胚乳。

本科约有60属850种,分布于热带和温带。我国有13属39种,南北均有。可做药用,还可食用和观赏。

2. 识别要点

草本,无托叶,花小,单被,萼片膜质,雄蕊与之对生,胞果常盖裂。

3. 常见植物

苋（*Amaranthus tricolor* L.）(图3-2-11）、鸡冠花（*Celosia cristata* L.）、千日红（*Gomphrena globosa* L.）(图3-2-12）、反枝苋（*Amaranthus retroflexus* L.）、青葙（*Celosia argentea* L.）、红苋草［*Alternanthera bettzickiana*（Regel）Nichols.］等。

图 3-2-11 苋　　　　　　　　　图 3-2-12 千日红

### (七) 葫芦科 (Cucurbitaceae)

**1. 科的特征**

草质藤本。全株被毛，粗糙，有卷须。单叶互生，掌状分裂。花单性，同株或异株；萼片、花瓣5枚，合瓣或离瓣；雄蕊5枚，常两两连合，一条单独，成为3组；花药折叠弯曲；雌蕊3片心皮合成，子房下位。瓠果。

本科约有90属700余种，大部分产于热带地区。我国产22属100多种，分布于南北各地。可以食用、药用、观赏。

**2. 识别要点**

具卷须的草质藤本，叶掌状分裂，花单性，花药折叠，子房下位，侧膜胎座，瓠果。

**3. 常见植物**

瓜类蔬菜有南瓜[*Cucurbita moschata* (Duchesne ex Lam.) Duchesne ex Poir.]、西葫芦(*Cucurbita pepo* L.)、黄瓜(*Cucumis sativus* L.)、葫芦[*Lagenaria siceraria* (Molina) Standl.]、丝瓜[*Luffa cylindrica* (L.) M. Roem.]、苦瓜(*Momordica charantia* L.)等。瓜类水果有西瓜[*Citrullus lanatus* (Thunb.) Matsum. & Nakai]、甜瓜(*Cucumis melo* L.)等。药用植物有罗汉果[*Siraitia grosvenorii* (Swingle) C. Jeffrey ex A. M. Lu & Zhi Y. Zhang](图3-2-13)、栝楼(*Trichosanthes kirilowii* Maxim.)、绞股蓝[*Gynostemma pentaphyllum* (Thunb.) Makino](图3-2-14)等。

图 3-2-13 罗汉果　　　　　　　　图 3-2-14 绞股蓝

### (八) 藜科 (Chenopodiaceae)

**1. 科的特征**

草本。单叶互生，无托叶。花单生或簇生成穗状花序、圆锥花序或聚伞花序。花单性或两性，淡绿色，花萼2~5裂，宿存或没有，无花瓣；雄蕊常与萼片同数且对生；上位子房，胚珠1个。胞果(果皮薄而疏松,呈囊状,内含1粒种子)或瘦果,胚环形。

藜科共100属1500种,我国有39属188种,在华北和西北生长。

2. 识别要点

草本,单叶互生,单被花,雄蕊与萼片同数且对生,胞果,胚环形。

3. 常见植物

菠菜(*Spinacia oleracea* L.)、甜菜(*Beta vulgaris* L.)、地肤[*Kochia scoparia*(L.)Schrad.](图3-2-15)、灰绿藜(*Chenopodium glaucum* L.)、猪毛菜(*Salsola collina* Pall.)(图3-2-16)；藜(*Chenopodium album* L.)等。

图 3-2-15　地肤　　　　　　　　　　图 3-2-16　猪毛菜

### (九)椴树科(Tiliaceae)

1. 科的特征

木本,少数草本。具星状毛,茎皮富含纤维。单叶互生,偶对生,基部常具小裂片或偏斜,有托叶,且往往早落,脉多三出。花两性,整齐,聚伞或圆锥花序,有时花序柄与舌状苞叶合生；萼片5枚,花瓣5枚；雄蕊多数,分离或结合成束,有时有花瓣状的假雄蕊；上位子房,2~10室。蒴果、核果或浆果。种子有胚乳。

椴树科的乔木属种多为优良木材,供建筑及制作家具,还是主要的蜜源植物。本科共50属450种,主要分布在热带和亚热带。我国有11属80多种。

2. 识别要点

具星状毛,单叶互生,花两性,整齐,5基数,子房上位,蒴果、核果或浆果。

3. 常见植物

椴树(*Tilia tuan* Szyszyl.)、蚬木[*Excentrodendron hsienmu*(Chun & How)H. T. Chang & R. H. Miau](图3-2-17)、黄麻(*Corchorus capsularis* L.)、扁担杆(*Grewia biloba* G. Don)(图3-2-18)、一担柴[*Colona floribunda*(Wall.)Craib.]等。

图 3-2-17　蚬木　　　　　　　　　　图 3-2-18　扁担杆

## （十）桑科(Moraceae)

### 1.科的特征

木本。常有乳汁，具钟乳体。单叶互生，托叶明显、早落。花小、单性，雌雄同株或异株；聚伞花序常集成头状、穗状、圆锥状或隐于密闭的花托中而成隐头花序；花单被；花萼4裂，雄蕊4枚；雌蕊由2心皮结合；子房1室，花柱2枚。坚果或核果，有时被宿存之萼所包，并在花序中集合为聚花果。

本科约67属1400种，主要分布在热带、亚热带。我国有16属160余种，分布全国各地。

### 2.识别要点

木本，常有乳汁，单叶互生，花小，单性，集成各种花序，单被花，4基数，坚果、核果集合为各式聚花果。

### 3.常见植物

桑树(*Morus alba* L.)、鸡桑(*Morus australis* Poir.)、无花果(*Ficus carica* L.)（图3-2-19）、榕树(*Ficus microcarpa* L. f.)、薜荔(*Ficus pumila* L.)、印度榕(*Ficus elastica* Roxb. ex Hornem.)、菩提树(*Ficus religiosa* L.)、构树[*Broussonetia papyifera* (L.) L'Hér. ex Vent.]、见血封喉(*Antiaris toxicaria* Lesch.)、波罗蜜(*Artocarpus heterophyllus* Lam.)（图3-2-20）等。

图3-2-19 无花果　　　　图3-2-20 波罗蜜

## （十一）山茶科(Theaceae)

### 1.科的特征

乔木或灌木，多为常绿。单叶互生，革质，无托叶；花单生，多两性，辐射对称，单生于叶腋；萼片4枚或更多，覆瓦状排列，花瓣5枚，分离或微连合。雄蕊多枚，多轮或数组，子房上位，中轴胎座，3～5室，胚珠多个。蒴果、核果或浆果。

本科有30属，约600种，广泛分布于热带和亚热带，主产东亚。我国有14属400余种，分布于长江流域及南部各省的常绿林中。该科具有很高的经济价值，其叶供制茶，种子油可食用及工业用。茶叶是国际性的饮料，原产于中国，现世界各热带、亚热带地区广泛栽种。近年来在中国南部发现了十余种黄花的山茶，轰动了国际园艺界。

### 2.识别要点

木本。单叶互生。花两性，整齐，5基数；雄蕊多数，成数轮，着生于花瓣上；子房上位,中轴胎座。蒴果。

3. 常见植物

茶[*Camellia sinensis*(L.)Kuntze](图3-2-21)、油茶(*Camellia oleifera* Able)、山茶(*Camellia japonica* L.)、金花茶(*Camellia nitidissima* C. W. Chi)(图3-2-22)、厚皮香[*Ternstroemia gymnanthere*(Wight & Arn.)Bedd.]、木荷(何树)(*Schima superba* Gardner & Champ.)等。

图3-2-21 茶园

图3-2-22 金花茶

(十二)锦葵科(Malvaceae)

1. 科的特征

草本或木本,常被星状毛或鳞片状毛。单叶互生,全缘或浅裂,常为掌状脉,有托叶。花两性,辐射对称,萼片5枚,常有副萼形成的总苞;花瓣5枚,旋转状排列;雄蕊多数,花丝连合成单体雄蕊,花药1室,上位子房,2至多室,彼此结合,花柱上部分枝,每室有1至多数倒生胚珠;果实为蒴果或分果。

本科约50属,1000多种,分布于温带和热带。我国有17属,约80种。

2. 识别要点

单叶,单体雄蕊,花药1室,蒴果或分果。

3. 常见植物

树棉(中棉)(*Gossypium arboreum* L.)、草棉(非洲棉、小棉)(*Gossypium herbaceum* L.)、陆地棉(大陆棉、美棉)(*Gossypium hirsutum* L.)(图3-2-23)、海岛棉(光籽棉)(*Gossypium barbadense* L.)、木槿(*Hibiscus syriacus* L.)(图3-2-24)、木芙蓉(山芙蓉)(*Hibiscus mutabilis* L.)、朱槿(扶桑)(*Hibiscus rosa-sinensis* L.)、锦葵(*Malva sinensis* Cavan.)、蜀葵[*Althaea rosea* (L.)Cavan.]、红秋葵[*Hibiscus coccineus* (Medicus) Walt.]、黄蜀葵[*Abelmoschus manihot* (L.)Medicus]、苘麻(青麻、白麻)(*Abutilon theophrasti* Medik.)等。

图3-2-23 陆地棉

图3-2-24 木槿

## (十三)杨柳科(Salicaceae)

### 1. 科的特征

乔木或灌木。单叶互生,有托叶;花单性,柔荑花序,初春先叶开放,雌雄异株;花被退化成花盘或蜜腺;雄花有雄蕊2枚至多枚,雌蕊由2片心皮组成,合生,子房上位,1室,侧膜胎座;蒴果,2~4瓣裂。种子小,极多,基部有丝状白毛。

本科约3属,540多种。我国有3属,320余种,全国分布。

### 2. 识别要点

木本,单叶互生,有托叶。花单性,柔荑花序,雌雄异株,无花被,有花盘或腺体。蒴果,种子小,基部有丝状长毛。

### 3. 常见植物

毛白杨(*Populus tomentosa* Carrière)(图3-2-25)、银白杨(*Populus alba* L.)、小叶杨(*Populus simonii* Carrière)、山杨(*Populus davidiana* Dode)、垂柳(*Salix babylonica* L.)(图3-2-26)、旱柳(*Salix matsudana* Koidz.)等。

图3-2-25 毛白杨　　　　图3-2-26 垂柳

## (十四)猕猴桃科(Actinidiaceae)

### 1. 科的特征

木质藤本,髓实心或层片状;单叶,互生,常有锯齿,被粗毛或星状毛,羽状脉,无托叶;花两性,单性或杂性,单性时雌雄异株,常排成聚伞花序;萼片5枚,常宿存;花瓣5枚,少数4或6枚;雄蕊多数离生或连合成束,花药丁字形着生;子房上位,3~5室或更多室,每室有10至多数胚珠;浆果或蒴果;种子有胚乳。

本科有4属,约380种,广泛分布在热带、亚热带地区,主产东南亚。我国有4属96种,多产于长江以南各省区。本科植物的根可药用,果实可食用或加工成酒和果酱。

### 2. 识别要点

藤本,单叶互生,整齐花,5基数,雄蕊多数,子房上位,浆果。

### 3. 常见植物

中华猕猴桃(*Actinidia chinensis* Planch.)(图3-2-27)、软枣猕猴桃(猕猴梨)[*Actinidia arguta* (Siebold et Zucc.) Planch. ex Miq.](图3-2-28)等。

图 3-2-27 中华猕猴桃　　　　　图 3-2-28 软枣猕猴桃

### (十五)蔷薇科(Rosaceae)

**1. 科的特征**

灌木、乔木或草本。常有刺及明显的皮孔;单叶或复叶,多互生,常有托叶;花两性,辐射对称,花托凸起或凹陷,萼片或花瓣常为5基数;雄蕊多个,花丝分离,着生于花托的边缘或花筒的上面,雌蕊心皮1个或多个,离生或合生,子房上位,有的子房和花托愈合成子房下位。蓇葖果、瘦果、核果或梨果,极少蒴果。

本科约100属3000余种,我国有51属1000余种。可以观赏、药用、食用。

**2. 识别要点**

有托叶,花托凸起或凹陷,花为5基数,心皮合生或离生,子房上位或下位,果实为蓇葖果、核果、梨果或瘦果。

**3. 常见植物**

蔷薇科是经济价值高、种类繁多的大科,根据花托、雌蕊群、心皮数目和果实类型分为四个亚科。

(1)绣线菊亚科(Spiraeoideae):木本。常无托叶。子房上位,心皮通常5个离生,花筒呈盘状或浅杯状。蓇葖果或蒴果。常见的植物:有华北珍珠梅[*Sorbaria kirilowii* (Regel) Maxim.]、光叶绣线菊[*Spiraea japonica* L. f. var. foltunei (Planch.) Rehd.]、野珠兰(*Stephanandra chinensis* Hance)和白鹃梅(金瓜果)[*Exochorda racemosa* (Lindl.) Rehd.]等,供庭院栽培观赏。

(2)蔷薇亚科(Rosoideae):木本或草本。叶互生,托叶发达。子房上位,每心皮含胚珠2~10个,周位花;心皮多数,分离,花托凹陷或突出。聚合瘦果。常见植物有:玫瑰(*Rosa rugosa* Thunb.)、月季(*Rosa chinensis* Jacq.)、多花蔷薇(野蔷薇)(*Rosa multiflora* Thunb.)等供观赏;地榆(*Sanguisorba officinalis* L.)根入药收敛止血,植物形态如图 3-2-29 所示;草莓[*Fragaria ananassa* (Weston) Duchesne]是食用水果,栽培植物原产南美洲,聚合果;蛇莓[*Duchesnea indica* (Andrews) Focke]具有药用价值,也可同时观花、果、叶,园林效果突出,如图 3-2-30 所示;龙芽草(仙鹤草)(*Agrimonia pilosa* Ledeb.)全草药用止血;棣棠花[*Kerria japonica* (L.) DC.],花除供观赏外,入药有消肿、止痛、止咳、助消化等作用。

图 3-2-29　地榆 　　　　　　　　　图 3-2-30　蛇莓

(3)苹果亚科(Maloideae)：木本。单叶或复叶，有托叶；心皮 2～5 个，合生；子房下位、半下位；花筒杯状，肥厚；梨果或浆果。常见植物有：苹果(*Malus pumila* Mall.)、沙梨[*pyrus pyrifolia*(Burm. f.)Nakai](图 3-2-31)、山楂(*Crataegus pinnatifida* Bunge)、枇杷[*Eriobotrya japonica*(Thunb.)Lindl.](图 3-2-32)等，为常见水果。

图 3-2-31　沙梨 　　　　　　　　　图 3-2-32　枇杷

(4)李亚科(Prunoideae)：木本。单叶，有托叶，子房上位，心皮 1 个，胚珠 2 个，斜挂，花筒凹陷呈杯状，核果，内含 1 粒种子。常见植物有：李(*Prunus salicina* Lindl.)(图 3-2-33)、桃(*Amygdalus persica* L.)、樱桃[*Cerasus pseudocerasus*(Lindl.)G. Don]、杏(*Prunus armeniaca* L.)等为常见水果；榆叶梅[*Amygdalus triloba*(Lindl.)Ricker](图 3-2-34)、梅(*Prunus mume* Siebold et Zucc.)等为常见的庭院观赏植物。

图 3-2-33　李 　　　　　　　　　图 3-2-34　榆叶梅

## (十六)豆科(Leguminosae)

### 1.科的特征

木本或草本。叶多为羽状复叶或三出复叶，通常互生，具托叶，叶柄基部常有叶枕。花两性，萼片和花瓣均为5枚，多为蝶形花；雄蕊10枚，多成二体雄蕊，少有单体或分离，雌蕊1个心皮，子房上位，胚珠1个或多个，边缘胎座。荚果，种子无胚乳。

本科约650属，18000种，我国有172属，1485种。南北各地都有分布。

### 2.识别要点

多为复叶，有叶枕；花冠多为蝶形或假蝶形，二体雄蕊，也有单体或分离；荚果。

### 3.常见植物

根据花的形状和花瓣的排列方式，分为三个亚科。

(1)含羞草亚科(Mimosoideae)：木本，少草本。1～2回羽状复叶。花辐射对称，穗状或头状花序；花瓣幼时为镊合状排列；雄蕊多数，合生或分离。荚果横裂或不裂。常见的植物有：合欢(*Albizia julibrissin* Durazz.)(图3-2-35)、含羞草(*Mimosa pudica* L.)(图3-2-36)、台湾相思(*Acacia confusa* Merr.)等。

图3-2-35 合欢 　　　　图3-2-36 含羞草

(2)云实亚科(Caesalpinioideae)：木本。单叶。花两侧对称，花瓣覆瓦状排列，假蝶形花冠；雄蕊10枚或较少，分离或各式连合。荚果。常见的植物有紫荆(*Cercis chinensis* Bunge)(图3-2-37)、云实(*Caesalpinia sepiaria*)、羊蹄甲(*Bauhinia variegata*)、凤凰木(*Delonix regia*)、决明(*Cassia tora* L.)(图3-2-38)、皂荚(*Gleditsia sinensis* Lam.)、苏木(*Caesalpinia sappan* L.)、格木(*Erythrophleum fordii* Oliv.)等。

图3-2-37 紫荆 　　　　图3-2-38 决明

(3)蝶形花亚科(Papilionoideae)：木本和草本。叶为单叶,3小叶复叶或一至多回羽状复叶,有托叶和小托叶,叶枕发达。花两侧对称,蝶形花冠,最上方一瓣为旗瓣。雄蕊10枚,常为二体雄蕊。荚果。蝶形花亚科植物种类多,用途广。常见的植物有：大豆[*Glycine max* (L.)Merr.]、落花生(*Arachis hypogaea* L.)为著名油料作物；豌豆(*Pisum sativum* L.)、蚕豆(*Vicia faba* L.)、豇豆(*Vigna sinensis*)、菜豆(*Phaseolus vulgaris* L.)、赤豆[*Vigna angularis* (Willd.)Ohwi et Ohashi]、绿豆[*Vigna radiata* (L.)Wilczek]、扁豆(*Dolichos lablab* L.)等嫩荚供蔬菜食用,种子供粮食食用；紫云英(*Astragalus sinicus* L.)、红车轴草(*Trifolium pratense* L.)、紫苜蓿(*Medicago sativa* L.)(图3-2-39)、草木樨(*Melilotus suaveolens* Ledeb.)、百脉根(*Lotus corniculatus* L.)、田菁[*Sesbania cannabina* (Retz.)Poir.]等为优良绿肥和牧草；菽麻(太阳麻、印度麻)(*Crotalaria juncea* L.)、田菁和葛[*Pueraria lobata* (Willd.)Ohwi]的茎皮纤维,可代黄麻和作为人造棉的原料；黄芪(*Astragalus mongholicus* Bunge)、甘草(*Glycyrrhiza uralensis* Fisch.)(图3-2-40)、补骨脂(破故纸)(*Psoralea corylifolia* L.)、苦参(*Sophora flavescens* Aiton)、槐(*Sophora japonica* L.)、鸡血藤(*Millettia dielsiana* Harms)等为著名的药材；紫檀(*Pterocarpus indicus* Willd.)、花榈木(*Ormosia henryi* Prain)、黄檀(*Dalbergia hupeana* Hance)为用材树种；香豌豆(*Lathyrus odoratus* L.)、紫藤[*Wisteria sinensis*(Sims)Sweet]、龙牙花(*Erythrina corallodendron* L.)等可供观赏。

图 3-2-39　紫苜蓿　　　　　　　图 3-2-40　甘草

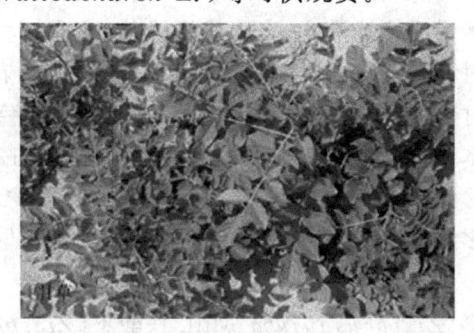

## (十七)景天科(Crassulaceae)

### 1.科的特征

草本或半灌木。叶对生、互生或轮生,单叶,无托叶,肉质植物。花小、整齐,两性,4~5基数,聚伞花序,各种颜色都有。子房上位,分离或基部结合,每心皮基部往往有鳞状腺体。果实为革质或膜质的蓇葖。种子小,有胚乳。

本科为旱生植物类型,植株矮小,肥大的薄壁组织内含草酸钙和有机酸,气孔下陷,表皮有蜡质粉,可减少蒸腾,植物体常呈莲座丛状,无性繁殖能力强,常可用珠芽繁殖。

本科有25属900余种,主产于温带和热带,中国有10属240余种。观赏价值高,是屋顶绿化的首选植物。

### 2.识别要点

草本,叶肉质。花整齐,两性,4~5基数,花部分离,雄蕊为花瓣的2倍,心皮分离,蓇葖果。

3. 常见植物

垂盆草（*Sedum sarmentosum* Bunge）（图 3-2-41）、佛甲草（*Sedum lineare* Thunb.）、落地生根［*Bryophyllum pinnatum*（Lam.）Oken］、细叶景天（*Sedum middendorffianum* Maxim.）、八宝（*Sedum spectabile* Boreau）、玉蝶（*Echeveria glauca*）、宝石花（*Graptopetalum paraguayense*）（图 3-2-42）、长寿花（*Kalanchoe blossfeldiana*）、毛叶莲花掌（*Aeonium simsii*）、玉吊钟（*Kalanchoe fedtschenkoi*）等观赏植物。

图 3-2-41　垂盆草 　　　　　图 3-2-42　宝石花

### （十八）鼠李科（Rhamnaceae）

1. 科的特征

多为乔木或灌木，直立或攀缘状，多有刺。单叶，多互生，有托叶。花小，两性，少单性，辐射对称，多排列成聚伞或圆锥花序或簇生；花萼、花瓣 4～5 裂或花瓣缺；雄蕊 4～5 枚，与花瓣对生；花盘肉质；子房上位，少下位，2～4 室，花柱 2～4 裂。多为核果，少蒴果或翅果。

本科约 55 属，900 种，我国有 14 属，约 135 种，南北均有分布，主产于长江以南地区。

2. 识别要点

多木本，有刺，单叶，花周位，两性，雄蕊与花瓣对生，子房上位，胚珠基生，多为核果。

3. 常见植物

枣（*Ziziphus jujuba* Mill.）、酸枣［*Ziziphus jujuba* Mill. var. *spinosa*（Bunge）Hu ex H. F. Chow］（图 3-2-43）、鼠李（*Rhamnus davurica* Pall.）（图 3-2-44）等。

图 3-2-43　酸枣 　　　　　图 3-2-44　鼠李

### （十九）葡萄科（Vitaceae）

1. 科的特征

木质藤本或草本。借卷须攀缘，卷须与叶对生。单叶或复叶，互生。花两性或单性异

株,有时为杂性,聚伞花序或圆锥花序,常与叶对生;花4～5基数,雄蕊与花瓣对生,花盘环形;子房上位,通常2室,中轴胎座,每室有1～2个胚珠。浆果,种子有胚乳。

本科共有12属,700余种,我国有9属112种。

2. 识别要点

木质藤本,茎常为合轴生长,卷须与叶对生,花4～5基数,雄蕊与花瓣对生,子房上位,中轴胎座,浆果。

3. 常见植物

葡萄(*Vitis vinifera* L.)、爬山虎[*Parthenocissus tricuspidata* (Siebold et Zucc.) Planch.](图3-2-45)、蛇葡萄(*Vitis piasezkii* Maxim.)(图3-2-46)、白蔹[*Ampelopsis japonica* (Thunb.) Makino]等。

图3-2-45　爬山虎　　　　　　图3-2-46　蛇葡萄

(二十)芸香科(Rutaceae)

1. 科的特征

乔木、灌木、木质藤本,稀为草本,全体含挥发油。叶互生,偶有对生,复叶,稀为单叶,有透明油腺点,无托叶。花两性,少数单生,多辐射对称;萼片4～5枚,合生;花瓣4～5枚,离生,雄蕊为花瓣数2倍或更多,常排成2轮;子房上位,胚珠每室1～2个。蒴果、浆果、核果、蓇葖果,少数为翅果。

本科约150属,1500种,分布于热带和温带。我国产29属,约150种,南北均有分布。

2. 识别要点

茎常有刺,叶有透明油腺点,无托叶,多为羽状复叶;花整齐,萼片、花瓣4～5枚,花盘明显,果多为核果或浆果。

3. 常见植物

柑橘(*Citrus reticulata* Blanco)、甜橙[*Citrus sinensis* (L.) Osb.]、柚[*Citrus maxima* (Burm.) Merr.]、花椒(*Zanthoxylum bungeanum* Maxim.)(图3-2-47)、野花椒(*Zanthoxylum simulans* Hance)、黄檗(*Phellodendron amurense* Rupr.)(图3-2-48)、竹叶花椒(*Zanthoxylum armatum* DC.)、柠檬[*Citrus limon* (L.) Burm. f]、佛手柑(*Citrus medica* L. var. *sarcodactylis* Swingle)、酸橙(*Citrus aurantium* L.)、金橘[*Fortunella margarita* (Lour.) Swingle]、枳(枸橘)[*Poncirus trifoliata* (L.) Raf.]等。

图 3-2-47 花椒 　　　　　　　图 3-2-48 黄檗

## (二十一)大戟科(Euphorbiaceae)

### 1. 科的特征

乔木、灌木或草本,常含乳状汁。单叶,稀为复叶,互生,有时对生,具托叶。花序为聚伞花序、杯状花序,或总状花序和穗状花序;花单性,双被、单被或无花被;有花盘或腺体;雄蕊5至多数,有时较少或只有1个,花丝分离或合生;子房上位,常3室,每室有1~2个悬垂胚珠。蒴果,少数为浆果或核果;种子有胚乳。

本科约300属,8000种,广布于全世界,主要分布在热带。我国约有66属,360余种,主产于长江流域以南各省区。本科是一个热带性大科,多为橡胶、油料、药材、鞣料、淀粉、观赏及用材等经济植物,具有重要的经济价值。有些种类有毒,可制土农药。

### 2. 识别要点

茎常含乳状汁,单性花,子房上位,常3室,中轴胎座,胚珠悬垂。

### 3. 常见植物

油桐[*Vernicia fordii* (Hemsl.)Airy-Shaw](图 3-2-49)、蓖麻(*Ricinus communis* L.)、橡胶树[*Hevea brasiliensis*(Willd. ex A. Juss.)Müll. Arg.](图 3-2-50)、一品红(*Euphorbia pulcherrima* Willd. ex Klotzsch)、乌桕[*Sapium sebiferum*(L.)Roxb.]、泽漆(*Euphorbia helioscopia* L.)、大戟(*Euphorbia pekinensis* Rupr.)、巴豆(*Croton tiglium* L.)、白背叶[*Mallotus apelta*(Lour.)Müll. Arg.]等。

图 3-2-49 油桐 　　　　　　　图 3-2-50 橡胶树

## (二十二)槭树科(Aceraceae)

### 1. 科的特征

乔木或灌木。叶对生,单叶掌叶裂或羽状复叶。花两性或单性,雄花与两性花同株或

异株,整齐,排成总状、伞房或圆锥花序;萼片与花瓣4~5枚,稀无花瓣;花盘位于雄蕊内侧或外侧,呈环状,稍浅裂或退化为齿状;雄蕊4~10个,通常8个;子房上位,胚珠每室2个。果为扁平的具翅分果。种子无胚乳。

本科3属,约200种,分布于北温带及热带山地。我国有槭属(Acer)和金钱槭属(Dipteronia)两属,140多种,南北各省均有分布。

2. 识别要点

叶对生,常掌状分裂,花辐射对称,分果,具翅。

3. 常见植物

地锦槭(Acer mono Maxim.)(图3-2-51)、鸡爪槭(Acer palmatum Thunb.)、三角槭(Acer buergerianum Miq.)、梣叶槭(Acer negundo L.)、金钱槭(Dipteronia sinensis Oliv.)(图3-2-52)等。

图3-2-51 地锦槭

图3-2-52 金钱槭

(二十三)漆树科(Anacardiaceae)

1. 科的特征

乔木或灌木,树皮多含树脂。单叶互生,少数对生,掌状3小叶或奇数羽状复叶。花小,辐射对称,两性或多为单性或杂性,排列成圆锥花序;双被花,稀为单被或无被花;花萼多,少合生,5裂,少数3裂;花瓣5,偶3或7;雄蕊5~10个,着生于花盘外面基部或有时着生在花盘边缘;子房上位,常1室,每室1个倒生胚珠。果实多为核果。种子无或有少量胚乳。

本科约60属,600余种,分布于全球热带、亚热带,少数延伸到北温带地区。我国有16属,54种,主要分布于长江以南各省。

2. 识别要点

雄蕊内有花盘,有树脂道,子房常1室,果实为核果。

3. 常见植物

漆树[Toxicodendron vernicifluum (Stokes) F. A. Barkley]、盐肤木(Rhus chinensis Mill.)、杧果(Mangifera indica L.)(图3-2-53)、黄连木(Pistacia chinensis Bunge)、腰果(Anacardium occidentale L.)(图3-2-54)、黄栌(Cotinus coggygria Scop.)等。

图 3-2-53　杧果 　　　　　　　图 3-2-54　腰果

### (二十四) 伞形科 (Umbelliferae)

**1. 科的特征**

草本。茎中空或有髓,有纵棱。叶互生,分裂或多裂的复叶,叶柄基部膨大,或呈鞘状。花序常为复伞形花序,有时为单伞形花序;花小,两性或杂性,花基数为5,雄蕊与花瓣互生,着生于上位花盘的周围,雌蕊由2片心皮组成,子房下位。双悬果。

本科共300属,约3000种,分布于北温带、亚热带或热带的高山上。我国约有90属,约600种,全国均有分布。本科植物可以食用、药用、观赏、工业用。

**2. 识别要点**

草本,叶柄基部呈鞘状抱茎,复伞形或伞形花序,子房下位,双悬果。

**3. 常见植物**

胡萝卜(*Daucus carota* L. var. *sativa* Hoffm.)、芹菜(*Apium graveolens* L.)、芫荽(*Coriandrum sativum* L.)、茴香(*Foeniculum vulgare* Mill.)(图3-2-55)、当归[*Angelica sinensis*(Oliv.)Diels](图3-2-56)、防风[*Saposhnikovia divaricata*(Turcz.)Schischk.]等为药用植物。

此外,还有北柴胡(*Bupleurum chinense* DC.)、白花前胡(*Peucedanum praeruptorum* Dunn)、川芎(*Ligusticum chuanxiong* S. H. Qiu, Y. Q. Zeng, K. Y. Pan, Y. C. Tang & J. M. Xu)等。

图 3-2-55　茴香 　　　　　　　图 3-2-56　当归

### (二十五) 茄科 (Solanaceae)

**1. 科的特征**

草本或灌木。单叶全缘,分裂或羽状复叶,互生,无托叶。花两性,辐射对称,多为聚

伞花序或丛生,有时单生;花萼多为5裂,宿存,花冠多为5裂,轮状;雄蕊与花冠裂片同数且彼此互生;花药多黏合,纵裂或孔裂,子房上位,2片心皮合成2室,胚珠极多,果为浆果或蒴果,种子具丰富的肉质胚乳。

本科约80属,3000种,广布于温带及热带地区,美洲热带种类最多。我国有24属,约115种。

2. 识别要点

花萼宿存,花冠轮状,雄蕊5枚生于花冠基部,与花冠裂片互生,花药多黏合,孔裂。

3. 常见植物

茄(*Solanum melongena* L.)、马铃薯(*Solanum tuberosum* L.)、辣椒(*Capsicum annuum* L.)、番茄(*Solanum lycopersicum* Mill.)、菜椒[*Capsicum annuum* L. var. *grossum* (Willd.)Sendtn.]供蔬菜用;朝天椒[*Capsicum annuum* L. var. *conoides*(Mill.)Irish]供盆景观赏;烟草(*Nicotiana tabacum* L.)、曼陀罗(*Datura stramonium* L.)(图3-2-57)含有毒化学成分;枸杞(*Lycium chinense* Mill.)(图3-2-58)浆果甜而后微苦,可食用和药用,野生或栽培,果和根均可入药。

此外,还有龙葵(*Solanum nigrum* L.)、酸浆(红姑娘)[*Physalis alkekengi* L. var. *franchetii*(Mast.)Makino]、白英(*Solanum lyratum* Thunb.)、碧冬茄(矮牵牛)(*Petunia hybrida* Hort. ex Vilm.)等。

图3-2-57 曼陀罗　　　　图3-2-58 枸杞

### (二十六)唇形科(Labiatae)

1. 科的特征

多草本,偶见灌木,含挥发性芳香油。茎常呈四棱状。单叶对生或轮生;无托叶。花两性,两侧对称,腋生聚伞花序构成轮伞花序,常再组成穗状或总状花序;花萼4～5裂或2片唇形,宿存;花冠合瓣,唇形;雄蕊4枚,2强或退化成2枚,子房上位,花盘明显。果裂为4个小坚果。

本科约220属,3500种,是世界性的大科。我国约99属,800余种,全国分布。

2. 识别要点

茎四棱状,单叶对生,花冠唇形,2强雄蕊,2片心皮,4个小坚果。

3. 常见植物

黄芩(*Scutellaria baicalensis* Georgi)(图3-2-59)、藿香[*Agastache rugosa*(Fisch. et Mey.)O. Ktze.]、薄荷(*Mentha haplocalyx* Briq.)(图3-2-60)、益母草[*Leonurus artemisia*（Lour.）S. Y. Hu]、丹参（*Salvia miltiorrhiza* Bunge）、白毛夏枯草（紫背金盘）（*Ajuga nipponensis* Makino.）、夏枯草（*Prunella vulgaris* L.）、一串红（*Salvia splendens* Ker. Gawl.）、荆芥［*Schizonepeta tenuifolia*（Benth.）Briq.］、紫苏［*Perilla frutescens*（L.）Britton.］、活血丹［*Glechoma longituba*（Nakai）Kupr.］等。

图 3-2-59 黄芩 　　　　　　　　　图 3-2-60 薄荷

## （二十七）茜草科（Rubiaceae）

### 1.科的特征

乔木、灌木或草本。单叶，对生或轮生，常全缘；托叶 2 片，位于叶柄间或叶柄内，分离或合生，明显而常宿存，少数脱落。花两性，辐射对称，常为 4 或 5（偶 6）基数，单生或排成各种花序；花萼与子房合生，花冠合瓣，筒状、漏斗状、高脚碟状或辐状；雄蕊与花冠裂片同数而互生；子房下位。蒴果、核果或浆果，种子有胚乳。

本科约 450 属，5000 种以上，广布于全球热带和亚热带，少数产于温带。我国有 70 余属，450 余种，多数产于西南和东南。

### 2.识别要点

叶对生，全缘，具托叶，花整齐，4 或 5（偶 6）基数，子房下位，2 室。

### 3.常见植物

栀子（*Gardenia jasminoides* Ellis）（图 3-2-61）、香果树（*Emmenopterys henryi* Oliv.）、茜草（*Rubia cordifolia* L.）（图 3-2-62）、咖啡（小果咖啡）（*Coffea arabica* L.）、金鸡纳树［*Cinchona ledgeriana*（Howard）Moens ex Trimen］、巴戟天（*Morinda officinalis* F. C. How）、匍地蛇根草（*Ophiorrhiza rugosa* Wall.）、白马骨［*Serissa serissoides*（DC.）Druce］、鸡矢藤［*Paederia scandens*（Lour.）Merr.］、拉拉藤（猪殃殃）［*Galium aparine* L. var. *tenerum*（Gren. et Godr.）Rchb.］、龙船花（*Ixora chinensis* Lam.）、六月雪［*Serissa foetida*（L. f.）Lam.］等。

图 3-2-61 栀子 　　　　　　　　　图 3-2-62 茜草

## (二十八)旋花科(Convolvulaceae)

**1. 科的特征**

一年生或多年生草本。缠绕茎,常具乳汁。单叶互生,无托叶。花两性,辐射对称,常单生叶腋,或数朵集成聚伞花序;萼片5枚,覆瓦状排列,宿存;花瓣5枚,合生成漏斗状或钟状;雄蕊5枚,插生在花冠筒的基部,与花瓣互生;雌蕊由2片心皮组成,子房上位,通常2室,每室2胚珠。果实为蒴果,少数为浆果。种子具有软骨质胚乳。

本科约有56属,1800种,分布于热带和温带。我国有22属,128种,分布于全国各地。

**2. 识别要点**

缠绕茎,常具有乳汁,漏斗状花冠,蒴果。

**3. 常见植物**

甘薯[*Ipomoea batatas* (L.) Lam.](图3-2-63)、蕹菜(*Ipomoea aquatica* Forssk.)(图3-2-64)、茑萝[*Quamoclit pinnata* (Desr.) Bojer]、大牵牛花[*Pharbitis nil* (L.) Choisy]等。

图3-2-63 甘薯 　　　　　　图3-2-64 蕹菜

## (二十九)胡椒科(Piperaceae)

**1. 科的特征**

木质或草质藤本。茎节膨大,有不定根。叶互生,对生或轮生,有辛辣味,基部两侧不等,3出脉;托叶与叶柄合生或缺。穗状花序或肉穗花序,花小,单性雌雄异株,或两性,无花被;雄蕊1~10枚;子房上位,1室,1个直生胚珠。核果。

本科有12属,1400~2000种,分布于热带、亚热带。我国有3属60多种。

**2. 识别要点**

叶常有辛辣味,离基3出脉,花小,无花被;子房上位,1室,1胚珠,核果。

**3. 常见植物**

胡椒(*Piper nigrum* L.)(图3-2-65)、蒌叶(*Piper betle* L.)(图3-2-66)、草胡椒[*Peperomia pellucida* (L.) Kunth]等。

图 3-2-65 胡椒 　　　　　　　　　图 3-2-66 蒌叶

### (三十) 菊科(Compositae)

**1. 科的特征**

多数草本,稀灌木或乔木。有的具有乳汁或具有芳香油。单叶,互生,少数对生或轮生,全缘、具齿或分裂,无托叶。花由管状花或舌状花集成头状或篮状花序,花序外为1至多列叶状总苞片围绕;头状花序中,有的全为管状花,或全为舌状花,有的中央为管状花,外围的边花为舌状花;萼片退化成冠毛或鳞片;雄蕊5枚,花药连合成聚药雄蕊,花丝分离;雌蕊由2片心皮合生,子房下位,1室,柱头2裂。果实为瘦果。种子无胚乳。

菊科是被子植物中最大的一个科,约有1000属,25 000~30 000种,广布于全世界。我国有230属,2300多种,全国都有分布。

**2. 识别要点**

头状花序,聚药雄蕊,瘦果,顶端常具冠毛或鳞片。

**3. 常见植物**

根据头状花序中,花冠类型的不同及植物体是否含有乳汁,可分为筒状花亚科和舌状花亚科。

(1)管状花亚科(Carduoideae):整个花序全为管状花组成,或盘花为管状花而边花为舌状花。植物体不含乳汁,但常具芳香油。常见的植物有:向日葵(*Helianthus annuus* L.)、菊芋(*Helianthus tuberosus* L.)(图3-2-67)、茼蒿(*Chrysanthemum coronarium* L.)(图3-2-68)、菊花[*Dendranthema morifolium* (Ramat.) Tzvel.]、除虫菊(*Pyrethrum cinerariifolium* Trevir.)、大丽花(*Dahlia pinnata* Cav.)、百日菊(*Zinnia elegans* Jacq.)、万寿菊(*Tagetes erecta* L.)、瓜叶菊[*Pericallis hybrida* (Regel) B. Nord.]、雏菊(*Bellis perennis* L.)、原产非洲的扶郎花(*Gerbera jamesonii* Bolus ex Hook.)、翠菊[*Callistephus chinensis* (L.) Nees]等均为常见花卉;苍耳(*Xanthium sibiricum* Patrin ex Widder)等为田间杂草。

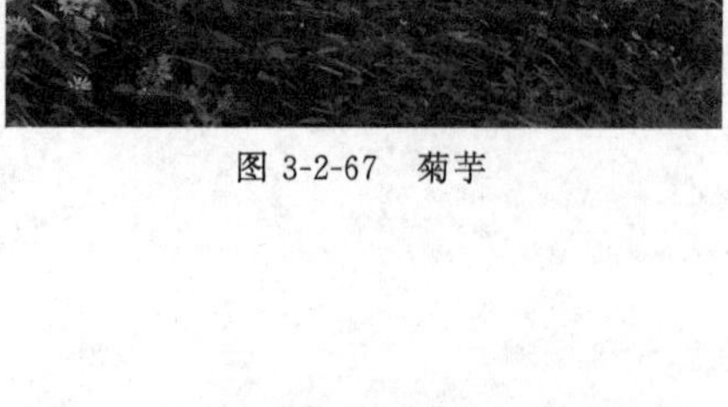

图 3-2-67 菊芋　　　　　　　　　图 3-2-68 茼蒿

（2）舌状花亚科（Cichorioideae）：整个头状花序全由舌状花组成，植物体常含乳汁。常见的植物有蒲公英（*Taraxacum mongolicum* Hand.-Mazz.）（图 3-2-69）、莴苣（*Lactuca sativa* L.）（图 3-2-70）等。

图 3-2-69　蒲公英　　　　图 3-2-70　莴苣

## 二、单子叶植物纲的主要科

（一）棕榈科（Palmae）

1. 科的特征

乔木或灌木。单干直立，多不分枝，少数为藤本；茎有刺，常覆盖不脱落的叶基。叶常绿，大形，互生，掌状分裂或羽状复叶，叶柄基部常扩大成纤维状的鞘。花小，辐射对称，两性或单性，同株或异株；多成圆锥花序，常有佛焰苞状大苞片；花被2轮，雄蕊常为6枚，子房上位，心皮分离或合生，每1子房或每室有1胚珠。核果或浆果，种子有胚乳。

本科有217属，2500余种，分布于热带和亚热带，以热带美洲和热带亚洲为分布中心。我国有22属，70多种。

2. 识别要点

木本，树干不分枝，大型叶丛生于树干顶部，肉穗花序，花3基数。

3. 常见植物

棕榈［*Trachycarpus fortunei*（Hook.）H. Wendl.］（图 3-2-71）、散尾葵（*Chrysalidocarpus lutescens* H. Wendl.）（图 3-2-72）、假槟榔［*Archontophoenix alexandrae*（F. Muell.）H. Wendl. et Drude］、蒲葵［*Livistona chinensis*（Jacq.）R. Br.］、椰子（*Cocos nucifera* L.）、槟榔（*Areca catechu* L.）等。

图 3-2-71　棕榈　　　　图 3-2-72　散尾葵

### (二)莎草科(Cyperaceae)

**1. 科的特征**

一年生或多年生草本。有根状茎,秆实心,常为三棱状,无节。叶通常3列,叶片条形,基部常有闭合的叶鞘,或叶片退化而仅具有叶鞘。花小,两性或单性,单生于鳞片(称为颖)腋内,多个带鳞片的花组成小穗,小穗复排成穗状、总状、圆锥状、头状或聚伞等各种花序;无花被或花被退化为下位刚毛、丝毛或鳞片;雄蕊1~3枚;子房上位,1室,柱头2~3个。瘦果或小坚果。

本科80余属,4000种,广布于全世界,以寒带、温带地区为最多;我国有31属,670种,分布于全国各地。

**2. 识别要点**

秆多为三棱状、实心;叶通常3列,叶鞘多闭合;小穗由带鳞片花组成,小穗再组成各种花序;多为小坚果。

**3. 常见植物**

藨草(*Scirpus triqueter* L.)、香附子(*Cyperus rotundus* L.)、舌叶薹草(*Carex ligulata* Nees)、乌拉草(*Carex meyeriana* Kunth)(图3-2-73)、荸荠[*Eleocharis dulcis* (Burm. f.)Trin. ex Hensch.](马蹄)(图3-2-74)、水葱(*Scirpus tabernaemontani* Maxim.)、风车草(*Cyperus alternifolius* L.)等。

图3-2-73 乌拉草  　　　　图3-2-74 荸荠

### (三)禾本科(Gramineae,Poaceae)

**1. 科的特征**

草本,少有木本。通常具有根状茎,地上茎称为秆,常于基部分枝,节明显,节间常中空。单叶互生,排成2列;叶鞘包围茎秆,边缘常分离而覆盖,少有闭合;叶舌膜质,或退化为一圈毛状物,少数没有;叶耳位于叶片基部的两侧或缺;叶片常狭长,叶脉平行。花两性,少数单性,由1至多朵花组成穗状花序,称为小穗;由许多小穗再排成穗状、总状、圆锥状等花序。小穗由1至数个小花和两个颖片组成;每小花基部有外稃与内稃,外稃常有芒,相当于苞片,内稃无芒,相当于小苞片,外稃的内方有两个退化为半透明的肉质鳞片,称浆片;雄蕊3枚,少数1、2或6枚;雌蕊由2片心皮组成,子房上位,1室1胚珠,花柱2个,柱头常为羽毛状。果实多为颖果,还有胞果、浆果等。

禾本科是种子植物中的一个大科,约750属,1万余种。我国有225属,1200多种。

**2. 识别要点**

秆常呈圆柱形,有节,而节间常中空。叶2列,叶鞘边缘常分离而覆盖,有叶耳、叶舌。

雄蕊3枚或6枚,雌蕊柱头常二裂羽毛状,颖果。

3. 常见植物

小麦(*Triticum aestivum* L.)(图3-2-75)、水稻(*Oryza sativa* L.)、玉米(*Zea mays* L.)、高粱[*Sorghum bicolor* (L.) Moench]、甘蔗(*Saccharum sinense* Roxb.)、芦苇(*Phragmites communis* Trin.)、羊茅(*Festuca ovina* L.)、结缕草(*Zoysia japonica* Steud.)、狗牙根[*Cynodon dactylon*(L.)Pers.]等均为经济作物;稗草[*Echinochloa crus-galli*(L.)P. Beauv.](图3-2-76)、狗尾草[*Setaria viridis* (L.)P. Beauv.]、马唐[*Digitaria sanguinalis*(L.)Scop.]、看麦娘(*Alopecurus aequalis* Sobol.)、虎尾草(*Chloris virgata* Sw.)等为常见的杂草;佛肚竹(*Bambusa ventricosa* McClure)、麻竹(*Dendrocalamus latiflorus* Munro)、毛竹[*Phyllostachys heterocycla*(Carr.)Mitford]等观赏价值高,还可用于建筑。

图3-2-75 小麦 　　图3-2-76 稗草

(四)百合科(Liliaceae)

1. 科的特征

草本。具根茎、鳞茎、球茎,茎直立或攀缘状。单叶互生,少数对生、轮生或基生,有的退化成鳞片状。花序为总状、穗状、圆锥或伞形花序;花两性,辐射对称,花被花瓣状,通常为6枚,排列成两轮;雄蕊通常为6枚,与花被片对生;雌蕊由3片心皮组成,子房上位。蒴果或浆果。

本科有175属,2000种以上,广布于全球。我国有54属,334种。可以食用、药用或观赏。

2. 识别要点

花序为总状、穗状、圆锥或伞形花序,花被花瓣状,子房上位,蒴果或浆果。

3. 常见植物

百合(*Lilium brownii* F. E. Br. ex Miellez)、葱(*Allium fistulosum* L.)、洋葱(*Allium cepa* L.)、韭菜(*Allium tuberosum* Rottler ex Spreng.)、蒜(*Allium sativum* L.)、黄花菜(*Hemerocallis citrina* Baroni)(图3-2-77)、石刁柏(*Asparagus officinalis* L.)等均为经济作物。万年青[*Rohdea japonica*(Thunb.)Roth.]、风信子(*Hyacinthus orientalis* L.)、郁金香(*Tulipa gesneriana* L.)、芦荟[*Aloe vera* (L.)Burm. f. var. *chinensis* (Haw.)A. Berger]、文竹[*Asparagus setaceus* (Kunth)Jessop]等为观赏植物;川贝母(*Fritillaria cirrhosa* D. Don)鳞茎入药,能清热润肺,止咳化痰;平贝母(*Fritillaria ussuriensis* Maxim.)(图3-2-78)鳞茎亦供药用;天门冬[*Asparagus cochinchinensis*(Lour.)

Merr.]块根入药。

图 3-2-77 黄花菜　　图 3-2-78 平贝母

(五)兰科(Orchidaceae)

1. 科的特征

多年生草本,陆生、附生或腐生,少数为攀缘藤本。单叶互生,常排成 2 列,少数对生或轮生,基部常具有抱茎的叶鞘,有时退化成鳞片。花葶顶生或侧生,单花或排列成总状、穗状或圆锥花序;花两性,稀为单性,两侧对称,花粉常结成花粉块。柱头有两类情况:具有单雄蕊的植物,3 个柱头中,有 2 个发育,第 3 个柱头常不发育,变成 1 个小凸体,称为蕊喙;具有两雄蕊的植物,有由 3 个柱头合成的单柱头,无蕊喙。蒴果三棱状、圆柱形或纺锤形,成熟时开裂而顶部仍相连 3～6 果片。种子极多,微小,通常具膜质或呈翅状扩张的种皮,易于随风飘扬,传至远方。

兰科为种子植物的第二大科,有 700 余属,2 万种,以南美洲与亚洲的热带地区为多。我国有 166 属,1000 余种,主要分布于长江流域以南各省区,西南部和台湾尤盛。

兰科植物的花对昆虫传粉的适应非常复杂:兰花常大型而美丽,有香气,易引诱昆虫,花的蜜液多藏于唇瓣基部的距内或蕊柱的基部,昆虫进入花内采蜜时,落在唇瓣上,头部恰好触到花粉块基部的黏盘上,昆虫离开花朵时,带着一团胶状物和黏附其上的花粉块而去,至另一花采蜜时,花粉块恰好又触到有黏液的柱头上,完成授粉作用。

2. 识别要点

陆生、附生或腐生草本。叶互生或退化为鳞片。花两性,两侧对称,形成唇瓣;雄蕊和花柱结合成合蕊柱;花粉结成花粉块;子房下位,侧膜胎座。蒴果,种子细小,无胚乳。

3. 常见植物

大花蕙兰(虎头兰、西姆比兰 *Cymbidium hookerianum* Rchb. f.)(图 3-2-79)、台湾一叶兰(*Pleione formosana* Hayata)(图 3-2-80)、蝴蝶兰(*Phalaenopsis aphrodite* Rchb. f.)、白及[*Bletilla striata* (Thunb. ex A. Murray) Rchb. f.]、石斛(*Dendrobium nobile* Lindl.)、建兰[*Cymbidium ensifolium* (L.) Sw.]、墨兰[*Cymbidium sinensis* (Jackson ex Andr.) Willd.]、春兰[*Cymbidium goeringii* (Rchb. f.) Rchb. f.]、天麻(*Gastrodia elata* Bl.)等。

图 3-2-79　大花蕙兰　　　　　图 3-2-80　台湾一叶兰

## （六）石蒜科（Amaryllidaceae）

### 1. 科的特征

多年生草本。具鳞茎或根状茎。叶通常基生，舌形或披针形，全缘。花两性，多辐射对称；伞形花序或穗状、总状、圆锥花序，少单生；花被花冠状，雄蕊常为6枚；子房下位，3室，胚珠多数，中轴胎座。蒴果或浆果。种子有胚乳。

石蒜科是一个大科，约90属1200多种，主要分布在温带和热带。我国野生和栽培有17属48种，主要分布于南方各省区。许多种可供观赏。

### 2. 识别要点

草本，具鳞茎或根状茎，叶基生狭长，花艳丽，花被花冠状，雄蕊为6枚，子房下位，蒴果或浆果。

### 3. 常见植物

水仙花（*Narcissus tazetta* var. *chinensis* M. Roem.）、葱莲［*Zephyranthes candida* (Lindl.) Herb.］（图3-2-81）、文殊兰［*Crinum asiaticum* L. var. *sinicum* (Roxb. ex Herb.) Baker］（图3-2-82）、朱顶红［*Hippeastrum rutilum* (Ker-Gawl.) Herb.］、石蒜［*Lycoris radiata* (L'Hér.) Herb.］、君子兰（*Clivia miniata* Regel）、龙舌兰（*Agave americana* L.）、晚香玉（*Polianthes tuberosa* L.）、夏雪片莲（*Leucojum aestivum* L.）、黄水仙（*Narcissus pseudonarcissus* L.）等。

图 3-2-81　葱莲　　　　　图 3-2-82　文殊兰

### (七)姜科(Zingiberaceae)

1. 科的特征

多年生草本。通常有横生块状根茎,有香辣味;地上茎短。叶为2列,常有鞘,少数螺旋状排列,披针形或椭圆形,羽状脉。花两性,两侧对称,花瓣为3枚,下部合生成管;退化雄蕊为2或4枚,发育雄蕊为1枚,花药为2室,具药隔附属体或无;子房下位,3室,胚珠多数。果实为蒴果。种子圆球形或有棱角,常具有假种皮。

本科约有50属,1000余种,主要分布在热带地区。中国有19属,143种,主要分布在南方各地。很多种类的本科植物是重要的调味料和药用植物。

2. 识别要点

多年生草本,通常有香气,叶鞘顶端有明显的叶舌,外轮花被与内轮明显区分,具有发育的雄蕊1枚和通常呈花瓣状的退化雄蕊。

3. 常见植物

姜(*Zingiber officinale* Rosc.)(图3-2-83)、砂仁(*Amomum villosum* Lour.)、姜黄(*Curcuma longa* L.)、高良姜(*Alpinia officinarum* Hance)、郁金(*Curcuma aromatica* Salisb.)(图3-2-84)、蘘荷[*Zingiber mioga* (Thunb.) Rosc.]、姜花(*Hedychium coronarium* Koen.)、山姜[*Alpinia japonica* (Thunb.) Miq.]、草豆蔻(*Alpinia katsumadae* Hayata)等。

图3-2-83 姜     图3-2-84 郁金

## 考核内容

【专业能力考核】

一、描述被子植物主要科的识别要点。

二、识别常见植物(根据不同专业进行选择)

1. 识别本地常见农作物及田间杂草,说出种名和科名。

2. 识别本地常见园林园艺植物100种,说出种名和科名。

3. 识别本地常见中草药植物50种,说出种名和科名。

【职业能力考核】

**考核评价表**

| 子情境 3-2：识别常见植物 |||||||
|---|---|---|---|---|---|---|
| 姓名： |||| 班级： |||
| 序号 | 评价内容 | 评价标准 || 分数 | 得分 | 备注 |
| 1 | 专业能力 | 资料准备充足，获取信息能力强 || 10 | 80 | |
| | | 描述科的识别要点正确，用时短 || 30 | | |
| | | 在规定时间内识别植物正确 || 40 | | |
| 2 | 方法能力 | 获取信息能力、组织实施、问题分析与解决、解决方式与技巧、科学合理的评估等综合表现 || 10 | | |
| 3 | 社会能力 | 工作态度、工作热情、团队协作互助的精神、责任心等综合表现 || 5 | | |
| 4 | 个人能力 | 自我学习能力、创新能力、自我表现能力、灵活性等综合表现 || 5 | | |
| | 合计 ||| 100 | | |

教师签字：　　　　　　　　　　　　　　　　　　　　　　　　　年　　月　　日

# 情境 4

## 测定植物的重要生理指标

## 子情境 4-1 测定植物水势

| 学习目标 |
| --- |
| 1. 掌握植物水势与根系吸水原理<br>2. 掌握水势测定方法<br>3. 掌握合理灌溉的指标 |
| **职业能力** |
| 1. 能测定植物组织水势<br>2. 能判断合理灌溉指标 |
| **学习任务** |
| 1. 认知植物水势与根系吸水原理<br>2. 认知影响根系吸水的土壤条件<br>3. 认知蒸腾作用及影响蒸腾作用的环境因素<br>4. 认知作物的需水规律<br>5. 测定植物水势 |
| **建议教学方法** |
| 思维导图教学法、项目教学法 |

## 一、植物水势与根系吸水

### (一) 植物水势

1. 水势的概念

细胞无论通过何种形式吸水,其根本原因都是水的自由能差,即水势差引起的。

根据热力学原理,系统中物质的总能量是由束缚能和自由能两部分组成的。束缚能不能转化为用于做功的能量。而自由能是指在等温等压条件下能够做最大有用功的能量。在等温等压条件下，1 mol 物质所具有的自由能，称为该物质的化学势。在纯水中，水分子的自由能大，水势也最高，任何溶液由于溶质的存在，使水分子运动受阻，从而降低了水的自由能，其水势就低于纯水。水势的绝对值无法测定，现在人为规定纯水的水势为零，其他任何体系的水势都是和其相比较而得来的，都是相对值。溶液浓度愈高，自由能愈少，水势也就愈低，其负值也就越大。下面是几种常见化合物水溶液的水势（表 4-1-1）。

表 4-1-1　　　　几种常见化合物水溶液的水势

| 溶　液 | 水势/MPa |
|---|---|
| 纯水 | 0 |
| Hoagland 营养液 | −0.05 |
| 海水 | −2.50 |
| 1 mol/L 蔗糖 | −2.69 |
| 1 mol/L KCl | −4.50 |

2. 水势的单位及换算关系

水势通常用符号 $\Psi_w$ 表示，其单位为帕斯卡（简称 Pa，或兆帕 MPa）。过去常用压力单位巴（bar）或大气压（atm）作为水势的单位。换算关系是

$$1 \text{ MPa} = 10^6 \text{ Pa} = 10 \text{ bar} = 9.87 \text{ atm}$$
$$1 \text{ atm} = 1.013 \times 10^5 \text{ Pa} = 1.013 \text{ bar}$$

3. 水势的组成成分

植物细胞与一个开放的溶液体系有所不同，它外有细胞壁，内有大的中央液泡，液泡中有溶质，细胞中还有多种亲水衬质，这些都会对细胞水势产生影响。因此，植物细胞的水势比纯水溶液的水势要复杂得多，至少要受到溶质势 $\Psi_s$、压力势 $\Psi_p$、衬质势 $\Psi_m$ 三个组分的影响。细胞的水势等于细胞体系中影响水势变化的各个组分化学势之和，表示为

$$\Psi_w = \Psi_s + \Psi_p + \Psi_m$$

（1）溶质势或渗透势（$\Psi_s$）

植物细胞中含有大量溶质，其中主要有无机离子、糖类、有机酸、色素等，悬浮在细胞液中的蛋白质、核酸等高分子物质也可视为溶质。由于溶质的存在而使体系水势降低的值，称为溶质势。细胞液所具有的溶质势是各种溶质势的总和。细胞液中溶质的质点数愈多，细胞液的溶质势就越低。植物细胞的溶质势会因植物种类而不同。一般陆生植物叶片细胞的溶质势是 −2～−1 MPa，旱生植物叶片细胞的溶质势可以低到 −10 MPa。溶质势主要受细胞液浓度的影响，凡是影响细胞液浓度的内外条件，都可引起溶质势的改变。例如干旱时，细胞液浓度高，溶质势较低。

（2）压力势（$\Psi_p$）

原生质体吸水膨胀，对细胞壁产生一种压力叫膨压，与此同时，由于细胞壁有限的弹性，对原生质体产生一种反压力，叫壁压，两者大小相等，方向相反。壁压会通过提高细胞内水的自由能而提高水势，同时能限制外来水分的进入。这种由于压力的存在而使水势改变的值叫压力势。压力势一般为正值，它提高了细胞的水势。草本植物叶片细胞的压力势，在温暖天气的午后为 0.3～0.5 MPa，晚上则达 1.5 MPa。

### (3) 衬质势($\Psi_m$)

细胞中的蛋白质、淀粉、纤维素、脂肪等不溶于水而能吸附水分子的大分子物质,统称为衬质。衬质具有吸附水分子而使水的自由能降低的作用,可使水势变小。这种由于衬质的存在而使水势降低的值称为衬质势。衬质势呈负值。

具有液泡的细胞,其衬质势很小,常忽略不计,细胞水势的计算公式可以简化为

$$\Psi_w = \Psi_s + \Psi_p$$

对于无液泡的风干组织等细胞的水势,由于 $\Psi_s = \Psi_p = 0$,所以其水势就等于衬质势

$$\Psi_w = \Psi_m$$

### (二)植物根系吸水

#### 1. 细胞对水分的吸收

植物的吸水单位是细胞,细胞吸水是植物吸水的基础,它有两种吸水形式:无液泡细胞主要靠吸胀作用吸水,如根尖、茎尖和形成层细胞,风干种子的细胞(豆类、干木耳等);形成液泡的成熟细胞主要靠渗透作用吸水。

(1)吸胀作用吸水

植物的细胞壁、蛋白质、原生质、淀粉等都是亲水胶体,呈凝胶状态时,它们之间还会有大大小小的缝隙,一旦与水分接触,水分子会迅速地以扩散或毛细管作用进入凝胶内部,使胶体吸水膨胀。这种亲水胶体吸水膨胀的现象称为细胞的吸胀吸水。风干种子在萌发初期的吸水就是典型的吸胀吸水。种子细胞的吸胀吸水为软化种皮,启动萌发过程中各种生理生化活动提供了必要的水分条件。

不同的种子吸胀吸水能力不同。一般而言,蛋白质的亲水性较强,吸胀作用力也较大,淀粉次之,纤维素较小。所以,禾本科植物种子吸胀吸水相对较少,而蛋白质含量高的豆科植物种子吸胀吸水较多,例如大豆发芽时,吸胀现象就非常明显。

吸胀作用力的大小,实质上就是衬质势的大小,这是因为这些组织细胞中尚未形成液泡或无液泡,其溶质势与压力势均等于零($\Psi_s = 0, \Psi_p = 0$),细胞的水势就等于衬质势,即 $\Psi_w = \Psi_m$。一般干燥种子的 $\Psi_m$ 常低于 $-10$ MPa,一些生长在极干旱环境条件下的植物组织细胞的 $\Psi_m$ 低达 $-100$ MPa。

(2)渗透作用吸水

成熟的植物细胞通常都有一个大液泡,含有较高浓度的细胞液。液泡膜和质膜均具有类似半透膜的性质,即只允许水分和某些小分子物质通过,而不允许其他物质通过。因此,可将质膜、液泡膜及原生质层近似看作一个半透膜,并与高浓度的液泡构成了一个渗透系统。当把这样的植物细胞置于不同浓度的溶液中时,就会发生渗透现象。这一现象可以通过试验来证明(图 4-1-1)。

将一只长颈漏斗的口用半透膜(蚕豆种皮)密封,倒置于盛有清水的烧杯中,然后从颈口注入一定浓度和数量的蔗糖溶液。由于半透膜只允许水分子通过而不允许蔗糖分子通过,所以烧杯中的水分子就通过漏斗口的半透膜进入漏斗,使漏斗中溶液的体积增加,液面沿长颈上升。这种水分子通过半透膜从水势高的一方向水势低的一方移动的现象称为渗透作用,是扩散作用的一种特殊形式。玻璃管内由于溶液上升的高度所造成的压力称为该溶液的渗透压。溶液浓度越高,渗透压越大,反之越小。当液面不再升高时,膜内外的水分进出速度相等,呈动态平衡。

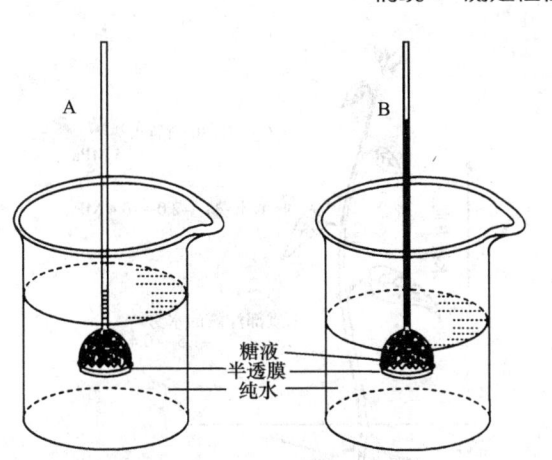

图 4-1-1　半透膜的渗透作用
A—烧杯中的纯水和漏斗内液面相平；B—渗透作用使烧杯内液面下降而漏斗内液面上升

具有液泡的植物细胞主要靠渗透吸水，当与外界溶液接触时，细胞能否吸水，取决于两者的水势差。

当外界溶液 $\Psi_w$＞细胞 $\Psi_w$ 时：表现为内渗透，细胞正常吸水；

当外界溶液 $\Psi_w$＜细胞 $\Psi_w$ 时：表现为反渗透，细胞失水；

当外界溶液 $\Psi_w$＝细胞 $\Psi_w$ 时：表现为等渗透，细胞既不吸水也不失水，处于动态平衡。

在施肥时，如果化肥落在叶片上溶于水，形成浓溶液，叶片细胞吸水困难，甚至还会使叶中水分外渗，引起细胞死亡，而出现伤斑，俗称"烧苗"。

2. 水分在细胞间的转运

水分在细胞之间的运动方向主要取决于彼此之间的水势高低。

(1)植物相邻细胞间的水流方向

植物相邻细胞间的水流方向取决于细胞之间的水势差，水总是从水势高的细胞流向水势低的细胞(图 4-1-2)。

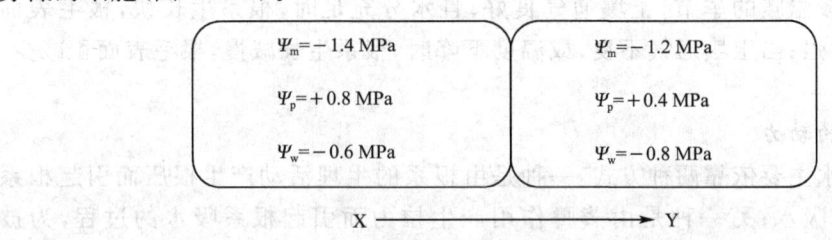

| $\Psi_m$＝－1.4 MPa | $\Psi_m$＝－1.2 MPa |
| $\Psi_p$＝＋0.8 MPa | $\Psi_p$＝＋0.4 MPa |
| $\Psi_w$＝－0.6 MPa | $\Psi_w$＝－0.8 MPa |

X ──────────────→ Y

图 4-1-2　两个相邻细胞之间水分移动图解

(2)水在多细胞中的移动

多个细胞相连时水总是从水势高的一端流向水势低的一端。植物器官之间，地上部分的水势比根部低；上部叶的水势比下部叶低；同一叶子中距离主脉越远则水势越低；根部则内部水势低于外部水势(图 4-1-3)。

在农业生产中，当施肥过多，土壤溶液浓度过大，其水势低于根细胞的水势时，根细胞的水分就会倒流，使细胞乃至整个植物体脱水。由于细胞失去了原有的紧张度，地上叶片表现为萎蔫状态，严重时死亡。

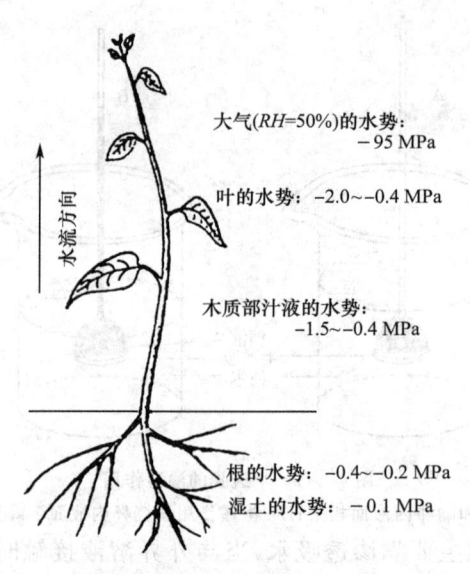

图 4-1-3　土壤-植物-大气连续体中的水势

**3. 植物吸水的主要部位**

根系在土壤中的分布广而深,是吸收水分的主要器官,能从土壤中吸收大量的水分,以满足植物生长发育的需要。但植物根系各部分吸水能力是不同的,一般认为根尖是吸水的主要部位。在根尖的根毛区,表皮细胞凸起形成大量根毛,吸水能力最强。原因:根毛的大量形成,增加了吸收表面积;根毛细胞壁的外部由果胶质覆盖,黏性强,亲水性也强,有利于与土壤颗粒黏着和吸水;根毛区的输导组织发达,对水分移动的阻力小。根系伸长区以上的其他区域,由于表皮细胞的木质化或木栓化而吸水能力较小。

根毛区的面积处于一种动态的平衡中,即在根系的生长过程中,根系能不断向土壤中延伸,老根毛不断死亡和脱落,新根毛不断形成和生长,使其在土壤中的位置经常更新。另外根的生长有向水性,能伸向含水量较多的土壤中,有利于新生根毛获得更多的水分和养料。在春夏比较温暖的季节,土壤通气良好,且水分充足时,根系生长快,根毛表面积大,植物吸水能力强;当土壤通气不良,或温度下降时,根系生长减慢,根毛表面积减少,植物吸水下降。

**4. 根系吸水的动力**

植物根系吸水主要依靠两种方式:一种是由根系的生理活动产生根压而引起根系吸水的过程,为主动吸水;另一种是由蒸腾作用产生拉力而引起根系吸水的过程,为被动吸水。

**(1) 主动吸水**

主动吸水与地上部分的活动无关。由于植物根系的生理活动使液流沿根部上升的压力,称为根压,是主动吸水的动力。根压可使根部吸进的水分沿导管输送到地上部分,同时土壤中的水分又不断地补充到根部,这就形成了根系的主动吸水。各种植物的根压大小不同,一般植物的根压在 0.1～0.2 MPa,有些木本植物可达 0.6～0.7 MPa。根压吸水通常不是植物吸水的主要方式,只是在早春植物未长出叶片之前,根压吸水才占优势。"伤流"和"吐水"两种现象可以表明根压的存在。

①将一株供水充足,生长旺盛的植株(如南瓜、丝瓜),从靠近地面的茎基部切断,结果会有汁液从断面流出,这种现象称为伤流。若在伤口处套上一个连接压力计的橡皮管,压力计内的水银柱会上升,表明根系有压力存在,这就是根压(图 4-1-4)。流出的汁液叫伤流液,除含有大量的水分外,还含有各种无机盐、有机物和植物激素等。凡是能够影响植物根系生理活动的因素都会影响伤流液的数量和成分。所以伤流液的数量和成分可以作为根系活动能力强弱的生理指标。

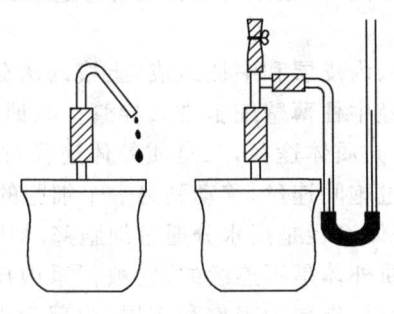

图 4-1-4　根压的示范装置

②在土壤水分充足,空气比较潮湿的环境中生长的植物,如水稻、小麦、油菜、番茄等幼苗的叶尖或边缘,可直接向外溢出液滴,这种现象称为吐水(图 4-1-5)。吐水也是由根压引起的。植物生长健壮,根系活性强,吐水量也较多,所以在生产上,可用吐水现象作为壮苗的一种生理指标,用以判断苗长势的强弱。

图 4-1-5　吐水现象

根系吸水需要消耗从呼吸作用中获得的能量,如果用抑制剂处理根系,就会引起伤流、吐水和根系吸水速度的降低或停止。这说明由根压所引起的吸水是与根系的代谢活动密切相关的。因此,把这种吸水过程称为主动吸水。

(2)被动吸水

取新切下的带叶枝条,用橡皮塞插入盛满水的玻璃管中,再将该管插入盛水银的容器内,随时间的推移,管内的水逐渐减少,水银会沿玻璃管上升(图 4-1-6)。

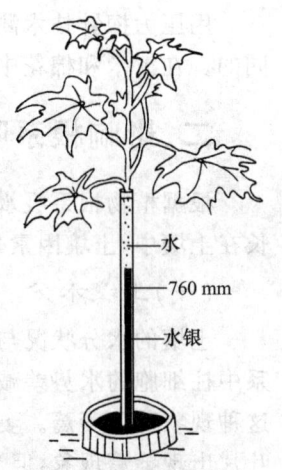

由于植物的蒸腾作用而产生的使导管中水分上升的力量称为蒸腾拉力。当气孔张开后,气孔下腔附近的叶肉细胞因蒸腾失水 $\Psi_w$ 下降,而从相邻细胞夺取水分,失水的细胞又从旁边的另一个细胞取得水分,如此下去,从气孔下腔到叶脉导管,再到叶柄、茎的导管,最后到根系导管之间就形成了一系列的水势梯度,最后引起根系从外界土壤环境中吸收水分。这种力量完全是由于叶片的蒸腾作用而形成的,不需

图 4-1-6　蒸腾拉力示意

要消耗代谢能量,只要蒸腾作用一停止,根系的这种吸水就会减慢或停止。一般情况下,土壤水分的水势很高,很容易被植物吸收,并输送到数米甚至上百米高的枝叶中去。

能进行蒸腾作用的枝条通过死亡的根系仍可以吸水,甚至在切除根系后仍能正常吸水。如将切取的鲜花插在有水的花瓶中,花期可以维持几天到十多天就是一个最好的例证。植物的正常生长过程中,被动吸水是植物的主要吸水方式。只有多年生树木,在早春,芽还未展开,蒸腾较弱的情况下,根压对水分上升才起较大作用。

5. 根系吸水的途径

植物的根系由表皮、皮层、内皮层和中柱组成,土壤的水分经根毛和表皮细胞进入根系后,通过皮层和内皮层,再经中柱薄壁细胞进入导管。按照水分通过的路径划分,这一过程可以分为两条途径:一是共质体途径,二是质外体途径(图4-1-7)。共质体途径是指水分从一个细胞的细胞质经过胞间连丝,移动到另一个细胞的细胞质,形成一个细胞质的连续体,移动速度较慢。质外体途径是指水分通过细胞壁、细胞间隙等没有细胞质部分的移动,阻力小,移动速度快。质外体是不连续的,它被根系内皮层细胞壁增厚形成的凯氏带分为两个区域,以内皮层为界,外部为表皮和皮层,内部为中柱。水不能通过木栓化物质,水分以质外体途径移动时,也必须借助于共质体才能通过内皮层,进入中柱。

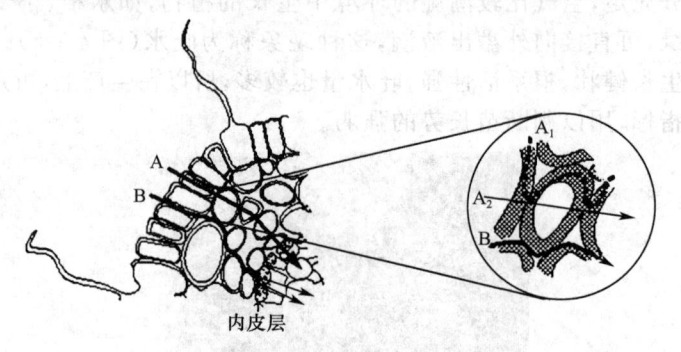

图4-1-7 植物根系渗透性吸水的机制
A—共质体途径;B—质外体途径

用压力探针技术测定表明,共质体途径与质外体途径在不同植物根中所占比例是不同的。在玉米和棉花中是以质外体途径为主,而在大麦和菜豆中则以共质体途径为主。

## 二、影响根系吸水的土壤条件

根据植物根系吸水机理,凡是影响土壤水势和蒸腾的因素都会影响根系吸水,根系生长在土壤中,土壤因素是影响根系吸水的直接因素。

### (一)土壤水分

土壤的水分状况与植物根系吸水有密切关系。土壤水分不足时,土壤水势与植物根系中柱细胞的水势差减小,根系吸水减少,引起植物细胞失水,膨压下降,叶片、幼茎下垂,这种现象称为萎蔫。萎蔫分为两种情况,一种是暂时性萎蔫,即植物仅在白天蒸腾强烈时叶片出现萎蔫现象,但当夜间或蒸腾作用减弱后即可恢复。这种现象多发生在夏季的中午前后,是由于气温过高或湿度较低,植物蒸腾失水大于根系吸水,造成体内暂时的水分亏缺而引起的,对植物生长不会造成严重的伤害。另一种是永久性萎蔫,即当植物经过夜间或降低蒸腾之后,萎蔫仍不能恢复的现象。此时土壤水分已减少至萎蔫系数左右,接近土壤有效水的下限和根细胞的水势,根系吸水困难,需灌溉或下雨,增加土壤有效水后才能逐渐恢复。永久性萎蔫已对植物正常生长造成了伤害,如果持续时间较长就会严重影响植物的生长发育,甚至导致植物死亡。在我国北方的一些旱作农业区,常常会因为大气干旱和土壤缺乏有效水而导致作物生长不良和减产。所以,土壤水分不足已成为限制这些地区农业生产发展的瓶颈因素。

然而在我国南方的一些地区,雨水过多使土壤水势过高,也不利于植物根系吸水和生长。当水势大于-0.01 MPa时,土壤孔隙被水分所占据,土壤通气不良,根系生长缓慢,加上光照不足,导致作物产量不高,品质下降。因此,在这些地区加强排水和改进栽培技术,成为作物高产栽培的主要手段。

### (二)土壤气体

土壤的通气状况取决于水分与空气所占土壤孔隙的比例。如果土壤中水分过多,则通气不良,短期内可使细胞呼吸减弱,影响根压,继而阻碍吸水;时间较长,就形成$CO_2$积累,易造成根系无氧呼吸,产生和累积较多酒精,根系中毒变性,根系吸水能力下降,以致造成涝灾。但若土壤中水分过少,虽然通气很好,氧气充足,但会造成水势过低,根系难于正常吸水,导致植物缺水,影响生长。

在水分适宜的情况下,土壤气体交换畅通,根系呼吸作用产生的$CO_2$不易累积,有氧呼吸产生的能量不但有利于根细胞的分裂,也有利于根系生长和吸水表面积的增加,促进根系吸水。土壤的通气状况还与土壤结构有关,具有团粒结构的土壤疏松多孔,不但通气良好,还具有较强的保水能力,是农业生产中需要大力发展的土壤类型。

### (三)土壤温度

土壤温度与根系吸水关系很大。在一定土壤温度范围内,根系吸水速率随土壤温度的升高而加快,但温度过高或过低均不利于根系吸水。例如,将冰块放在植物的根系周围,植株很快就会出现萎蔫;当移去冰块后,植株很快恢复原状。低温影响根系吸水的原因:一是低温使土壤溶液的黏滞性增加,降低了水分向根际周围扩散的速率;二是根细胞原生质的黏性增加,降低了水分通透的速度,减小了根压;三是降低了根系的生理代谢活动,使呼吸作用减弱,主动吸水速度减慢;四是长期低温降低了根系生长速率,缩小了根尖高效吸水的区域。土温过高引起根系吸水减慢的原因主要是加快了根细胞中各种酶蛋白变性失活的速度,提高了根系木栓化的程度,加速了根系老化的进程。根系对土壤温度的反应与植物的原产地和生长状态有关,一般喜温的植物和生长旺盛的植物易受低温的影响,特别是夏日中午冷水浇灌,不利于根系吸水。

### (四)土壤溶液

土壤溶液浓度决定土壤的水势,从而影响植物根系吸水的速率。虽然不同土壤具有不同浓度的土壤溶液,但一般浓度较低,水势较高,不会影响根系的正常吸水。生产实践中造成土壤溶液浓度增大,水势降低,影响植物根系吸水和正常生长的因素通常有两种:一种是使用化肥过于集中或过多,造成局部土壤水势降低,使种子或植物根系无法吸水而导致"烧苗"现象;另一种是盐碱地,由于土壤溶液中溶有较多的盐分离子,导致土壤溶液浓度升高而水势降低,使植物根系难于吸水而不能正常生长或不能生长。我国北方有大片的盐碱地,如何改良盐碱地是我国农业发展研究中的重要问题。

### 三、蒸腾作用与影响蒸腾作用的因素

土壤水分通过根系进入植物体以后，只有其中一小部分(1%～5%)用于代谢，而绝大部分都散失到了体外，其散失途径有两种：一种是通过吐水现象，以液体的形式直接排出体外，这部分水分仅占植物散失水分的极少部分；另一种则是水分以气体状态，通过植物体的表面(主要是叶子)，从体内散失到体外，即蒸腾作用，这是植物散失水分的主要方式。蒸腾作用不仅受外界环境条件的影响，而且还受植物本身的调节和控制，因此比一般的物理蒸发过程要复杂得多。

（一）植物蒸腾作用

1. 蒸腾作用的概念及其生理意义

（1）蒸腾作用

蒸腾作用指植物体内的水分以气体状态，通过植物体表面(尤其是叶片)，从体内散失到体外的现象。

（2）蒸腾作用生理意义

蒸腾作用是植物生命活动的重要组成部分，虽然它不可避免地将根系吸收的大量水分散失到了体外，但却推动了植物整体代谢的运转，具有极其重要的生理意义。

①蒸腾作用是植物水分吸收和运输的主要动力。蒸腾作用产生的蒸腾拉力能够使植物吸收大量的水分并运输到植物的各个部分，尤其是高大的树木，如果没有蒸腾作用，仅仅依靠根压吸水，植株较高的部位就可能无法获得水分。

②蒸腾作用能够促进矿质营养的吸收和运输。蒸腾作用在促使植物吸水和水分运输的同时，也将溶解在土壤溶液中的各种营养离子吸收并随水流运至植物的各个部分，保证了植物生长发育对营养的需求。

③蒸腾作用能够维持植物的适当体温。太阳光照射到叶片上时，大部分能量转变为热能，如果叶子没有降温的本领，叶温过高，叶片会被灼伤。而在蒸腾过程中，水变为水蒸气时需要吸收热能，例如1 g水变成水蒸气需要的能量，在20 ℃时是2444.9 J，在30 ℃时是2430.2 J。据测定，夏天在直射光下，叶面温度可达50～60 ℃，由于水的汽化热比较高，在蒸腾过程中把大量的热散失掉，从而降低了叶面的温度，避免过热而灼伤。

④蒸腾作用有利于光合作用。由于蒸腾，气孔张开，可进行气体交换，有利于光合原料二氧化碳的进入和呼吸作用对氧的吸收等活动。

2. 蒸腾的部位和方式

植物幼小时，凡暴露在地上部分的表面都能进行水分的蒸腾作用。随着植物体的长大，逐渐以叶面蒸腾为主。茎、枝表面常木栓化，少量水分也可通过皮孔进行蒸腾，不过量很小，约占全部蒸腾量的0.1%。

叶片蒸腾作用有两种方式：一种是通过角质层的蒸腾，叫作角质蒸腾；另一种是通过气孔的蒸腾，叫作气孔蒸腾。这两种蒸腾方式在蒸腾中所占的比重，与植物种类、生长环境、叶片年龄有关。如生长在潮湿环境中的植物，其角质蒸腾往往超过气孔蒸腾，水生植物的角质蒸腾也很强烈；幼嫩叶子的角质蒸腾可占总蒸腾量的1/3～1/2。但一般植物的

成年叶片,角质蒸腾量很小,只占总蒸腾量的3%～5%。所以气孔蒸腾是蒸腾的主要形式。

3. 气孔蒸腾

(1)气孔的分布、大小和数目

气孔是蒸腾过程中水蒸气从体内排到体外的主要出口,也是光合作用吸收二氧化碳的主要入口,它是植物体与外界气体交换的大门,影响着光合、呼吸、蒸腾等生理过程(图4-1-8)。

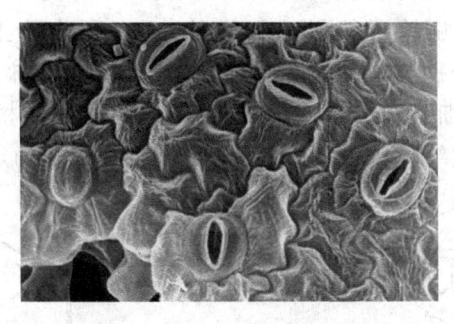

图 4-1-8  气孔和表皮细胞

气孔的数目、大小及分布,因植物种类、生长环境而异(表4-1-2)。一般单子叶植物的上下表皮均有气孔分布,而双子叶植物如棉花、蚕豆等,主要分布在下表皮;浮水植物,如菱角的气孔都分布在上表皮。植物上部叶片的气孔比下部叶片多,一片叶片气孔多分布在叶缘、叶尖部分,阳性植物的气孔数量比阴性植物多。气孔很小,一般长7～38 μm,宽1～12 μm,每个面积为10～300 μm²,其总面积占叶面积的1%左右,在每平方毫米的叶面积上数目多达40～500个,一般称此为气孔频度,即单位叶面积上气孔的数目。气孔的频度越大,蒸腾速率越快。气孔开放时,很容易进行气体的交换,因为$H_2O$和$CO_2$分子的直径分别只有0.54 nm和0.46 nm。

表 4-1-2  不同植物的气孔数目、大小及分布

| 植 物 | 气孔平均数/mm² 上表皮 | 气孔平均数/mm² 下表皮 | 下表皮气孔大小 长(μm)×宽(μm) | 气孔面积占叶面积/% |
| --- | --- | --- | --- | --- |
| 小麦 | 33 | 14 | 38×7 | 0.52 |
| 玉米 | 52 | 68 | 19×5 | 0.82 |
| 向日葵 | 58 | 156 | 22×8 | 3.13 |
| 番茄 | 12 | 130 | 13×6 | 0.85 |
| 菜豆 | 40 | 281 | 7×3 | 0.54 |
| 苜蓿 | 169 | 138 | — | — |
| 马铃薯 | 51 | 161 | — | — |
| 甘蔗 | 141 | 227 | — | — |
| 苹果 | 0 | 409 | 14×12 | 5.28 |
| 莲 | 46 | 0 | — | — |

(2) 气孔的结构

不同的植物具有不同的气孔结构。棉花、大豆等双子叶植物的气孔是由两个半月形的保卫细胞所组成[图 4-1-9(a)]。保卫细胞与表皮细胞直接连接,含有叶绿体,近气孔的内壁厚而背气孔的外壁薄。当保卫细胞吸水膨胀时,由于壁薄的一面比壁厚的一面膨胀的大,于是细胞就向外弯曲,而细胞间的缝隙增大,气孔张开;当保卫细胞失水收缩时,细胞间缝隙变小,气孔就关闭。在保卫细胞壁上有许多以孔口为中心,呈辐射状排列的微纤丝,它限制了保卫细胞纵向的伸长运动。水稻、小麦、玉米等禾本科植物的气孔与双子叶植物有所不同,除有两个哑铃形的保卫细胞外,还有两个副卫细胞与之相连[图 4-1-9(b)]。两个副卫细胞又分别与两侧的叶脉细胞连接,横跨叶脉。两个哑铃形的保卫细胞相对形成孔口,中间两侧细胞壁加厚,而两端壁薄。与双子叶植物气孔相同,在两端的薄壁上也有辐射状排列的微纤丝,以控制保卫细胞吸水时两端的定向膨胀。

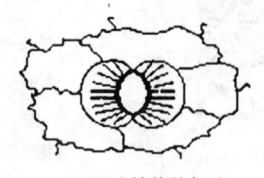

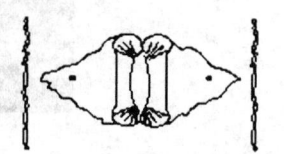

(a)双子叶植物的气孔　　　　　(b)禾本科植物的气孔

图 4-1-9　植物气孔的结构

气孔的开闭与保卫细胞的结构有关。保卫细胞能够非常灵敏地感受来自体内外的各种信息,迅速调节自身行为的变化,控制植物与环境之间的水分、气体等的交换。保卫细胞比表皮细胞小得多,一片叶子所有的保卫细胞的体积仅为表皮细胞体积的 1/13 或更小。因此,只要有少量的溶质进入保卫细胞,就会引起保卫细胞膨压的明显变化,迅速调节气孔的开闭。

(3) 气孔的运动

高等植物的气孔运动在时间上有很大差异,有些是昼开夜闭,与光照有关,大多数植物属于这一类型。但也有一些少数类型,如仙人掌科、景天科、兰科、凤梨科、百合科等的仙人掌、菠萝、兰花、百合等植物,气孔是昼闭夜开。

(4) 气孔扩散的小孔扩散率

气孔在叶面上所占面积百分比仅为 1% 左右,但气孔的蒸腾量却相当于所在叶面积蒸发量的 10%~50%,甚至达到 100%。也就是说,经过气孔的蒸腾速率要比同面积的自由水面快几十倍,甚至上百倍。气体通过多孔表面扩散的速率,不与小孔的面积成正比,而与小孔的周长成正比,这就是所谓的小孔扩散律。在任何蒸发面上,气体分子除经过表面向外扩散外,还沿边缘向外扩散。在边缘处,扩散分子相互碰撞的机会少,扩散阻力小,气体分子经过小孔扩散的速度,在边缘要比中间部分快得多,该现象称为边缘效应。气孔就具有这种边缘效应。扩散表面的面积较大时(例如大孔),边缘周长与面积的比值小,扩散主要在表面上进行,经过大孔的扩散速率与孔的面积成正比。当扩散表面减小时,边缘周长与面积的比值增大,经边缘的扩散量就占较大的比例,且孔越小,所占的比例越大,扩散的速度就越快(表 4-1-3)。据测定小孔间距离约为小孔直径的 10 倍,才能充分发挥边缘效应。

表 4-1-3　　　　　　　　相同条件下水蒸气通过各种小孔的扩散情况

| 小孔相对面积 | 小孔相对周长 | 扩散相对失水量 |
| --- | --- | --- |
| 1.00 | 1.00 | 1.00 |
| 0.37 | 0.61 | 0.59 |
| 0.13 | 0.36 | 0.35 |
| 0.09 | 0.31 | 0.29 |
| 0.05 | 0.21 | 0.18 |
| 0.01 | 0.13 | 0.14 |

（二）影响蒸腾作用的因素

植物的蒸腾作用是一种复杂的生理现象,不但受气孔特性的限制,也受植物代谢的调节,同时还受多种环境条件变化的影响。

1. 气孔因素

蒸腾作用本质上是一个蒸发过程,其速率取决于气孔下腔内水蒸气向外扩散的力量和扩散途径的阻力。扩散力与气孔下腔内外的蒸汽压差有关,而扩散途径阻力则受气孔特征等的影响。

2. 环境因素

影响植物蒸腾作用的环境因素主要包括光照、温度、水分、$CO_2$ 等。

（1）光照

光是气孔运动的主要调节因素。光首先引起气孔开放,减少气孔阻力。可见光都可以引起气孔张开,但蓝光使气孔张开的效率是红光的 10 倍。其次,光还可以提高大气与叶片的温度,增加叶内外的蒸汽压差,加快蒸腾速率。蒸腾强度也叫蒸腾速率,是指单位叶面积在单位时间蒸腾散失水分的数量,一般用 $g \cdot m^{-2} \cdot h^{-1}$ 表示,随光照强度的增加而增强。

蒸腾强度的日变化和光照强度的日变化相一致。在土壤供水充足的晴天,蒸腾强度的日变化为一单峰曲线。黑夜气孔关闭,蒸腾强度降到最低;黎明后蒸腾作用随光照增强而增强;中午前后气孔开度大,气温高,蒸腾强度达最高峰,随后蒸腾强度又因光照减弱而下降,直至黑夜最低。但是在阴天,大气相对湿度低,土壤水分供应不足时,中午气孔关闭,蒸腾减弱,蒸腾的日变化为一双峰曲线,高峰在上午和下午。

（2）温度

在一定温度范围内,气孔开度一般随温度的升高而增大,并在 30 ℃时开度最大。当温度超过 30 ℃或低于 10 ℃时,气孔开度降低或关闭。温度可直接影响气孔下腔内蒸汽压的大小。温度升高可以使细胞液的黏滞性降低,增加质膜的透性和气孔下腔周围细胞壁表面的蒸发,增大内蒸汽压。但温度过高时,叶片失水,降低了保卫细胞的膨压,引起气孔关闭,降低蒸腾。若温度过低,则降低细胞和质膜的透性,减小内蒸汽压,降低蒸腾。

（3）水分

水分是气孔运动的直接调节者。当土壤水分不足和蒸腾过强时,往往会因为植物体内水分收支不平衡而使保卫细胞膨压降低,气孔开度减小或关闭。这是植物在干旱胁迫时自身的一种调节机制,其结果是减少了体内失水,维持了正常或接近正常的生理代谢活动。这既是植物对干旱胁迫的一种响应,也是旱作农业生态条件下,选择节水型品种的一个指标。同样,当久雨造成土壤水分过多时,也能引起气孔开度的降低或关闭。原因是表皮细胞过度充水膨胀,会挤压体积较小的保卫细胞,迫使气孔关闭。

水分还直接影响大气的湿度。环境水分过多时,大气湿度增大,蒸汽压升高,从而减小了气孔内外的蒸汽压差,气孔下腔内的水蒸气不易扩散出去,使蒸腾降低。反之,蒸腾加快。

(4) $CO_2$ 浓度

$CO_2$ 是光合作用的反应物,低浓度的 $CO_2$ 促进气孔张开,促进蒸腾;而高浓度的 $CO_2$ 能降低气孔开度或引起气孔关闭,降低蒸腾。

(5)风速

一定的风速可以吹散气孔外的蒸汽扩散层,并带来相对湿度较小的空气。这样既减小了扩散的外阻力,又增大了气孔内外的蒸汽压差,加快蒸腾速率。但强风则降低气孔蒸腾,因为强风引起叶片温度降低,使气孔开度减小或关闭,增大了气孔阻力。

(6)其他

土温、土壤条件、土壤溶液浓度等通过影响根系吸水而间接影响蒸腾。还有植物激素通过影响植物气孔的开闭,从而影响蒸腾作用,如 CTK 促进气孔张开,ABA 促进气孔关闭。

## 四、作物需水规律与合理灌溉

我国水资源总量并不算少,但人均水资源占有量仅为世界平均数的 26%,属水资源缺乏的国家之一。据有关资料显示,在我国年均用水量中,农业用水占较大的比例。其中农业灌溉用水量偏多是一个突出问题。其原因与一些地方存在盲目灌溉和灌溉方法落后、灌溉效率不高等有直接关系。节约用水,发展节水农业,是一个战略性的问题。合理灌溉就是根据作物的生理特点和土壤的水分状况,及时供给作物正常生长发育所必要的水分,以最小的灌溉量获得最大的经济效益。我国人民在长期的农业生产实践中总结出的"看天、看地、看庄稼"的灌溉原则就充分地体现了合理灌溉的深刻内涵。

保持作物水分的动态平衡是作物正常生长及获得高产的基础。如果根系所吸收的水分不能满足蒸腾作用的消耗,就会引起植物体内水分的亏缺,导致萎蔫,同时正常的代谢活动将受到抑制,从而影响植物的正常生长发育。反之,如果根系吸收的水分超过蒸腾失水量,由于体内含水量过多,植物组织嫩弱,其抗性较差。因此,了解作物对水分的需要情况,进行合理灌溉,在生产上有重要的现实意义。

(一)作物的需水规律

灌溉对象的主体是作物,因此了解和掌握作物的需水规律就成为合理灌溉的基础。

1. 不同作物具有不同的需水量

作物一生对水分的需求量因种类不同而有较大差异,$C_3$ 植物一般大于 $C_4$ 植物,例如大豆和水稻的需水量较多,小麦和甘蔗次之,高粱和玉米最少。需水量一般可根据蒸腾系数的大小来估计,即以作物的生物产量乘以蒸腾系数为理论最低需水量。蒸腾系数也称需水量,为蒸腾效率的倒数,是指植物每制造 1 g 干物质所消耗水的克数,用 $g \cdot g^{-1}$ 表示。需水量较少的植物具有较高的水分利用率。例如某作物的生物产量为 15000 kg/hm,其蒸腾系数为500，则每公顷该作物的理论需水量就为7500000 kg/hm。但实际需要的灌溉量要比理论值大得多。另外土壤的保水能力、降雨量及生态需水的多少还应考虑进去。不同作物的蒸腾系数不同（表4-1-4）。

表4-1-4　　　　　　　　　　不同作物的蒸腾系数

| 作物 | 南瓜 | 西瓜 | 豌豆 | 棉花 | 水稻 | 小麦 | 玉米 | 向日葵 |
|---|---|---|---|---|---|---|---|---|
| 蒸腾系数 | 834 | 600 | 788 | 570 | 680 | 540 | 368 | 683 |

2. 同一作物在不同生育期的需水量不同

以水稻为例，一般在幼苗期由于蒸腾面积较小，水分消耗量不大；进入分蘖期后，蒸腾面积扩大，气温逐渐转高，水分消耗量也明显加大；到孕穗开花期耗水量达最大值；到成熟期以后，叶片逐渐衰老脱落，水分消耗又逐渐减少。根据作物不同生育期需水量不同的特点采取不同的灌溉量，其目的在于合理用水和节约用水，并根据这一特点进行控水，调节作物的生长发育进程，提高产量和品质。

3. 作物的水分临界期

作物在不同的发育时期具有不同的生长中心。幼苗期主要是长叶和长根，拔节期主要是长茎，而进入生殖生长期后主要是果实的生长。不同的时期，作物对水分的敏感程度不同。作物一生中对水分缺乏最敏感、最易受害的时期，称为水分临界期。一般而言，作物水分临界期处于花粉母细胞四分体形成期，这个时期缺水，会使生殖器官发育不正常。例如小麦收获的是籽粒，其产量受水分影响最明显的时期有两个，一是孕穗期，二是灌浆期到乳熟期。前者为小麦的幼穗分化期，此期细胞代谢旺盛，细胞液浓度低，抗性弱，如果缺水，则会导致生殖器官发育不良，影响有效穗粒的数目；而后者是营养物质从作物各营养器官集中运往籽粒的时期，此时缺水，除直接减少营养物质的运输，造成灌浆困难外，还会降低叶片的光合速率，减少光合产物的制造，最终导致空瘪粒增加，产量降低。另外，玉米的水分临界期在开花至乳熟期，向日葵的水分临界期在花盘形成至灌浆期，马铃薯的水分临界期在开花至块茎膨大期，棉花的水分临界期在开花结铃期，油菜、花生、大豆、荞麦等的水分临界期则在开花期。在这些时期，应注意土壤水分的保持和灌水，保证作物稳产高产。

（二）合理灌溉的指标

在农业生产中，作物是否需要灌溉，灌溉量的多少可以依气候特点、土壤墒情、作物形态及生理状况等指标加以判断。

1. 土壤指标

一般来说，适宜作物正常生长发育的是0~90 cm根系活动层，其土壤含水量为田间持水量的60%~80%，如果低于此含水量，应及时灌溉。土壤含水量对灌溉有一定的参考价值，但土壤含水量不一定能很好地反映出作物的水分状况，因为在许多时候，即使土壤含水量远远超过萎蔫系数，作物却已感到缺水了。所以最好以作物本身的形态特征、生理指标和土壤含水量综合考虑。

2. 形态指标

作物缺水的形态指标包括幼嫩的茎、叶在中午前后发生萎蔫；生长缓慢；茎、叶的叶绿素浓度相对增大，颜色呈暗绿色；茎、叶颜色有时出现变红等。作物生长期间，出现这些特征应立即灌水。例如棉花在中午时上部叶片萎蔫，至下午4时仍不能恢复正常，或在中午用手折叶柄不易折断,或当上部3～4节茎变红时,就应灌水;花生心叶呈暗绿色也表示应该灌水。由于从缺水到引起作物形态变化有一个滞后期,当作物出现这些缺水症状时,体内代谢已受到干旱的损伤。如棉花嫩茎变红,是由于多糖大量分解,细胞内可溶性糖积累并形成花青素的缘故。形态指标容易观察,但较难准确掌握,需要反复实践。

3. 生理指标

灌溉的生理指标是指能够灵敏地反映植物体内水分状况的某些生理特性,如叶组织的相对含水量、细胞液的浓度、渗透势、水势和气孔开度等都是比较准确实用的灌溉生理指标。植物缺水时,叶片是反映植物体内生理变化最敏感的部位,叶片水势下降,细胞液浓度升高,溶质势下降,气孔开度减少,甚至关闭。在有关生理指标达到极限值前,就应及时进行灌溉。例如棉花花铃期,倒数第四片功能叶的水势值达到$-14\times10^5$ Pa,马铃薯和西红柿的叶片渗透势在$-8\times10^5$ Pa时,就应灌溉。冬小麦功能叶的汁液浓度在拔节到抽穗期以6.5%～8%为宜,9%以上表示缺水,抽穗以后功能叶的汁液浓度以10%～11%为宜,超过12%应灌溉。

叶片是植物体内对水分缺乏最敏感的部位,土壤水分不足时,叶片含水量首先降低,细胞液浓度升高,水势及溶质势下降,气孔开度减小或关闭。叶组织的相对含水量(RWC)通常用叶片的实际含水量占其饱和含水量的百分数来表示。在实际应用中,只需要将具体测定的数值与相关的临界值进行比较,即可确定灌溉的时间和数量。不同作物的几种灌溉生理指标临界值不同(表4-1-5)。

表 4-1-5　　　　　　　　不同作物的几种灌溉生理指标临界值

| 作物生育期 | 叶片渗透势 /MPa | 叶片水势 /MPa | 叶片细胞液浓度 /% | 气孔开度 /μm |
|---|---|---|---|---|
| 冬小麦 | | | | |
| 分蘖—孕穗期 | -1.1～-1.0 | -0.9～-0.8 | 5.5～6.5 | |
| 孕穗—抽穗期 | -1.2～-1.1 | -1.0～-0.9 | 6.5～7.5 | |
| 灌浆期 | -1.5～-1.3 | -1.2～-1.1 | 8.0～9.0 | |
| 成熟期 | -1.6～-1.3 | -1.5～-1.4 | 11.0～12.0 | |
| 春小麦 | | | | |
| 分蘖—拔节期 | -1.1～-1.0 | -0.9～-0.8 | 5.5～6.5 | 6.5 |
| 拔节—抽穗期 | -1.2～-1.0 | -1.0～-0.9 | 6.5～7.5 | 6.5 |
| 灌浆期 | -1.5～-1.3 | -1.2～-1.1 | 8.0～9.0 | 5.5 |
| 棉花 | | | | |
| 花前期 | | -1.2 | | |
| 花期—棉铃形成期 | | -1.4 | | |
| 成熟期 | | -1.6 | | |
| 甜菜 | | | | |
| 苗期 | -0.8～-0.96 | -0.6～-0.7 | | 6.7 |
| 块根膨大期 | -1.1 | -0.8 | | 5 |
| 蔬菜整个生长期 | -0.8 | | 10 | |
| 茶树 | | | | |
| 嫩梢生长期 | | -0.8～-0.9 | | |

(1) 细胞的水势

细胞的水势随蒸腾强度的增大而降低。一天之内细胞的水势值随气温的变化而变化。从黎明到中午,因光强和温度不断增加,使蒸腾强度不断增大,细胞的水势由大到小;中午到傍晚,光照减弱,温度降低,蒸腾强度下降,细胞的水势增高;傍晚到黑夜,细胞的水势达较高水平。如果到傍晚,细胞的水势仍然不能恢复到较高水平,表明植物缺水。

(2) 细胞的渗透势和汁液浓度

在干旱条件下,细胞的渗透势低,汁液浓度高,生长速度慢。不同部位的叶片和不同生育期,细胞的水势、渗透势和汁液浓度有差别。芽和茎尖的渗透势大致不变,约为 $-0.4$ MPa。

(3) 气孔开度

叶细胞的水势过低,会引起气孔的开度减小,甚至关闭,而降低其蒸腾强度,来调节水分平衡。但气孔开度减小或关闭,会影响光合作用的进行,对植物的生长是不利的。不同植物引起气孔开度减小或关闭的水势不同(表 4-1-6)。

表 4-1-6　　　　　不同植物引起气孔开度减小或关闭的水势

| 植物类型 | 气孔开始关闭时的水势范围/MPa | 气孔完全关闭时的水势范围/MPa |
| --- | --- | --- |
| 草本双子叶植物 | $-0.6\sim-1.0$ | $-1.0\sim-3.0$ |
| 禾谷类及饲料作物 | $-0.6\sim-1.0(-2.0)$ | $-2.0\sim-3.0(-5.0)$ |
| 温带冬季落叶树 | $(-0.2)-0.6\sim-1.0(-2.0)$ | $-1.6\sim-2.0(-3.0)$ |
| 常绿针叶树 | $-0.5\sim-1.0$ | $-1.0\sim-2.0$ |

需要指出的是,作物灌溉的生理指标会因作物种类、生育期、测定部位以及地区和时间的不同而有差异,在实际应用中需结合当地具体情况,先做小型试验,校正临界值,以便有效指导灌溉实践。

## 五、技能训练——小液流法测定植物组织的水势

【实训原理】

当植物组织与外界溶液(简称外液)接触时,若组织水势小于外液水势,水分进入植物组织,外液浓度增高;相反,组织水分进入外液,外液浓度降低;若二者水势相等,组织不吸水也不失水,外液浓度不变。溶液浓度不同,比重亦不同。取浸过样品的蔗糖溶液一小滴(为便于观察加入少许亚甲蓝),放入未浸植物组织的原浓度溶液中,观察有色液滴的沉浮。若液滴上浮,表示浸过样品后的溶液浓度变小;若液滴下沉,表示浸过样品后的溶液浓度变大;若液滴不动,表示浓度未变,该浓度溶液即等渗溶液,其渗透势等于该植物组织的水势。实际测定时,若找不到有色液滴完全静止不动的等渗溶液,可将接近组织水势的相邻的两个溶液的浓度进行平均,作为等渗浓度。

【材料、仪器及试剂】

1. 材料

植物叶片。

2. 仪器

7 支附有软木塞的大试管(15 mm×180 mm);7 支小试管,要求附有中间插橡皮头弯嘴毛细管的软木塞;特制试管架1个;面积 0.5 cm² 的打孔器1个;镊子1把;解剖针1支;5 mL 移液管8支;0.5 mL 毛细移液管8支;特制木箱1个(可将上述用具装箱带到田间应用)。

3. 试剂

(1)1 mol/L 蔗糖溶液;

(2)亚甲蓝粉末,装于青霉素小瓶中。

【方法及步骤】

1. 配制系列浓度蔗糖溶液

取7支洁净干燥的大试管(15 mm×180 mm),编号后,分别加入 1 mol/L 的蔗糖溶液 1 mL、2 mL、3 mL、4 mL、5 mL、6 mL、7 mL,再分别加入 9 mL、8 mL、7 mL、6 mL、5 mL、4 mL、3 mL 蒸馏水,使最终浓度分别为 0.1 mol/L、0.2 mol/L、0.3 mol/L、0.4 mol/L、0.5 mol/L、0.6 mol/L、0.7 mol/L。

2. 取样和组织浸泡

取7支洁净干燥的小试管,编号。剪取欲测叶片,迅速放入取样箱,用打孔器打成圆片,混匀,分别装入小试管底部,每管装10片左右,但各管中的数量要相同。向各管分别加入不同浓度的蔗糖溶液 1 mL,加盖,摇匀,放少许亚甲蓝,静置 15～20 min。

3. 浸泡液浓度变化检测

用洁净干燥的 0.5 mL 毛细移液管,吸挤小试管底部的蓝色溶液,使其充分混合均匀,并吸取蓝色溶液少许,小心地插入装有相同浓度蔗糖溶液的大试管中部,轻轻地挤出一小滴,慢慢转动毛细移液管头部,抽出毛细移液管,观察蓝色液滴的运动方向。记录蓝色液滴不动的试管号或蓝色液滴上浮、下沉的两个相邻试管号。后两管蔗糖浓度的平均值,即等渗浓度。

4. 结果与计算

分别测定不同浓度中有色液滴的升降,找出与组织水势相当的浓度,根据公式计算出组织的水势。

$$\Psi_w = \Psi_s = -icRT$$

式中 $\Psi_w$, $\Psi_s$——植物组织的水势和蔗糖溶液的渗透势,MPa;

$R$——气体常数,0.08314 m³·MPa/(mol·K);

$T$——热力学温度,K,即 273 ℃ + $t$ ($t$ 为实验时温度);

$i$——溶质的解离系数(蔗糖的解离系数等于1);

$c$——与组织水势相等的蔗糖浓度,或液滴上浮、下沉的两个相邻蔗糖浓度的平均值,mol/L。

$$\Psi_w = -c \times 0.08314 \times (273+t)$$
$$c = (c_1 + c_2)/2$$

比较不同植物组织的水势,把结果列于表 4-1-7。

表 4-1-7　　　　　　　　　　测定植物组织的水势记录

| 植物材料 | | 蓝色液滴上浮、下沉情况记录 |
|---|---|---|
| 不同浓度下蓝色液滴上浮、下沉情形 /(mol·L$^{-1}$) | 0.1 | |
| | 0.2 | |
| | 0.3 | |
| | 0.4 | |
| | 0.5 | |
| | 0.6 | |
| | 0.7 | |
| 等渗浓度/(mol·L$^{-1}$) | | |
| 植物组织的水势 $\Psi_w$/MPa | | |

【注意事项】

1. 所取材料在植株上的部位要一致,打取叶圆片要避开主脉和伤口。
2. 取材以及打取叶圆片的过程操作要迅速,以免失水。
3. 用毛细移液管挤出液滴及向外抽出毛细移液管时,用力一定要小,要慢。

【实训报告】

1. 溶液和植物组织水势的高低由哪些因素决定?
2. 该实验测得的植物组织水势与实际值是否完全相同?为什么?
3. 测定植物组织水势有何实践意义?

## 考核内容

【知识考核】

一、名词解释

水势;压力势;溶质势;渗透作用;吸胀作用;伤流;吐水;根压;蒸腾作用;水分临界期。

二、问答题

1. 禾谷类作物的水分临界期在什么时期?为什么?
2. 为什么在炎热的中午不宜给大田水稻灌冷水?
3. 在什么样的环境条件下容易看到水稻、大豆叶子吐水的现象?
4. 水稻在纯水中培养一段时间后,如果向培养水稻的水中加入蔗糖,则植物会出现暂时萎蔫,这是什么原因?
5. 生产实践告诉我们,干旱时不宜给作物施肥。请从理论上分析其原因。
6. 化肥施用过多为什么会产生"烧苗"现象?
7. 为什么在植物移栽时,要剪掉一部分叶子,根部还要带土?
8. 土壤通气不良造成根系吸水困难的原因是什么?
9. 简述蒸腾作用的生理意义。
10. 蒸腾作用的强弱与哪些环境因素有关?为什么?

## 植物与植物生理

【专业能力考核】

一、请利用作物缺水的形态指标来判断大田中哪些作物需要进行灌溉。

二、以工作小组形式,设计并测定水稻(或小麦等)叶面喷施磷酸二氢钾的最佳溶液浓度。

【职业能力考核】

**考核评价表**

| 子情境 4-1:测定植物水势 |||||||
|---|---|---|---|---|---|---|
| 姓名: |||| 班级: |||
| 序号 | 评价内容 | 评价标准 || 分数 | 得分 | 备注 |
| 1 | 专业能力 | 资料准备充足,获取信息能力强 || 10 | 80 | |
| | | 概述、测定水势方法正确,仪器操作规范 || 50 | | |
| | | 按要求完成技能训练,训练报告分析全面、到位 || 20 | | |
| 2 | 方法能力 | 获取信息能力、组织实施、问题分析与解决、解决方式与技巧、科学合理的评估等综合表现 || 10 | | |
| 3 | 社会能力 | 工作态度、工作热情、团队协作互助的精神、责任心等综合表现 || 5 | | |
| 4 | 个人能力 | 自我学习能力、创新能力、自我表现能力、灵活性等综合表现 || 5 | | |
| 合计 ||||  100 | | |

教师签字:　　　　　　　　　　　　　　　　　　　　　　年　　月　　日

# 子情境 4-2　测定植物矿质营养

| 学习目标 |
|---|
| 1. 掌握植物缺素病症 |
| 2. 掌握合理施肥的措施 |
| **职业能力** |
| 能识别植物缺素病症并进行防治 |
| **学习任务** |
| 1. 认识植物体内必需的矿质元素及功能 |
| 2. 识别植物缺素病症 |
| 3. 认识植物吸收矿质元素的特点 |
| 4. 认识影响根系吸收矿质元素的因素 |
| 5. 认识作物需肥规律 |
| 6. 掌握作物合理追肥措施 |
| **建议教学方法** |
| 思维导图教学法、项目教学法 |

植物需要各种矿质元素以维持正常的生理活动，它们有的作为植物体组成成分，有的调节植物生理功能，有的兼有这两种功能。植物对矿质元素的吸收、转运和同化，通称为矿质营养(mineral nutrition)。

矿质元素通常以离子状态存在于土壤溶液中，由根系吸收进入植物体内，运输到需要的部位加以同化，以满足植物的需要。当土壤中的矿质元素含量不适合植物生长发育所需要的量时，植物在生理、形态特征上往往发生很大的变化。尤其是矿质元素不足时，会引起作物产生一系列的缺素症状。因此，施肥成为农业提高作物产量和改进品质的主要措施之一。

## 一、植物必需矿质元素概述

植物体中含有许多化合物，也含有各种离子。无论是化合物还是离子，都是由不同的元素所组成的。植物体中含有什么元素？哪些元素是生命活动过程所必需的？它们有什么生理功能？

（一）植物必需矿质元素的基本知识

自然界大约存在 118 种元素，现已发现 70 种以上的元素存在于不同的植物中，但不是每种元素都是必需的。构成生命物质的元素大概有 25 种，那么植物必需的矿质元素有哪些呢？根据 Epstein E.(1972)的标准，大约有碳(C)、氢(H)、氧(O)、氮(N)、磷(P)、钾(K)、钙(Ca)、镁(Mg)、硫(S)、铁(Fe)、锰(Mn)、硼(B)、锌(Zn)、铜(Cu)、钼(Mo)、氯(Cl)、镍(Ni)等17种元素属于植物的基本元素。基本元素包括大量元素(macroelement)和微量元素(microelement)。大量元素有碳、氢、氧、氮、磷、钾、钙、镁、硫9种，一般用来构成植物体，每克植物干重中约占 1 mg 以上；微量元素有铁、锰、硼、锌、铜、钼、氯、镍8种，主要与催化和调节功能有关，每克植物干重中约占 100 μg 以下。

把植物烘干，充分燃烧。燃烧时，有机体中的碳、氢、氧、氮等元素以二氧化碳、水、分子态氮和氮的氧化物形式散失到空气中，余下一些不能挥发的残烬称为灰分。矿质元素(mineral element)以氧化物形式存在于灰分中，所以也称为灰分元素(ash element)。氮在燃烧过程中散失而不存在于灰分中，所以氮不是矿质元素。但氮和灰分元素一样，都是植物从土壤中吸收的，且氮通常是以硝酸盐($NO_3^-$)和铵盐($NH_4^+$)的形式被吸收的，所以将氮归并于矿质元素一起讨论。一般来说，植物体中含有5%～90%的干物质，10%～95%的水分，而有机化合物超过90%，无机化合物不足10%。

1. 植物必需矿质元素的衡量标准

国际植物营养学会对衡量一种矿质元素是否为植物所必需提出了三个标准，即不可缺少性、不可替代性、直接功能性。只有具备这三个条件，才认为是植物必需的。

(1)不可缺少性指如果缺乏该元素，植物生长发育将发生障碍，无法完成生活史。

(2)不可替代性指当除去该元素时，则表现出专一的缺乏症，而且这种缺乏症是可以预防和恢复的。

(3)直接功能性指该元素在植物营养生理上应表现直接效果，绝不是因土壤或培养基的物理、化学、微生物条件的改变而产生的间接效果。

2. 植物必需矿质元素的确定方法

要确定植物体内各种元素是否为植物所必需，只根据灰分分析得到的数据是不够的。因为有些元素在植物生活上不太需要，但体内大量积累；相反，有些元素在植物体内含量较少，却是植物必需的。采用土壤栽培植物的方法来研究这个问题也有困难，因为土壤特性复杂，它所含的矿质元素无法控制。这个技术上的困难在溶液培养法出现后才得到解决。

水培法(water culture method)是在含有全部或部分营养元素的溶液中栽培植物的方法(图 4-2-1)。砂培法(sand culture method)是用洗净的石英砂或玻璃球等，加入含有全部或部分营养元素的溶液来栽培植物的方法。研究植物必需的矿质元素时，可在人工配成的混合营养液中除去某种元素，观察植物的生长发育和生理性状的变化。如植物发育正常，就表示这种元素是植物不需要的；如植物发育不正常，但当补充该元素后又恢复正常状态，则可断定该种矿质元素是植物必需的。

图 4-2-1 水培法

利用水培法培养植物时,所用的营养元素溶液配方很多,经修改的荷格伦特溶液(Hoagland Solution)(表4-2-1)是较理想的一种。

表4-2-1　　　　　　　　　　经修改的荷格伦特溶液配方

| 化合物 | 相对分子质量 | 储存液浓度/(mmol·L$^{-1}$) | 储存液的质量浓度/(g·L$^{-1}$) | 每升溶液中储存液的体积/mL | 元素 | 元素的最后浓度/(μmol·L$^{-1}$) | 元素的最后质量浓度/(mg·L$^{-1}$) |
|---|---|---|---|---|---|---|---|
| 大量元素 ||||||||
| KNO$_3$ | 101.10 | 1000 | 101.10 | 6.0 | N | 16000 | 224 |
|  |  |  |  |  | K | 6000 | 235 |
| Ca(NO$_3$)$_2$·4H$_2$O | 236.16 | 1000 | 236.16 | 4.0 | Ca | 4000 | 160 |
| NH$_4$H$_2$PO$_4$ | 115.08 | 1000 | 115.08 | 2.0 | P | 2000 | 62 |
| MgSO$_4$·7H$_2$O | 246.48 | 1000 | 246.48 | 1.0 | Mg | 1000 | 24 |
|  |  |  |  |  | S | 1000 | 32 |
| 微量元素 ||||||||
| KCl | 74.55 | 25 | 1.864 | 2.0 | Cl | 50 | 1.77 |
| H$_3$BO$_3$ | 61.83 | 12.5 | 0.773 | 2.0 | B | 25 | 0.27 |
| MnSO$_4$·7H$_2$O | 169.01 | 1.0 | 0.169 | 2.0 | Mn | 2.0 | 0.11 |
| ZnSO$_4$·7H$_2$O | 287.54 | 1.0 | 0.288 | 2.0 | Zn | 2.0 | 0.13 |
| CuSO$_4$·5H$_2$O | 249.68 | 0.25 | 0.062 | 2.0 | Cu | 0.5 | 0.03 |
| H$_2$MoO$_4$(85%MoO$_3$) | 161.97 | 0.25 | 0.040 | 2.0 | Mo | 0.5 | 0.05 |
| NaFeDTPA(10%Fe) | 558.50 | 53.7 | 30.0 | 0.3~1.0 | Fe | 16.1~53.7 | 1.00~3.00 |
| 可选择的 ||||||||
| NiSO$_4$·6H$_2$O | 262.86 | 0.25 | 0.066 | 2.0 | Ni | 0.5 | 0.03 |
| Na$_2$SiO$_3$·9H$_2$O | 284.20 | 1000 | 284.20 | 1.0 | Si | 1000 | 24 |

注:1. 微量元素分别是从母液中加入,以免配制营养液时出现沉淀。除Fe外,各种微量元素可混合配成母液。

2. 各种化合物中常混杂有Ni,可以不另加。加Si时一定要先加,用HCl调节pH,以免其他营养元素沉淀。

不同植物对某些元素的最低需要量不同,同一植物不同生育期吸收养分数量也不一样。因此,使用时要根据试验目的,选择合适的培养液。关于水培法和砂培法的具体技术,可参考相关的专著或试验指导。

**3. 植物必需的矿质元素**

由于水培法和砂培法对每一种矿质元素都能控制自如,所以能准确地确定植物必需的矿质元素种类,为化学肥料的应用奠定理论基础。这种培养技术不仅适用于实验室研究,而且逐渐广泛应用于农业生产。

借助水培法和砂培法,已经证明氮、磷、钾、钙、镁、硫、硅、铁、锰、硼、锌、铜、钼、氯、钠、镍 16 种元素为大多数高等植物所必需的,其中氮、磷、钾、钙、镁、硫、硅 7 种矿质元素植物需要量相对较大;铁、锰、硼、锌、铜、钼、氯、钠、镍 9 种元素植物需要量极微,稍多即发生毒害。

### (二)植物必需矿质元素的生理功能

必需的矿质元素在植物体内的生理功能有三个方面:一是细胞结构物质的组成成分;二是植物生命活动的调节者,参与酶的活动;三是起电化学作用,即离子浓度的平衡、胶体的稳定和电荷中和等。植物需求量大的矿质元素同时具备上述三个作用,而需求量很少的矿质元素通常只具有酶促功能。植物必需的矿质元素对植物的生长发育,对作物的产量及品质有重要的影响,因此,了解矿质元素的功能对于我国农业高产、优质、高效、无污染的可持续发展至关重要。

**1. 植物必需的大量元素**

(1)氮

氮是构成蛋白质的主要成分,占蛋白质含量的 16%~18%,而细胞质、细胞核和酶都含有蛋白质,所以氮也是细胞质、细胞核和酶的组成成分。此外,核酸、核苷酸、辅酶、磷脂、叶绿素等化合物中都含有氮,而某些植物激素、维生素和生物碱等也含有氮。由此可见,氮在植物生命活动中占首要的地位,故又称为生命元素。在农业生产中,氮素直接影响作物产量和品质。氮素充足,养分比例协调时,作物经济产量高、品质纯正、经济效益大;氮素不足,则作物生长发育受到抑制,尤其对水稻、玉米、棉花等生长期长、产量高、需氮多的作物,对叶菜和果树影响更大;若氮素过多,养分比例失调,往往会引起作物中、后期徒长,抗逆性减弱,产量和品质降低。

①氮对植物根系的影响。水稻秧苗发根与氮素供应水平有直接关系。研究证明,茎秆基部含氮量大于 1% 时,秧苗不断长出新根;小于 1% 时,则新根停止形成;小于 0.75% 时,老根也停止生长。因此,在水稻生产过程中,施用氮肥,对于促进根系发育和伸长是必要的。小麦适量追施氮肥,能明显地增加麦苗次生根的条数、根的干重和根系的活力。氮素促进块茎和块根的生长,是因为它能影响二氧化碳的同化速率和碳水化合物的运输。试验证明,当培养液中的硝酸盐浓度由 1.5 mol/L 提高到 3.5 mol/L 时,块茎每天的生长量可由 3.24 cm² 提高到 4.06 cm²。

②氮对植物营养生长的影响。氮素供应多少直接影响禾谷类作物营养体的生长发育。氮素供应充足,群体结构合理,可保证有较大的叶面积进行光合作用,延长叶片功能期,从而提高光合效率,增加干物质积累。

③氮对植物激素的影响。植物激素的合成与氮的供应密切相关。细胞分裂素是一种含氮的杂环化合物,当氮素充足时,能促进根部细胞分裂素的合成,保持根的生理活性,增强细胞分裂素向地上部的供应,防止早衰,并有助于籽粒灌浆期的延长。玉米素是水稻体内的主要细胞分裂素,在水稻的一生中,叶片内的玉米素含量以分蘖期为最高,以后逐渐降低。若在抽穗前 15 天增施氮肥,就可以使水稻叶片内的玉米素含量大大提高,从而延缓叶绿体中蛋白质的降解速率,提高光合强度。

④氮对产量的影响。禾谷类作物的产量主要取决于穗数、穗粒数和千粒重三个因素。

单位面积的穗数由种植密度和氮肥用量决定,作物在营养生长期,充足的氮素供应对保障穗数有重要影响。研究结果显示,小麦在营养生长前期施用氮肥,可提早小穗分化期,并能提高分化强度,从而每穗小穗数增多,穗长、穗粒数均比不施氮肥高。抽穗后,若叶片中能保持一定的氮素水平,可延长光合作用的时间,有利于后期光合产物向籽粒中运输与积累,使籽粒重增加。

棉花进入现蕾期,标志着生殖生长阶段的开始,这一时期要求营养器官既有适度的发展,又有较多的光合产物积累,以利于现蕾、开花、结铃。棉花若缺氮素,则果枝少,蕾少且易脱落。

⑤氮对农产品品质的影响。农产品的品质既取决于品种特性,又决定于氮素的供应水平和方式。

小麦施用适量的氮肥不但能增产,而且能使籽粒中蛋白质、面筋的含量和沉淀均有明显提高(表 4-2-2),从而改善了面包的烘烤品质。为了提高大豆的籽粒中蛋白质含量,在增施磷、钾肥基础上,开花前期可施用少量的氮肥,这样既增产又利于改善品质。

表 4-2-2　　　　　　　　　氮肥对小麦籽粒品质的影响

| 施氮量/(kg·hm$^{-2}$) | 蛋白质/% | 干面筋/% | 沉淀值 | 产量/(kg·hm$^{-2}$) |
|---|---|---|---|---|
| 0 | 10.9 | 8.78 | 34.7 | 2505 |
| 240 | 14.0 | 13.5 | 55.7 | 5085 |

氮素能改善纤维的长度和细度,但是过量的氮素供应水平反而会导致纤维细度尤其是衣分率下降,氮素供应水平太高,可能促进棉株中的碳水化合物向营养器官中转运,影响早期棉铃的发育,从而降低纤维品质(表 4-2-3)。

表 4-2-3　　　　　　　　　氮肥对棉花品质的影响

| 施氮量/(kg·hm$^{-2}$) | 纤维长度/mm | 纤维细度 | 衣分率/% |
|---|---|---|---|
| 0 | 29.4 | 4.26 | 40.2 |
| 67 | 29.9 | 4.28 | 38.6 |
| 134 | 29.9 | 4.18 | 38.0 |
| 268 | 29.8 | 4.10 | 37.9 |

氮素对植物油脂的合成有重要的影响。在低氮水平下,种子产量和油脂含量均不高;在高氮水平下,粒重增加,种子与油脂的产量都增加。

氮素供给水平影响果蔬品质。氮素供应不足时,大白菜的叶球小而不紧实;莴苣肉质茎细长;黄瓜的瓜条弯曲,瘦小,品质低劣。适量施用氮肥,能在不同程度上改善它们的品质。但是氮素供应水平过高,又会导致叶菜类作物非蛋白质氮含量的提高,从而使硝酸盐积累,危害健康。过量施用氮肥,能使块茎、块根中淀粉积累降低,造成产量和品质的下降。此外,氮肥供应过多,与磷、钾比例失调,会导致果品品质降低,尤其表现在耐储藏性差。

(2)磷

通常磷呈正磷酸盐($H_2PO_4^-$)形式被植物吸收。当磷进入植物体后,大部分成为有机物,有一部分仍保持离子状态。磷存在于磷脂、核酸和核蛋白中,磷脂是细胞质和生物膜的主要成分,核酸和核蛋白是细胞质和细胞核的组成成分,所以磷是细胞质和细胞核的组成成分。磷也是核苷酸的组成成分,核苷酸的衍生物(如 ATP、FMN、NAD$^+$、NADP$^+$ 和 CoA 等)在新陈代谢中占有极其重要的地位。磷在糖类代谢、蛋白质代谢和脂肪代谢中起着重要的作用。

施磷能促进各种代谢正常进行,植株生长发育良好,同时提高作物的抗寒性及抗旱性,提早成熟。由于磷与糖类、蛋白质和脂肪的代谢都有关系,在农业生产中,磷肥的丰缺与作物的产量和品质关系密切。

①磷对植物根系的影响。磷能促进根尖生长点细胞的分裂与增殖。植物在苗期磷供应充足,次生根条数增加。小麦在越冬前施磷肥,越冬之后次生根条数比不施磷肥增加一倍,因此,在小麦的生长期磷供应水平高,能促进根系发育,夺取高产。

磷对植物根系的影响,主要表现在单位根重有效面积的差异上,而不表现在根重的变化上。高磷和低磷状态下的植物根长、根表面积/根重不一样,如小麦根分别为 59.2 m/盆和 58.3 m/盆、8.34 dm$^2$/g 和 11.7 dm$^2$/g;油菜根分别为 38.8 m/盆和 35.1 m/盆、4.65 dm$^2$/g 和 4.93 dm$^2$/g。在低磷的情况下,根的半径减少,单位根重的表面积增加,从而提高根系对磷的吸收。这是植物对磷的一种适应调节,通过根的形态变化,增加根的表面积,调节对磷的吸收,以增强对低磷环境的适应。

磷对储藏根生长有明显的促进功能,而对非储藏根影响小。施磷肥对饲用甜菜叶片的产量影响不大,但块根产量(20.4 t/hm$^2$)明显高于对照(16.3 t/hm$^2$);而施磷肥对大麦则相反,对根系干物质质量影响小,地上部分干物质质量则增加很多。

②磷对植物营养生长的影响。磷是核酸、磷脂、植素和磷酸腺苷的组成元素,这些有机磷化合物对植物生长和代谢起重要作用。正常磷供应有利于核酸与核蛋白的形成,加速细胞的分裂与增殖,促进营养体的生长;磷在植物体内能再利用,参与代谢和新组织的形成。小麦是对磷供应水平敏感的作物,在生长前期吸收磷的强度和数量比较大,籽粒中的磷主要来自抽穗前积累在叶片中的磷,抽穗后所吸收的磷主要积累在根部。前期若供应磷不足,会影响干物质的积累,导致株形瘦小,影响产量。磷与水稻体内糖、氮和脂肪代谢密切相关,土壤供应磷水平低,则影响植株体内代谢过程,尤其影响光合作用的正常进行。试验证明,磷肥能促进水稻对 $CO_2$ 的同化和蛋白质的合成。

③磷对植物激素的影响。生长环境磷含量多少直接影响植物体内激素的含量和动态行为。缺磷则影响根中植物激素的向上输送,从而抑制花芽的形成。研究表明,番茄细胞分裂素的产生与磷的供应有关,缺磷使番茄茎基部伤流液中的细胞分裂素比对照降低 30%,从而使第一花序中的花数量明显减少。不施磷的第一花序仅有 3 朵花,施磷的增至 7 朵花。

④磷对产量的影响。磷是植物体内代谢的重要调节者,参与体内碳水化合物、蛋白质和脂肪的代谢,所以,磷肥多少对作物产量影响重大。小麦的产量由有效穗数、穗粒数和千粒重决定。小麦生长前期磷供应不足会影响分蘖,增施磷肥,通常能提高有效穗数 30%~50%;此外,前期施磷肥,对穗数和千粒重均有促进作用(表 4-2-4)。

表 4-2-4　　　　　　　　　　　磷对小麦产量构成的影响

| 处理 | 穗数/(万·hm$^{-2}$) | 每穗粒数 | 穗粒重/g | 千粒重/g | 产量/(kg·hm$^{-2}$) |
|---|---|---|---|---|---|
| N | 496.5 | 28.9 | 0.89 | 30.95 | 4545 |
| N+P | 607.5 | 30.9 | 0.95 | 30.74 | 5730 |

⑤磷对农产品品质的影响。在作物高产、优质、高效栽培中,磷对养分协调供应有不可取代的功能,磷氮配施比单施氮有明显改善品质的效果。

决定禾谷类作物产品品质的重要指标是籽粒中蛋白质含量和氨基酸组成。试验表明,氮磷配合施肥比单施氮肥蛋白质提高了130.1%,维生素$B_1$含量明显改善。对于油料作物油菜来说,施用磷肥,可降低冬油菜籽的芥酸含量,略提高油酸和亚油酸的含量,从而改善了菜籽油的品质。增施磷肥,能提高棉花单株的结实率,还能增加棉纤维长度,从而改善了纤维品质。磷能促进植物体内碳水化合物向果实和储藏器官运输,氮磷配合施肥比单施氮肥蔗糖含量提高3.36%、锤度(制糖原料的品质指标之一)提高1.3%;氮磷配合施肥或施有机肥能提高西瓜含糖量1%~2%,使西瓜适口性更好。

(3) 钾

土壤中有KCl、$K_2SO_4$等盐类存在,这些盐在水中解离出钾离子,进入根部。钾在植物体中几乎都呈离子状态,部分在原生质中处于吸附状态。与氮、磷相反,钾不参与重要有机物的组成。钾主要集中在植物生命活动最活跃的部位,如生长点、幼叶、形成层等。

钾是肥料"三要素"之一,植物体内钾含量一般占干物质重的0.2%~4.1%,仅次于氮。钾在植物生长过程中,参与60余种酶系统的活化、光合作用、同化产物的运输、碳水化合物的代谢和蛋白质的合成等过程。此外,钾在增强作物抗逆性方面有重要作用。

①钾对植物根系的影响。钾对作物根系生长发育作用明显。钾供应不足,小麦次生根的条数和长度显著减少,玉米须根的形成受到抑制,水稻根系中白根减少,黑根增多,根系活力下降。钾充足,能促进水稻中核糖核酸的合成,加速稻根中乙醇酸循环,产生更多的过氧化氢。钾能提高过氧化氢酶的活性,增强稻根供氧,在其周围形成氧化圈,抑制还原性物质的形成。此外,钾能减少稻根的分泌物,使微生物的活动降低,土壤中的氧消耗减少,土壤通气性好,利于作物生长。

②钾对作物产量的影响。钾供应充足,利于作物不同发育阶段各种器官的生长,提高叶片光合强度以及同化产物的运输速率,使更多的同化产物输入结实器官,从而提高作物的产量。小麦籽粒干物质的89%来自旗叶的光合产物,在缺钾的红沙土上增施钾肥,可使小麦千粒重平均增加1.6 g,每穗粒数平均增多4.3粒,增产612 kg/hm$^2$;在棉花的生产中施用钾肥,能明显改善棉花的生长状况,增加结铃数、单铃重并改善纤维的品质;增施钾肥,能显著提高茶叶的产量,增产幅度可达10%~13%。

③钾对农产品品质的影响。钾能诱导硝酸还原酶与谷氨酰胺合成酶的产生,同时,又是多种参与氨基酸和多肽转化的酶类活化剂,故钾利于氮代谢,促进蛋白质的合成。若在缺钾的土壤上增施钾肥,能提高多种作物产品的蛋白质含量。田间试验表明,在早稻和晚稻增施30~180 kg/hm$^2$的$K_2O$,蛋白质的含量增加12%~20%。同样,大豆、小麦籽粒中的蛋白质含量也有明显提高。

钾能促进光合作用及同化产物向储藏器官中运输,提高块茎块根的产量和品质。在马铃薯的生产中,提高钾供应水平,可使块茎中的淀粉含量增加 13% 左右;在氮磷肥的基础上施钾肥,新植甘蔗的糖分提高 0.35%~1.55%。

钾能改善柑橘糖酸比例,增加西瓜甜度。钾能促进水果的着色,使其颜色更鲜艳,这在苹果生产中十分重要。施钾肥能提高油料作物种子的含油量,能降低烟叶中 α-氨基酸和蛋白质浓度,减少烟叶中颗粒性物质、尼古丁、氰化氢的含量,提高烤烟的易燃性和燃烧性。

钾能减少农产品在运输和储藏期的碰伤和自然腐烂,在产品保鲜上起一定的作用。对番茄试验表明,不施钾肥在室内存放 28 d 后均已腐烂,而施钾肥的烂果率只有 44%,直至 42 d 才全部腐烂。钾对荔枝的保鲜也影响显著。

④钾对植物抗逆性的影响。钾能增强植物抗高温、抗倒伏能力,但是钾对逆境的抵抗作用最主要体现在抗病和抗旱两方面。

钾能降低由真菌、细菌、病毒、虫和螨等引起的病害。钾通过影响寄主的某些代谢功能,改变寄主和寄生菌间的亲和关系来实现作物抗病的机理,主要表现在以下 5 方面:第一,钾充足能加速蛋白质合成,减少植物体内无机态氮,使病原菌缺乏氮素营养;第二,钾能促进植物体内可溶性糖转化为多醇,使可溶性糖降低,增强植物抗病力;第三,钾有利于积累具有杀菌作用的酚类物质;第四,钾能调节养分平衡;第五,钾能促进体内糖类合成,增强植物表皮厚度,促进细胞木质化,从而提高抗病和抗虫能力。

钾供应充足,植物根系发育好,活力强,能有效利用深层土壤水分,在干旱条件下,作物的抗旱能力显著提高。从生理生化角度分析,钾具有抗旱的机能,其主要原因在以下方面:第一,钾与其他碱金属元素使细胞质的水合作用加强,细胞质的含水量得到提高;第二,钾离子可提高细胞液的渗透压,克服干旱条件下土壤溶液渗透压升高的影响;第三,钾离子对气孔运动起决定性作用,它能改变保卫细胞的渗透压,从而调节植物器官表面水分的消耗。

(4) 钙

植物从氯化钙等盐类中吸收钙离子,钙以 $Ca^{2+}$ 形式进入植物细胞。植物体内的钙有的呈离子状态,有的呈盐形式,还有与有机物结合的。钙主要存在于叶子或老的器官和组织中。它是一个比较不易移动的元素。

钙对胞间层的形成和稳定意义重大,它以果胶钙的形式黏结两个相邻细胞,使细胞与细胞联结起来形成组织,并使器官与整个植株具有一定的机械强度。钙影响细胞板和纺锤丝的形成,若体内不足,则可导致细胞不能正常分裂。

钙影响生物膜的稳定性和流动性,对膜电位、膜透性、离子转运以及原生质黏滞性、胶体分散度都有一定的影响。钙能中和植物体内代谢过程中产生的过多且有毒的有机酸,如结合草酸形成草酸钙,消除毒性,同时也起到调节细胞内 pH 的作用。

钙是一类重要的酶类激活剂,钙对某些酶具有活化的专一性。钙有加强有机物质运输的功能,钙不足时,光合器官中的糖分积累,不能及时输出。胞质溶胶中的钙与可溶性的蛋白质形成钙调素(calmodulin,简称 CaM),CaM 和 $Ca^{2+}$ 结合,形成有活性的 $Ca^{2+}$ · CaM 复合体,在代谢调节中起"第二信使"的作用。

钙对果实采后呼吸、乙烯释放、软化以及生理病害方面有显著的抑制作用,它能改变蛋白质和叶绿体含量,能提高果实品质等。钙通常被认为是植物细胞衰老和果实后熟作用的延缓保护剂,所以在果蔬采后储藏保鲜上实用意义重大。采前钙处理,有时配合植物激素使用,采后喷钙对果蔬保鲜和储运效果良好。

(5) 镁

镁主要存在于幼嫩器官和组织中,植物成熟时则集中于种子。镁是叶绿素的组成成分之一,参与光合作用,对植物生长具有促进作用。镁能提高作物产量,改善作物产品品质,如提高油料作物种子含油率,促进维生素 A 和维生素 C 的形成。

镁是多种酶的活化剂,这些酶关系到糖类、脂肪和蛋白质的物质代谢以及能量转化的许多重要过程。如镁是丙酮酸激酶、腺苷激酶等的组成元素,参与糖酵解和三羧酸循环过程的磷酸己糖激酶等许多酶都是以镁离子作为活化剂,镁胁迫导致上述过程受阻。在氮素同化过程中,谷氨酰胺合成酶的激活也需要镁。蛋白质生物合成中,镁的作用是促进核糖体亚单位的结合,镁不足将影响核糖体的正常结构,从而使蛋白质的合成能力降低。一旦植物细胞内可溶性的氮化物积累,则易引起病害,诸如水稻的稻瘟病和胡麻叶斑病等。

(6) 硫

植物从土壤中吸收硫酸根离子。$SO_4^{2-}$ 进入植物体后,一部分保持不变,大部分被还原成硫,进一步同化为含硫氨基酸,如胱氨酸、半胱氨酸和蛋氨酸等。而这些氨基酸几乎是所有蛋白质的构成分子,所以硫也是细胞质组成成分。半胱氨酸-胱氨酸系统的变化直接影响到细胞的氧化还原电位。硫也是 CoA 的成分之一,氨基酸、脂肪、糖类等的合成,都和 CoA 有密切关系。

硫参与蛋白质以及特殊化合物如芥子油、蒜油等的合成。十字花科、豆科、百合科的作物需求的硫特别多,硫能改善这些作物品质、提高产量。铁蛋白、铁氧蛋白中含有硫,它们在生物固氮体系中起重要作用,固氮植物体内硫素水平高,能大大增强固氮能力,提高固氮量。硫在一定程度上能提高植物的抗旱和耐寒能力。此外,硫对油料作物含油量的提高也具有作用。

(7) 硅

硅是以原硅酸($H_4SiO_4$)形式被植物体吸收和运输的。硅主要以非结晶水化合物形式($SiO_2 \cdot nH_2O$)沉积在内质网、细胞壁和细胞间隙中,它也可以与多酚类物质形成复合物成为细胞壁加厚的物质,以增加细胞壁的刚性和弹性。在缺硅的土壤上施用适量的硅肥,可促进水稻根系生长,提高叶片尤其是下部叶片同化 $CO_2$ 的能力,使水稻增产量达 5.3%~13.4%。硅能减轻水稻和大豆体内中 $Fe^{2+}$、$Mn^{2+}$ 以及一些重金属的毒害。硅能改善作物磷营养,提高作物产量。硅能促进细胞硅化,使茎秆变硬,从而增强植物的抗倒伏能力。作物吸收大量硅后,使茎、叶表皮层细胞壁加厚,角质层增加,从而提高抗病防虫的能力,尤其是对稻瘟病、叶斑病、茎腐病、小粘菌核病、白叶枯病、螟虫、小麦白粉病、锈病、麦蝇、棉铃虫等作用显著。此外,硅能促进黄瓜的生长,提高花粉粒的生育能力,使结瓜数量增多,提高其产量。

### 2. 植物必需的微量元素

**(1) 铁**

植物从土壤中主要吸收氧化态的铁。通常 $Fe^{3+}$ 先吸附在质膜的表面，经 NAD(P)H 还原后转变为 $Fe^{2+}$，$Fe^{2+}$ 再进入细胞内。铁进入植物体内处于被固定状态，不易转移。铁是许多重要氧化还原酶的组成成分。铁在呼吸、光合和氮代谢等方面的氧化还原过程 ($Fe^{3+} \underset{-e}{\overset{+e}{\rightleftharpoons}} Fe^{2+}$) 都起着重要的作用。铁影响叶绿体构造形成，而叶绿体构造形成是叶绿素合成的先决条件。许多干旱和半干旱地区的石灰性土壤上生长的植物易发生缺铁失绿的症状，使其生长发育和产量受到影响，严重时可导致植物死亡。我国北方的石灰性土壤上的果树和林木经常会出现缺铁失绿的现象。

$Fe^{2+}$ 过量能导致植物中毒。在 pH 较低，强还原条件的渍水稻田中，因 $Fe^{2+}$ 含量很高而中毒，有"赤枯病""青铜病"之称。

**(2) 锰**

锰是糖酵解和三羧酸循环中某些酶的活化剂，所以锰能提高呼吸速率。锰是硝酸还原酶的活化剂，植物缺锰会影响其对硝酸盐的利用。锰元素与光合作用关系极为密切，在光合作用过程中，水的裂解需要锰参与。缺锰时，叶绿体结构会破坏、解体。我国北方石灰性土壤上的作物适当施用锰肥有助于其增产，锰能使禾本科作物增加穗粒和千粒重；豆科作物增荚，提高饱荚率和百仁重；棉花能提早现蕾结铃，增桃数和提高百铃重。此外有报道，锰在防控豌豆的"杂斑病"、甜菜的"黄斑病"等方面效果明显。

南方酸性土壤锰的活性很高，土壤中锰含量过高就可能发生中毒症状，酸性土壤发生了中毒症状后施用石灰调节 pH，可以消除锰中毒的现象。

**(3) 硼**

硼能与游离状态的糖结合，使糖带有极性，从而使糖容易通过质膜，促进运输。硼具有抑制有毒酚类化合物形成的作用，所以缺硼时，植株中酚类化合物（如咖啡酸、绿原酸）含量过高，会导致嫩芽和顶芽坏死。植株各器官中硼的含量以花最高。缺硼时，花药和花丝萎缩，花药组织破坏，花粉发育不良。硼可促进植物生殖器官的发育和受精过程，有利于植物分生组织的细胞分裂。农业生产中，施用硼肥能克服油菜"花而不实"，大、小麦"穗而不实"，棉花"蕾而不花"，苹果"缩果病"，柑橘"硬化病"，花生"有果无仁"等现象。

硼过多易发生中毒现象，植物中毒时叶尖和叶缘褪绿，进而出现黄褐色、死斑或条纹。不同植物对硼的敏感度有异，其中梨、无花果、菜豆、葡萄最敏感，大麦、豌豆、玉米、马铃薯、烟草、番茄次之，萝卜、棉花则耐性最强。

**(4) 锌**

缺锌的植株失去合成色氨酸的能力，而色氨酸是吲哚乙酸的前身，因此，缺锌植物的吲哚乙酸含量降低。锌是生物合成叶绿素的必需元素。锌不足时，植株茎部节间短，丛状，叶小且变形，叶缺绿。

植物通常耐锌能力强，但是当土壤锌含量很高时，也可能发生植物锌中毒症状，表现为小叶，失绿，根生长受到抑制，植株呈红棕色。

(5) 铜

铜是某些氧化酶的成分,可以影响氧化还原过程。铜又存在于叶绿体的质体蓝素中,后者是光合作用电子传递体系的一员。

铜素能抑制铁的吸收,致使植物叶片失绿,植株和根系生长受到阻碍,突出表现在铜含量高的土壤上生长的植株或者长期使用波尔多液后的农作物上,如葡萄。豆科植物对高铜毒害尤为敏感。

(6) 钼

钼是硝酸还原酶的金属成分,起着电子传递作用。钼又是固氮酶中钼铁蛋白的成分,在固氮过程中起作用。所以,钼的生理功能突出表现在氮代谢方面。钼对花生、大豆等豆科植物的增产作用显著。钼是植物需求量最少的矿质元素,相比之下,植物对过量的钼忍耐力却很强。

(7) 氯

氯在光合作用水裂解过程中起着活化剂的作用,促进氧的释放。根和叶的细胞分裂需要氯。缺氯时植株叶小,叶尖干枯、黄化,最终坏死;根生长慢,根尖粗。

氯素在自然界中分布广、循环快,植物很少缺氯。但氯过量时常会使作物生长发育、产量和品质受影响。氯中毒后植物出现叶尖、叶缘呈焦灼状,叶片早落,根尖死亡等症状。不同植物对氯的敏感度不同,其中烟草、豆类、柑橘、马铃薯等易受到伤害,而大麦、玉米、菠菜、番茄的忍耐力较强。

(8) 钠

钠是大多数 $C_4$ 植物和 CAM 植物生长必需的微量元素。它的重要性表现在 $C_4$ 和 CAM 途径中催化 PEP 的再生作用。缺钠时,这些植物呈现黄化和坏死现象。钠离子对许多 $C_3$ 植物的生长也是有益的,它增加细胞的膨化从而促进生长。钠还可以部分地代替钾的作用,提高细胞液的水势。

(9) 镍

镍是近年来发现的植物生长所必需的微量元素。镍是脲酶的金属成分,脲酶的作用是催化尿素水解成 $CO_2$ 和 $NH_4^+$。缺镍时,叶尖处积累较多的脲,使叶尖出现坏死现象。镍也是固氮菌脱氢酶的组成成分。

从上述讨论可知,每一种矿质元素在植物生命活动中各有特殊作用,不能被其他元素所代替。例如,钙和镁的物理、化学性质很相似,但不能相互代替。不过,这种不可代替性是相对的,而不是绝对的。如锰可以部分代替铁,硼能保证亚麻缺铁时叶绿素的合成,较多的铁、镁、钾能克服因缺硼而特有的大麦穗的不育性。可是,我们也不能因此而否定每种必需元素的特殊作用。

## 二、植物缺乏矿质元素的症状

植物缺乏某些营养元素时表现出来的特征性病症称为缺素症。植物对氮、磷、钾三种矿质元素的需求量特别大,在农业或林业生产过程中,通常土壤的供应量难以满足植物生长的需要,从而出现植物缺素的症状,人们通过增施氮、磷、钾肥来补充,所以将这三种元素称为肥料"三要素"。钙、镁、硫、硅也是植物需求量较大的矿质元素,但因土壤中含量很高,常能满足植物生长发育的需要。铁、锰、硼、锌、铜、钼、氯等矿质元素植物需要量极微,一般土壤中的含量能满足植物生长的需要,但是在生产过程中,随着复种指数的增加,各种缺素症状经常发生。造成植物缺素症状往往是因为土壤中矿质元素的含量低,不能提供植物生长发育的需要,但是也会因为植物本身的营养特性、土壤理化性质、物候条件、元素之间拮抗等综合因素的影响而导致各种缺素的症状。判断植物常见缺素症状最直接的方法就是采用植物营养元素缺乏的检索表来进行诊断(图 4-2-2),当然,也可以借助土壤分析和植物生理生化分析的手段进行确诊。下面从植物形态特征上讲述典型经济作物缺素的一系列症状,掌握这些缺素的症状对于野外识别作物缺素症具有重要的意义。

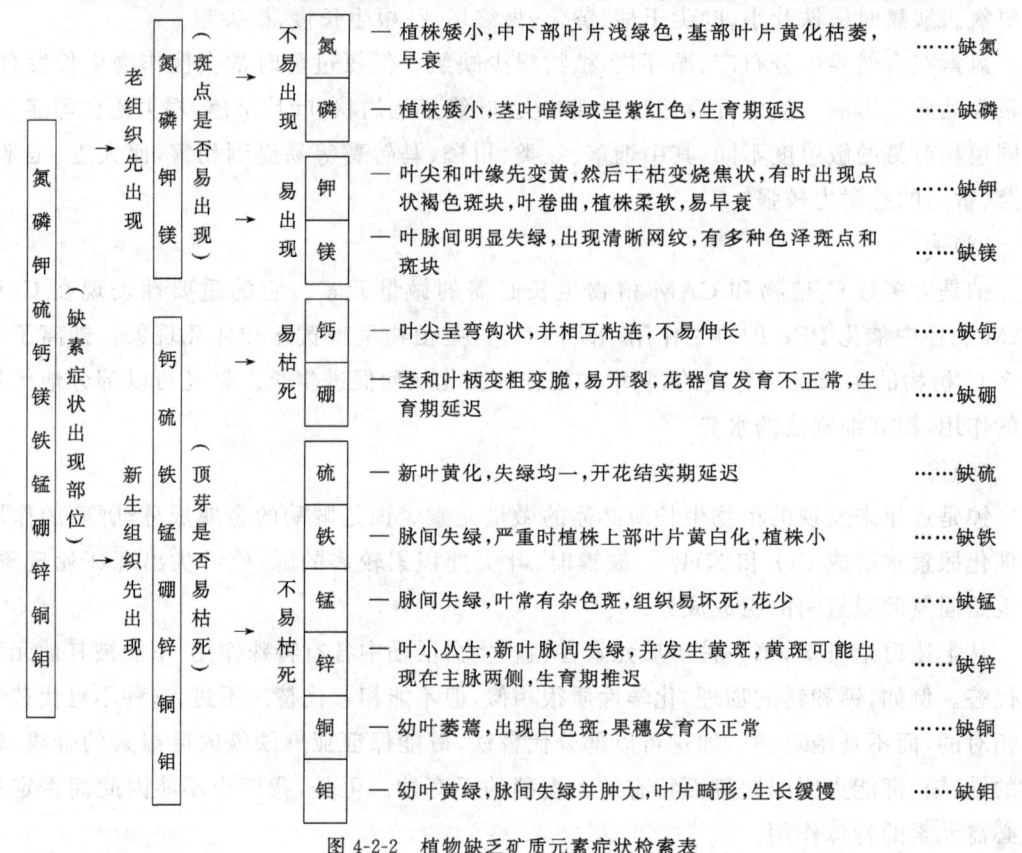

| 缺素症状出现部位 | | | | 症状 | 结论 |
|---|---|---|---|---|---|
| 老组织先出现 | 氮磷钾镁(斑点是否易出现) | 不易出现 | 氮 | 植株矮小,中下部叶片浅绿色,基部叶片黄化枯萎,早衰 | 缺氮 |
| | | | 磷 | 植株矮小,茎叶暗绿或呈紫红色,生育期延迟 | 缺磷 |
| | | 易出现 | 钾 | 叶尖和叶缘先变黄,然后干枯变烧焦状,有时出现点状褐色斑块,叶卷曲,植株柔软,易早衰 | 缺钾 |
| | | | 镁 | 叶脉间明显失绿,出现清晰网纹,有多种色泽斑点和斑块 | 缺镁 |
| 新生组织先出现 | 钙硫铁锰硼锌铜钼(顶芽是否易枯死) | 易枯死 | 钙 | 叶尖呈弯钩状,并相互粘连,不易伸长 | 缺钙 |
| | | | 硼 | 茎和叶柄变粗变脆,易开裂,花器官发育不正常,生育期延迟 | 缺硼 |
| | | 不易枯死 | 硫 | 新叶黄化,失绿均一,开花结实期延迟 | 缺硫 |
| | | | 铁 | 脉间失绿,严重时植株上部叶片黄白化,植株小 | 缺铁 |
| | | | 锰 | 脉间失绿,叶常有杂色斑,组织易坏死,花少 | 缺锰 |
| | | | 锌 | 叶小丛生,新叶脉间失绿,并发生黄斑,黄斑可能出现在主脉两侧,生育期推迟 | 缺锌 |
| | | | 铜 | 幼叶萎蔫,出现白色斑,果穗发育不正常 | 缺铜 |
| | | | 钼 | 幼叶黄绿,脉间失绿并肿大,叶片畸形,生长缓慢 | 缺钼 |

图 4-2-2 植物缺乏矿质元素症状检索表

### (一)缺氮症

植物在供氮不足的情况下就会出现缺氮症状,一般表现为:植株生长缓慢、个体矮小、分枝分蘖少;叶绿素含量降低,叶色褪淡,老叶黄化早衰易脱落;茎叶常带有红色或紫色;

植物根系细长,总根量减少;花和果实减少,果实籽粒不饱满,成熟提早,产量和品质降低。不同植物缺乏氮素时表现症状不同。

1. 水稻

植株生长缓慢,株形矮小,分蘖减少;叶绿素合成受阻,叶色褪淡,老叶黄化,早衰枯落;茎叶常带有红色或紫色;根系细长,总根量减少;幼穗分化不完全,穗形较小。由于缺氮时植物细胞壁相对较厚,故抗病抗倒伏能力有所增强。

2. 玉米

植株生长缓慢,株形矮小;叶色褪淡,下部老叶从叶尖开始呈现"V"字形黄化;中下部茎秆常带有红色或紫红色;果穗变小,缺粒严重,成熟提早,产量和品质下降。

3. 棉花

植株生长缓慢,分枝少,叶片小而黄,下位叶常显红色调;蕾、花、铃减少,单铃重减轻,籽棉产量、衣分和纤维质量均下降。

4. 油菜

植株生长缓慢,茎秆细弱,分枝少;叶片小,褪绿;茎叶呈现红色或紫红色;角果少且短,产量和品质都下降。

(二)缺磷症

植物缺磷时,一般表现为:植株生长延缓,株形矮小,分枝、分蘖减少,叶色暗绿无光泽,籽粒和果实发育不良。不同植物缺磷时表现的症状不同。

1. 水稻

植株生长缓慢,个体矮小,茎叶狭细,叶片直挺,丛顶齐平,呈簇状,所谓"一炷香"株形,分蘖少甚至无;叶色变深,呈暗绿色、灰绿色或灰蓝色;叶尖和叶缘常带紫红色;抽穗、成熟延迟,减产严重。

2. 小麦

植株瘦小,分蘖少甚至停止分蘖,叶狭细,叶色灰绿,常带紫色或红色,尤其叶鞘更显著;抗旱能力减弱,易受冻害,体现为冬季死苗严重。

3. 玉米

苗期特别易缺磷。表现为植株生长缓慢,瘦弱,茎基部、叶鞘甚至整株呈现红色,严重时叶尖死亡呈褐色;抽雄吐丝延迟,结实不良,果穗弯曲、秃尖。

4. 油菜

缺磷症状在子叶期即可出现。幼苗子叶色深,叶片变小增厚;真叶生长推迟,形小直立,暗绿且无光泽,呈紫红色,叶柄和叶脉背面尤为明显;植株苍老,僵小;分枝节位抬高,分枝数量减少,主茎和分枝细弱,花荚锐减;出叶速度减慢,整株叶片数量减少;单株结荚数和每荚籽粒数明显减少,籽粒含油量降低,减产严重。

5. 棉花

植株矮小,叶色暗绿无光泽,分枝减少,结果枝节位提高,花铃期延迟,棉花纤维品质低,减产明显。

(三)缺钾症

植物缺钾时,中下部叶片,尤其是老叶叶尖、叶缘失绿黄化,进而出现褐色或出现褐斑,严重时叶缘焦枯、卷曲。植株矮小,结实不良,产量和品质降低。

1. 水稻

老叶叶尖和前端叶缘褐变或出现焦枯,同时出现褐色斑点;植株伸长受到抑制而萎缩;叶色加深,呈暗绿色且无光泽;根系细弱,多褐根,老化早衰;抽穗不齐,秕谷率增加,谷粒通常不饱满,产量品质下降。水稻缺钾症分为三种类型:

(1)赤枯型,即返青后至分蘖期出现症状,下位叶发生大量赤褐色不规则斑点,扩散后叶片焦枯,呈赤枯状田间景观,生长停滞,新叶少且零乱不齐,常伴有"黑根"。

(2)胡麻斑型,即分蘖末期至幼穗分化期出现赤褐色的胡麻斑,斑点大小常比胡麻叶斑病要大,色泽较灰暗,病斑与正常组织的界线明晰。

(3)褐斑型,即幼穗分化前后出现的症状,这期间以散生的细小斑点为主,或连成短线状,叶尖退淡发黄,进而变褐,干卷。早稻偏施氮肥常能促发此型的缺钾症。

2. 玉米

玉米缺钾多发生于生育中后期,中下部老叶叶尖和叶缘黄化焦枯,叶面黄化呈"V"字形;节间缩短,叶片大小相近,常呈现叶片密集、堆叠、矮缩的异常植株。茎干细弱,易折,机械强度减弱,易倒伏;成熟期推迟,果穗发育不良,形小粒少,籽粒不饱满、淀粉含量降低,产量锐减,皮多质劣。

3. 棉花

棉花缺钾始于幼苗期,以花蕾期更为常见,主要表现为下部叶片形成黄斑花叶,呈"鸡爪"形;主茎细瘦,节间缩短,结果枝节位提高,下部果枝发育极差,伸长停止,中部果枝略展开,与正常的宝塔株形形成鲜明对比。棉花缺钾的田间景观为:斑驳黄化,长势衰退,植株矮小,参差不齐,叶片焦枯,干卷,提早脱落。

4. 油菜

在苗期即可发生缺钾症状,表现为莲座叶叶缘变成黄白或灰白色,进入越冬期植株生长缓慢,缺钾症状几乎不发展,开春之后,植株生长渐旺,老叶(莲座叶)叶缘甚至出现脉间失绿黄化。抽薹后症状发展加快,老叶叶尖、叶缘焦枯,干卷,早衰易脱落;上部抱茎叶叶尖失绿黄化、皱缩,并沿叶缘发展,叶缘上卷后形成勺状叶;植株呈暗绿色,株形矮小,分枝减少,花荚稀少,受精不良,荚形不整齐,多短荚,呈"胖肚"形,扭曲畸形,成熟期不一致且推迟。

(四)缺钙症

植物缺钙时,新叶叶尖、叶缘黄化,窄小畸形,形成粘连状,展开受阻,叶脉皱褶,叶肉组织残缺不全伴有焦边;顶芽黄化甚至枯死;根尖坏死,根系细弱,根毛发育停滞,伸展不良;果实顶端易出现凹陷状黑褐坏死。

1. 小麦

植株生长严重受阻,新叶焦枯黄化,生长点枯死;根尖坏死,根系发育不良,呈黄褐色。

2. 玉米

植株生长不良,心叶不能伸展,叶尖黄化枯死;新展开的功能叶叶尖及叶片前端叶缘焦枯,并出现不规则的齿状缺裂;新根少,根系短,呈黄褐色。

3. 棉花

顶芽黄化枯死,新叶不能正常伸展,新长出来的功能叶叶缘卷曲;节间缩短,植株生长受阻。

(五)缺镁症

植物缺镁时,脉间失绿黄化或黄白化,叶脉保持绿色,双子叶植物叶片形成网纹花叶,单子叶植物形成条纹花叶,失绿部分还可能出现淡红色、紫红色或红褐色斑点。

需要特别注意缺镁和缺钾的症状区别,植物缺钾表现为叶缘附近组织失绿黄化、焦枯,而缺镁则是脉间组织失绿。此外,也要注意是否存在钾镁复合型的植物缺素症状。

1. 水稻

下位叶脉间失绿黄化而叶脉残留绿色,界线分明,形成黄绿相间的条纹花叶,杂交水稻病叶的叶缘呈紫红色或灰紫色;严重时下位叶常于叶枕处折垂,塌沾水面,叶缘微卷,穗枝梗基部的不实粒增加。

2. 小麦

小麦缺镁主要发生于回春转暖拔节前后,田间景观为"黄化"。主要症状为下位叶前端叶身及脉间褪绿黄化,褪绿后的残剩叶绿体聚集成直径为数毫米的小绿斑,成串排列呈念珠状,对光观察明显,这是小麦缺镁的特征性状。叶片变狭变薄,严重时叶缘卷曲,叶片下披,有时发生坏死或枯萎;灌浆受阻,导致减产。

3. 玉米

缺镁症状一般发生在拔节以后。症状为下位叶的前端脉间失绿,并逐渐向叶基部发展,失绿组织黄色加深,叶脉保持绿色,呈现黄绿相间的条纹,有时局部出现念珠状绿斑,叶尖及前端叶缘呈现紫红色,严重时叶尖干枯,脉间失绿部位出现褐色斑点或条纹。

4. 棉花

棉花缺镁症状常发生在花铃期及以后的生育期。症状为下位叶脉间组织失绿形成黄色斑块,有时可逐渐转变为紫红色,甚至全叶呈紫红色,但叶脉仍保持绿色,并可见较清晰的网状脉纹。

5. 油菜

缺镁主要发生在抽薹以后,表现为下位叶脉间组织失绿,由淡绿色转变为黄绿色,叶缘可呈现紫红色,发展后失绿部位出现紫红色斑块,叶脉仍保持绿色。

(六)缺硫症

植物缺硫时,幼芽生长受到抑制、黄化,新叶失绿并呈亮黄色,通常不坏死。中下位的叶片叶绿素含量降低,叶色褪绿发黄,时而可以出现紫红色。

进行形态诊断时,要注意将缺硫和缺氮、磷、钙等症状区别开来。植物缺氮和缺磷症状发生在中下位的外老叶上,而缺硫症状从新叶开始;植物缺钙时,新叶叶缘附近的组织扭曲畸形,焦枯坏死,而缺硫时一般不易坏死。

1. 水稻

新叶失绿呈淡绿色或黄绿色,叶片变薄,有的叶尖焦枯;分蘖减少或者不进行分蘖,植株瘦弱矮小;根系发育不良,移栽后发根少,返青慢,成熟期推迟,产量降低。

2. 小麦

新叶失绿黄化,脉间组织失绿更严重,但条纹不及缺镁症清晰,中下部老叶仍保持绿色;分蘖减少,且长势较弱,呈直立状;植株整体生长缓慢,瘦弱矮小;成熟期推迟,产量降低。

3. 玉米

新叶失绿黄化,脉间组织失绿更为明显,随后由叶缘开始逐渐转变为淡红色至红色,同时茎基部也呈现紫红色,老叶仍保持绿色;植株生长受抑制,矮小细弱。

4. 棉花

新叶失绿黄化,脉间组织失绿更为明显,叶脉失绿程度相对较轻,但网纹不及缺镁症清晰,中下部老叶仍保持绿色,但叶柄呈现红色;植株矮小,主茎细弱。

5. 油菜

新叶褪淡呈淡绿色,叶片背面出现紫红色,叶缘略向上卷,形成浅勺状叶;植株矮小,生育推迟。

(七)缺硼症

植物缺硼的典型症状就是植物根系生长受阻,粗短而且不平;茎尖死亡,枝条簇生;叶片皱缩,叶柄及茎开裂,粗糙脆硬易折。

特别应注意的是,植物缺硼和缺钙时都易导致生长点的死亡,但是,缺硼时生长点呈干死状态,而缺钙时呈腐死状态;缺硼时叶片变得厚而脆,缺钙时叶片呈弯钩状,不易伸展;缺硼时对植物花器官发育和结实的影响比缺钙要严重得多。因此,在进行识别判断时应严加区分,防止误诊。

1. 玉米

玉米缺硼时,顶端生长受到抑制,侧枝丛生;新叶常卷曲,上位叶脉间有白色条纹或条斑;雄穗不易抽出,雄花变小、退化甚至萎缩;果穗退化,不吐丝,不结实,结实的果粒发育差。

2. 马铃薯

缺硼时,生长点生长受抑制,节间变短,植株矮化。严重时生长点停滞、枯萎甚至死亡,形成枯顶现象。顶芽死亡后,下端的叶芽萌发长出新枝条,这些枝条上的顶芽也因缺硼相继萎缩、死亡,新枝上、下部的侧芽又萌发并长成新的枝条,如此反复发新枝,使植株呈矮丛状。缺硼的马铃薯叶片不平整,变厚,变脆,且易折断;叶色变深,新叶黄化萎缩、卷曲扭皱。马铃薯缺硼,块茎变褐。

3. 棉花

在出苗后就可见缺硼症状,表现为子叶增厚变大,颜色变深,叶片变脆易折断,萎蔫下垂呈"个"字形,而正常的子叶上挺,呈"Y"字形;顶芽发育停滞,严重时不出现真叶,甚至苗死亡。在苗期若缺硼,因顶芽生长受抑制,侧芽萌发形成多头、叶小、色淡的畸形苗。缺硼较轻的情况下,节密枝紧,株形紧凑,易误判为矮壮苗。孕蕾期缺硼,新生幼蕾发黄,苞叶张开,极易脱落,中下部坐蕾极少甚至不坐蕾,上部幼蕾后期也会相继脱落,呈现棉花缺硼的典型症状"蕾而不花"。进入花、铃盛期后,因前期落蕾严重,所以开花稀少,开花的花形小,花瓣不能完全张开,花粉败育,形成的棉铃小且椭长,铃端尖而弯,基部呈黑褐色,成熟时开裂不良,吐絮不畅。另外,从蕾期开始甚至更早,缺硼棉花的叶柄上会出现较多的暗绿色环带,环带处的组织肿胀,手触时有凹凸不平的感觉,纵向切开叶柄,环带处内部的组织有明显的褐变,缺硼越重,环带颜色越深,分布越密,肿胀凹凸越明显。

4. 油菜

油菜在苗期发生缺硼时,幼苗会变黄,移栽成活率下降,表现为不发新根,不长新叶,展开的叶枯萎,后期死亡;成活的植株叶色深浓,叶肉增厚,叶柄变脆,皮层粗糙开裂。进入生殖生长期,若发生缺硼,"花而不实"是油菜最突出的症状。"花而不实"的油菜往往在营养生长阶段生长的十分不错,植株叶大薹粗,秆高过人,但产量极低,此外,叶片上易出现"紫血斑"。由于不实,次生枝生长旺盛,花期延长;在氮素营养充足情况下,更是枝多花旺,盛花不息,故又称之为"疯花不实"。大量细弱次生枝条的发生,使植株呈扫帚状,成熟期表现为分枝繁密纷乱的田间景观。缺硼的油菜种子大小不一,色泽纷杂,有棕色、棕黄色、松花黄色等,正常的油菜籽为茶褐色,不正常的种子含油量很低。

5. 大豆

大豆缺硼时表现为生长点枯死,促使侧芽萌发长成新枝条,如此反复,最终使植株呈矮丛状;叶片增厚、皱缩,叶缘向下卷曲,叶色先加深,再褪绿,最后变成黄绿,并伴有褐色斑点或斑块;根系生长受抑制,根瘤少甚至无根瘤;开花结荚少,形成的豆荚通常畸形,籽粒发育不良,减产显著。

6. 花生

花生缺硼时,植株地上部症状不明显,主要表现为"有果无仁",瘪果和空壳增多,籽粒变小甚至出现畸形。

7. 向日葵

向日葵对缺硼特别敏感。幼苗期缺硼,子叶增厚变大,颜色变深,叶片脆而易折,并萎蔫下垂呈"个"字形;顶芽发育停滞,严重时枯死;主根和侧根的生长均受到抑制,根系粗短,呈褐色,根尖坏死。生长旺盛时期缺硼,叶片变厚,扭皱不平,脆而易折,叶色变深,新叶萎缩,卷曲甚至坏死;节间缩短,下部茎易开裂,开裂处组织水渍状坏死;花器官发育不良,瘪粒增多,结实率显著下降。

(八) 缺锰症

植物缺锰时,新生叶失绿并伴有褐色死亡斑点,褪绿程度比缺铁轻,斑纹色度不均,界线不及缺铁清晰。

缺锰症状应与缺铁和缺镁症状相区分。植物缺锰失绿组织常伴有褐色或棕褐色坏死斑,而缺铁时失绿部位多不坏死;植物缺镁症状主要发生在中下部老叶上,而缺锰则发生在新叶上。此外要注意的是,缺铁和缺锰往往会并发。

1. 小麦

缺锰的小麦在苗期表现为叶色褪淡,植株黄化,生长发育停滞,分蘖减少;上位叶脉间失绿,叶脉仍保持绿色,形成条纹花叶;失绿的脉间部位还会产生褐色斑点症状;中上部叶片近基部脉间褪绿黄化,棕褐色斑成条,称"褐线黄萎"。

2. 马铃薯

新叶褪绿呈浅绿色,新展开叶片的中脉及大的侧脉附近,出现圆形的褐色或黑色坏死斑点,并逐步向小叶中部和基部发展,坏死斑主要出现在后半叶。

3. 棉花

棉花对缺锰较为敏感。在苗期和生长旺盛时期易出现,通常新叶和上位叶脉间失绿黄化,叶脉仍保持绿色,形成网纹花叶;严重时失绿部位产生褐色坏死斑点或斑块;植株叶色褪淡,缺乏光泽,生长发育停滞,矮化明显,下部叶早衰脱落。

4. 大豆

大豆对锰缺乏较敏感,症状通常从上部叶片开始,脉间失绿,呈淡绿色至黄白色,并伴有褐色坏死斑点或灰色等杂色斑,叶脉仍保持绿色,对光看时呈现清晰的网纹。进入生殖生长后期,缺锰则籽粒不饱满,甚至出现坏死。在田间降雨后新形成的叶片常不出现缺锰症状,而其下部的老叶片仍保持失绿症状,此时易与缺镁症状混淆。

5. 花生

花生缺锰症较常见,新叶的脉间褪绿后呈淡黄色,随着缺锰的加重,脉间失绿部位最后呈现青铜色。

(九)缺铜症

植物缺铜时,叶片畸形,同时失绿黄化,易枯死;生殖生长受阻,种子发育不良或不实。

1. 小麦

小麦对铜敏感,易发生缺铜症。拔节期缺铜表现为叶片前端黄化,分蘖枯萎死亡,甚至发展为群体干枯绝收;孕穗期缺铜表现为剑叶褪绿黄化,叶形变小,叶片变薄下披或叶身中后部失绿白化,上位叶枯、白、干,卷成纸捻状。上部小穗颖壳失绿退化而导致畸形不实,这是小麦缺铜的特异性症状。

2. 向日葵

缺铜时不能正常形成种子。

(十)缺锌症

植物缺锌时,植株矮小,叶片伸长受阻,叶片失绿黄化,严重时叶尖发红枯萎。缺锌能导致生殖生长受阻。

1. 水稻

在移栽的2～4周内易发缺锌症。其表现为新叶中肋及其两侧褪绿而黄白化,叶片展开不完全,失绿部分逐渐转变为棕红色或赤褐色,叶鞘脊部也可失绿黄白化,老叶的叶身出现散生的红棕色斑点,叶尖发红枯萎而呈赤枯状的田间景观。缺锌严重时,新叶的叶鞘比老叶的叶鞘短,俗称"稻缩病",植株明显矮缩。若抽穗期缺乏锌元素,则不能正常抽穗,此时叶色深浓,叶形短小似竹叶,叶鞘比叶片长,叶片脆而易折断。

2. 玉米

玉米对缺锌敏感,出苗后1～2周内即可出现缺锌症,俗称"白化苗",随着气温升高病情逐渐消退。拔节后中上部叶片的中肋和叶缘之间出现黄白失绿条纹,严重时白化斑块变宽,叶肉组织消失而呈半透明状,易撕裂,即"白色条斑病";下部老叶提前枯死。同时节间缩短,植株矮化;抽雄、吐丝延迟,甚至不能正常吐丝,果穗发育不良,缺粒严重。

(十一)缺铁症

植物缺铁时,叶绿素合成受阻,出现失绿症,表现为新生叶的叶肉组织褪绿黄化或黄白化,叶脉残留绿色,双子叶植物形成网状花纹,单子叶植物出现黄绿相间的条纹。

1. 大豆

大豆对缺铁很敏感,症状从上部幼叶开始,表现为脉间失绿呈黄色,并有轻度卷曲。严重时新叶和幼茎黄白化,甚至漂白色,叶缘出现褐色坏死斑块;根部的有效根瘤减少,植株生长明显受抑制,株形矮小,花、荚稀少。

2. 花生

花生的缺铁症状主要表现为新叶脉间失绿,呈现黄白色,叶脉保持绿色,形成色界明晰的羽状花纹,后期叶片上出现红棕色或棕褐色小斑点,地上长势弱,开花少,受精子房下针乏力,籽粒产量低。

(十二)缺钼症

植物缺钼时,叶片脉间出现黄绿色斑点,叶缘萎蔫干枯,上卷成杯形。大豆缺钼时,根瘤发育不良,形小,呈灰白色或棕色;叶色褪淡,叶片上出现大量细小的灰褐色斑点,叶片变厚,叶缘上卷,形成杯状叶。值得提醒的是,豆科作物缺钼症与缺氮症极易混淆,仅仅是形态诊断是不足的,必须结合组织分析和土壤分析才能做出准确的诊断。

(十三)缺氯症

氯广泛存在于大自然界中,且易被植物吸收,所以,植物极少表现出缺乏氯元素的病症。

(十四)缺硅症

农作物中,水稻和甘蔗对硅的需求量较大。缺乏硅时,植株易染病,叶片披散,水稻表现为稻脚不清,易感染稻瘟病和胡麻叶斑病。

## 三、植物对矿质元素的吸收

(一)植物吸收矿质元素的部位

植物吸收矿质的器官是根系和叶片,其中根系是植物吸收矿质的主要器官。根系吸收矿质元素的主要部位是根尖,其中根毛区吸收离子最活跃。根毛的存在能使根部与土壤环境的接触面积大大增加。

(二)植物吸收矿质元素的特点

植物对水分和矿质的吸收既相互关联又相对独立,对不同离子的吸收还有选择性。

1. 对盐分和水分的相对吸收

盐分一定要溶解于水中,才能被根部吸收。植物对盐分和水分的吸收机理不同。根部吸水主要是以叶片蒸腾而引起的被动吸收为主,吸收盐分则是以消耗代谢能量的主动吸收为主,有载体运输,也有通道运输和离子泵运输,其运输速度与吸水速度不完全一致。

2. 离子的选择吸收

离子的选择吸收是指植物对同一溶液中不同离子或对同一盐的阴离子和阳离子吸收的比例不同。例如,供给$(NH_4)_2SO_4$时,根对$NH_4^+$吸收多于$SO_4^{2-}$,在根部细胞吸收$NH_4^+$的同时,向外释放$H^+$,使溶液的$H^+$和$SO_4^{2-}$浓度增大,这种盐类为生理酸性盐类

(physiologically acid salt)，大多数铵盐属于这一类。相反，$NaNO_3$ 和 $Ca(NO_3)_2$ 等属于生理碱性盐类(physiologically alkaline salt)，因为根部吸收 $NO_3^-$ 比 $Na^+$ 和 $Ca^{2+}$ 更多些，所以溶液中留存许多 $Na^+$ 或 $Ca^{2+}$，根部细胞吸收 $NO_3^-$ 的同时向外排出 $HCO_3^-$，$HCO_3^-$ 与 $H_2O$ 结合形成 $H_2CO_3$ 和 $OH^-$，结果使土壤溶液变碱。此外，$NH_4NO_3$ 这类化合物的阴离子和阳离子几乎以同等速率被根部吸收，而溶液 pH 不发生变化，这种盐类就称生理中性盐类(physiologically neutral salt)。因此在农业生产中应合理施肥才能改良土壤，否则，长期使用某一种化肥将会导致土壤酸化或者碱化，从而破坏土壤结构。

3. 单盐毒害和离子拮抗

任何植物，假若培养在某一单盐溶液中，不久即呈现不正常状态，最后死亡，这种现象称单盐毒害(toxicity of single salt)。而且在浓度很低时植物就会受害。

在发生单盐毒害的溶液中，如加入少量其他金属离子，即可减弱或消除这种单盐毒害现象，这种离子间能够相互消除毒害的现象，称为离子拮抗作用(ion antagonism)。例如在 KCl 溶液中加入少量 $Ca^{2+}$，就不会对植株产生毒害。

将必需的矿质元素按一定比例配制成混合溶液，植物才能生长良好，这种溶液称为平衡溶液(balanced solution)。前面介绍的 Hoagland Solution 就是一种平衡溶液。对海藻来说，海水就是平衡溶液。对陆生植物来说，除了盐碱地外，一般的土壤溶液可认为是平衡溶液。

(三) 根系吸收矿质元素的方式

根系吸收矿质元素有两种方式，即主动吸收和被动吸收。

1. 主动吸收

植物的根细胞利用呼吸作用提供的能量，逆着离子浓度梯度吸收矿质元素的过程，称为主动吸收。它是根系吸收矿质元素的主要方式。

2. 被动吸收

根细胞顺着电化学梯度进行矿质元素的吸收，此吸收方式不需要能量，它包括单纯扩散和易化扩散。单纯扩散是矿质元素从高浓度的区域跨膜向低浓度的区域移动；易化扩散则是矿质元素通过膜转运蛋白(包括通道蛋白和载体蛋白两种)顺浓度梯度或电化学梯度进行跨膜转运。

(四) 根系吸收矿质元素的过程

根系既能吸收溶液中的矿质离子，又能吸收被土壤颗粒吸附的矿质离子。根系吸收土壤中的矿质离子要经过以下步骤。

1. 离子的交换吸附

由于根细胞吸附离子具有交换性质，故称为交换吸附。根部细胞通过呼吸作用放出 $CO_2$ 和 $H_2O$。$CO_2$ 溶入水生成 $H_2CO_3$，$H_2CO_3$ 解离出 $H^+$ 和 $HCO_3^-$。$H^+$ 和 $HCO_3^-$ 分别与土壤溶液和土壤颗粒上吸附的阳离子和阴离子进行交换(图 4-2-3)，离子交换按同荷(同性电荷)等价的原理进行，盐类离子即被吸附在根细胞表面。这种交换吸附是不需要能量的，并且吸附速度极快。

土壤颗粒表面都带负电荷，吸附的矿质阳离子(如 $NH_4^+$、$K^+$)不易被水冲走。矿质阴

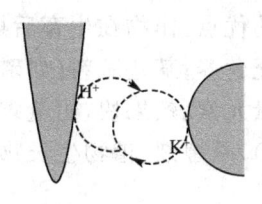

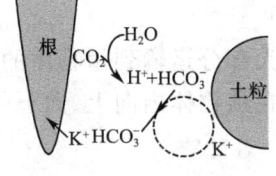

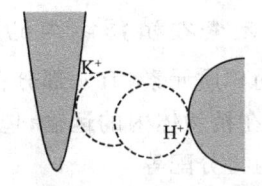

(a) 根与土壤溶液的离子交换　　　　(b) 根与土壤颗粒上的离子交换

图 4-2-3　根系对离子的交换吸附

离子(如 $NO_3^-$、$Cl^-$)被土粒表面的负电荷排斥,溶解在土壤溶液中,易流失。但 $PO_4^{3-}$ 则被含铝或铁离子的土壤颗粒束缚住,因为 $Fe^{2+}$、$Fe^{3+}$ 和 $Al^{3+}$ 等都带有 $OH^-$,$OH^-$ 和 $PO_4^{3-}$ 交换,于是 $PO_4^{3-}$ 被吸附在土壤颗粒上,不易流失。不管是土壤溶液中的矿质离子,还是土壤颗粒表面的矿质离子,都要通过离子交换,才能被吸附到根系细胞表面,进一步被根系吸收。

2. 离子进入根部导管

矿质元素离子从根表面进入根导管,可以通过质外体途径,也可以通过共质体途径,并随蒸腾液流运输到植物体地上的器官和组织中参与各种代谢活动。

(五) 植物叶片对矿质元素的吸收

植物地上部分也可以吸收矿质,这个过程称为根外营养。地上部分吸收矿质的主要器官是叶子,所以又称为叶片营养(foliar nutrition)。农业上据此采用的施肥方式称为根外追肥或叶面施肥。要使叶片吸收营养元素,首先要保证溶液能很好地吸附在叶面上。有些植物叶片很难附着溶液,有些植物叶片虽附着溶液但不均匀。为了克服这种困难,可在溶液中加入降低表面张力的物质(表面活性剂或沾湿剂),如三硝基甲苯、吐温,或加入较稀的洗涤剂。

矿质营养元素可以通过气孔进入叶内,也可以从角质层渗透到叶内。角质层是多糖和角质(脂类化合物)的混合物,无结构,不易透水,但是角质层有裂缝,呈微细的孔道,可让溶液通过。溶液到达表皮细胞的细胞壁后,进一步经过细胞壁中的外连丝(表皮细胞的通道,它从角质层的内侧延伸到表皮细胞的质膜)到达表皮细胞的质膜,进而转运到细胞内部,最后到达叶脉韧皮部。

矿质元素进入叶片的数量与叶片的内外因素有关。嫩叶吸收营养元素比成熟的功能叶迅速而且量大,这是两者的角质层厚度不同和生理活性不同的缘故。由于叶片只能吸收液体,固体物质是不能透入叶片的,所以溶液在叶面上的时间越长,吸收矿物质的数量就越多。凡是影响液体蒸发的外界环境,如风速、气温、大气湿度等都会影响叶片对矿质元素的吸收量。据此,根外追肥的时间以傍晚或下午 4 点以后较为理想,阴天则例外。溶液浓度宜在 1.5%～2.0%以下,以免烧伤植物。

根外追肥的优点：作物在生育后期根部吸肥能力衰退时，或营养临界时期，可根外喷施尿素等以补充营养；某些肥料（如磷肥）易被土壤固定，可用根外喷施，且用量少；补充植物所缺乏的微量元素，效果快，用量省。因此，农业生产上经常采用根外喷施方式。喷施杀虫剂（内吸剂）、杀菌剂、植物生长物质、除草剂和抗蒸腾剂等措施，都是根据叶片营养的原理进行的。

（六）矿质元素在植物体内的运输和利用

根部吸收的矿质元素，有一部分存在于根内，大部分运输到植物体的其他部位。广义地说，矿质元素在植物体内的运输，包括矿质元素在植物体内向上、向下的运输，以及在地上部分的分布与再分配等。

1. 矿质元素的运输形式

根部吸收的无机氮化物，大部分在根内转变为有机氮化物，所以氮的运输形式主要是氨基酸（主要是天冬氨酸，还有少量丙氨酸、蛋氨酸等）和酰胺（主要是天冬酰胺和谷氨酰胺）等有机物，还有少量以硝酸盐形式向上运输。磷酸主要以正磷酸形式运输，但也会在根部转变为有机磷化物（如磷酰胆碱、甘油磷酰胆碱），然后才向上运输。硫的运输形式主要是硫酸根离子，但有少数是以蛋氨酸及谷胱甘肽之类的形式运输。金属离子则以离子状态运输。

2. 矿质元素的运输途径

矿质元素以离子形式或其他形式进入导管后，随着蒸腾液流一起上升，也可以顺着浓度差而扩散。根部吸收的无机离子向上运输的途径，已经利用放射性同位素查明。把柳茎一段的韧皮部同木质部分离开来，在两者之间插入或不插入不透水的蜡纸。在柳树根施予 $^{42}$K，5 h 后测定 $^{42}$K 在柳茎各部分的分布（图 4-2-4）。试验得知，有蜡纸间隔开的木质部含有大量 $^{42}$K，而韧皮部几乎没有 $^{42}$K，这说明根部吸收的放射性钾是通过木质部上升的。在分离的上下部分，以及不插入蜡纸的试验中，韧皮部都有较多的 $^{42}$K。这个现象说明，$^{42}$K 从木质部活跃地横向运输到韧皮部。

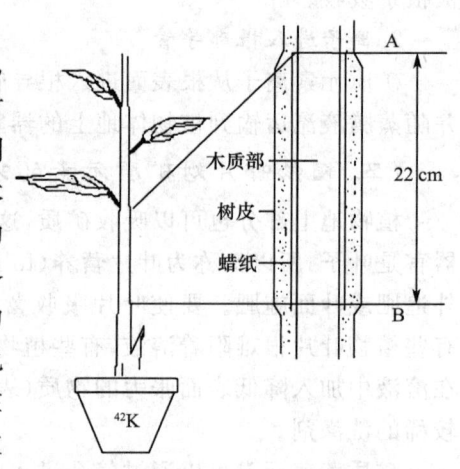

图 4-2-4　放射性 $^{42}$K 向上运输的试验

利用上述的试验技术，同样研究叶片吸收离子后向下运输的途径。把棉花茎一段的韧皮部和木质部分开，其间插入蜡纸，叶片施用 $^{32}$PO$_4^{3-}$，1 h 后测定 $^{32}$P 的分布。试验结果表明，磷酸被叶子吸收后，是沿着韧皮部向下运输的；同样，磷酸也从韧皮部横向运输到木质部，不过，从叶片向下运输还是以韧皮部为主。

叶片吸收的离子在茎部向上运输的途径也是韧皮部，不过有些矿质元素能从韧皮部横向运输到木质部而向上运输，所以，叶片吸收的矿质元素在茎部向上运输是通过韧皮部和木质部。

### 3. 矿质元素的运输速度

矿质元素在植物体内的运输速度为30～100 cm/h。

### 4. 矿质元素的分布及利用

矿质元素进入根部导管后,便随着蒸腾液流上升到地上部分。矿质元素在地上部分的分布,以离子在植物体内是否参与循环而异。

某些元素(如钾)进入地上部分后仍呈离子状态,有些元素(如氮、磷、镁)形成不稳定的化合物,分解后释放出的离子又转移到其他需要的器官,这些元素便是参与循环的元素。另外有一些元素(如硫、钙、铁、锰、硼)在细胞中呈难溶解的稳定化合物,特别是钙、铁、锰,它们是不能参与循环的元素。有些元素在体内能多次被利用,有些只利用一次。参与循环的元素都能被再利用,不能参与循环的元素不能被再利用。可再利用的元素中以磷、氮最典型,不可再利用的元素中以钙最典型。

参与循环的元素在植物体内大多数分布于生长点和嫩叶等代谢较旺盛的部位。代谢较旺的果实和地下储藏器官也含有较多的矿质元素。不能参与循环的元素被植物地上部分吸收后,即被固定而不能移动,所以器官越老含量越高,例如嫩叶的钙少于老叶。植物缺乏某些必需元素,最早出现病症的部位(老叶或嫩叶)不同,原因也在于此。凡是缺乏可再利用元素的生理病症,都发生在老叶;而缺乏不可再利用元素的生理病症,都出现在嫩叶。

参与循环元素的重新分布,也表现在植株开花结实时和植物落叶之前。例如,玉米形成籽实时所得到的氮,大部分来自营养体,其中以叶子最多。又如,落叶植物在叶子脱落前,叶中的氮、磷等元素运至茎或根部,而钙、硼、锰等则不能运出或只有少量运出。牧草和绿肥作物开花结实后,营养体的氮化合物含量大减,便不再是作为饲料或绿肥的最佳时期。

矿质元素不只在植物体内从这一部分转运到另一部分,同时还可排出体外。在田间条件下,作物叶片的养分可能因雨、雪、雾而损失;在植物生长末期,根部也可排出一定数量的养分。植株被雨水淋洗出的物质主要有钾、氮,还有糖、有机酸、植物激素等。从地上部分淋到土壤中的物质,又被植株重新吸收,这样的循环在生态系统中具有重要意义。

## 四、影响根系吸收矿质元素的因素

根系吸收矿质元素除了植物本身需求矿质的特性之外,还受到各种外在的环境因素影响,其中主要包括温度、气体、土壤酸碱度、土壤溶液浓度等。

### (一)温度

在一定范围内,根部吸收矿质元素的速率随土壤温度的增高而加快,因为温度影响了根部的呼吸速率,影响主动吸收。但温度过高(超过40 ℃),一般植物吸收矿质元素的速率即下降,原因有:

1. 高温使酶钝化,影响根部代谢;
2. 高温使细胞的透性增大,矿质元素被动外流。

温度过低时,根吸收矿质元素量也减少,因为低温时,代谢弱,主动吸收慢,细胞质黏性增大,离子进入困难。

### (二)空气含量

植物根部吸收矿质元素与呼吸作用密切相关。因此,土壤空气含量直接影响根吸收矿质元素。试验证明,在一定范围内,土壤氧气含量越高,根系吸收矿质元素就越多。土壤通气良好,除了增加氧气外,还有减少二氧化碳的作用。二氧化碳过多,必然抑制呼吸作用,影响盐类吸收和其他生理过程。

### (三)溶液酸碱度

细胞质的蛋白质是良性电解质,在弱酸环境中,氨基酸带正电荷,易于吸附外界溶液中的阴离子;在弱碱环境中,氨基酸带负电荷,易于吸附外界溶液中的阳离子。

土壤溶液的酸碱度对植物矿质离子的吸收有直接的影响,但间接影响比直接影响更大。首先,土壤溶液酸碱度的变化,可以引起溶液中养分的溶解或沉淀。例如,在碱性逐渐加强时,Fe、$PO_4^{3-}$、Ca、Mg、Cu、Zn 等逐渐形成不溶解状态,能被植物利用的量便减少。在酸性环境中,$PO_4^{3-}$、K、Ca、Mg 等易溶解,但植物来不及吸收,易被雨水冲掉,因此酸性的土壤(如红壤)往往缺乏这 4 种元素。在酸性环境中(如咸酸田,一般 pH 可达 2.5~5.0),Al、Fe 和 Mn 等的溶解度加大,植物受害。其次,土壤溶液酸碱度的变化也影响土壤微生物的活动。在酸性反应中,根瘤菌会死亡,固氮菌失去固氮能力;在碱性反应中,对农业有害的细菌如反硝化细菌发育良好。这些变化都是不利于氮素营养的。

一般作物生育的最适 pH 是 6~7,但有些作物(如茶、马铃薯、烟草)适于较酸性的环境。栽培作物或溶液培养时应考虑外界溶液的酸碱度,以获得良好的效果。

### (四)溶液浓度

在外界溶液浓度较低的情况下,随着溶液浓度的增高,根部吸收离子的数量也增多,两者成正比。但是,外界溶液浓度较高时,离子吸收速率与溶液浓度便无紧密关系,通常认为是离子载体和通道数量所限。农业生产上一次使用化学肥料过多,不仅有烧伤作物的弊病,同时根部也吸收不了,造成浪费。

## 五、作物的需肥规律

在农业生产中,由于土壤中的养分不断被作物吸收,而作物产品大部分被人们所利用,田地的养分就逐渐不足,因此,施肥成为提高作物产量和质量的一个重要手段。要增产,不仅要有足够的肥料,而且还要合理施用。要合理施肥,就应根据矿质元素对作物所起的生理作用,结合作物的需肥规律,适时、适量地施肥,做到少肥高效。

1. 不同作物的需肥量不同

不同作物对肥料"三要素"(氮、磷、钾)所要求的绝对量和相对比例不同。即使是同一作物,其"三要素"含量也因品种、栽培目的、土壤和栽培条件等不同而有差异。栽培以果实籽粒为主要收获对象的禾谷类作物(如水稻、小麦、大麦、玉米等)时,除了对氮肥的需求量大外,还要多施一些磷肥,以利籽粒饱满;栽培薯类作物(如淮山、甘薯、马铃薯、木薯等)时,除了满足氮、磷肥之外,应多施钾肥,促进地下部分积累糖类物质;栽培叶菜类作物(如小白菜、大白菜、菠菜、生菜等)时,可偏施氮肥,使叶片肥大,质地柔软;种植油料作物对镁有特殊的需求;棉花、油菜对肥料"三要素"的需求量都很大,在各个生育期都必须供给充足,植物进入生殖生长期特别要注意硼元素的供应。

### 2. 不同作物的需肥形态不同

茄科作物中的烟草和马铃薯用草木灰做钾肥优于氯化钾,因为氯可降低烟草的可燃性和马铃薯的淀粉含量。水稻生产中,使用铵态氮优于硝态氮,因为水稻体内没有硝酸还原酶,难以利用硝态氮。烟草既需要铵态氮,又需要硝态氮,其中以施用 $NH_4NO_3$ 最好,因为铵态氮有利于芳香油的形成,使得烟草有香味;硝态氮有利于提高烟叶的可燃性,烟叶的可燃性与体内的有机酸含量密切相关,硝态氮利于细胞内有机酸的产生。

### 3. 同一作物不同的生育期需肥不同

同一作物在不同生育时期中,对矿质元素的吸收情况也是不一样的(表4-2-5)。

表4-2-5　　　　　几种作物不同生育期对肥料"三要素"的吸收量　　　　　　　%

| 作物 | 生育期 | N | $P_2O_5$ | $K_2O$ |
|---|---|---|---|---|
| 早稻 | 移栽－分裂期 | 35.5 | 18.7 | 21.9 |
| | 稻穗分化－出穗期 | 48.6 | 57.0 | 61.9 |
| | 结实成熟期 | 15.9 | 24.3 | 16.2 |
| 晚稻 | 移栽－分裂期 | 22.3 | 13.9 | 20.5 |
| | 稻穗分化－出穗期 | 58.7 | 49.4 | 51.8 |
| | 结实成熟期 | 19.0 | 36.7 | 27.7 |
| 冬小麦 | 出苗－返青 | 15 | 7 | 11 |
| | 返青－拔节 | 27 | 23 | 32 |
| | 拔节－开花 | 42 | 49 | 51 |
| | 开花－成熟 | 16 | 21 | 6 |
| 棉花 | 出苗－现蕾 | 8.8 | 8.1 | 10.1 |
| | 现蕾－现铃 | 59.6 | 58.3 | 63.5 |
| | 现铃－成熟 | 31.6 | 33.6 | 26.4 |
| 花生 | 苗期 | 4.87 | 5.19 | 6.73 |
| | 开花期 | 23.54 | 22.64 | 22.25 |
| | 结荚期 | 41.94 | 49.53 | 66.35 |
| | 成熟期 | 29.65 | 22.64 | 4.67 |

在萌发期间,因种子本身储藏养分,故不需要吸收外界肥料;随着幼苗的生长,吸肥逐渐增强;开花、结实时,矿质养料吸收最多;以后随着生长的减弱,吸收下降,至成熟期则停止吸收,衰老时甚至有部分矿质元素排出体外。作物在不同生育期中,各有明显的生长中心。例如,水稻和小麦等分蘖期的生长中心是腋芽,拔节孕穗期的生长中心是穗的分化发

育和形成,抽穗结实期的生长中心是种子的形成。生长中心的生长较旺盛,代谢强,养分元素一般优先分配到生长中心,所以,不同生育期施肥对生长影响不同,增产效果有很大的差别。其中有一个时期施用肥料的营养效果最好,这个时期被称为最高生产效率期或植物营养最大效率期。我国农民在长期生产实践中,对植物营养最大效率期有深刻的认识。一般作物的营养最大效率期是生殖生长时期,这时,正处于生殖器官分化和退化的关键时刻,加强营养既可促进颖花的分化形成,又可防止颖花和枝梗的退化,所以能获得较大的经济效益。水稻和小麦的营养最大效率期是在幼穗形成期,而油菜和大豆则在开花期,所谓"菜浇花"就是这个道理。

## 六、作物的合理追肥

植物营养最大效率期对肥料的利用效率最高,但并不等于只需要在这个时期施肥。作物对矿质元素的吸收随本身的生育期不同而有很大的改变,所以应在充足基肥的基础上,分期追肥,以及时满足作物不同生育期的需要。具体运用时还得看实际情况而定。作物生长发育受环境(土壤与气候)的支配,而环境条件千变万化,植物生长情况实际上是环境对植物影响的综合反映,所以具体的追肥时期和数量,还要根据植株生长情况来决定。

### (一)追肥指标

1. 追肥的形态指标

根据作物植株的外部形态可判断植物的营养状况。这些反映植株需肥情况的外部形态,称为追肥的形态指标。

(1)长相。从作物的长势长相可以判断植物的营养状况。氮肥多,植株生长快,叶长而软,株形松散;氮肥不足,生长慢,叶短而直,株形紧凑。

(2)叶色。叶色也是一个很好的追肥形态指标,因为叶色是反映作物体内营养状况(尤其是氮素水平)最灵敏的指标。功能叶的叶绿素含量与其含氮量的变化基本上是一致的。叶色深,氮和叶绿素均高;叶色浅,两者均低。生产上常以叶色作为施用氮肥的指标。

2. 追肥的生理指标

植株缺肥不缺肥,也可以根据植株内部的生理状况去判断。这种能反映植株需肥情况的生理变化,称为追肥的生理指标。追肥生理指标一般都是以功能叶为测定对象。

(1)营养元素。叶片营养元素的诊断是研究植物营养状况较有前途的途径之一。当养分严重缺乏时,产量甚低;养分适当时,产量最高;养分如继续增多,产量亦不再增加,浪费肥料;如养分再多,就会产生毒害,产量反而下降。在营养元素严重缺乏与适量两个浓度之间有一个临界浓度,临界浓度是获得最高产量的最低养分浓度。不同作物、不同生育期、不同元素的临界浓度各不相同(表4-2-6)。

叶片分析只知道组织的营养水平,对土壤的营养水平,特别是阻碍吸收的因素不清楚;通过土壤分析可知土壤中全部养分和有效养分的储存量,但不知道作物从土壤中吸收养分的实际数量。所以,土壤分析和叶片分析应该并用,相互补充,相辅为用。

表 4-2-6　　　　　　　　　几种作物矿质元素的临界浓度　　　　　　　　　　　%

| 作　物 | 测定时期 | 分析部位 | N | $P_2O_5$ | $K_2O$ |
|---|---|---|---|---|---|
| 春小麦 | 开花末期 | 叶片 | 2.6~3.0 | 0.52~0.60 | 2.8~3.0 |
| 燕麦 | 孕穗期 | 植株 | 4.25 | 1.05 | 4.25 |
| 玉米 | 抽雄 | 果穗前一叶 | 3.10 | 0.72 | 1.67 |
| 花生 | 开花 | 叶片 | 4.0~4.2 | 0.57 | 1.20 |

(2)酰胺。作物吸收氮素过多时，就以酰胺状态储存起来，以免游离毒害植株。研究证实，水稻植株中的天冬酰胺与氮的增加是平行的，天冬酰胺的含量可作为评价水稻植株氮素状态的良好指标。在幼穗分化期，测定未展开或半展开的顶叶内天冬酰胺的有无，如测到有天冬酰胺，表示氮营养充足；如测不到，说明氮营养不足。本法可作为穗肥的一个诊断指标。

(3)淀粉含量。水稻体内含氮量与淀粉含量成负相关，氮不足时，淀粉在叶鞘中积累，因此，叶鞘内的淀粉含量越多，表示缺氮越严重。测定时，将叶鞘劈开，浸入碘液中，若被染成蓝黑色，颜色深，且占叶鞘面积比例大，表明缺氮。

(4)叶绿素含量。研究显示，南京地区的小麦返青期功能叶的叶绿素含量应占干物质的 1.7%~2.0% 为宜，若含量低于 1.7% 就是缺肥；拔节期叶绿素含量以 1.2%~1.5% 为正常，低于 1.1% 表示缺肥，高于 1.7% 表明肥太多，应控制拔节肥；孕穗期含量以 2.1%~2.5% 为宜。

(5)酶活性。作物体内有些营养离子与某些酶结合在一起，当这些离子不足时，相应酶的活性就要下降。硝态氮或铵态氮的转变是分别由硝酸还原酶和谷氨酸脱氢酶催化的。当这些氮化物不足时，酶的活性也下降；随着氮化物的增多，这两种酶的活性也增强；可是当施肥超过一定限度时，以上这两种酶的活性就不再上升，而保持一定的水平。因此，可根据作物体内硝酸还原酶和谷氨酸脱氢酶的活性的变化，来确定氮肥的合理用量。

(二)发挥肥效的措施

为了使肥效得到充分发挥，除了合理施肥外，还要注意其他措施：

1. 适当灌溉，以水调肥

水分不但是作物吸收矿物质营养的重要溶剂，而且是矿物质在植株体内运输的主要媒介，水分直接或间接影响矿质元素的吸收、运输及利用。适当灌溉，能防止"烧苗"现象产生，能极大提高作物对矿质元素的吸收量。适当调控作物的灌溉量，可以有效调控肥料的摄入量，从而达到控制作物的生长发育，如在水稻分蘖晚期，通过"晒田"来控制禾苗的分蘖量。

2. 适当深耕，改善土壤环境

适当深耕土壤，能使其容纳更多的水分和肥料，促进植物根系的生长发育，以增大植物吸收表面积；深耕土壤可以提高土壤气体的通透性，利于植物根系的呼吸作用，呼吸作用旺盛，作物吸收的矿物质营养就多；深耕土壤，能使作物的根际土温恒定，适宜的根际土温既可有效地促进土壤养分的释放，又可以促进植物根对矿质养分的吸收。如大麦的根际土温以 18 ℃ 为好，若温度过低，K、P、N 的吸收量显著降低。

### 3. 改善施肥方式，促进肥效提高

叶面施肥是经济用肥的方式之一，此外，深层施肥也是提高肥效的有效手段。以往施肥都是表施，氧化剧烈，容易造成铵态氮转化，氮、钾肥流失，某些肥料分解挥发，磷被土壤固定等，所以被植株吸收利用的效率不高。深层施肥是施于作物根系附近土层5～10 cm深，挥发少，铵态氮的硝化作用也慢，流失少，供肥稳而久；加上根系生长有趋肥性，根系深扎，活力强，植株健壮，增产显著。

### 4. 合理密植，改善光照条件

光照不足，肥料"三要素"的吸收明显降低，但对钙、镁的影响小。光照影响作物对矿质元素吸收量大小的顺序是 $P_2O_5 > K_2O > NH_4^+$、$MnO > SiO_2 > MgO > CaO$。合理密植，通风透气，光合效率高，矿质元素吸收多，产量增加；种植太密集，田间郁闭，作物光照不足，易导致作物缺磷和缺钾而大面积减产。

## 七、技能训练

### （一）水培植物与观察缺素症状

【实训原理】

将含有矿质元素的化学物质按一定的比例与蒸馏水混合，配成培养液来培养植物，这种方法称为水培法，又称为溶液培养法。培养液中的矿质元素种类和数量可以人为进行控制，植物所有的必需营养元素都包含的培养液为完全培养液，植物在完全培养液中能正常生长发育。当培养液缺少某一必需元素，则会表现出相应的缺素症，进而生长发育停止，甚至死亡；将所缺元素加入营养液中，该缺素症状又可逐渐消失。

【材料、仪器及试剂】

1. 材料

玉米（或水稻、番茄等）种子。

2. 仪器

电子天平、移液管（1 mL、5 mL）、量筒（500 mL、1000 mL）、烧杯、容量瓶（1000 mL）、培养瓶（可用500 mL玻璃广口瓶）、黑纸或黑布、塑料盆、精密试纸（pH在5～6）、河沙、试剂瓶（500 mL）、泡沫塑料、打孔器、吸耳球、棉花。

3. 试剂

硝酸钾、硫酸镁、磷酸二氢钾、硫酸钾、硫酸钠、磷酸二氢钠、硝酸钠、硝酸钙、氯化钙、硫酸亚铁、硼酸、硫酸锰、硫酸铜、硫酸锌、钼酸、乙二胺四乙酸钠（EDTA-Na$_2$）（以上试剂必须为分析纯AR或化学纯CP）；盐酸（1N）、氢氧化钠（1N）。

【方法与步骤】

1. 处理材料

在实训三周（3 w）前，选大小一致、饱满的玉米种子，用多菌灵乳浊液消毒浸种约20 h，蒸馏水漂洗后，再浸种12 h，25 ℃下催芽24 h，使其萌发。

2. 培育幼苗

取干净的河沙置于塑料盆中，用100 ℃的开水消毒。除去多余水分，待河沙温度降为

常温后,将已萌发的玉米种子逐粒摆入盆中的沙粒里,放在光照培养箱中培养,温度设置为 20 ℃左右。2 w 左右,幼苗具有 2 片真叶,这时就可以作为水培法的培养材料。

3. 配制母液及培养液

(1)配制各大量元素和微量元素的母液

用蒸馏水按表 4-2-7 分别配制各种母液。

表 4-2-7　　　　　　　　　　母液配制　　　　　　　　　　　　　　g/L

| 大量元素 | | 微量元素 | |
| --- | --- | --- | --- |
| 药品 | 浓度 | 药品 | 浓度 |
| $Ca(NO_3)_2 \cdot 4H_2O$ | 236 | Fe-EDTA: | |
| $KNO_3$ | 102 | $EDTA-Na_2$ | 7.45 |
| $MgSO_4 \cdot 7H_2O$ | 98 | $FeSO_4 \cdot 7H_2O$ | 5.57 |
| $KH_2PO_4$ | 27 | | |
| $K_2SO_4$ | 88 | $H_3BO_3$ | 2.86 |
| $CaCl_2$ | 111 | $MnSO_4$ | 1.02 |
| $NaH_2PO_4$ | 24 | $CuSO_4 \cdot 5H_2O$ | 0.08 |
| $NaNO_3$ | 170 | $ZnSO_4 \cdot 7H_2O$ | 0.22 |
| $Na_2SO_4$ | 21 | $H_2MoO_4 \cdot H_2O$ | 0.09 |

说明:Fe 应单独配制成 Fe-EDTA 溶液。配制方法:先分别称取 $EDTA-Na_2$ 7.45 g 和 $FeSO_4 \cdot 7H_2O$ 5.57 g,分别溶解于 200 mL 蒸馏水中;然后加热 $EDTA-Na_2$ 溶液,将 $FeSO_4 \cdot 7H_2O$ 的溶液边注入 $EDTA-Na_2$ 溶液边不断地搅拌,让 $Fe^{2+}$ 充分螯合;冷却,定容至 1000 mL 即可。

(2)配制各培养液

配好以上各母液后,再按表 4-2-8 配制完全培养液或缺乏某元素的培养液,用 1N 的盐酸或氢氧化钠调整培养液的 pH 在 5.5~5.8。

表 4-2-8　　　　　　完全培养液和各种缺素培养液配制表　　　　　　mL

| 母液 | 每 1000 mL 培养液中母液的用量 | | | | | | |
| --- | --- | --- | --- | --- | --- | --- | --- |
| | 完全液 | 缺 N | 缺 P | 缺 K | 缺 Ca | 缺 Mg | 缺 Fe |
| $Ca(NO_3)_2 \cdot 4H_2O$ | 5 | — | 5 | 5 | — | 5 | 5 |
| $KNO_3$ | 5 | — | 5 | — | 5 | 5 | 5 |
| $MgSO_4 \cdot 7H_2O$ | 5 | 5 | 5 | 5 | 5 | — | 5 |
| $KH_2PO_4$ | 5 | 5 | — | — | 5 | 5 | 5 |
| $K_2SO_4$ | — | 5 | 1 | — | — | — | — |
| $CaCl_2$ | — | 5 | — | — | — | — | — |
| $NaH_2PO_4$ | — | — | — | 5 | — | — | — |
| $NaNO_3$ | — | — | — | — | 5 | — | — |
| $Na_2SO_4$ | — | — | — | — | — | 5 | — |
| Fe-EDTA | 5 | 5 | 5 | 5 | 5 | 5 | — |
| 微量元素 | 1 | 1 | 1 | 1 | 1 | 1 | 1 |

### 4.移植幼苗

取7个500 mL广口瓶,分别装入以上配制的完全培养液及各种缺素培养液400 mL,贴上标签,写明日期。然后把各广口瓶用黑纸或黑布包起来(黑面向里),用泡沫塑料做成瓶盖,并用打孔器在瓶盖上打数个孔,将生长一致的植株上的胚乳去掉,并用棉花(未脱脂)缠住茎基部,小心地通过圆孔固定在瓶盖上,使整个根系浸入培养液中,将培养瓶放在阳光充足、温度适宜(20~25 ℃)的地方,培养3~4 w。

### 5.培养幼苗观察记录

试验开始后每2 d观察一次,并用精密试纸检测培养液的pH,用1N的盐酸调整pH在5~6。为了使根系氧气充足,每天可定时用吸耳球打气2~3次,或在瓶盖与溶液间保留一定的空隙,以利于通气。每隔2 d加蒸馏水一次,补充瓶内蒸腾损失的水分,每隔1 w要更换培养液一次。记录幼苗发育状况(如株高、根平均长度及根数、叶片数量与颜色、缺素症状等)于表4-2-9中,此外,必须注意记录缺乏某一必需元素时最先出现症状的部位。各缺素培养液中的幼苗表现出明显的症状后,可把缺素培养液更换为完全培养液,观察症状逐渐消失的情况,并记录结果。必要时可根据需要测定植株内部元素的含量。

表4-2-9　　　　各种培养液中植株生长发育状况及缺素表现

| 记录项目 | 培养液类型 ||||||| 
|---|---|---|---|---|---|---|
|  | 完全液 | 缺N | 缺P | 缺K | 缺Ca | 缺Mg | 缺Fe |
| 叶色 |  |  |  |  |  |  |  |
| 叶数 |  |  |  |  |  |  |  |
| 株高 |  |  |  |  |  |  |  |
| 根数 |  |  |  |  |  |  |  |
| 平均根长 |  |  |  |  |  |  |  |
| 缺素症状 |  |  |  |  |  |  |  |
| 病症发生部位 |  |  |  |  |  |  |  |

【实训报告】

1.培养液用Fe-EDTA有何特点？若用一般的亚铁盐,当溶液酸碱度发生变化时将会发生什么情况？

2.培养过程中为何要用吸耳球打气？

3.阐明哪些缺素症首先出现在嫩叶,哪些首先出现在老叶,分析其原因。

## (二)定量测定培养液中N、P和K

【实训原理】

植物在溶液培养的过程中,培养液中的矿质元素由于植物的吸收而发生量的变化。该实训利用72型分光光度计来定量测定培养前后培养液中N、P、K的具体含量,从而得出培养期间的变化。

N、P、K各元素和特定的试剂能发生显色反应,当测定出光密度后,在各自标准曲线上可查找出相应的浓度即含量多少。

N、P、K 各元素的显色反应：

(1)硝酸态氮与酚二磺酸试剂作用,在有 $NH_4OH$ 存在的碱性溶液中,生成黄色的硝基酚二磺酸铵,其反应如下

(2)在一定的酸性条件下,磷酸与钼酸(或钼酸铵)相结合形成的磷钼酸 $H_3[P(Mo_3O_{10})_4]$[或磷钼酸铵 $(NH_2)_3 \cdot PO_4 \cdot 12MoO_3$]在还原剂的作用下被还原成深蓝色的复杂磷钼酸蓝氧化物。

(3)溶液中的钾在 pH 为 6.5～7.0 时,能与亚硝酸钴钠作用生成黄色的亚硝酸钴钠钾沉淀,其反应如下

$$2K^+ + Na_3[Co(NO_2)_6] \longrightarrow K_2Na[Co(NO_2)_3]\downarrow + 2Na^+$$

若溶液中有 $NH_4^+$ 存在,则 $NH_4^+$ 可与试剂生成相似的黄色沉淀物 $(NH_4)_2Na[Co(NO_2)_3]$。因此试验前先用少量甲醛将铵固定。

【材料、仪器及试剂】

1. 材料

培养过和未培养过植物的培养液,即经过两周培养更换下来的完全培养液(更换前注意将液面调到原来位置)和未培养过植物的完全培养液。

2. 仪器及试剂

(1)定 N 用

①酚二磺酸:称取苯酚 25 g,溶解在 150 mL 浓硫酸中,加入 75 mL 发烟硫酸,在烧杯中混合,放在沸水中加热 6 h 后,储藏在棕色瓶中。

② $NH_4OH$ 溶液:1 份 $NH_4OH$(密度 0.90)加 2 份蒸馏水的混合液。

③用含氮标准液定 N:称取干燥的 $KNO_3$ 0.0722 g 溶解于少许蒸馏水中,在 1 L 容量瓶内加蒸馏水至刻度,即含氮 10 μg/g 的标准液,再以此标准液稀释成 0.2 μg/g、0.5 μg/g、0.8 μg/g、1 μg/g 各种浓度的标准液,按上述方法比色后,于半对数纸上绘成标准曲线。

④100 mL 烧杯 1 个。

⑤50 mL 容量瓶 1 个。

⑥酒精灯、三脚架附石棉网 1 个。

⑦火柴。

⑧72 型分光光度计 1 台。

⑨水浴。

⑩移液管。
⑪玻璃棒两根。
⑫蒸发皿2个。
⑬玻璃铅笔1支。

(2)定P用

①15％$H_2SO_4$：15 mL 96％$H_2SO_4$加81 mL蒸馏水。

②2％酒石酸：2 g酒石酸溶于100 mL蒸馏水中。

③4％硫酸钼酸铵溶液：称取30 g钼酸铵，溶于400 mL蒸馏水中，加入360 mL 6 N $H_2SO_4$，再以蒸馏水稀释至1 L。注意不能先将钼酸铵溶液注入硫酸$H_2SO_4$，这样将生成蓝色钼的氧化物，再稀释虽色浅，但对钼蓝比色测定仍有影响。

④1,2,4-氨基萘酚磺酸溶液：称取30 g $NaHSO_4$溶于400 mL蒸馏水中，加入3 g $Na_2SO_4$，再加入1 g 1,2,4-氨基萘酚磺酸，以蒸馏水稀释至1 L。

⑤含磷标准液：精确称取1.9167 g $KH_2PO_4$（重结晶）溶于1 L蒸馏水中（必用容量瓶）。取此溶液50 mL加水稀释至1 L，再取此溶液100 mL加水稀释至1 L，则此溶液每毫升含0.005 mg $P_2O_5$。标准曲线的绘制如下：

a.含$P_2O_5$从0～0.005 mg/50 mL范围：在6个50 mL容量瓶中分别用移液管注入0 mL,2 mL,4 mL,6 mL,8 mL,10 mL标准磷溶液，按与待测液相同办法进行处理（注意与待测液的条件必须一致）并进行比色。以坐标纸的横轴表示每一容量瓶中的含磷量，纵轴表示比色计相应的光密度，画出磷的标准曲线。

b.含$P_2O_5$从0～0.2 mg/50 mL范围：在8个50 mL容量瓶中分别用移液管注入0 mL,10 mL,15 mL,20 mL,25 mL,30 mL,35 mL,40 mL标准磷溶液，按照(1)处理得出磷的标准曲线。

⑥50 mL容量瓶1个。

⑦5 mL,10 mL移液管各1支。

(3)定K用

①中性甲醛：100 mL 40％甲醛中加20滴酚酞后加碱至浅玫瑰红色出现，加蒸馏水1倍稀释之。

②70％酒精。

③30％ $Na_3[Co(NO_2)_6]$：将30 g $Na_3[Co(NO_2)_6]$溶于100 mL蒸馏水中。

④含钾标准液：称取纯的KCl 0.7915 g溶于蒸馏水中，稀释至1000 mL，每毫升中含有0.0005 g的$K_2O$，然后分别吸取钾标准液1 mL,2 mL,3 mL,4 mL,5 mL,6 mL,7 mL,8 mL,9 mL,10 mL,12 mL,14 mL,16 mL加于13个100 mL容量瓶中，用蒸馏水稀释至刻度，将每瓶中吸出4 mL按未知样品分析进行比色测定。

⑤100 mL烧杯1个。

⑥20 mL试管1支。

⑦10 mL移液管2支。

⑧玻璃棒1根。

【方法与步骤】

1.测定氮的含量

(1)作含N标准曲线。

(2)测定硝态氮。用移液管吸取已培养过植物的培养液5 mL于蒸发皿中,在水浴上蒸发至干。冷却后迅速加入30滴酚二磺酸,旋转蒸发皿,使试剂接触到所有的蒸干物。静置10 min使溶液成微碱性稳定的黄色。然后将溶液移至25 mL容量瓶中(注意洗净蒸发皿),稀释到刻度后,进行比色,记下光密度读数,在标准曲线上查出相应浓度。用同法对未培养过植物的培养液进行测定。

2.测定磷的含量

(1)作含P标准曲线。

(2)测定P。用移液管吸取已培养过植物的培养液10 mL放入50 mL容量瓶中,加5 mL 15% $H_2SO_4$,5 mL 2%酒石酸,4 mL 4%硫酸钼酸铵溶液(每加入一种试剂都必须把溶液摇匀)。加蒸馏水至容量瓶3/4处,在沸水浴中煮沸2 min,取出后马上加30滴1,2,4-氨基萘酚磺酸,摇匀。放入冷水浴中冷却后稀释至刻度,进行比色,记下光密度读数。在标准曲线上查出P的浓度,用同法对未培养过植物的培养液进行测定。

3.测定钾的含量

(1)作含K标准曲线。

(2)测定K。用移液管吸取已培养过植物的培养液20 mL于100 mL烧杯中,用蒸馏水稀释1倍后,加入新配制好的中性甲醛10滴,溶液保存在室温或16~22 ℃水浴中待测。

用移液管吸取4 mL 70%酒精于试管中,加入30% $Na_3[Co(NO_2)_6]$12滴,摇匀后加入待测液4 mL,立即用玻璃棒搅匀后置于16~22 ℃水浴中。5 min后进行比色,记下光密度读数,在标准曲线上查出K的浓度,用同法对未培养过植物的培养液进行测定。

【实训报告】

1.根据标准液的浓度和测得的相应光密度绘制N、P、K的工作曲线。

2.记录实测光密度并查出培养液中N、P、K的含量。

3.分析已培养植物的培养液和未培养植物的培养液中N、P、K的含量的差异,并作出结论。

# 考核内容

【知识考核】

一、名词解释

矿质营养;矿质元素;单盐毒害;离子拮抗;交换吸附;平衡溶液;叶片营养。

二、简述题

1.植物的基本元素中哪些属于大量元素?哪些属于微量元素?

2.简述植物矿质元素的基本功能。

3.根系吸收矿质元素的方式有哪些?如何进行吸收?

4.根外施肥有哪些优点?

5. 植物吸收矿质元素后如何在体内进行分布利用？
6. 简述根系吸收矿质元素的影响因素。
7. 作物的需肥规律有哪些？如何提高肥效？
8. 化肥施用过多为什么会烧苗？施用化肥应注意哪些环节？

【专业能力考核】

一、请利用"植物缺乏矿质元素症状检索表"及植物缺素症的相关知识，对大田作物（水稻、棉花、小麦、玉米等）的营养状况进行调查和分析。

二、以工作小组形式，设计与实施一个当水稻（或小麦等）缺乏肥料"三要素"时所产生缺素症状的培养试验，并详细记录试验过程中因缺素植株所产生的各种现象。

【职业能力考核】

**考核评价表**

| 子情境 4-2：测定植物矿质营养 ||||||
|---|---|---|---|---|---|
| 姓名： |||| 班级： ||
| 序号 | 评价内容 | 评价标准 | 分数 | 得分 | 备注 |
| 1 | 专业能力 | 资料准备充足，获取信息能力强 | 10 | 80 | |
| | | 能正确分析判断植物缺素时的症状 | 40 | | |
| | | 按要求完成技能训练，现象分析全面、结论总结到位 | 30 | | |
| 2 | 方法能力 | 获取信息能力、组织实施、问题分析与解决、解决方式与技巧、科学合理的评估等综合表现 | 10 | | |
| 3 | 社会能力 | 工作态度、工作热情、团队协作互助的精神、责任心等综合表现 | 5 | | |
| 4 | 个人能力 | 自我学习能力、创新能力、自我表现能力、灵活性等综合表现 | 5 | | |
| 合计 |||| 100 ||

教师签字： 年 月 日

# 子情境 4-3　测定植物的光合作用

### 学习目标

1. 掌握叶绿体和光合色素的种类
2. 掌握叶绿体色素的提取、分离技术
3. 掌握叶绿体色素的定量测定方法
4. 掌握植物光合强度的测定方法
5. 认知提高作物产量的途径

### 职业能力

1. 能提取和分离叶绿体色素
2. 能使用分光光度计来测定叶绿体色素含量
3. 能测定植物的光合强度

### 学习任务

1. 认知叶绿体和光合色素的种类
2. 认知影响光合作用的因素
3. 认知提高作物产量的途径
4. 提取分离植物叶绿体色素
5. 测定植物叶绿体色素含量
6. 测定植物的光合强度

### 建议教学方法

思维导图教学法、项目教学法

## 一、光合作用的概念及意义

绿色植物的主要生理功能是进行碳素同化的光合作用,构成植物有机体的干物质中约 95% 来自光合作用,仅约 5% 来自矿质营养。光合作用被称为"地球上最重要的化学反应",没有光合作用就没有繁荣的生物世界。当今人类社会面临的食物不足、能源危机、资源匮乏、环境恶化等问题,无一不与植物的光合作用有关。

### (一) 光合作用的概念

光合作用是指绿色植物吸收太阳光能,将 $CO_2$ 和 $H_2O$ 合成有机物质并释放氧气的过程。光合作用产生的有机物主要是碳水化合物,其总反应式可用下式表示

$$nCO_2 + nH_2O \xrightarrow[\text{光能}]{\text{绿色细胞}} (CH_2O)_n + nO_2$$

上式中 $(CH_2O)_n$ 代表光合作用的最终产物碳水化合物。式中反应物 $CO_2$ 中的碳是氧化态,而生成物 $(CH_2O)_n$ 中的碳是还原态,所以光合作用是一个氧化还原反应。其中

$CO_2$作为氧化剂,在反应中被还原,而$H_2O$作为还原剂,在反应中提供$CO_2$所需的氢质子,本身则被氧化。

### (二)光合作用的意义

**1. 将无机物转变成有机物**

人类及自然界中的所有生物,包括绿色植物本身都消耗有机物质作为建造自身物质和能量的来源。绿色植物的光合作用制造的有机物质是地球上有机物的最主要来源。光合作用制造的有机物质是极其巨大的,据估计,地球上绿色植物每年要固定$2×10^{11}$ t 碳素,其中40%是由浮游植物同化固定的,60%是由陆生植物同化固定的。今天人类及动物界的全部食物(如粮、油、蔬菜、水果、牧草、饲料等)和某些工业原料(如棉、麻、橡胶、糖等)都直接或间接地来自光合作用。

**2. 将光能转变为化学能**

绿色植物将光能转变为稳定的化学能,除供给人类及全部异养生物外,还提供了人类活动的能量。我们现在所用的煤炭、天然气、石油等能源都是远古植物光合作用所形成的。随着人类对化石能源的开采殆尽,人类将目光转向通过光合作用解决能源问题。现在世界上的一些能源消耗大国,如美国,已经开始利用植物材料发酵制作酒精,用作燃料,代替汽油。同时,工业所用的氢气,也可以通过光合放氢来生产。因此,人们也把绿色植物称为自然界巨大的太阳能转换站。

**3. 维持大气中$CO_2$和$O_2$的相对平衡**

地球上生物呼吸和燃烧每年约消耗$O_2$的量为$3.15×10^{11}$ t,依这样的速度计算,大气中的$O_2$约3000年就会被用尽。地球上的$O_2$和$CO_2$能基本保持一个相对稳定值,就是由于绿色植物的光合作用不断地吸收固定$CO_2$,同时释放出$O_2$。光合作用每年释放出$5.35×10^{11}$ t $O_2$,可以调节大气中$CO_2$与$O_2$的含量,使之保持平衡状态;一部分$O_2$转化成臭氧($O_3$),在大气上层形成一个$O_3$层,吸收阳光中的强紫外辐射,保护生物。大气中的$CO_2$每300年循环一次,而$O_2$通过光合作用每2000年循环一次。现在,由于人类对能源消耗的快速增长和大量砍伐森林,破坏了$CO_2$和$O_2$的动态平衡,使大气中的$CO_2$浓度增加,导致温室效应增强,气温升高。要解决人类的这一生态危机问题,一方面要削减能源消耗,另一方面更为重要的是要恢复森林植被。

太阳是地球上所有生物代谢能量的最终来源,所有生命形式的维持都依赖于植物的光合作用,光合作用的研究在理论上和实际上都具有重要意义。在农业上人们栽种的目的在于获得更多的光合产物,农业生产的耕作制度和栽培措施,都是为了更大限度地进行光合作用。研究光合作用的机理,对于工业上利用太阳能、人工模拟光合作用合成食物等,都具有指导意义。

## 二、叶绿体及光合色素的概述

### (一)叶绿体

高等植物的叶片是进行光合作用的主要器官,而叶肉细胞中的叶绿体是进行光合作用的细胞器。

### 1. 叶绿体的形态及分布

高等植物的叶绿体大多数呈扁平椭圆形。一般直径为 3～7 μm，厚为 2～3 μm，主要分布在叶片的栅栏组织和海绵组织中，每个叶肉细胞内有 50～200 个叶绿体。据统计每平方毫米蓖麻叶片中，就有 $3\times10^7$～$5\times10^7$ 个叶绿体。这样叶绿体的总表面积比叶片要大得多，对吸收太阳光能和空气中的 $CO_2$ 都十分有利。

叶绿体在细胞中不仅可以随原生质环流运动，还可以随光照的方向和强度而运动。在弱光下，叶绿体以扁平的一面向光以接受较多的光能；而在强光下，叶绿体的扁平面与光照方向平行，不致吸收过多强光而引起结构破坏和功能丧失。

### 2. 叶绿体的基本结构

叶绿体由叶绿体膜、类囊体和基质组成(图 4-3-1)。

(1) 叶绿体膜

叶绿体膜由两层组成。每层膜的厚度为 6～8 nm，内外两膜有 10～20 nm 宽的间隙，称为膜间隙。叶绿体膜的主要功能是控制物质进出，维持光合作用的微环境。外膜通透性大，许多化合物如核酸、无机物、蔗糖等可自由通过。内膜具有选择透过性，是细胞质和叶绿体基质的功能屏障。在内膜上有特殊转运载体转运代谢物。

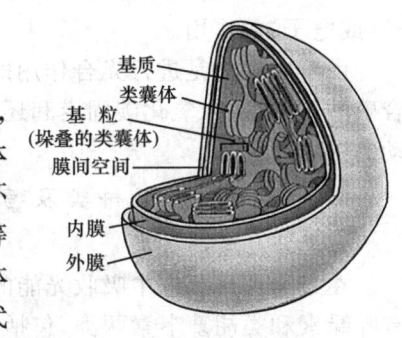

图 4-3-1 叶绿体结构

(2) 类囊体

叶绿体基质中有许多由单位膜封闭而成的扁平小囊，称为类囊体。它是叶绿体内部组织的基本结构单位，上面分布着许多光合作用色素，是光合作用的光反应场所，也有人称类囊体为光合膜。

类囊体一般沿叶绿体长轴平行排列，在某些部位有许多圆盘状的类囊体堆积而成的柱形颗粒，称为基粒(图 4-3-2)。类囊体分为两类：一类是基质类囊体，又称为基质片层，伸展在基质中彼此不重叠；另一类是基粒类囊体，或称基粒片层，可自身或与基质类囊体重叠，组成基粒。一个基粒由 5～30 个基粒类囊体组成，最多的可达上百个，每一个叶绿体中含 40～80 个基粒。

类囊体膜的形成大大增加了膜片层的总面积，可更有效地收集光能、加速光反应。类囊体膜

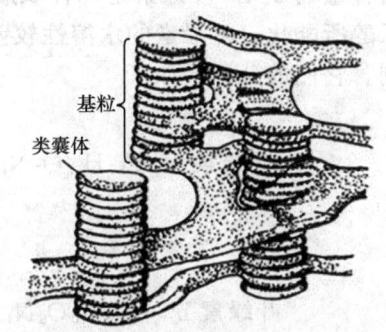

图 4-3-2 叶绿体中的基粒和基质结构

含有叶绿素，是光合作用的基地。在类囊体膜上分布着许多电子载体蛋白，如质体醌(PQ)、质体蓝素(PC)和铁氧还蛋白(Fd)等，它们参与光合作用的电子传递。

(3) 叶绿体基质

叶绿体内膜与类囊体之间的无定形的物质，称为叶绿体基质。基质以水为主体，内含多种离子、低分子有机物及可溶性蛋白质等，其中核酮糖-1,5-二磷酸(RuBP)羧化酶/加氧酶占可溶性蛋白质总量的 60%。此外还有核糖体、DNA 和 RNA 等。基质是进行碳同化的场所，在基质中能进行多种多样复杂的生化反应。

### 3. 叶绿体的成分

叶绿体的主要成分为水，约占 75%。在干物质中，以蛋白质、脂类、色素和无机盐为主。蛋白质是叶绿体结构和功能的基础，占叶绿体干重的 30%～45%。蛋白质在叶绿体中最重要的功能是作为代谢过程中的催化剂，如酶本身就是由蛋白质组成的；又如起电子传递作用的细胞色素、质体蓝素等，都是与蛋白质相连成为复合体的。叶绿体的色素很多，占干重的 8% 左右，在光合作用中起着决定性作用。叶绿体还含有 20%～40% 的脂类，它是组成膜的主要成分之一。叶绿体中还含有 10%～20% 的储藏物质，如糖类；10% 左右的灰分元素，如铁、铜、锌、钾、磷、钙、镁等。此外，叶绿体还含有各种核苷酸如 $NAD^+$、$NADP^+$、ADP 和 ATP 等，醌类，质体醌（PQ），它们在光合过程中起着传递氢原子（或电子）的作用。

由于叶绿体是进行光合作用的主要场所，许多反应都要有酶参与。叶绿体中含有光合磷酸化酶系、二氧化碳固定和还原酶系等几十种酶。所以，叶绿体是细胞里生物化学活动的中心之一。

### （二）光合色素的种类及特性

#### 1. 光合色素的种类

在光合作用反应中吸收光能的色素称为光合色素。高等植物体内的叶绿体光合色素有叶绿素和类胡萝卜素两类，包括叶绿素 a、叶绿素 b、胡萝卜素和叶黄素四种色素。藻类植物还含有藻胆素，包括藻红素和藻蓝素两种色素。

（1）叶绿素

叶绿素是使植物呈现绿色的色素。高等植物中叶绿素的含量可占全部色素的 2/3，主要有叶绿素 a 和叶绿素 b 两种，叶绿素 a 呈蓝绿色，叶绿素 b 呈黄绿色，叶绿素 a 占叶绿素含量的 3/4。叶绿素是一种双羧酸的酯，它的一个羧基为甲醇所酯化，另一个羧基为叶绿醇所酯化。叶绿素的水溶性较差，但溶于有机溶剂，如酒精、丙酮、石油及醚类等有机溶剂。它们的分子式如下

$$\text{叶绿素 a} \quad C_{55}H_{72}O_5N_4Mg \text{ 或 } C_{32}H_{30}ON_4Mg \begin{cases} COOCH_3 \\ COOC_{20}H_{39} \end{cases}$$

$$\text{叶绿素 b} \quad C_{55}H_{70}O_6N_4Mg \text{ 或 } C_{32}H_{28}O_2N_4Mg \begin{cases} COOCH_3 \\ COOC_{20}H_{39} \end{cases}$$

从叶绿素的分子结构来看，叶绿素是由一个卟啉环的"头"部和一个叶绿醇的"尾"部构成，称为镁核。卟啉环由 4 个吡咯环通过 4 个甲烯基（—CH=）连接而成。镁原子位于卟啉环的中央，带正电荷，而与之相连的氮原子则偏向于带负电荷，所以，卟啉环具有极性，表现为亲水特性，可以和蛋白质结合。叶绿醇是由四个异戊二烯单位组成的双萜，叶绿醇通过酯键与第四个吡咯环侧链上的丙酸相结合。叶绿醇是一个亲脂的脂肪链，即可以和脂类结合，它决定了叶绿素分子的亲脂性。所以，叶绿素分子具有亲水和亲脂的双重特性。这一特性也决定了叶绿素分子在光合膜上的排列方向。

由于叶绿素分子是由叶绿酸中的两个羧基分别与甲醇和叶绿醇酯化形成的，因此可

发生皂化反应。叶绿素分子中卟啉环中的镁原子可被 $H^+$、$Cu^{2+}$ 和 $Zn^{2+}$ 等所置换。用酸处理叶片，$H^+$ 易进入叶绿体，置换镁原子形成去镁叶绿素，叶片呈褐色。去镁叶绿素再与铜离子结合，形成铜代叶绿素，呈鲜绿色，且颜色稳定持久。人们常用醋酸铜处理来保存绿色植物标本。叶绿素 a 和 b 的分子结构很相似，当叶绿素 a 的第二个吡咯环上的一个甲基（—$CH_3$）被醛基（—CHO）所取代，即叶绿素 b。

(2) 类胡萝卜素

叶绿体中类胡萝卜素是由 8 个异戊二烯单位组成的，是含有 40 个碳原子的化合物。它们不溶于水，但溶于有机溶剂。叶绿体中的类胡萝卜素有两种，即胡萝卜素和叶黄素。胡萝卜素呈橙黄色，叶黄素呈黄色。类胡萝卜素在光合作用过程中具有吸收和传递光能的作用，不参与光化学反应。同时，类胡萝卜素还可以通过叶黄素循环，吸收并耗散多余的光能，防止强光对叶绿素的破坏作用。

胡萝卜素是不饱和碳氢化合物，分子式为 $C_{40}H_{56}$，有 α、β 和 γ 三种同分异构体，高等植物叶片中常见的是 β-胡萝卜素。胡萝卜素在人类和动物体内水解后即转变成维生素 A。叶黄素是由胡萝卜素衍生的醇类，分子式是 $C_{40}H_{56}O_2$。高等植物叶片中叶绿素与类胡萝卜素的比值为 3∶1，所以正常的叶片是绿色。由于叶绿素对环境胁迫和矿质元素缺乏比胡萝卜素敏感，在早春或晚秋以及缺素条件下，叶绿素被破坏，叶片呈黄色。另外类胡萝卜素也存在于果实、花冠、花粉、柱头等器官的有色体中。

(3) 藻胆素

藻胆素是某些藻类的光合色素，在蓝藻和红藻等藻类中，常与蛋白质结合形成藻胆蛋白。根据颜色的不同，藻胆蛋白分为红色的藻红蛋白和蓝色的藻蓝蛋白。藻胆蛋白生色团的化学结构与叶绿素分子中的卟啉环有极相似的地方，将卟啉环打开伸直并去掉镁原子，便形成了有 4 个吡咯环的直链共轭系统。藻蓝蛋白是藻红蛋白的氧化产物。

2. 光合色素的光学特性

(1) 光合色素的吸收光谱

将光合色素提取液置于光源同分光镜之间，就可以看到光谱中有些波长的光线被吸收，而在光谱上就出现黑线或暗带，这种光谱叫作吸收光谱（图 4-3-3）。

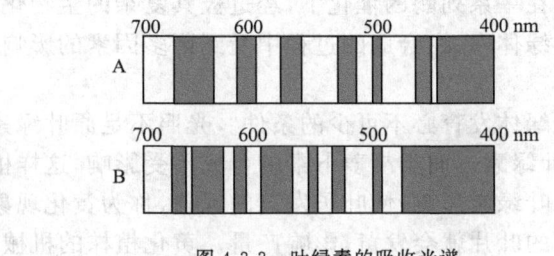

图 4-3-3 叶绿素的吸收光谱
A—叶绿素 a；B—叶绿素 b

不同的光合色素，其吸收光谱不同（图 4-3-4）。

叶绿素最强的吸收区有两处：波长 430~450 nm 的蓝紫光部分和 640~660 nm 的红光部分。叶绿素对橙光、黄光吸收较少，尤以对绿光的吸收最少，所以叶绿素溶液呈绿色。叶绿素 a 和叶绿素 b 的吸收光谱很相似，不同之处在于：叶绿素 a 在红光区的吸收带偏向长波方向，在蓝紫光区的吸收带则偏向短波方向；叶绿素 b 吸收短波蓝紫光的能力比叶绿素 a 强。

类胡萝卜素的吸收带在 400～500 nm 的蓝紫光区，基本不吸收红、橙、黄光，从而呈现橙黄色或黄色。

藻胆素的吸收光谱与类胡萝卜素恰好相反，主要吸收红橙光和黄绿光。藻红蛋白和藻蓝蛋白两者吸收光谱的差异较大，藻红蛋白的最大吸收峰在绿光和黄光部分，而藻蓝蛋白的最大吸收峰在橙红光部分。

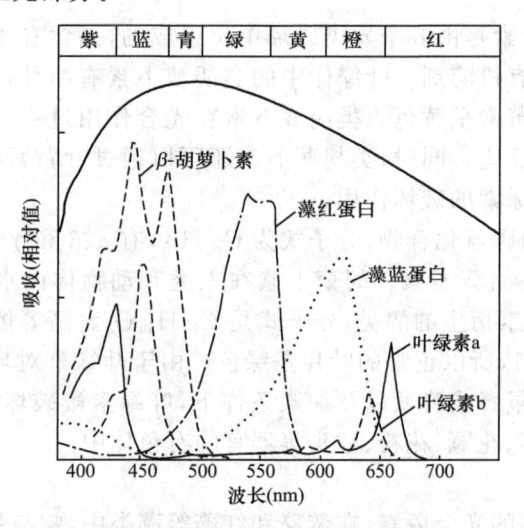

图 4-3-4 几种光合色素的吸收光谱

(2) 荧光现象和磷光现象

叶绿素溶液在透射光下呈绿色，而在反射光下呈红色（叶绿素 a 为血红色，叶绿素 b 为棕红色），这种现象称之为荧光现象。类胡萝卜素没有荧光现象。叶绿素除产生荧光外，当去掉光源后，还能继续辐射出极其微弱的红光（用精密仪器能测出来），此现象称为磷光现象。

3. 叶绿素生物合成的影响因素

叶绿素的生物合成是在一系列酶的催化下，经过极其复杂的生物化学反应来完成的，其合成部位在前质体或叶绿体中，在合成的过程中受到诸多因素的影响。

(1) 光照

这是叶绿素合成和叶绿体发育必不可少的条件。光照不足原叶绿素酸酯不能转变成叶绿素酸酯，故不能合成叶绿素。而类胡萝卜素的合成不受影响，这样植物就呈黄色。这种因缺乏某些条件而影响叶绿素形成，使叶子发黄的现象，称为黄化现象。作物如果种植过密，肥水过多，作物下部的叶片就会发黄，影响产量。黄化植株的机械组织比较少，细嫩可口，蔬菜生产上，豆芽菜、韭黄、白芦笋、葱白、蒜白、大白菜等就是通过遮光阻止叶绿素形成的例子。也有例外，如藻类、苔藓、蕨类和松柏科植物在黑暗中可以合成叶绿素，其数量不如在光下形成的多；柑橘种子的子叶及莲子的胚芽，在光照不足的条件下也能合成叶绿素，其机制还不清楚。

(2) 温度

叶绿素的合成是一系列的酶促反应，温度过高过低都不利于叶绿素的合成。叶绿素合成的温度范围较宽，为 2～40 ℃，最适温度为 30 ℃ 左右。秋天叶片变黄，早春树木嫩芽转绿慢以及田间早稻秧苗新出叶呈黄白色等,都是低温影响叶绿素合成的结果。高温条件下叶绿素的分解大于合成,因而夏天绿叶蔬菜存放不到一天就变黄;相反,温度较低时,叶绿素解体慢,这也是低温保鲜的原因之一。

(3)营养元素

叶绿素的形成必须有一定的营养元素。氮与镁是叶绿素的组成成分;铁是形成原叶绿素酸酯所必需的;锰、锌、铜可能是叶绿素合成中某些酶的活化剂。因此,缺少这些元素时都会引起缺绿症,其中尤以氮的影响最大,因而叶色的深浅可以作为衡量植株体内氮素水平高低的标志。

(4)氧

缺氧时引起 Mg-原卟啉Ⅸ及(或)Mg-原卟啉甲酯积累,而不能合成叶绿素。但一般情况下,地上部不会由于缺氧影响叶绿素的合成。

(5)水分

植物组织缺水时,叶绿素形成受阻,并且原有的叶绿素易受破坏。干旱时植物叶片呈黄褐色。

此外,叶绿素的形成还受遗传因素控制,如水稻、玉米的白化苗以及花卉中的斑叶不能合成叶绿素。有些病毒也能引起斑叶。

## 三、影响光合作用的因素

植物的光合作用受内外因素的影响,而衡量内外因素对光合作用的影响程度,常用的指标有光合速率和光合生产率。

光合速率又称为光合强度,通常是指单位时间、单位叶面积的 $CO_2$ 吸收量或 $O_2$ 的释放量,也可以用单位时间、单位叶面积所积累的干物质量表示。常用的单位有:$\mu mol \cdot m^{-2} \cdot s^{-1}$(以前用 $mg \cdot dm^{-2} \cdot h^{-1}$ 表示,1 $\mu mol \cdot m^{-2} \cdot s^{-1}$=1.58 $mg \cdot dm^{-2} \cdot h^{-1}$)、$\mu mol \cdot dm^{-2} \cdot h^{-1}$ 和 $mgDW(干重) \cdot dm^{-2} \cdot h^{-1}$。$CO_2$ 的吸收量可以用红外线 $CO_2$ 气体分析仪测定,$O_2$ 的释放量可以用红外线 $O_2$ 气体分析仪测定,干物质积累量可以用改良半叶法等方法测定。近几年来还利用便携式光合作用测定仪来直接测定植物的光合速率。

有些方法没有把呼吸作用以及呼吸释放的 $CO_2$ 被光合作用再固定等因素考虑在内,所测结果实际上是净光合速率。把净光合速率加上呼吸速率,便得到总光合速率或真光合速率,即

净光合速率+呼吸速率=总光合速率

光合生产率又称净同化率,是指植物在较长时间(一昼夜或一周)内,单位叶面积生产干物质的量,它实际上是单位叶面积白天的净光合生产量与夜间呼吸所消耗的差值。常用 $g \cdot m^{-2} \cdot d^{-1}$ 来表示。

(一)内部因素对光合作用的影响

1. 叶龄与叶位的影响

(1)叶龄

叶片的光合速率与叶龄密切相关。新长出的嫩叶由于叶组织发育未健全、气孔开度小、细胞间隙小、片层结构不发达、光合色素含量低、光合酶含量与活性低、呼吸作用旺盛等原因,净光合速率很低,需要从其他功能叶片输入同化物。但随着幼叶的成长,光合速率不断上升;当叶片长至面积和厚度最大时,光合速率通常也达到最大值,以后随着叶片

衰老，叶绿体内部结构的解体，光合速率下降。叶片充分展开后光合速率维持较高水平的时期，称为叶片的功能期，处于功能期的叶片叫功能叶。

(2) 叶位

同一生育期，着生在不同部位的叶片其相对光合速率不同。例如，处在营养生长期的禾谷类作物，其心叶的光合速率较低，倒3叶的光合速率往往最高；而在结实期，叶片的光合速率自上而下衰减。

同一叶片，不同部位上测得的光合速率往往不一致。例如，禾本科作物叶尖的光合速率比叶的中下部低，这是叶尖部较薄，且易早衰的缘故。

2. 光合产物的输出与积累的影响

光合产物从叶片中输出的快慢会影响叶片的光合速率。当植株去掉顶芽、摘花或摘果实，叶片光合产物输出受阻，积累于叶片中的光合产物会使叶片光合速率下降；如果去掉部分叶片，剩余叶片光合产物输出增多，积累减少，会刺激保留叶片的光合速率上升。离果穗最近的叶片，其光合速率大于其他叶片，这也是因为其需求比其他叶片大。对果树枝条进行环割，光合产物不能外运，叶片光合速率明显下降。

叶片光合产物积累到一定水平也会影响光合速率。影响光合速率的原因：①反馈抑制作用。如蔗糖的积累会抑制磷酸蔗糖合成酶的活性，使细胞质和叶绿体中磷酸丙糖含量增加，磷酸丙糖的积累又抑制磷酸甘油酸的还原，从而影响$CO_2$的固定；②淀粉粒的影响。叶肉细胞中蔗糖的积累，会促进淀粉的合成，并形成淀粉粒。过多过大的淀粉粒会压迫叶绿体内光合膜系统，造成膜损伤；淀粉粒也有遮光作用，从而阻碍光合膜对光的吸收。

3. 生育期的影响

一株植物不同生育期的光合速率，一般都以营养生长中期最强，到生长末期下降。以水稻为例，分蘖盛期的光合速率最高，以后随生育期的进展而下降，特别是抽穗以后下降比较快。但从群体来看，其光合速率不仅决定于单位叶面积的光合速率，而且很大程度上受总叶面积及群体结构的影响。水稻群体的光合速率有两个高峰：一个在分蘖盛期，另一个在孕穗期。此后，下层叶片枯黄，单株叶面积减少，光合速率急剧下降。在农业生产上，通过栽培措施以延长生育后期的叶片寿命和光合功能，使后期光合速率下降缓和一些，有利于种子饱满充实。

4. 不同植物种类或品种间存在着差异

不同的植物，特别是在$C_4$和$C_3$植物之间，光合速率有较大的差异(表4-3-1)。

表 4-3-1　　　　　　　　几种作物的光合速率　　　　　　　　$\mu mol \cdot m^{-2} \cdot s^{-1}$

| 作物 | 水稻 | 大豆 | 烟草 | 玉米 |
| --- | --- | --- | --- | --- |
| 光合速率 | 8.06~10.74 | 3.56~6.83 | 2.73~4.08 | 22.44 |

注：光强度为3800 lx；温度为34~35 ℃

同一种作物不同品种间的光合速率也存在很大差异。根据一些资料表明，水稻不同品种间的光合强度差异最高的可达80%。玉米不同品种的差异竟达200%。我国各种作物品种资源十分丰富，研究作物间光合速率的差异，寻求高光效品种，是十分有意义的。

(二) 外部因素对光合作用的影响

1. 光照

光是光合作用的能量来源，也是形成叶绿素、叶绿体以及正常叶片的必要条件，光还显著地调节光合酶的活性与气孔的开度,因此光是影响光合作用的重要因素。光照因素包括光强、光质与光照时间,这些对光合作用都有比较大的影响。

(1)光强

光照强度可以用照度计等仪器快速测量。

①光强-光合速率曲线(图4-3-5)

在黑暗中叶片不进行光合作用,只有呼吸作用释放$CO_2$。随着光强的增高,光合速率相应提高,当到达某一光强时,叶片的光合速率等于呼吸速率,即$CO_2$吸收量等于$CO_2$释放量,净光合速率为零,这时的光强称为光补偿点。在低光强区,光合速率随光强的增强而成比例地增加(比例阶段,直线A);当超过一定光强,光合速率增加就会转慢(曲线B);开始达到光合速率最大值时的光强称为光饱和点,此点以后的阶段称为饱和阶段(直线C)。当达到某一光强时,光合速率就不再增加,这种现象称为光饱和现象。

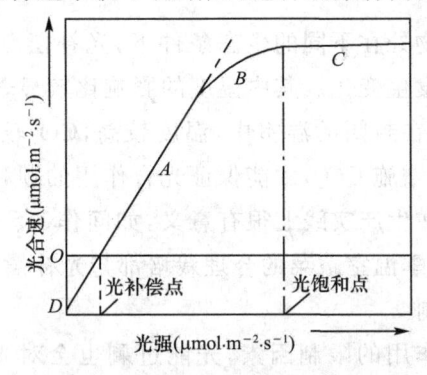

图 4-3-5 光强-光合速率曲线图解
A—比例阶段;B—比例向饱和过渡阶段;C—饱和阶段

产生光饱和现象的原因主要有两方面:一是光合色素和光化学反应来不及利用过多的光能;二是固定及同化$CO_2$的速度较慢,不能与光反应、电子传递和光合磷酸化的速度相协调。

不同植物的光补偿点和光饱和点不同(表4-3-2)。一般来说,光补偿点高的植物一般光饱和点也高。草本植物的光补偿点与光饱和点通常要高于木本植物;阳生植物的光补偿点与光饱和点要高于阴生植物;$C_4$植物的光饱和点要高于$C_3$植物。例如,水稻和棉花的光饱和点为40~50 klx,小麦、菜豆、烟草的光饱和点为30 klx。

**表4-3-2 不同植物叶片在自然$CO_2$浓度及最适温度下的光补偿点和光饱和点** klx

| 植物类型 | | | 光补偿点 | 光饱和点 |
|---|---|---|---|---|
| 草本植物 | 栽培$C_4$植物 | | 1~3 | >80 |
| | 栽培$C_3$植物 | | 1~2 | 30~80 |
| | 草本阳生植物 | | 1~2 | 50~80 |
| | 草本阴生植物 | | 0.2~0.3 | 5~10 |
| 木本植物 | 落叶乔木和灌木 | 阳生叶 | 1~1.5 | 25~50 |
| | | 阴生叶 | 0.3~0.6 | 10~15 |
| | 常绿阔叶树和针叶树 | 阳生叶 | 0.5~1.5 | 20~50 |
| | | 阴生叶 | 0.1~0.2 | 5~10 |
| 苔藓和地衣 | | | 0.4~2 | 10~20 |

光补偿点和光饱和点是植物需光特性的两个主要生理指标，用来衡量需光量。植物达到光饱和点时的光合速率表示植物同化 $CO_2$ 的最大能力。在光饱和点以下，光合速率随光照强度的减少而降低。在光补偿点时，光合积累与呼吸消耗相抵消，再加上夜间的呼吸消耗，光合产物亏空。所以，植物所需的最低光强必须高于光补偿点。光补偿点低的植物较耐阴，即在较低的光强度下能够形成较多的光合产物，如大豆的光补偿点仅为 0.5 klx，可以与玉米间作，在玉米行中仍能正常生长。光饱和点较高的植物在较强的光照下能形成更多的光合产物。对群体来说，上层叶片接受的光强往往会超过光饱和点，而中下层叶片的光强仍处在光饱和点以下，如水稻单株叶片光饱和点为 40～50 klx，而群体内则为 60～80 klx，因此改善中下层叶片的光照，力求让中下层叶片接受更多的光照是高产的重要条件。

不同种植物或同种植物处在不同的生态条件下，光补偿点不同，并且随温度、水分和矿质营养等条件的不同而发生变化。其中温度的影响比较显著，温度高时呼吸作用增加，光补偿点就被提高。例如，在封闭的温室中，温度较高，$CO_2$ 较少，光补偿点就会提高，这时须降低室温、通风换气或增施 $CO_2$，才能保证光合作用的顺利进行。

了解植物的光补偿点在生产实践上很有意义，如间作、套种时作物品种的搭配，林带树种的配置，间苗、修剪、冬季温室蔬菜的合理栽培都与光补偿点有关。

②强光伤害——光抑制

光能不足会成为光合作用的限制因素，光能过剩也会对光合作用产生不利的影响。当植物接受的光能超过它所需要的量时，过剩的光能会引起光合效率的降低，这个现象就叫光合作用的光抑制。

晴天中午的光强常超过植物的光饱和点，很多 $C_3$ 植物，如水稻、小麦、棉花、大豆、毛竹、茶花等都会出现光抑制，轻者使植物光合速率暂时降低，重者叶片变黄，光合活性丧失。当强光与高温、低温、干旱等不良环境条件同时存在时，光抑制现象更为严重。通常光饱和点低的阴生植物更易受到光抑制危害。

大田作物因光抑制而降低的产量可达 15% 以上。为了保证作物生长良好，使叶片的光合速率维持较高的水平，加强对光能的利用，必须采取有效的措施减轻光抑制。尽量避免强光下多种胁迫的同时发生，是减轻光抑制的首要条件。强光下在作物上方用塑料薄膜遮阳网或防虫网等遮光，能有效防止光抑制的发生，这在蔬菜和花卉的栽培中已普遍应用。

(2) 光质

太阳辐射中，只有可见光部分才能被光合作用利用。用不同波长的可见光照射植物叶片，测量到的光合速率不一样(图 4-3-6)，在 600～680 nm 红光区，光合速率有一个大的峰值，在 435 nm 左右的蓝光区又有一个小的峰值。可见，光合作用的作用光谱与叶绿体色素的吸收光谱大体吻合。

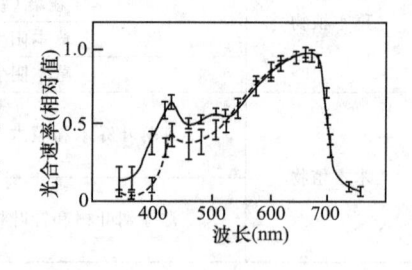

图 4-3-6 不同光波下植物的光合速率

在自然条件下，植物或多或少会受到不同波长的光线照射。例如，阴天不仅光强减弱，而且蓝光和绿光所占的比例增高；树木的叶片吸收红光和蓝光较多，故透过树冠的光线中绿光较多，由于绿光是光合作用的低效光，因而会使树冠下生长的、本来就光照不足的植物利用光能的效率更低，"大树底下无丰草"就是这个道理。

水层同样能改变光强和光质。水层越深，光照越弱，例如，20 m深处的光强是水面光强的1/20，如水质不好，深处的光强会更弱。水层对光波中的红、橙部分的吸收显著多于蓝、绿部分，深水层的光线中短波长的光相对较多。所以含有叶绿素、吸收红光较多的绿藻分布于海水的表层；而含有藻红蛋白、吸收绿蓝光较多的红藻则分布在海水的深层，这是海藻对光适应的一种表现。

(3) 光照时间

对放置于黑暗中一段时间的叶片或细胞照光，开始光合速率很低或为负值，光照一段时间后，光合速率逐渐上升并趋于稳定。从照光开始至光合速率达到稳定水平的这段时间，称为光合滞后期或称光合诱导期。一般整体叶片的光合滞后期为30~60 min，而排除气孔影响的去表皮叶片，细胞、原生质体等光合组织的滞后期约为10 min。将植物从弱光下移至强光下，也有类似情况出现。

产生滞后期的原因是光对酶活性的诱导以及光合碳循环中间产物的增生需要一个准备过程，而光诱导气孔开启所需时间则是叶片滞后期延长的主要因素。由于照光时间的长短对植物叶片的光合速率影响很大，因此在测定光合速率时要让叶片充分预照光。

2. $CO_2$

(1) $CO_2$-光合速率曲线

$CO_2$-光合速率曲线与光强-光合速率曲线相似，有比例阶段与饱和阶段(图4-3-7)。在光下，通入被碱吸收后$CO_2$浓度为零的空气时，叶片进行呼吸作用放出$CO_2$，使通过叶室的气体含有一定浓度的$CO_2$。随着$CO_2$浓度的增加，当光合作用吸收的$CO_2$与呼吸作用释放的$CO_2$相等时，环境中的$CO_2$浓度为$CO_2$补偿点(图中的$C$点)。当继续提高环境中的$CO_2$浓度，叶片光合速率随着$CO_2$浓度的增加而提高，当$CO_2$达到某一浓度时，光合速率达到最大值($P_m$)，此后再增加$CO_2$浓度，叶片光合速率不再增加，这时的$CO_2$浓度为$CO_2$饱和点(图中的$S$点)。

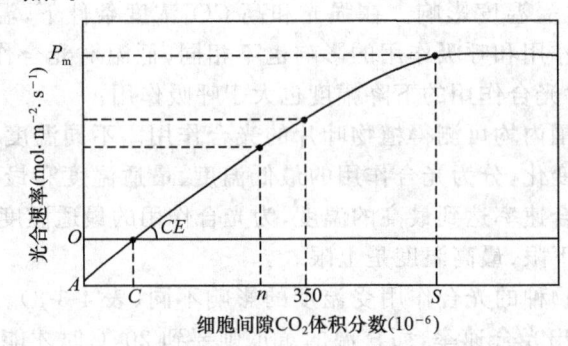

$n$点为空气浓度下细胞间隙$CO_2$浓度；其他各点含义同正文
图4-3-7 $CO_2$-光合速率曲线模式

$C_4$植物的$CO_2$补偿点和饱和点均低于$C_3$植物(图4-3-8)。$C_4$植物在低$CO_2$浓度下光合速率的增加比$C_3$植物快，$CO_2$的利用率高；$C_4$植物在大气$CO_2$浓度下就能达到饱和，$C_3$

植物$CO_2$饱和点不明显,光合速率在较高$CO_2$浓度下还会随浓度上升而提高。

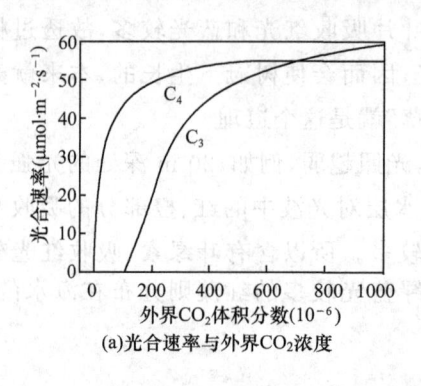

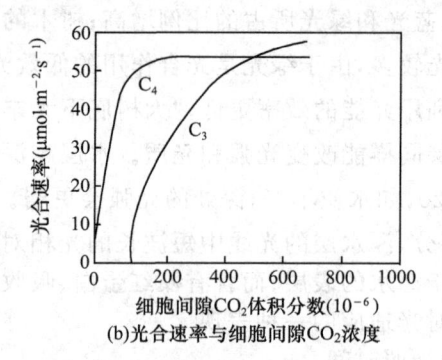

图4-3-8 $C_3$植物和$C_4$植物的$CO_2$-光合速率曲线比较

在正常生理情况下,植物的$CO_2$补偿点相对稳定。例如小麦100个品种的$CO_2$补偿点为$(52±2)\mu L \cdot L^{-1}$,大麦125个品种的为$(55±2)\mu L \cdot L^{-1}$,玉米125个品种的为$(1.3±1.2)\mu L \cdot L^{-1}$,猪毛菜(CAM植物)$CO_2$补偿点不超过$10\ \mu L \cdot L^{-1}$。在温度上升、光强减弱、水分亏缺、氧浓度增加等条件下,$CO_2$补偿点也随之上升。

(2)$CO_2$供应

$CO_2$是光合作用的碳源,陆生植物所需的$CO_2$主要从大气中获得。$CO_2$从大气至叶肉细胞间隙为气相扩散,而从叶肉细胞间隙到叶绿体基质则为液相扩散,扩散的动力为$CO_2$浓度差。

空气中的$CO_2$浓度较低,约为$350\ \mu L \cdot L^{-1}$(0.035%),而一般$C_3$植物的$CO_2$饱和点为$1000 \sim 1500\ \mu L \cdot L^{-1}$,是空气中的3~5倍。在不通风的温室、大棚和光合作用旺盛的作物冠层内的$CO_2$浓度会降至$200\ \mu L \cdot L^{-1}$左右。所以,加强通风或设法增施$CO_2$肥料能显著提高作物的光合速率,这对$C_3$植物尤为明显。

3. 温度

温度影响光合碳同化有关酶的催化活性,是影响光合作用的重要因素,同时光合产物的转化、合成和输出也受温度影响。在强光和高$CO_2$浓度条件下,温度成为主要限制因素。温度对叶片光合作用和呼吸作用的影响也不相同,低温对光合作用的抑制作用大于呼吸作用,高温下叶片光合作用的下降幅度也大于呼吸作用。

在较大的温度范围内均可测得植物叶片的光合作用。不同温度条件下,植物叶片的光合作用呈单峰曲线变化,分为光合作用的最低温度、最适温度和最高温度,即光合作用的温度三基点。使光合速率达到最高的温度,为光合作用的最适温度;最低温度是植物能进行光合作用的温度下限,最高温度是上限。

不同植物类型和物种的光合作用受温度的影响不同(表4-3-3)。例如耐低温的莴苣在5℃就能明显地测出光合速率,而喜温的黄瓜则要到20℃时才能测到;耐寒植物的光合作用冷限与细胞结冰温度相近;而起源于热带的植物,如玉米、高粱、橡胶树等在温度降至5~10℃时,光合作用已受到抑制。

表 4-3-3　　在自然的 $CO_2$ 浓度和光合条件下不同植物光合作用的温度三基点　　　　　　℃

| 植物种类 | | 最低温度 | 最适温度 | 最高温度 |
|---|---|---|---|---|
| 草本植物 | 热带 $C_4$ 植物 | 5～7 | 35～45 | 50～60 |
| | $C_3$ 农作物 | −2～0 | 20～30 | 40～50 |
| | 阳生植物(温带) | −2～0 | 20～30 | 40～50 |
| | 阴生植物 | −2～0 | 10～20 | 约 40 |
| | CAM 植物 | −2～0 | 5～15 | 25～30 |
| 木本植物 | 春天开花植物和高山植物 | −7～0 | 10～20 | 30～40 |
| | 热带和亚热带常绿阔叶乔木 | 0～5 | 25～30 | 45～50 |
| | 干旱地区硬叶乔木和灌木 | −5～1 | 15～35 | 42～55 |
| | 温带冬季落叶乔木 | −3～0 | 15～25 | 40～45 |
| | 常绿针叶乔木 | −5～3 | 10～25 | 35～42 |

一般而言,光合作用的最适温度是 25～30 ℃,高于 35 ℃ 光合速率开始下降,40～50 ℃ 时,光合作用完全停止。乳熟期小麦遇到持续高温,尽管外表上仍呈绿色,但光合功能已严重受损。产生光合作用热限的原因:一是膜脂与酶蛋白的热变性,使光合器官损伤,叶绿体中的酶钝化;二是高温下光呼吸和暗呼吸加强,净光合速率迅速下降;三是失水过多,影响气孔开度,$CO_2$ 供应减少。

昼夜温差对光合净同化率有很大的影响。白天温度高,日光充足,有利于光合作用的进行;夜间温度较低,降低了呼吸的消耗。因此,在一定温度范围内,昼夜温差大有利于光合积累。

在农业实践中要注意控制环境温度,避免高温与低温对光合作用的不利影响。温室与大棚具有保温与增温效应,能提高光合生产力,可以用来进行冬、春季的蔬菜栽培。

**4. 水分**

水是光合作用的原料,没有水不能进行光合作用。更重要的,植物缺水会使光合速率下降。

叶片接近水分饱和时才能进行光合作用,当叶片缺水达 20% 左右时,光合作用受到明显抑制。水分轻度亏缺时,供水后尚能恢复光合能力,若水分亏缺严重,供水后叶片水势虽可恢复至原来水平,但光合速率却难以恢复至原有的程度。因而在进行水稻烤田,棉花、花生蹲苗时,要控制烤田或蹲苗的程度。水分亏缺降低光合能力的主要原因有:第一,水分亏缺时,叶片中脱落酸量增加,从而引起气孔关闭,进入叶片的 $CO_2$ 减少。第二,水分亏缺时,叶片中的淀粉水解加强,糖类积累,光合产物输出变慢。第三,缺水时叶绿体的电子传递速率降低,并与光合磷酸化解偶联,影响同化力的形成;严重缺水还会使叶绿体变形,片层结构破坏,这些不仅使光合速率下降,而且使光合能力不能恢复。第四,缺水条件下,生长受抑制,叶面积扩展受到限制。

水分过多也会影响光合作用。土壤水分太多,通气不良,妨碍根系活动;雨水淋在叶片上,一方面遮挡气孔,影响气体交换,另一方面使叶肉细胞处于低渗状态,这些都会使光合速率降低。

### 5. 矿质营养

几乎所有的植物必需的大量和微量元素，都直接或间接地影响植物的光合作用。N、P、S、Mg 是叶绿体的组成成分，还参与同化力的形成和中间产物的转化；Cu、Fe 是光合链电子传递体的成分；Mn 和 Cl 是光合放氧的必需因子；K、Ca 对气孔开闭和同化物运输具有调节作用；K、Mg、Zn 是光合碳代谢有关酶的活化剂；磷酸和 B 能促进叶片光合产物的运输。因此，农业生产上合理施肥的增产作用，是靠调节植物的光合作用而间接实现的。

## （三）光合速率的日变化

一天中，外界的光强、温度、土壤和大气的水分状况、空气中的 $CO_2$ 浓度以及植物体的水分、光合中间产物的含量、气孔开度等都在不断地变化，这些变化会使光合速率发生日变化（图 4-3-9）。外界因素中光强日变化对光合速率日变化的影响最大。在温暖、水分供应充足的条件下，光合速率变化随光强日变化呈单峰曲线，即日出后光合速率逐渐提高，中午前达到高峰，以后逐渐降低，日落后光合速率趋于负值。在光强相同的情况下，通常下午的光合速率要低于上午的光合速率，这是由于经上午光合后，叶片中的光合产物有积累而发生反馈抑制。

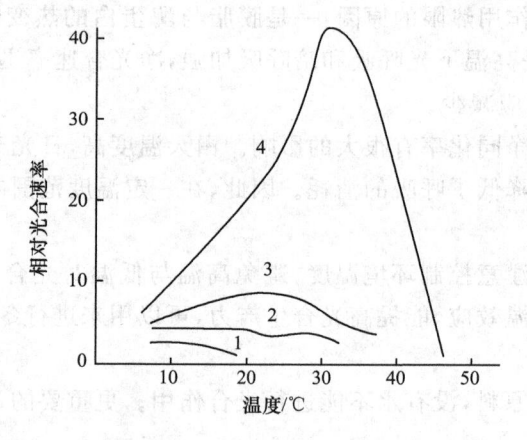

1—光照非常弱，$CO_2$ 浓度很低；2—全光照的 1/25，$CO_2$ 浓度为 0.03%；
3—全光照，$CO_2$ 浓度 0.03%；4—全光照，$CO_2$ 浓度为 1.22%
图 4-3-9 马铃薯光合作用的最适温度同光强和 $CO_2$ 浓度的关系

如果光照强烈、气温过高，则光合速率日变化呈双峰曲线，大峰在上午，小峰在下午，中午前后，光合速率下降，呈现"午睡"现象（图 4-3-10）。研究表明，"午睡"现象随土壤含水量的降低而加剧，引起光合"午睡"的主要因素是大气干旱和土壤干旱。在干热的中午，叶片蒸腾失水加剧，如果此时土壤水分也亏缺，那么植株的失水大于吸水，就会引起萎蔫与气孔导度降低，进而使 $CO_2$ 吸收减少。另外，中午及午后的强光、高温、低 $CO_2$ 浓度等条件都会使光呼吸激增，产生光抑制，这些也都会使光合速率在中午或午后降低。

光合"午睡"是植物遇干旱时普遍发生的现象，也是植物对环境缺水的一种适应方式。但是"午睡"造成的损失可达光合生产的 30%，甚至更多。所以在生产上应适时灌溉，或选用抗旱品种，增强光合能力，以缓和"午睡"程度。

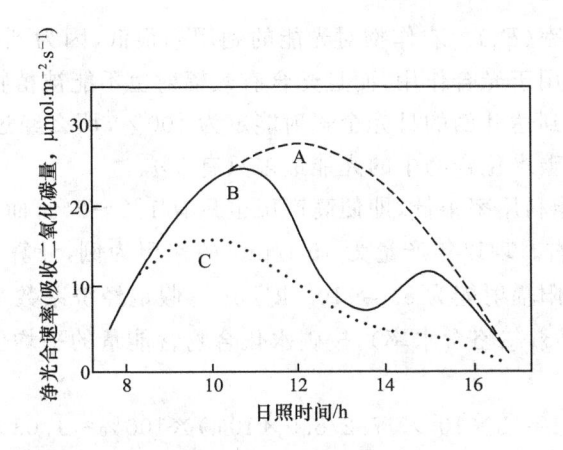

曲线 A：单峰的日进程
曲线 B：双峰的日进程，具有明显的光合"午睡"现象
曲线 C：单峰的日进程，但是具有严重的光合"午睡"现象

图 4-3-10　植物叶片光合速率的日变化

## 四、提高作物产量的途径

### (一)作物产量的构成因素

光合作用为农作物产量的形成提供了主要的物质基础，但作物各部分的经济价值是不同的，例如种植稻、麦、油菜和大豆等主要是为了收获籽粒；种植马铃薯、甘薯、甜菜等主要为了收获块茎、块根等。收获的作物中经济价值较高部分的质量称为经济产量，而作物的总质量就是生物产量，经济产量与生物产量的比值称为经济系数，即

$$经济系数 = 经济产量/生物产量$$

或

$$经济产量 = 生物产量 \times 经济系数$$

经济系数又叫收获指数，是比较稳定的品种性状，是由光合产物分配到不同器官的比例决定的，经济系数越高，经济产量就越高，但经济系数最大不超过1。各种作物的经济系数差异较大，一般禾谷类作物经济系数为 0.3~0.4，水稻为 0.5 左右，棉花按籽棉计算可达 0.35~0.4，大豆为 0.2，薯类为 0.7~0.85，叶菜类接近于 1。

作物产量的增加有赖于经济系数的提高，栽培条件与管理措施对经济系数有很大的影响。生产上，农作物选用矮秆、半矮秆品种可适当增加种植密度；棉花、番茄、瓜果蔬菜的整枝、打顶；甘薯的提蔓；马铃薯的摘花；果树上采用的矮化砧木、矮化中间砧木等措施，均可提高经济系数进而提高经济产量。

生物产量是作物一生中的全部光合产量减去呼吸消耗后剩余的部分。而光合产量是由光合面积、净同化率和光合时间三个因素所组成，即

$$生物产量 = 光合面积 \times 净同化率 \times 光合时间 - 光合产物消耗$$

因此，要提高作物产量，就必须采取措施提高净同化率，增加光合面积，延长光合时间，减少光合产物的消耗。

### (二)作物的光能利用率

通常把单位地面上作物光合作用积累的有机物所含的能量占同一期间入射光能量的

百分率称为光能利用率($E_\mu$)。农作物对光能的利用率很低,因为到达地面的辐射能只有可见光部分能被植物用于光合作用,而且光合有效辐射也不能被植物全部利用,中间要经过几重损失。如果把到达叶面的日光全辐射能定为100%,那么经过若干损失之后,理论上最终转变为储存在碳水化合物中的光能最多只有5%。

实际上,作物光能利用率很低,即便高产田也只有1%~2%,而一般低产田的年光能利用率只有0.5%左右。现以年产量为15 t/hm²的粮田为例,计算其光能利用率。已知长江中下游地区年太阳辐射能为$5.0×10^{10}$ kJ/hm²,假定经济系数为0.5,那么每公顷生物产量为30 t($3×10^7$ g,忽略含水率),按碳水化合物含能量的平均值17.2 kJ/g计算,光能利用率为

$$E_\mu=(3×10^7×17.2/5.0×10^{10})×100\% \approx 1.03\%$$

按上述方法计算,光能利用率只有1%左右,而世界上有些地区作物的最大光能利用率可以达到4%(表4-3-4)。也就是说每公顷土地年产粮食达58 t,说明提高作物的光能利用率是有可行性的。

**表4-3-4　世界一些作物的干物质生产及光能利用率**

| 作　物 | 国　家 | 干物质生产/(g·m⁻²·d⁻¹) | 光能利用率/占总辐射% |
|---|---|---|---|
| 温带 | | | |
| 高平茅 | 英国 | 43 | 3.5 |
| 黑麦 | 英国 | 28 | 2.5 |
| 羽衣甘蓝 | 英国 | 21 | 2.2 |
| 大麦 | 英国 | 23 | 1.8 |
| 玉米 | 英国 | 24 | 3.4 |
| 小麦 | 英国 | 18 | 1.7 |
| 豌豆 | 英国 | 20 | 1.9 |
| 玉米 | 美国肯塔基 | 40 | 3.4 |
| 亚热带 | | | |
| 苜蓿 | 美国加利福尼亚 | 23 | 1.4 |
| 马铃薯 | 美国加利福尼亚 | 37 | 2.3 |
| 松树 | 澳大利亚 | 41 | 2.7 |
| 棉花 | 美国佐治亚 | 27 | 2.1 |
| 水稻 | 澳大利亚 | 23 | 1.4 |
| 甘蔗 | 美国得克萨斯 | 31 | 2.3 |
| 玉米 | 美国加利福尼亚 | 52 | 2.9 |
| 热带 | | | |
| 木薯 | 马来西亚 | 13 | 2.0 |
| 水稻 | 菲律宾 | 27 | 2.9 |
| 紫狼尾草 | 萨尔瓦多 | 39 | 4.2 |
| 甘蔗 | 美国夏威夷 | 37 | 3.8 |
| 玉米 | 泰国 | 31 | 2.7 |

目前生产上作物光能利用率低的主要原因有三个:①漏光损失。在作物生长初期,植

株小,叶面积系数小,日光的大部分直射于地面而损失掉。据估计,水稻、小麦等作物漏光损失的光能可达50%以上,如果前茬作物收割后不能马上播种,漏光损失将更大;②光饱和浪费。夏季太阳有效辐射可达1800~2000 μmol/(m²·s),但大多数植物的光饱和点为540~900 μmol/(m²·s),有50%~70%的太阳辐射能被浪费掉;③环境条件不适及栽培管理不当。在作物生长期间,经常会遇到不适合生长发育和光合作用的环境条件,如干旱、水涝、高温、低温、强光、盐渍、缺肥、病虫及草害等,这些都会导致作物光能利用率下降。

### (三)提高光能利用率的途径

要提高作物的光能利用率,主要是通过延长光合时间、增加光合面积和提高光合效率等途径。

#### 1. 增加光合面积

光合面积对作物产量影响最大同时又最容易控制。

(1)叶面积系数

光合面积即植物的绿色面积,主要是叶面积。通常用叶面积系数(LAI)表示,也叫叶面积指数,是指单位土地面积上作物叶面积与土地面积的比值。如LAI为3,就表示1 m²土地上的叶面积为3 m²。在一定范围内,作物LAI越大,光合产物积累越多,产量就越高。但LAI过大,叶片相互遮阴,通风透光差,反而使干物质积累少。

使干物质积累或产量达到最大的LAI称为最适LAI。不同作物,其最适LAI是不同的,光补偿点较低的作物,LAI可以高一些;不同生育期,LAI也是不同的。一般当LAI低于2.5时,叶面积与产量成正比;LAI高于2.5时,增加叶面积,产量还可以提高,但与面积已不成比例;LAI在4~5以上时,产量一般已不再增加了。生产实践表明,水稻最适LAI为7左右,小麦为5左右,玉米为6左右,通常能获得较高的产量。

(2)增加光合面积的措施

通过合理密植、改变株形、加强田间管理等措施,可以达到最适的光合面积。

①合理密植。合理密植就是通过调节种植密度,使作物群体得到合理发展,达到最适的光合面积,光能利用率最高。种植过稀,虽然个体发育良好,但群体叶面积不足,光能利用率低。种植过密,下层叶子光照少,处在光补偿点以下,无光合产物积累;同时通风不良,造成冠层内$CO_2$浓度过低而影响光合速率;此外,密度过大还易造成倒伏,加重病虫危害而减产。生产上可以通过控制播种量、基本苗数、总茎蘖数、间苗定苗等来达到合理密植的目的。

②改变株形。种植具有株形紧凑,矮秆,叶片挺厚,耐肥抗倒,分蘖密集等特征的品种可以适当增加密度,提高叶面积系数,充分利用光能,提高作物群体的光能利用率。

③加强田间管理。可以结合作物生长情况适当进行间苗、修剪、合理施肥、浇水等田间管理,避免徒长。

#### 2. 提高净同化率

净同化率实际上是单位叶面积上,白天的净光合生产量与夜间呼吸消耗量的差值。夜间作物的呼吸消耗在自然情况下难以改变,要提高净同化率就得提高白天的光合速率。生产上主要通过控制影响光合作用的光、温、水、气、肥等因素来达到提高净同化率的目的。

(1) 选育高光效品种。高光效品种的特点是叶片挺厚,株形紧凑,单叶和群体的光合效率高,对强光和阴雨天气适应性好,呼吸消耗少。可以通过分子生物学和遗传工程的手段改良 Rubisco(核酮糖-1,5-二磷酸羧化酶/加氧酶),或把与 $C_4$ 途径有关的酶引入 $C_3$ 途径,进而培育出新的品种。

(2) 采用设施栽培。早春采用塑料小拱棚育苗或大棚栽培蔬菜,提高温度;夏、秋季采用遮阳网或防虫网遮光,避免强光伤害;覆盖地膜增加作物行间或冠层内的光强等。

(3) 加强肥水管理。增施有机肥,实行秸秆还田,深施碳酸氢铵,温室内直接进行 $CO_2$ 气体施肥,合理浇水、灌溉、防旱、排涝等。

(4) 及时防治病虫草害。加强病虫监控,及时采取措施防治病虫草害等。

3. 延长光合时间

延长光合时间主要是指延长全年利用光能的时间,可以通过提高复种指数、合理间作套种、延长生育期及补充人工光照等措施来实现。

(1) 提高复种指数。复种指数就是全年内农作物的收获面积与耕地面积之比。如果一年一熟,复种指数就是1。一年三熟,复种指数就是3。因此从提高光能利用率的角度,尽可能多种几茬作物。大棚栽培有效地提高了植物的收获面积,是一项提高光能利用率行之有效的措施。提高复种指数可以增加收获面积,延长单位土地面积上的光合时间,减少漏光损失,充分利用光能。

(2) 合理间作套种。利用不同作物在熟期、株高、生理、营养等方面的差异,在一年内合理搭配作物,从时间和空间上更好地利用光能。如玉米和花生、甘蔗与黄豆间种(图 4-3-11),小麦套玉米、晚稻套绿肥作物,大菜套小菜等,均可以增加农作物的收获面积,缩短田地空闲时间,更好地利用光能。

图 4-3-11 甘蔗和黄豆间作

(3) 延长生育期。在不影响耕作制度的前提下,适当延长生育期也能提高产量。如育苗移栽,覆膜栽培,防止叶片早衰等。

(4) 补充人工光照。在小面积的栽培试验和设施栽培中,或在加速繁殖重要植物材料与品种时,可以采用生物效应灯或日光灯作为人工光源,以延长光照时间。

4. 减少有机物消耗

正常的呼吸消耗是植物生命活动所必需的,生产上应注意尽量减少浪费型呼吸。增加 $CO_2$ 浓度,及时防治病虫草害,都能减少有机物的消耗。

## 五、技能训练

### (一)叶绿体色素的分离及理化性质观察

【实训原理】

叶绿体色素与类囊体膜蛋白相结合成为色素蛋白复合体。用有机溶剂提取后可用色谱分析的原理把色素加以分离。纸层析法分离叶绿体色素是一种最简便的方法,其原理是当溶剂不断地从纸上流过时,由于混合物中各成分在两相(流动相和固定相)具有不同的分配系数,其移动速率不同,经过一定时间后,可以将样品中的不同色素分开。

叶绿素是一种双羧酸(叶绿酸)与甲醇和叶绿醇形成的复杂酯。在碱的作用下,发生皂化作用,生成醇(甲醇与叶绿醇)和叶绿素的盐(皂化叶绿素)。生成的盐能溶于水,故可将叶绿素与类胡萝卜素分开。其反应式如下

$$C_{32}H_{30}ON_4Mg\begin{matrix}COOCH_3\\COOC_{20}H_{39}\end{matrix} + 2KOH \longrightarrow C_{32}H_{30}ON_4Mg\begin{matrix}COOK\\COOK\end{matrix} + CH_3OH + C_{20}H_{39}OH$$

　　　叶绿素a　　　　　　　　　　　　　　皂化叶绿素　　　　甲醇　　　叶绿醇

在弱酸作用下,叶绿素分子中的镁为 $H^+$ 所取代,生成褐色的去镁叶绿素,后者遇乙酸铜则形成蓝绿色的铜代叶绿素。铜代叶绿素很稳定,在光下不易被破坏,故常用此法制作绿色多汁植物的浸渍标本。

$$C_{32}H_{30}ON_4Mg\begin{matrix}COOCH_3\\COOC_{20}H_{39}\end{matrix} + 2CH_3COOH \longrightarrow C_{32}H_{32}ON_4\begin{matrix}COOCH_3\\COOC_{20}H_{39}\end{matrix} + (CH_3COO)_2Mg$$

　　　　　　　　　　　　　　　　　　　　　　　　　去镁叶绿素　　　乙酸镁
　　　　　　　　　　　　　　　　　　　　　　　　　　(褐色)

$$C_{32}H_{32}ON_4\begin{matrix}COOCH_3\\COOC_{20}H_{39}\end{matrix} + (CH_3COO)_2Cu \longrightarrow C_{32}H_{30}ON_4Cu\begin{matrix}COOCH_3\\COOC_{20}H_{39}\end{matrix} + 2CH_3COOH$$

　去镁叶绿素　　　　乙酸铜　　　　　　　铜代叶绿素　　　　　乙酸
　(褐色)　　　　　　　　　　　　　　　　(蓝绿色)

叶绿素和类胡萝卜素都具有光学活性,表现出一定的吸收光谱,可用分光镜检查或用分光光度计精确测定。叶绿素吸收光量子转变成激发态的叶绿素分子,很不稳定,当其回到基态时可发出荧光。叶绿素化学性质也很不稳定,容易受强光破坏,特别是当叶绿素与叶绿蛋白质分离后,破坏更快,而类胡萝卜素则较稳定。

【材料、仪器及试剂】

1. 材料

新鲜植物叶片或叶干粉。

2. 仪器

电子天平(灵敏度1/100),研钵,漏斗,漏斗架,剪刀,100 mL 三角瓶,50 mL、100 mL

小烧杯,圆形层析滤纸,滤纸条,解剖针,滴管,培养皿,塑料内盖,2 mL、5 mL 移液管,移液管架,试管架,试管,量筒,石棉网,酒精灯,玻璃棒,火柴,分光镜,小青霉素瓶盖或其他塑料盖。

3.试剂

80%丙酮,95%乙醇,碳酸钙粉,石英砂,苯,乙酸铜粉末,冰醋酸。

展层剂:低沸点(30~60 ℃)的石油醚,或用石油醚:丙酮:苯按 10∶2∶1 体积比例配制。

20% KOH 甲醇溶液:20 g KOH 溶于 100 mL 甲醇中,过滤后盛于塞有橡皮塞的试剂瓶中。

乙酸-乙酸铜溶液:100 mL 50%乙酸,加入乙酸铜 6 g 溶解,用蒸馏水稀释 4 倍。

【方法及步骤】

1.纸层析色素液的制备

取新鲜的植物叶片,洗净,先在 105 ℃下杀青,然后放在 60~70 ℃烘箱中烘干后研成粉末,密闭储存。用时称取 2 g 干粉末,加 20 mL 80%丙酮(或 95%乙醇)浸提,待丙酮溶液呈深绿色时,过滤到一棕色瓶内,滤液即叶绿体色素提取液,可做纸层析用,也可再用丙酮溶液适当稀释做随后的理化性质观察。或用 2~3 g 新鲜叶片,用 80%丙酮(或 95%乙醇)研磨提取,过滤于三角瓶中备用。

2.点样

取一块直径略大于培养皿的圆形层析滤纸,在圆心处滴一小滴叶绿体色素提取液,使色素扩展范围在 1 cm 以内,风干后再滴,重复 3~5 次,在点样中心用解剖针穿一小孔,另取滤纸条(1 cm×2 cm)卷成纸捻插入圆形滤纸的小孔中,风干备用。

3.展层

在培养皿中放一个小青霉素瓶盖(小塑料盖),瓶盖中加入适量的 30~60 ℃的石油醚做展层剂,把插有纸捻的圆形层析滤纸平放在培养皿上,使纸捻浸入石油醚中,剪去上端多余的部分,盖好培养皿(图 4-3-12)。此时的石油醚借毛细管引力顺纸捻扩散到圆形层析滤纸上,并把叶绿体色素沿着滤纸向四周推进,不久即可看到被分离的各种色素同心圆环。叶绿素 b 为黄绿色,叶绿素 a 为蓝绿色,叶黄素为鲜黄色,胡萝卜素为橙黄色。

4.标注

当石油醚扩散至培养皿边沿时,取出圆形层析滤纸风干,用铅笔标出各色素的位置和名称,分为两半,一半附于实验报告中,另一半可用作后面的"叶色素的光破坏作用"实验。

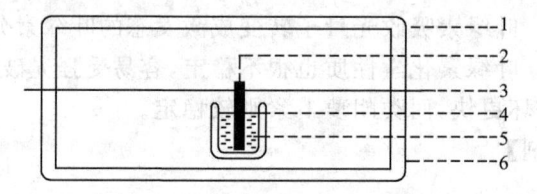

1—上培养皿;2—纸捻;3—圆形层析滤纸;
4—小塑料盖;5—展层剂;6—下培养皿

图 4-3-12 分离叶绿体色素的圆形纸层析装置(侧视图)

5.皂化作用

取 2 mL 叶绿体色素提取液放入试管内,加入 2 mL 20% KOH 甲醇溶液,充分摇动。加入 5 mL 苯摇匀(轻摇,勿激烈振荡),静置在试管架上,即可看到溶液逐渐分为两层,下层是稀的乙醇溶液,其中溶有皂化叶绿素 a 和皂化叶绿素 b,上层是苯溶液,其中溶有黄色的胡萝卜素和叶黄素。

6.叶绿体色素的吸收光谱

将经皂化作用分开为上下两层色素的试管放在直射光(灯光)下,用分光镜观察其吸收光谱,与太阳光谱进行比较,并把观察结果以简单图谱表示出来。

7.叶绿素的荧光现象

将叶绿体色素提取液放入试管内,在直射光下观察色素溶液在透射光下及反射光下的颜色有何不同?

8.叶绿素的光破坏作用(因时间较长,可提前操作)

取 2 支试管,各加入 5 mL 叶绿体色素提取液,一支放在直射光下,另一支放在黑暗处,1~2 h 后,观察两管溶液颜色有何变化?将前面实验纸层析所得的色谱图纸,对半剪开,一半夹入书中,另一半放在强光下,0.5~1 h 后,观察四种色素的颜色有何变化?

9.$H^+$ 和 $Cu^{2+}$ 对叶绿素分子中 Mg 的取代作用

吸取叶绿体色素提取液 5 mL,放入试管中,加冰醋酸 10~20 滴,摇匀,即可观察到溶液的颜色变化。当溶液改变颜色后,再加少许乙酸铜粉末,微微加热,这时溶液颜色再次发生变化。另取一片新鲜叶,放入盛有 20 mL 的乙酸-乙酸铜溶液的小烧杯中,慢慢加热,可观察到叶片颜色由绿变成褐色,再由褐色变成蓝绿色。

【注意事项】

1.在低温下发生皂化反应的叶绿体色素溶液,易乳化而出现白色絮状物,溶液浑浊,且不分层。可通过激烈摇动,放在 30~40 ℃ 水浴中加热,使溶液很快分层,絮状物消失,溶液变得清澈透明。

2.分离色素用的圆形层析滤纸,在中心打的小圆孔,其周围必须整齐,否则分离的色素不是一个同心圆。

【实训报告】

1.用不含水的有机溶剂如无水乙醇、无水丙酮等提取植物材料,特别是干材料的叶绿体色素时,往往效果不佳,原因何在?

2.研磨法提取叶绿体色素时加入 $CaCO_3$ 有何作用?

3.试述叶绿体色素的吸收光谱特点及其生理意义。

4.为什么叶绿体色素提取液能观察到荧光现象而植株上的叶片看不到荧光?

5.将标注颜色和名称的纸层析色谱随作业一起附上,说明为什么会出现四圈同心圆?

6.按表 4-3-5 记录叶绿体色素的理化性质实验所观察到的现象,并加以解释。

表 4-3-5　　　　　　　　　　叶绿体色素的理化性质实验结果

| 理化性质 | 观察到的现象 | 解释说明 |
|---|---|---|
| 叶绿素a | | |
| 叶绿素b | | |
| 胡萝卜素 | | |
| 叶黄素 | | |

### (二)叶绿体的提取及定量测定

**【实训原理】**

根据叶绿体色素提取液对可见光的吸收,利用分光光度计在某一特定波长下测定其吸光度,即可用公式计算出提取液中各种色素的含量。

根据朗伯-比尔定律,有色溶液的吸光度($A$)与其中溶质浓度($c$)和液层厚度($L$)成正比,即

$$A = kcL$$

式中,$k$ 为比例常数。

当溶液浓度以百分浓度为单位,液层厚度为1 cm时,$k$ 为该物质的比吸收系数。各种有色物质溶液在不同波长下的比吸收系数可通过测定已知浓度的纯物质在不同波长下的吸光度而求得。

如果溶液中含有数种吸光物质,则此混合液在某一波长下的吸光度等于各组分在相应波长下吸光度的总和,这就是吸光度的加和性。若测定叶绿体色素混合提取液中叶绿素a、b和类胡萝卜素的含量,只需测定该提取液在三个特定波长下的吸光度$A$,并根据叶绿素a、b及类胡萝卜素在该波长下的比吸收系数即可求出其浓度。在测定叶绿素a、b时为了排除类胡萝卜素的干扰,所用单色光的波长选择叶绿素在红光区的最大吸收峰。

已知叶绿素a、b的80%丙酮提取液在红光区的最大吸收峰分别为663 nm和645 nm,又知在波长663 nm下,叶绿素a、b在该溶液中的比吸收系数分别为82.04和9.27,在波长645 nm下分别为16.75和45.60,可根据加和性原则列出以下关系式

$$A_{663} = 82.04c_a + 9.27c_b \tag{1}$$

$$A_{645} = 16.75c_a + 45.60c_b \tag{2}$$

式中　$A_{663}$——叶绿素溶液在波长663 nm时的吸光度;

$A_{645}$——叶绿素溶液在波长645 nm时的吸光度;

$c_a$——叶绿素a的浓度,mg/L;

$c_b$——叶绿素b的浓度,mg/L。

解方程组(1)、(2),并将$c_a$和$c_b$的浓度单位由原来的g/L换算成mg/L后,得

$$c_a = 12.70A_{663} - 2.69A_{645} \tag{3}$$

$$c_b = 22.90A_{645} - 4.68A_{663} \tag{4}$$

将$c_a$与$c_b$相加即得叶绿素总浓度($c_T$,mg/L)

$$c_T = c_a + c_b = 20.21A_{645} + 8.02A_{663} \tag{5}$$

另外,由于叶绿素a、b在652 nm的吸收峰相交,两者有相同的比吸收系数(均为

34.5),也可以在此波长下测定一次吸光度($A_{652}$)而求出叶绿素 a、b 总浓度

$$c_T = (A_{652} \times 1000)/34.5 \tag{6}$$

在有叶绿素存在的条件下,用分光光度法也可同时测定出溶液中类胡萝卜素的含量。Lichtenthaler 等对 Arnon 公式进行了修正,提出了 80% 丙酮提取液中三种色素含量的计算公式

$$c_a = 12.21 A_{663} - 2.81 A_{645} \tag{7}$$

$$c_b = 20.13 A_{645} - 5.03 A_{663} \tag{8}$$

$$c_{x \cdot c} = (1000 A_{470} - 3.27 c_a - 104 c_b)/229 \tag{9}$$

式中,$c_{x \cdot c}$ 为类胡萝卜素的总浓度,单位为 mg/L;

$A_{663}$、$A_{645}$ 和 $A_{470}$ 分别为叶绿体色素提取液在波长 663 nm、645 nm 和 470 nm 下的吸光度。

由于叶绿体色素在不同溶剂中的吸收光谱和比吸收系数有差异,因此,在使用其他溶剂提取色素时,计算公式也有所不同。叶绿素 a、b 在 95% 乙醇中最大吸收峰的波长分别为 665 nm 和 649 nm,类胡萝卜素为 470 nm,可据此列出以下关系式

$$c_a = 13.95 A_{665} - 6.88 A_{649} \tag{10}$$

$$c_b = 4.96 A_{649} - 7.32 A_{665} \tag{11}$$

$$c_{x \cdot c} = (1000 A_{470} - 2.05 c_a - 114.8 c_b)/245 \tag{12}$$

【材料、仪器及试剂】

1. 材料

莴苣叶或菠菜叶。

2. 仪器

分光光度计,扭力天平或电子天平(感量为 0.01 g),研钵,剪刀,棕色容量瓶,小漏斗,定量滤纸,吸水纸,擦镜纸,滴管,玻璃棒等。

3. 试剂

80% 丙酮(或 95% 乙醇);石英砂;碳酸钙粉。

【方法及步骤】

1. 研磨法提取叶绿体色素

取新鲜植物叶片(或其他绿色组织)或干材料,洗净组织表面的污物,去掉中脉,剪碎混匀。称取 0.2~0.5 g 样品,放入研钵中,加少量石英砂、碳酸钙粉及 2~3 mL 80% 丙酮(或 95% 乙醇),研磨成匀浆,再加 5~10 mL 80% 丙酮(或 95% 乙醇),继续研磨至组织变白,并静置 3~5 min。取滤纸 1 张,置于漏斗中,用适量的 80% 丙酮(或 95% 乙醇)湿润,沿玻璃棒把提取液倒入漏斗中,过滤到 25 mL 棕色容量瓶中,再用少量的 80% 丙酮(或 95% 乙醇)冲洗研钵、研棒及残渣数次,最后连同残渣一起倒入漏斗中。用滴管吸取 80% 丙酮(或 95% 乙醇),将滤纸上的叶绿体色素全部洗入容量瓶中,直至滤纸和残渣中无绿色为止。最后用 80% 丙酮(或 95% 乙醇)定容至 25 mL,摇匀。

2. 混合液浸提法提取叶绿体色素

采用研磨法提取叶绿体色素,由于研磨过程中丙酮的挥发,研磨后转移匀浆时容易出现误差。如果时间充足,或样品太多,可用混合液提取法或直接用 80% 丙酮(或 95% 乙

醇)浸提。将所测定叶片洗净去主脉,剪成 4~8 mm 的小片或叶条,混匀后,称取 0.1~0.2 g,放入容量瓶或具塞试管中,加入混合提取液(按丙酮:乙醇:水 = 4:5:1 比例混匀即可)至刻度;亦可用直径 0.9 cm 的打孔器,在叶片主脉两侧各取 5~10 个小圆片,放入混合液中。置暗箱(或暗盒)中直接浸提叶绿体色素 8~12 h,其间振摇 2~3 次,直至小圆片或碎片完全变白为止。绿色溶液经准确定容,澄清后即可用于比色测定。

3.比色测定

把上述提取液倒入光径为 1 cm 的比色杯内(溶液高度为比色杯的 4/5)。如果提取液为 80%丙酮,采用 80%丙酮为空白,分别在波长 663 nm、645 nm 和 470 nm 下测定吸光度;如果用 95%乙醇提取,则用 95%乙醇为空白,分别在波长 665 nm、649 nm 和 470 nm 下测定吸光度。如果仅测定总叶绿素含量,则只需在波长 652 nm 下测定吸光度。

【计算结果】

按式(7)、(8)、(9)[如果用 95%乙醇,则按式(10)、(11)、(12)]分别计算叶绿素 a、叶绿素 b 和类胡萝卜素浓度(mg/L)。

按式(7)、(8)[如果用 95%乙醇,则按式(10)、(11)]相加即得叶绿素总浓度。

如果仅在 652 nm 波长下比色,则用式(6)得到叶绿素总浓度。

按下式计算样品中各色素的含量

各种叶绿体色素的含量(mg/g)=(色素的浓度×提取液体积×稀释倍数)/样品鲜重(或干重)

如果仅在 652 nm 波长比色得测定吸光度 $A_{652}$,则可按下式得到叶绿素总含量

$$c_T(mg/g) = (A_{652} \times V)/(34.5 \times W)$$

式中 $V$——提取液总量(mL,若比色前进行了稀释,则应乘以稀释倍数);

$W$——叶片鲜重,g。

将测定结果记入表 4-3-6。

表 4-3-6　　　　　　　　叶绿体色素含量测定记录　　　　　　测定日期:

| 处理 | 重复 | 样品重 | 提取液总量/mL | 吸光度 ||| 色素浓度/(mg·L$^{-1}$) |||| 组织中各色素含量/(mg·g$^{-1}$) |||| a/b |
|---|---|---|---|---|---|---|---|---|---|---|---|---|---|---|---|
| ||||$A_{665}$|$A_{649}$|$A_{470}$|a|b|a+b|x·c|a|b|a+b|x·c||
| 正常叶片 | 1 |||||||||||||||
|  | 2 |||||||||||||||
|  | 3 |||||||||||||||
|  | x |||||||||||||||

注:x 为平均值;a 代表叶绿素 a;b 代表叶绿素 b;x·c 代表类胡萝卜素

【注意事项】

1.为了避免叶绿体色素在光下分解,操作时应在弱光下进行,研磨时间应尽量短。提取液不能浑浊,否则应重新过滤。

2.用分光光度计法测定各种叶绿体色素的含量时,对分光光度计的波长精确度要求较高。如果波长与原吸收峰波长相差 1 nm,则叶绿素 a 的测定误差为 2%,叶绿素 b 为

19%,因此,在使用前必须对分光光度计的波长进行校正。

3.低档分光光度计(如722型、721型等)只能测定叶绿素总量,因为分别测定叶绿素a、叶绿素b含量时,此类仪器的狭缝较宽,分光性能差,单色光的纯度低[±(5~7)nm],与高中档仪器(如岛津UV-120型、UV-240型分光光度计等)测定结果相比,叶绿素a的测定值偏低,叶绿素b的测定值偏高,叶绿素a与叶绿素b的比值严重偏小。因此,要分别测定各种叶绿素,必须用高档分光光度计,结果才可靠。

【实训报告】

1.叶绿素在红光区和蓝光区都有吸收峰,能否用蓝光区的吸收峰波长进行叶绿素的定量分析?为什么?

2.提取干材料中的叶绿素时一定要用80%的丙酮,而新鲜的材料可以用无水丙酮提取,为什么?

3.阴生植物与阳生植物间叶绿素a与叶绿素b的比值有何差异?

(三)改良半叶法测定光合速率

【实训原理】

植物的光合作用合成有机物质,叶片单位面积的干重增加。正常情况下,光合产物在叶片中积累的同时,也通过输导组织向外输出,所以叶片增加的干重并不能真正反映光合产物的生产能力。"改良半叶法"采用烫伤、环剥或化学试剂处理等方法来杀死叶柄韧皮组织细胞或切断韧皮输导组织,阻止叶片光合产物向外运输,同时不影响木质部中水和无机盐向叶片的输送。然后将对称叶片的一侧剪下置于暗处,另一侧留在植株上保持光照进行光合作用,一定时间后,取下植株上的半叶。光下和暗处半叶的单位面积干重之差,即光合作用的干物质生产速率,乘以系数后可以计算出$CO_2$的同化量。

【材料、仪器及试剂】

1.材料

田间生长正常的植株。

2.仪器

分析天平(灵敏度1/10000);烘箱;称量瓶(或铝盒);剪刀;刀片;橡皮塞;打孔器;纱布或脱脂棉;热水瓶或其他可携带的加热设备;尖端缠有纱布的夹子;毛笔;有盖搪瓷盘;纸牌;铅笔等。

3.试剂

5%三氯乙酸。

【方法及步骤】

1.取样

在户外选择较绿和较黄的同种植物叶片各15片,要注意叶龄、叶色、着生节位、叶脉两侧和受光条件的一致性。绿叶和黄叶分别用纸牌编号(例如绿叶为1、2、3…15,黄叶为1、2、3…15)。增加叶片的数目可提高测定的精确度。

2.处理叶柄

为阻止叶片光合作用产物的外运,可选用以下方法破坏韧皮部。

(1)环割法:用刀片将叶柄的外层(韧皮部)环剥 0.5 cm 左右。为防止叶片折断或改变方向,可用锡纸或塑料套管包起来保持叶柄原来的状态。

(2)烫伤法:将夹子缠有纱布的尖端在 90 ℃以上的开水中浸一浸,然后在叶柄基部烫半分钟左右,出现明显的水浸状就表示烫伤完全。若无水浸状出现可重复做一次。对于韧皮部较厚的果树叶柄,可用熔融的热蜡环烫一周。

(3)抑制法:用棉花球蘸取 5% 的三氯乙酸(或 0.3 mol/L 的丙二酸)涂抹叶柄一周。注意勿使抑制液流到植株上。

选用何种方法处理叶柄,依植物材料而定。一般双子叶植物韧皮部和木质部容易分开,宜采用环割法;单子叶植物如小麦和水稻韧皮部和木质部难以分开,宜使用烫伤法;而叶柄木质化程度低,易被折断的叶片,采用抑制法可取得较好的效果。

3.剪取样品

叶柄处理完毕后即可剪取样品,并开始记录时间,进行光合作用的测定。首先按编号次序(绿叶和黄叶交替进行)剪下叶片对称的一半(主脉留下),并按顺序夹在湿润的纱布中(绿叶与黄叶分开保存),放入瓷盘,带回室内存于暗处。4～5 h 后,再按原来的顺序依次剪下叶片的另一半。按顺序夹在湿润的纱布中(绿叶与黄叶分开保存)。注意两次剪叶速度应尽量保持一致,使各叶片经历相同的光照时间。

4.称干重

取 12 个称量瓶分别标上绿叶光照 1、2、3,绿叶黑暗 1、2、3,黄叶光照 1、2、3,黄叶黑暗 1、2、3,将各同号叶片照光与暗处的两半叶叠在一起,用打孔器打取叶圆片,分别放入相应编号的称量瓶中(光照处和暗处的叶圆片分开)。每 5 个叶片打下的叶圆片放入一个称量瓶中,作为一个重复。记录每个称量瓶中的小圆片数量。打孔器直径根据叶片面积大小进行选择,尽可能多的打取叶圆片。注意不要忘记用卡尺量打孔器的直径。将称量瓶中叠在一起的叶圆片分散,开盖置于 105 ℃烘箱中烘 10 min 以快速杀死细胞,然后将温度降到 70～80 ℃,烘干至恒重(2～4 h),取出。加盖于干燥器中冷却至室温,用分析天平称重。

5.实验结果

据"照光"与"暗处"等面积叶片干重差、叶面积($m^2$)和光照时间(s)计算光合速率。计算公式如下

$$光合速率(mg·m^{-2}·s^{-1})=(W_2-W_1)/(At)$$

式中　$W_2$——照光半叶的叶圆片干重,mg;

$W_1$——暗处半叶的叶圆片干重,mg;

$A$——叶圆片面积,$m^2$;

$t$——光照时间,s。

【注意事项】

1.如韧皮部分处理不彻底,部分有机物仍可外运,测定结果将会偏低。

2.对于小麦、水稻等禾本科植物,烫伤部位以选在叶鞘上部靠近叶枕 5 mm 处为好,

既可避免光合产物向叶鞘中运输,又可避免叶枕处烫伤而使叶片下垂。

【实训报告】

1. 根据光合作用的方程式,分析哪些因子可用于测定光合速率,并比较其优缺点。
2. 天气条件变化对光合速率有什么影响?什么样的天气适合光合速率的测定?

# 考核内容

【知识考核】

一、名词解释

光合作用;荧光现象;光补偿点;光饱和点;$CO_2$ 补偿点;$CO_2$ 饱和点;光合作用"午睡"现象;光合速率;光能利用率。

二、问答题

1. 叶片为什么都是绿色?荧光和磷光现象说明什么问题?
2. 秋天为什么许多植物的叶片会变黄?
3. 试述光、温、水、气对光合作用的影响。
4. 植物为什么会出现"午睡"?如何减轻植物的"午睡"?
5. 阴天温室栽培作物,为什么避免高温?可以采取什么降温措施?
6. 生产上为什么要注意合理密植?
7. 从农林业生产的角度,如何提高植物光能利用率?

【专业能力考核】

一、下图为 6 月份北方某晴天一昼夜玉米植株对 $CO_2$ 吸收、释放量的变化曲线图,根据图请分析:

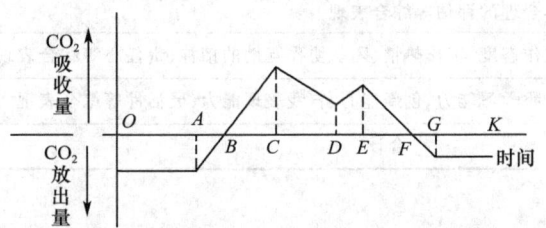

(1) 白天是指 $O \to K$ 中的哪一段时间_____;其中有机物积累最多的时刻是在_____。

(2) 在 $E \to F$ 出现的 $CO_2$ 吸收量下降是由于_____。

(3) 在 $C \to D$ 强光下可观察到大量叶片的气孔关闭现象,所以引起_____。

(4) 光合作用强度超过呼吸作用强度的时间段是_____。

二、光合作用受光照强度、$CO_2$ 浓度、温度等因素的影响,下图中的 4 条曲线(a、b、c、d)为不同光照强度和不同 $CO_2$ 浓度下,马铃薯净光合速率随温度变化的曲线。a 光照非常弱,$CO_2$ 很少(远小于 0.03%);b 适当遮阴(相当于全光照的 1/25),$CO_2$ 浓度为 0.03%;c 全光照(晴天不遮阴),$CO_2$ 浓度为 0.03%;d 全光照,$CO_2$ 浓度为 1.22%。根据图请回答:

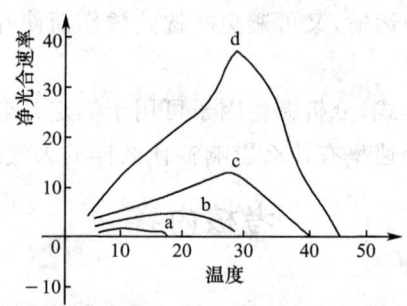

(1)随着光照强度和浓度的提高,植物光合作用(以净光合速率为指标)最适温度的变化趋势是_____。

(2)当曲线 b 净光合速率降为 0 时,真光合速率是否为 0?为什么?_____。

(3)在大田作物管理中,采取下列哪些措施可以提高净光合速率?(　　)

A. 通风　　B. 增施有机肥　　C. 延长生育期　　D. 施碳酸氢铵

【职业能力考核】

考核评价表

| 子情境 4-3:测定植物的光合作用 ||||||
|---|---|---|---|---|---|
| 姓名: |||班级: |||
| 序号 | 评价内容 | 评价标准 | 分数 | 得分 | 备注 |
| 1 | 专业能力 | 资料准备充足,获取信息能力强 | 10 | 80 | |
| | | 概述、测定植物光合作用方法正确,仪器操作规范 | 50 | | |
| | | 按要求完成技能训练,训练报告分析全面、到位 | 20 | | |
| 2 | 方法能力 | 获取信息能力、组织实施、问题分析与解决、解决方式与技巧、科学合理的评估等综合表现 | 10 | | |
| 3 | 社会能力 | 工作态度、工作热情、团队协作互助的精神、责任心等综合表现 | 5 | | |
| 4 | 个人能力 | 自我学习能力、创新能力、自我表现能力、灵活性等综合表现 | 5 | | |
| 合计 ||| 100 | | |

教师签字:　　　　　　　　　　　　　　　　　　　　　年　　月　　日

# 子情境 4-4　测定植物的呼吸作用

| 学习目标 |
|---|
| 1. 掌握呼吸作用与农业生产的关系 |
| 2. 学会测定植物呼吸强度 |
| **职业能力** |
| 能测定植物呼吸强度 |
| **学习任务** |
| 1. 认知呼吸作用的类型 |
| 2. 认知影响呼吸作用的因素 |
| 3. 认知呼吸作用与农业生产的关系 |
| 4. 测定植物种子呼吸强度 |
| **建议教学方法** |
| 思维导图教学法、项目教学法 |

新陈代谢是生命的重要特征,它包括两类反应,即同化作用(assimilation)和异化作用(dissimilation)。同化作用是把非生活物质转化为生活物质;异化作用则是把生活物质分解成非生活物质。植物的光合作用是将 $CO_2$ 和 $H_2O$ 合成为有机物,把光能转化为可储藏于体内的化学能,为同化作用;而呼吸作用则是将体内复杂的有机物分解为简单的化合物,同时把储藏于有机物中的能量释放出来供给各种生理活动的需要,属于异化作用。呼吸作用是一切生活细胞的共同特征,呼吸停止就意味着生命的终结。呼吸作用是植物代谢的中心,对于调控植物生长发育十分重要;了解植物呼吸作用的转变规律,对于指导农业生产具有重要的理论和现实意义。

## 一、植物呼吸作用的概念和生理意义

植物细胞的呼吸作用为植物进行各种生命活动提供能量的保障,同时呼吸作用的中间产物是合成植物体内重要有机物质的原料,在物质间的转变中起着枢纽的作用。

### (一)呼吸作用的概念

植物呼吸作用(respiration)是指生活细胞内的有机物在酶的参与下,逐步氧化分解,并释放能量的过程。在呼吸作用过程中,被氧化分解的物质称为呼吸底物,如碳水化合物、脂肪、蛋白质、有机酸等,最常被利用的呼吸底物是葡萄糖、果糖、蔗糖、淀粉等碳水化合物。呼吸作用的底物首先要经过糖酵解,形成丙酮酸,然后再沿不同途径进行。

1. 有氧呼吸与无氧呼吸

呼吸作用不一定伴随 $O_2$ 的吸收与 $CO_2$ 的释放。根据是否有氧气参加,可分为有氧呼吸和无氧呼吸两种类型。

(1)有氧呼吸

有氧呼吸(aerobic respiration)是指生活细胞在 $O_2$ 的参与下,在一系列酶的作用下,将有机物彻底氧化降解为 $CO_2$ 和 $H_2O$,并放出全部能量的过程。其特点是有氧气参加,底物降解彻底,放出能量多,最终产物为二氧化碳和水。以葡萄糖为底物的有氧呼吸作用的反应式如下

$$C_6H_{12}O_6 + 6O_2 \longrightarrow 6CO_2 + 6H_2O + 2870 \text{ kJ}$$

有氧呼吸是植物进行呼吸的主要形式。在农业生产实践中,常常提到的呼吸作用是指有氧呼吸,甚至把呼吸看成为有氧呼吸的同义词。

(2)无氧呼吸

无氧呼吸(anaerobic respiration)是指生活细胞在没有 $O_2$ 的条件下,把某些有机物分解成不彻底的氧化产物,同时释放能量的过程。这过程对于高等植物来说,习惯上称为无氧呼吸;对于微生物来讲,则称为发酵(fermentation)。

高等植物无氧呼吸的产物常见的主要为酒精和乳酸,草酸、苹果酸、酒石酸、柠檬酸等也常是植物无氧呼吸的产物。

高等植物中的苹果、香蕉等储藏久了会产生酒味;稻种催芽堆积过厚,又未及时进行翻堆的情况下也会产生酒味,这些都是无氧呼吸的结果,其反应如下

$$C_6H_{12}O_6 \longrightarrow 2C_2H_5OH + 2CO_2 + 226 \text{ kJ}$$

高等植物中的马铃薯、甜菜块根、胡萝卜和玉米胚进行无氧呼吸时则产生乳酸,其反应如下

$$C_6H_{12}O_6 \longrightarrow 2CH_3CHOHCOOH + 197 \text{ kJ}$$

无氧呼吸是植物对短暂缺氧的一种适应,但植物不能忍受长期缺氧。因为无氧呼吸释放的能量很少,转换成ATP的数量更少,这样,要维持正常生活所需的能量,就要消耗大量有机物。同时,酒精和乳酸积累过多时,会使细胞中毒甚至死亡。例如,作物淹水后不能正常生活以致死亡;种子播种后久雨不晴会发生烂种;种子收获后长期堆放发热,产生酒精味,使种子变质等,都是由于长时间无氧呼吸的结果。

但是植物处在短暂无氧环境进行无氧呼吸之后,恢复有氧条件时,将可恢复正常生长。这是由于各种无氧呼吸的产物在有氧条件时,都可作为有氧呼吸的底物,继续氧化分解,最后生成二氧化碳和水。例如,淹水后的作物若能及时排水可恢复正常生长;种子收获后,必须晒干扬净并适时翻仓;水稻浸种催芽的种堆,内部出现酒味时,及时翻堆,使其进行有氧呼吸,可使酒精分解而消除酒味。

2. 维持呼吸与生长呼吸

植物呼吸作用最主要的功能,第一是为代谢过程和生理活动提供能量;第二是为生物大分子物质提供原料。生长旺盛和生理活性高的部位,如幼嫩的根、茎、叶、果实等,呼吸作用产生的能量和中间产物,大多数是用来构成植物细胞生长的物质,如蛋白质、核酸、纤维素、磷脂等;生长活动已经停止的成熟组织或器官,除了一部分用于维持细胞的活性外,有相当部分的能量以热能的形式散发掉。根据上述情况,又可把呼吸作用分为两类,即维

持呼吸和生长呼吸。维持呼吸(maintenance respiration)，是维持细胞活性的呼吸；生长呼吸(growth respiration)是用于生物大分子的合成、离子的吸收、细胞的分裂和生长等。维持呼吸是相对稳定的，而生长呼吸则随着生长发育的状态而异。通常来讲，种子萌发到幼苗期，主要进行生长呼吸，随着营养体的生长，维持呼吸所占总呼吸的比例会越来越重。株形高大的植物，维持呼吸所占的比例较高。

## (二) 呼吸作用的生理意义

呼吸作用不仅能供给能量，以带动植物其他各种生理活动，而且其中间产物又能转化成机体的其他重要有机物，所以呼吸作用就成为代谢活动的中心(图 4-4-1)，具有重要的生理意义，主要表现在以下四方面：

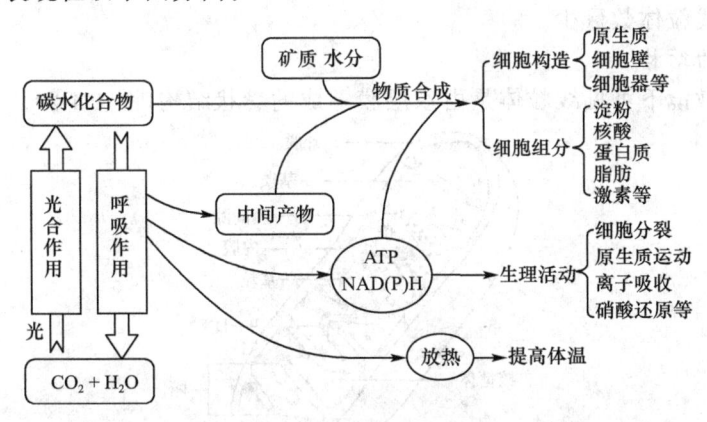

图 4-4-1 呼吸作用生理功能

首先，为植物的生命活动提供能量。呼吸作用为一切生命活动提供能量。绿色植物细胞除了可直接利用光能进行光合作用，大部分生命活动所需要的能量还得靠呼吸分解同化物质来提供。非绿色植物的生命活动需要的能量全部依赖于呼吸作用。因为呼吸作用在将有机物质进行生物氧化的过程中，把其中储存的化学能转化为可利用能形式，并以不断满足植物体内各种生理过程对能量的需要的速度释放；或以热的形式释放，满足植物生长发育的宏观活动、物质转化过程中的分子运动和维持植物体温。

其次，为植物体内有机物合成提供原料。呼吸作用的底物氧化分解经历一系列的中间过程，进而产生一系列的中间产物，这些中间产物不稳定，成为合成各种重要有机物质如蔗糖与淀粉、氨基酸与蛋白质、核苷酸与核酸、脂肪酸与脂肪等的原料。各种物质的代谢也通过这些中间产物建立起了联系。

再次，为植物代谢活动提供还原力。呼吸作用过程中产生的 NADPH、NADH 等可为脂肪、蛋白质的生物合成、硝酸盐还原等生理过程提供还原力。

最后，利于增强植物的抗病免疫能力。呼吸作用在植物抗病免疫方面有着重要作用。在植物和病原微生物的相互作用中，植物依靠呼吸作用氧化分解病原微生物所分泌的毒素，以消除其毒害；植物受伤或受到病菌侵染时，也通过旺盛的呼吸，促进伤口愈合或栓质化，防止病菌的侵染；呼吸作用还可以促进绿原酸、咖啡酸等具有杀菌能力的物质的合成，提高其免疫能力。

## 二、植物呼吸作用的场所和呼吸代谢途径

（一）植物呼吸作用的场所

植物呼吸作用是在细胞质内线粒体中进行的。线粒体是细胞能量供应中心和呼吸作用的重要场所。线粒体普遍存在于植物的生活细胞里。

1. 线粒体的形态

线粒体一般呈线状、粒状或杆状，长 0.5～1.0 μm。线粒体的形状和大小受环境条件的影响，pH、渗透压的不同均可使其发生改变。一般细胞内线粒体的数量为几十至几千个。如玉米根冠细胞有 100～3000 个。细胞生命活动旺盛时线粒体的数量多，衰老、休眠或病态的细胞线粒体数量少。

2. 线粒体的结构

在电子显微镜下可见线粒体是由双层膜围成的囊状结构（图 4-4-2）。

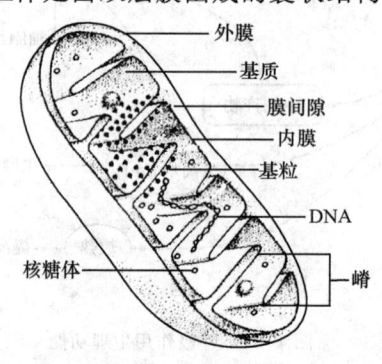

图 4-4-2　线粒体结构模式

（1）外膜

外膜表面光滑，上有小孔，通透性强，有利于线粒体内外物质的交换。

（2）内膜和嵴

线粒体的内膜向内延伸折叠形成嵴。内外两层膜之间的空腔为 6～8 nm，称为膜间隙；嵴内的空腔称为嵴内腔。膜间隙和嵴内腔中充满着无定形的液体，其液体内含有可溶性的酶、底物和辅助因子。其中的标志酶是腺苷酸激酶。内膜的通透性差，对物质的透过具有高度的选择性，可使酶存留于膜内，保证代谢正常进行。嵴的出现增加了内膜的表面积，有效地增大了酶分子附着的表面。内膜的内表面上附着许多排列规则的基粒，基粒可分为头部、柄部和底部三部分。它是偶联磷酸化的关键装置。

（3）基质

线粒体内膜以内充满了基质。基质内含有脂类、蛋白质、核糖体及三羧酸循环所需的酶系统。此外，还含有 DNA、RNA 纤丝及线粒体基因表达的各种酶。基质中的标志酶是苹果酸脱氢酶。

3. 线粒体的功能

植物的各种生命活动需要的能量主要依靠线粒体提供。催化这些功能生化过程所需要的各种酶多分布在线粒体中。细胞内的有机物质在线粒体中释放的能量，40%～50%储存在 ATP 分子中，随时供生命活动的需要；另一部分以热能的形式散失。

## (二)呼吸代谢途径

植物呼吸作用的糖降解包括两个不同途径：第一条途径是糖酵解；第二条途径是三羧酸循环。此外，糖的分解代谢还有一条重要的支路，即己糖磷酸途径，又称戊糖途径。三条呼吸代谢途径是高等植物长期进化的结果，它们的关系功能紧密相连（图4-4-3）。

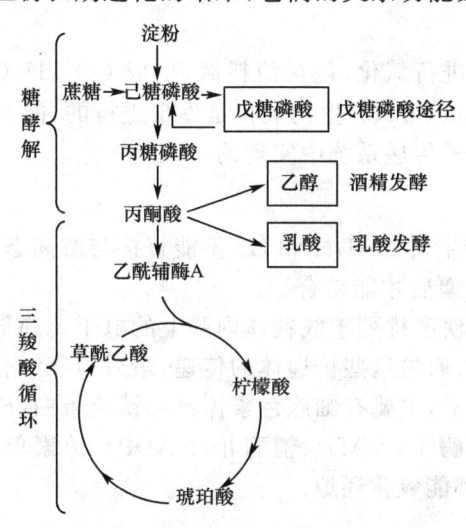

图4-4-3 植物呼吸代谢的主要途径

### 1. 糖酵解

糖酵解（glycolysis）亦称EMP途径，主要是将淀粉、葡萄糖或其他六碳糖降解成丙酮酸的过程。此过程不需要氧的参与，但是必须在多种酶的作用下才能完成。

糖酵解的一般底物是淀粉。糖酵解是在细胞质中进行，参与代谢的酶都存在于细胞质中。对于高等植物，不管是有氧呼吸还是无氧呼吸，糖的分解首先通过糖酵解阶段。

糖酵解的反应式归纳为

$$C_6H_{12}O_6 + 2NAD^+ + 2ADP + 2Pi \longrightarrow 2CH_3COCOOH(丙酮酸) + 2NADH + 2H^+ + 2ATP + 2H_2O$$

### 2. 三羧酸循环

三羧酸循环简称TCA，它是在有氧的条件下，将糖酵解形成的丙酮酸在一系列酶的作用下，逐步氧化分解，最后生成$CO_2$和$H_2O$的过程。TCA的反应式归纳为

$$2CH_3COCOOH + 8NAD^+ + 2FAD + 2ADP + 2Pi + 4H_2O \longrightarrow 6CO_2 + 8NADH + 8H^+ + 2ATP + 2FADH_2$$

TCA是在细胞的线粒体内进行，线粒体内具有TCA各反应的全部酶。TCA是糖、脂肪、蛋白质、核酸及其他物质的共同代谢途径。呼吸作用之所以成为植物体内各种物质相互转换的枢纽，关键在于糖酵解和TCA这两个代谢过程。

### 3. 己糖磷酸途径

己糖磷酸途径简称PPP。在高等植物中，除了TAC外，还有一条有氧呼吸途径，此途径的底物不是经糖酵解形成的丙酮酸，而是以己糖磷酸为底物的呼吸代谢途径。PPP的反应式可归纳为

$$6G6P + 12NADP^+ + 7H_2O \longrightarrow 6CO_2 + 12NADPH + 12H^+ + 5G6P + Pi$$

植物细胞中，葡萄糖的主要降解途径是通过EMP和TAC，PPP所占的比重很小，通常为百分之几至百分之三十几，但却有着重要的生理功能：第一，产生大量的NADPH，作

为其他反应的还原力,如脂肪与固醇的合成,硝酸盐、亚硝酸盐的还原,氨的同化等;第二,过程的中间产物是许多化合物合成的原材料,如 5-磷酸核酮糖(Ru5P)和 5-磷酸核糖(R5P)是合成核酸的原料。

## 三、生物氧化

有机物质在植物体内进行氧化,包括消耗氧,生成 $CO_2$、$H_2O$ 和放出能量的过程,称为生物氧化(biological oxidation)。生物氧化是逐步进行的,能量也是逐步释放的。生物氧化是在由载体组成的电子传递系统中实现的。

### (一)呼吸链

通过 EMP 和 TCA 产生的 NADH 和 $H^+$ 不能直接与游离态的氧结合,需要经过呼吸链(respiration chain)的传递后才能结合。

呼吸链就是一系列按秩序排列于线粒体内膜上的电子传递体和氢传递体。呼吸代谢过程中产生的电子和质子,通过这些传递体的传递,最后与氧结合,被氧化形成 $H_2O$。

电子传递体只传递电子,主要有细胞色素体系和铁硫蛋白(Fe-S);氢传递体既传递电子,又传递质子,主要有辅酶Ⅰ(NAD)、辅酶Ⅱ(NADP)、黄素单核苷(FMN)和黄素腺嘌呤二核苷酸(FAD),它们都能氧化还原。

### (二)氧化磷酸化

线粒体 $NADH+H^+$ 的两个电子沿着呼吸链传递给氧的过程中,消耗了氧和无机磷酸,同时形成了高能化合物 ATP,即氧化过程伴随着 ATP 的合成,此过程称为氧化磷酸化(oxidative phosphorylation)。

线粒体氧化磷酸化的一个重要指标是 P/O 比,它指呼吸过程中无机磷酸消耗量与原子氧消耗量的比值。在标准呼吸链中,一对电子从 NADH 传递到氧的过程中,生成了 3 分子 ATP,即 P/O 比为 3。

氧化磷酸化是电子传递(氧化)和磷酸化的偶联反应,故破坏一方或破坏二者之间的偶联,氧化磷酸化作用就会受阻,甚至影响生命存亡。干旱、寒害、缺钾等因素都能破坏磷酸化,不能形成 ATP,可是氧化照样进行,使植物呼吸作用"徒劳"。

## 四、影响植物呼吸作用的因素

### (一)呼吸速率和呼吸商

呼吸作用的两个生理指标是呼吸速率和呼吸商。

1. 呼吸速率

呼吸速率(respiratory rate)是最常用的生理指标。呼吸速率是指在一定时间内单位植物材料(鲜重、干重或原生质〈以含氮量表示〉)所放出的二氧化碳或吸收的氧气量。

呼吸速率的常用单位是 $\mu mol/(g \cdot h)$、$\mu mol/(mg \cdot h)$。但究竟采用哪种单位,应根据具体情况,以尽可能地反映出呼吸作用的强弱变化为标准。不同种植物,同种植物的不同器官或不同发育时期,呼吸速率不同。通常,花的呼吸速率最高;其次是萌发的种子、分生组织、形成层、嫩叶、幼枝、根尖和幼果等;而处于休眠状态的组织和器官的呼吸速率最低。

## 2. 呼吸商

呼吸商（respiratory quotient，简称 R.Q.）又称呼吸系数，指植物组织在一定时间内放出二氧化碳的量与吸收氧气的量之比。它们可以反映呼吸底物的性质和氧气供应状况。其计算公式

R.Q. = [放出的二氧化碳量（体积或摩尔数）] / [吸收的氧气量（体积或摩尔数）]

呼吸商数值的大小与许多因素有关，包括底物种类，无氧呼吸的存在与氧化作用是否彻底，是否发生物质转化、合成与羧化，是否存在其他物质的还原以及某些物理因素如种皮不透气等。其中，底物种类是影响呼吸商最关键的因素。

当呼吸底物为碳水化合物且又被彻底氧化时，其 R.Q. 为 1，反应式

$$C_6H_{12}O_6 + 6O_2 \longrightarrow 6CO_2 + 6H_2O, \text{R.Q.} = 6/6 = 1$$

当呼吸底物为脂肪（脂肪酸）、蛋白质等富含氢即还原程度较高的物质时，R.Q. < 1。如棕榈酸被彻底氧化时

$$C_{16}H_{32}O_2 + 23O_2 \longrightarrow 16CO_2 + 16H_2O, \text{R.Q.} = 16/23 = 0.7$$

当呼吸底物为有机酸等富含氧即氧化程度较高的物质时，R.Q. > 1。如柠檬酸被彻底氧化时

$$2C_6H_8O_7 + 9O_2 \longrightarrow 12CO_2 + 8H_2O, \text{R.Q.} = 12/9 = 1.33$$

由此可知，呼吸底物性质与呼吸商有密切关系。在发生完全氧化时，呼吸商的大小取决于底物分子中相对含氧量的多少。因此，可以根据呼吸商判断底物的种类。植物体内的呼吸底物是多种多样的，碳水化合物、蛋白质、脂肪或有机酸等都可以被呼吸利用。一般说来，植物呼吸通常先利用碳水化合物，其他物质后被利用。

当氧气供应不足时，无氧呼吸较强，呼吸商增大。

### （二）内部因素对呼吸速率的影响

植物的呼吸速率因植物种类、器官、组织及生育期的不同而有很大差异。

#### 1. 植物种类

不同种类的植物，其代谢类型、内部结构及遗传性不会完全相同，必然造成呼吸速率的差异（表 4-4-1）。例如，喜光的玉米高于耐阴的蚕豆，柑橘高于苹果，玉米种子比小麦种子高近 10 倍。通常来讲，低等植物的呼吸速率远高于高等植物；喜温植物（玉米、柑橘等）高于耐寒植物（小麦、苹果等）；生长快的植物高于生长慢的植物；草本植物高于木本植物。

表 4-4-1　　不同种植物的呼吸速率

| 植物种类 | $O_2/[\mu L/(g \cdot h)]$（鲜重） |
|---|---|
| 仙人掌 | 6.8 |
| 景天 | 16.6 |
| 云杉 | 44.1 |
| 蚕豆 | 96.6 |
| 茉莉 | 120.0 |
| 小麦 | 251.0 |
| 细菌 | 10000.0 |

#### 2. 器官、组织

同一植物的不同器官，因为代谢不同、组织结构不同以及与氧气接触程度不同，呼吸

速率也有很大的差异(表 4-4-2)。在同一植物体上,通常生长旺盛的幼嫩器官(根尖、茎尖、嫩叶等)的呼吸速率高于生长缓慢的年老器官(老根、老茎、老叶);生殖器官高于营养器官,如花的呼吸速率高于叶 3~4 倍。在花中,雌雄蕊的呼吸速率比花被高,如雌蕊高于花瓣 18~20 倍,雄蕊中又以花粉最强。受伤组织高于正常组织。

表 4-4-2　　同种植物不同器官的呼吸速率

| 植物 | 器官 | | $O_2/[\mu L/(g \cdot h)]$(鲜重) |
|---|---|---|---|
| 胡萝卜 | 根 | | 25 |
| | 叶 | | 440 |
| 苹果 | 果肉 | | 30 |
| | 果皮 | | 95 |
| 大麦 | 种子(浸泡15 h) | 胚 | 715 |
| | | 胚乳 | 76 |
| | 叶片 | | 266 |
| | 根 | | 960~1480 |

3. 生育期

呼吸速率还随生育期的变化而改变。同一植株或植株的同一器官在不同的生长过程中,呼吸速率会有较大的变化。一年生植物初期生长迅速,呼吸速率升高;到一定时期,随着植物生长变慢,呼吸逐渐平稳,有时会有所下降;生长后期开花时又有所升高,而后又下降。

植物的叶片幼嫩时呼吸较快,成长后下降;接近衰老时,呼吸又上升,而后逐渐降低;到衰老后期,呼吸速率可下降到极其微弱的程度。也就是说,叶片在功能前期处于生长阶段,呼吸速率在最高峰;进入功能期后降到较高的平稳阶段;而后接近衰老时又略有升高,但远不及功能前期,接下来便随着衰老时间的延续逐渐下降,直至呼吸停止,叶片脱落(图 4-4-4)。

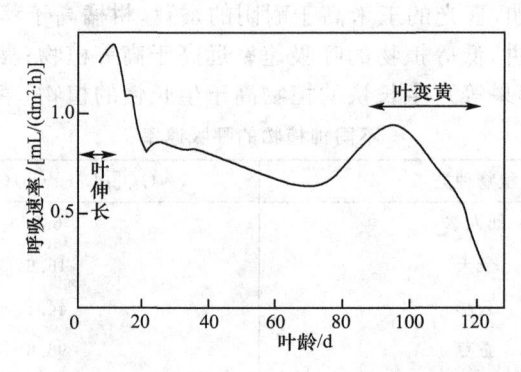

图 4-4-4　草莓叶片不同叶龄的呼吸速率

种子形成初期,随着种子内部细胞数目的增多,细胞体积的增大,原生质含量、细胞器和呼吸酶的增多,呼吸也逐步升高,到了灌浆期,呼吸速率达到最高,接着就开始下降。种子的最大呼吸速率时间与储藏物质积累最迅速的时期相吻合。

许多肉质类果实在完熟之前也有一个呼吸跃变期。因此,呼吸速率强弱在一定程度上可反映生活力的强弱,但生长健壮时期,呼吸速率并不一定最高。

(三)外部因素对呼吸速率的影响

影响呼吸速率的外部因素很多,但主要是受温度、氧气、二氧化碳、水分和机械损伤五方面影响。

1. 温度

温度对呼吸速率的影响,主要是影响呼吸酶的活性。在一定范围内,呼吸速率随温度的增加而加快,超过一定的温度,呼吸速率则会随着温度的升高而下降(图 4-4-5)。温度对呼吸作用的影响表现在温度三基点上,即最低点、最适点和最高点。

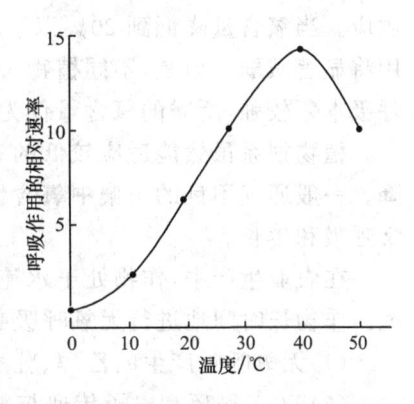

一般说来,植物的呼吸作用在接近 0 ℃时进行得最慢。大多数温带植物呼吸的最低温度约为 −10 ℃。耐寒植物的越冬器官(如芽及针叶)在 −25～−20 ℃时,仍未停止呼吸。但是,如果夏季的温度降低到 −5～−4 ℃,针叶的呼吸便完全停止。可见,呼吸作用的最低温度因植物体的生理状况不同而有差异。

图 4-4-5  温度对豌豆苗呼吸速率的影响

呼吸作用的最适温度在 25～35 ℃。最适温度是植物正常生长过程中,能保持较稳定状态的最高呼吸速率的温度。呼吸作用的最适温度比光合作用的最适温度高,因此,呼吸作用的最适温度并不是植物正常健壮生长的最适温度。植物呼吸过程强时,消耗大量的有机物质,对生长反而不利。

呼吸作用的最高温度一般在 35～45 ℃。在较高温度条件下,细胞质将受到破坏,酶的活性也会受影响,呼吸作用会急剧下降。温度越高,时间越长,破坏就越大,呼吸下降就越快。因此,某个温度是否为植物呼吸作用的最适温度,还必须考虑时间因素,只有在较长时间内保持最高呼吸速率的呼吸温度才是最适温度(图 4-4-6)。

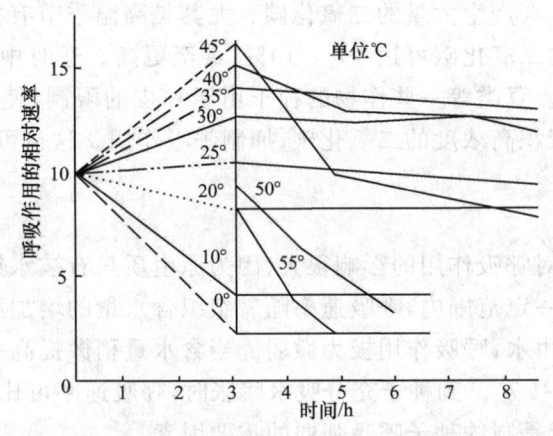

图 4-4-6  温度结合时间因素对豌豆苗呼吸速率的影响

温度每升高 10 ℃所引起的呼吸速率增加的倍数,通常称为温度系数($Q_{10}$)

$$Q_{10} = [(t+10)℃时的呼吸速率]/t℃时的呼吸速率$$

温度的另一间接效应是影响氧在水介质中的溶解度,从而影响呼吸速率的变化。

2. 氧气

氧气是植物进行正常呼吸的必要因子。它直接参与生物氧化过程,氧气不足,不仅可以影响呼吸速率,而且还影响呼吸代谢的途径(有氧呼吸或无氧呼吸)。

大气中氧含量比较稳定,约为21%,对于植物的地上器官来说,基本能保证氧的正常供应。当氧含量降低到20%以下时,呼吸开始下降。氧含量降低到5%~8%时,呼吸作用将显著减弱。但是,不同植物对环境缺氧的反应并不相同。比如,水稻种子萌发时缺氧呼吸本领较强,所需的氧含量仅为小麦种子萌发时需氧量的1/5。

植物根系虽然能适应较低的氧浓度,但氧含量低于5%~8%时,其呼吸速率也将下降。一般通气不良的土壤中氧含量仅为2%,而且很难透入土壤深层,从而影响根系的正常呼吸和生长。

在农业生产中,作物处于水淹等土壤通气不良条件时,根系则处于缺氧甚至无氧环境。作物长时间地进行无氧呼吸必然导致伤害或死亡,其原因有:

(1)无氧呼吸产生的乙醇、乳酸会使细胞蛋白质变性而发生毒害作用。

(2)TCA循环和电子传递与氧化磷酸化受阻,释放ATP能量少,作物为维持正常生命活动而消耗过多有机物,势必造成体内养料损耗过多。而且许多耗能反应受到限制,如矿质营养元素的吸收,有机物的合成与运输等。

(3)没有丙酮酸的氧化过程,不能形成中间产物,阻碍了重要有机物的合成。

因此,在生产上经常采用中耕松土、排涝、露田及晒田等措施,保持土壤良好的溶氧状况,这对作物的生长发育和产量形成是非常必要的。

3. 二氧化碳

二氧化碳是呼吸作用的产物,当环境中二氧化碳浓度增大时,三羧酸循环运转会受到抑制,进而影响呼吸速率。

当二氧化碳浓度升高到1%以上时,呼吸作用受到明显抑制。土壤中由于根系,特别是土壤微生物的呼吸,会产生大量的二氧化碳。尤其是高温季节有机体呼吸旺盛,如果土壤通气不良,则积累的二氧化碳可达4%~10%,甚至更高。适时中耕松土有助于促进土壤和大气的气体交换。豆类等一些作物的种子由于种皮的限制,使呼吸作用释放的二氧化碳难以透出,内部聚积高浓度的二氧化碳,抑制呼吸作用。这也可能是造成种子休眠的因素之一。

4. 水分

植物细胞含水量对呼吸作用的影响很大,因为原生质只有被水饱和时,各种生命活动才能旺盛地进行。在一定范围内,呼吸速率随着组织含水量的增加而升高。

风干的种子无自由水,呼吸作用极为微弱。当含水量稍微提高一些时,它们的呼吸速率就能增加数倍(图4-4-7)。到种子充分吸水膨胀时,呼吸速率可比干燥的种子增加几千倍。因此,种子含水量是制约种子呼吸强弱的重要因素。

植物的根、茎、叶和果实等含水量大的器官情况相反。当含水量发生微小变动时,对呼吸作用影响不大;当水分严重缺乏时,它们的呼吸作用反而增强。这是由于细胞缺水时,酶的水解活性加强,淀粉水解为可溶性糖,使细胞水势降低,增强保水能力以适应干旱

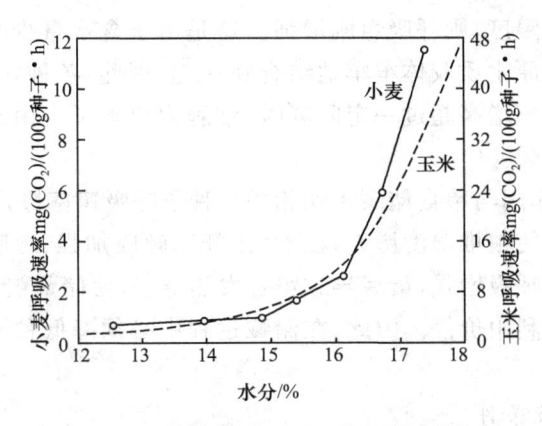

图 4-4-7 种子不同含水量对呼吸速率的影响

的环境。但是,可溶性糖是呼吸作用的直接基质,于是便引起呼吸作用增强。对于植物整体来说,也有类似的情况,接近萎蔫时,呼吸速率有所增加;如果萎蔫时间较长,细胞含水量则成为呼吸作用的限制因素。

5. 机械损伤

机械损伤会显著加快组织的呼吸速率。由于正常生活着的细胞有了一定的结构,某些氧化酶与底物是隔开的,机械损伤破坏了原来的间隔,使底物迅速氧化,加快了生物氧化的进程。另外,机械损伤使某些细胞转化为分生组织状态,形成愈伤组织去修补伤处,这些分生细胞的呼吸速率当然比原来休眠或成熟组织的呼吸速率快得多。所以在采收、包装、运输以及储藏水果与蔬菜时,应尽可能防止机械损伤。

机械刺激也会引起叶片的呼吸速率发生短时间的波动,因此,在测定植物样品的呼吸速率时,要轻拿轻放,避免因机械刺激带来的误差。

另外,呼吸底物(如可溶性糖)的含量、矿物元素(如磷、铁、铜等)对呼吸也有影响。此外,病原菌感染可使寄主的线粒体增多,多酚氧化酶的活性提高,PPP途径增强。

需要指出的是,以上所讨论的各种影响条件仅仅是就其中一个因素而言。实际上,各种因素是互相作用的,植物接受的最终影响是诸因素综合作用的结果。例如,植物组织含水量的变化对于温度所发生的效应有显著的影响,小麦种子的含水量从14%增至22%时,在同一温度下,呼吸速率相差甚大。一般来说,任何一个因子对于生理活动的影响都是通过全部因子的综合效应而反映出来的。当然,就处在某一环境中的植物来说,影响呼吸作用的诸因素中必然有其主要因素。在生产实践中要善于找出主要因素,采取最有效的措施,收到最显著的效果。

## 五、呼吸作用与农业生产的关系

### (一)与种子安全储藏的关系

种子储藏的目的有二:其一,是使作为种植资源的种子保持生命活力,尽量延长寿命;其二,是使以种子为储藏形式的商品粮不发霉变质,不降低商品价值。

1. 种子储藏期间的生理变化

种子是有生命的机体,不断地进行呼吸。当种子的含水量低于一定限度时其呼吸极低,若含水量超过一定限度,则呼吸急剧增强。这是由于含水量少时,种子内的水分都呈束缚水状态存在,它与原生质胶体牢牢地结合在一起,因此,各种代谢活动包括呼吸作用都不活跃;当种子含水量增高超过一定限度时,细胞内出现了自由水,各种酶活性大大增高,呼吸作用便急剧增强。

干燥种子的呼吸作用与粮食储藏密切相关。种子呼吸速率快,引起有机物大量消耗;呼吸放出的水分,又会使粮堆湿度增大,粮食"出汗",呼吸加强;呼吸放出的热量,又使粮温升高,反过来又促使呼吸增强,最后导致粮食发热霉变,使储藏粮食的质量发生变化,或品质下降,严重时失去利用价值。因此,在储藏过程中必须降低种子的呼吸速率,确保粮食的安全储藏。

2.种子储藏的适宜条件

水分、温度、氧气以及微生物和仓虫等外界条件会影响种子储藏。一般来说,种子宜储藏在干燥、低温、少氧、通风条件下。

要使种子安全储藏,种子必须呈风干状态,含水量一般在8%～14%,其中油料类的种子含水量为8%～9%,淀粉类的种子含水量为12%～14%,种子这样的含水量称为安全含水量,又称临界含水量。种子处于安全含水量的范围时,就可以安全储藏。有试验证明,种子含水量在4%～14%范围内(在自然条件下风干或在低于40 ℃条件下风干),每降低1%含水量可使种子寿命延长一倍。若含水量增加时,种子的呼吸作用将显著增加,不利于种子和粮食的储藏。因此,在粮食的储藏中,尽可能地控制水分含量极为重要,在进仓前一定要晾晒干。国家规定了入库种子的安全水分标准(表4-4-3),高于此标准就不耐储藏。

表 4-4-3　　　　　　　　　　种子储藏期的安全水分标准

| 作物种子 | 储藏安全水分/% | 作物种子 | 储藏安全水分/% |
| --- | --- | --- | --- |
| 籼稻 | 13.5 | 大豆 | 12 |
| 粳稻 | 14.0 | 蚕豆 | 12～13 |
| 小麦 | 12.0 | 花生(仁) | 8～9 |
| 大麦 | 13.5 | 棉籽 | 9～10 |
| 粟 | 13.5 | 菜籽 | 9 |
| 高粱 | 13.0 | 芝麻 | 7～8 |
| 玉米 | 13.0 | 蓖麻 | 8～9 |
| 荞麦 | 13.5 | 向日葵 | 10～11 |

为了确保种子和粮食的安全储藏,除了严格控制进仓时种子的含水量外,还应注意库房的降温。温度在0～50 ℃范围内,每降低5 ℃,种子(风干后的)寿命延长一倍。例如,葱属的大多数种子,在室温条件下不到3年便失去生活力;若将种子含水量降至6%,储于5 ℃以下的环境,20年后仍能萌发。水稻种子在14～15 ℃库温条件下,储藏2～3年,仍有80%以上的发芽率。

储藏温度还与种子的含水量有关。安全含水量越高,储藏温度要求越低。不过,种子含水量高并处在低温条件下易受冻害。

还要注意应用通风和密闭的方法以减少呼吸作用。通风的目的是散热、散湿。冬季或晚间开仓,西北风透入粮堆,降低粮温。密闭方式必须以粮食干燥、无虫为基础。在春末初夏的梅雨季节,进行全面密闭,防止外界潮湿空气侵入。

除了水分含量及温度严重影响粮食的储藏外,氧气和二氧化碳浓度也影响种子储藏。种子呼吸吸收氧,放出二氧化碳。若能适当增高二氧化碳含量、降低氧气含量,便可减弱呼吸作用,延长储藏时间。目前有的采用脱氧保管法,即向粮堆内充入低氧含量的空气,降低种子的呼吸速率。也有用充氮保管法保管大米,即抽出粮堆(用塑料密封)的空气,再冲入氮气,以抑制大米呼吸,可保持大米的新鲜度。

此外,在储藏期间必须防止微生物与害虫的活动,它们活动的结果使得种子霉变的同时,又会导致粮温的上升,加快种子的呼吸作用。有些地方采用磷化氢($H_3P$)气体抑制粮食长霉和发热,效果较好。

### (二)与种子萌发和幼苗的关系

种子萌发的条件主要是水分、空气和温度。水稻种子吸水量达到干重的40%,豆类种子吸水量达到干重的100%~150%才能萌发。在种子萌发初期,即8~10 h内,呼吸速率上升的主要原因是吸收了水分,与温度关系不大。18~24 h后,呼吸速率再度加强,这主要与温度和氧气相关。

种子萌发的过程中,R.Q.会发生明显的变化。在种胚未突破种皮之前,主要进行无氧呼吸,种子呼吸产生的$CO_2$远远超过了$O_2$消耗,R.Q.>1;当胚根露出之后,$O_2$的消耗迅速上升,通常R.Q.=1,这表明,此时是以糖为呼吸底物;以后因有机酸的参与或缺氧产生酒精发酵,使得R.Q.>1,可达到2~3。油料种子萌发时,脂肪通过乙醛酸循环转化为糖,需耗氧而不释放二氧化碳,R.Q.可降低到0.5以下,当脂肪耗尽,以糖为呼吸底物时,R.Q.会接近于1。若种子播种过深或长期被水淹,则会影响有氧呼吸,对物质的转化和器官的形成不利,特别是根的生长与分化会受到严重的抑制(表4-4-4)。油料种子萌发时,耗氧多,R.Q.小,因此需要浅播,保证氧气的供应。

表4-4-4　　　　　　　　　不同氧分压对水稻幼胚生长的影响

| 氧气条件/% | 芽鞘/mm | 叶/mm | 根/mm |
| --- | --- | --- | --- |
| 0.2 | 3.3 | 0 | 0 |
| 5.0 | 1.7 | 1.7 | 3.5 |
| 20.8 | 1.8 | 2.1 | 4.8 |

### (三)与果蔬、块根和块茎储藏的关系

**1. 果蔬的储藏**

肉质果实和蔬菜含水分较多,与种子和粮食储藏的方法有很大的不同。其储藏原则主要是在尽量避免机械损伤的基础上,控制温度、湿度和空气成分,降低呼吸消耗,使肉质果实、蔬菜保持色、香、味等新鲜状态。

(1)肉质果实储藏期间的生理变化

果实生长时期,呼吸作用逐渐降低。但有些果实在生长结束、成熟开始时会出现呼吸速率突然增高,然后又迅速下降的现象,称为呼吸高峰或呼吸跃变(respiratory climacteric)。有

呼吸高峰的果实,如苹果、梨、香蕉、李、番茄、西瓜、草莓等;有些果实没有明显的呼吸高峰,如柑橘、凤梨、葡萄、樱桃、无花果、瓜类等(图4-4-8)。但是后者在一定条件下(如用乙烯处理)也可能出现呼吸高峰现象。

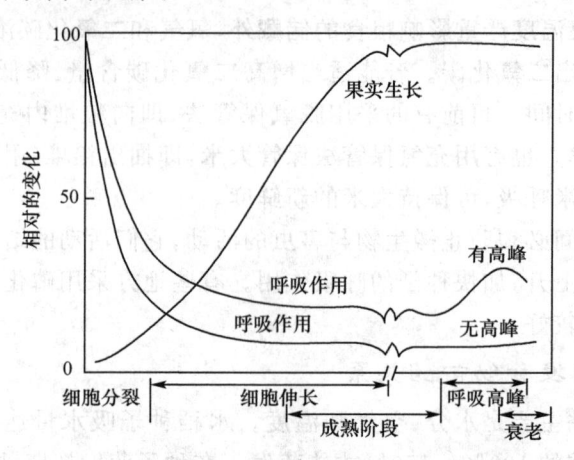

图4-4-8 在果实发育和成熟中有呼吸高峰和
无呼吸高峰的果实发育过程

呼吸高峰一般在储藏期间发生,但长久留在果树上的果实也有呼吸高峰出现。目前一致认为,呼吸高峰的出现与乙烯产生有关。在果实呼吸高峰出现前,均有较多的乙烯生成。一般来说,当果实、蔬菜中乙烯浓度达到 0.1 μL/L 时,便会诱导呼吸高峰出现。出现呼吸高峰时,呼吸强度可比以前高出 5 倍以上,果实食用的品质最好;呼吸高峰过后,品质下降,且逐渐不耐储藏。因此,储藏时应尽量推迟呼吸高峰的出现,发现烂果应及时拣出。

(2)肉质果实和蔬菜储藏的适宜条件

果蔬储藏不能干燥,因为干燥会造成皱缩,失去新鲜状态,但柑橘、白菜、菠菜等储藏前可轻度晾晒风干,以降低呼吸和微生物活动。呼吸高峰的出现和温度关系很大。如苹果,在 22.5 ℃储藏时,其呼吸高峰出现早而显著,在 10 ℃左右就不那么显著,而在 2.5 ℃以下几乎看不出来。所以储藏有呼吸高峰的果实时,一个重要问题就是推迟呼吸高峰的出现,办法之一就是降低温度,但低温不能低到使组织受冻的程度。苹果为 0～5 ℃,不可高于 6 ℃;橙柑则以 7～9 ℃为宜;梨为 10～12 ℃;香蕉要在 12～14.5 ℃;荔枝不耐储藏,在 0～1 ℃只能储存 10～20 d,若改用低温速冻法,使荔枝几分钟之内结冻,即可经久储藏。每种果蔬都有其适宜的储藏温度,通常绝大多数蔬菜是 4～5 ℃。

储藏期间还要保持一定的湿度,以防止果实萎蔫和皱缩,一般储藏的相对湿度在 80%～90%。近年来国外试验成功了高湿储藏法,即利用 98%～100%的高湿储藏甘蓝、胡萝卜、花椰菜、韭菜、马铃薯等。在高湿中储藏的产品,水分丧失减少,可保持蔬菜的鲜嫩度,特别是对于许多叶菜类,能保持鲜嫩的颜色,并且延长蔬菜的储藏寿命。

自体保藏法是一种简便的果蔬储藏法。由于果实蔬菜本身不断呼吸,放出二氧化碳,在密闭环境里,二氧化碳浓度逐渐增高,抑制呼吸作用,但容器中 $CO_2$ 浓度不能超过 10%,否则,果实中毒变坏不利于储藏。如能密封加低温(1～5 ℃),储藏时间更长。自体保藏法现已被广泛利用。例如,四川南充果农将广柑藏于密闭的土窖中,储藏时间可以达到四五个月之久;哈尔滨等地利用大窖套小窖的办法,使黄瓜能储存 3 个月不坏。

### 2. 块茎和块根的储藏

马铃薯块茎在植株上成熟时,呼吸速率不断下降,收获后继续下降到一个最低值,接着进入休眠阶段。甘薯块根在收获后储藏前有一个呼吸明显升高的现象,但不像果实呼吸跃变那样典型。尽管块根、块茎储藏期间是处于休眠状态而非成熟过程中,不存在呼吸高峰,但块根、块茎一般都是皮薄、水分含量多,与果实蔬菜储藏的原理差不多,主要是控制温湿度和气体成分。

块根、块茎的储藏需要较低的温度。甘薯储藏温度为 10~14 ℃,最适温度为 11~13 ℃。储藏期间,若温度高于 15 ℃,薯块易发芽和产生病害;温度若低于 9 ℃,则易发生寒害。马铃薯在 1 ℃以下易受冻变质,4 ℃以上时间较长会发芽产生有毒的龙葵素,2~3 ℃为最适温度。

储藏块根、块茎的相对湿度以 85%~90%为宜,低于 80%则失水导致呼吸增强,所以在入窖前要晾 1~2 d,稳定呼吸,减少水分含量。

空气的控制方面,不要过早封闭窖口。入窖之初,由于气温较高,薯块呼吸旺盛,如果封窖过早,会使窖内缺氧,进行无氧呼吸,大量产生酒精,引起中毒、腐烂。因此,应适当地通风透气,随着气温的下降,逐步封闭窖口。另外,块茎和块根在收获和储藏过程中应尽量避免机械损伤,以利于储藏。自体保藏法在块茎和块根的储藏方面也有很好的效果。

### (四)与植物抗病性的关系

一般情况下,寄主植物受到病原菌侵染后呼吸速率会增强。这是因为:第一,病原菌本身具有强烈的呼吸作用,致使寄主植物呼吸速率上升;第二,病原菌侵染后,寄主植物细胞被破坏,导致底物与酶相互接触,呼吸的生化过程加强;第三,寄主植物被感染后,呼吸途径发生变化,EMP-TCA 途径减弱,而 PPP 加强。此外,含铜氧化酶类活性升高,例如棉花感染黄萎病后酚氧化酶与过氧化物酶的活性增强,小麦感染锈病后多酚氧化酶和抗坏血酸氧化酶的活性提高。有时氧化与磷酸化解偶联,引起感染部位的温度升高。

植物感病后呼吸加强使植物具有一定的抗病力。植物的抗病力与呼吸上升的幅度大小和持续时间的长短密切相关。凡是抗病力强的植株感病后,呼吸速率上升幅度大,持续时间长,抗病力弱的植株则恰好相反。

呼吸速率上升幅度大,持续时间长有利于:①消除毒素。有些病原菌能分泌毒素致使寄主细胞死亡,如番茄枯萎病产生镰刀菌酸,棉花黄萎病产生多酚类物质。寄主植物通过加强呼吸作用,或将毒素氧化分解为二氧化碳和水,或转化为无毒物质。②促进保护圈的形成。有些病原菌只能在活细胞内寄生,在死细胞内则不能生存。抗病力强的植株感病后呼吸剧增,细胞衰死加快,致使病原菌不能发展,而这些死细胞反而成为活细胞和活组织的保护圈。③促进伤口愈合。寄主植物通过提高呼吸速率加快伤口附近形成木栓层,促使伤口愈合,从而限制病情发展。

### (五)与作物栽培的关系

呼吸作用作为植物体内的代谢中心,不仅影响作物的无机营养与有机营养,而且影响物质的吸收、转化、运输与分配，最终影响细胞分裂、组织产生、器官形成和植株生长。

在作物栽培上，许多措施直接或间接地保证植物呼吸作用正常进行。早稻的浸种催芽过程中，早晚用温水淋种，以供应足够的水分和种子发芽所需的温度；当露白后，种子需进行有氧呼吸，所以要进行翻堆，一方面是防止因呼吸放热而温度过高，导致"烧苗"发生；另一方面是提供充足的氧气，避免无氧呼吸的发生。南方早稻育秧通常采用水育秧以防"倒春寒"，但在寒潮过后，应适时排水，使根系得到充分的氧气。水稻在返青之后的生育期中采用薄露灌溉技术；水稻分蘖晚期要进行晒田；南方早稻灌浆期间处于高温季节，可以利用"跑马水"来降温，这些措施有利于稻根进行旺盛的有氧呼吸，促使水分和矿质营养的吸收，促进新根的形成。

旱田作物的中耕松土、黏土掺沙等，可以改善土壤的通气条件。在低洼地开沟排水，降低水位，可增加土壤透气性，有效地抑制无氧呼吸，促进作物根系良好生长发育。

温室栽培和利用薄膜育苗，应注意解决高温和光照不足的矛盾，适时揭开薄膜通风降温以降低呼吸消耗，才能培育出健壮的幼苗。果树夏剪中去萌蘖，既利于果树的通风透光，又可以降低果树树冠内温度，控制呼吸，降低耗能。

作物栽培中有许多生理障碍，也是与呼吸有直接关系的。涝害淹死植株，是因为无氧呼吸进行过久，累积酒精而引起中毒。寒害、干旱以及缺钾能使作物的氧化磷酸化解偶联，导致生长不良甚至死亡。低温导致烂秧，原因是低温破坏线粒体的结构，呼吸"空转"缺乏能量，引起代谢紊乱。低温还会导致原生质透性降低，吸收减少，生长减慢等。

## 六、技能训练——测定植物的呼吸速率（广口瓶法）

【实训原理】

植物进行呼吸放出 $CO_2$，计算植物材料在单位时间内放出 $CO_2$ 的数量，即可测出该植物材料的呼吸速率。测定植物呼吸放出 $CO_2$ 的量，可用 $Ba(OH)_2$ 溶液吸收，然后再用草酸（$H_2C_2O_4$）溶液滴定法测定剩余 $Ba(OH)_2$ 的量，从空白和样品二者消耗 $H_2C_2O_4$ 溶液之差，即可算出呼吸过程中释放的 $CO_2$ 量。反应如下

$$Ba(OH)_2 + CO_2 \longrightarrow BaCO_3 \downarrow + H_2O$$
$$Ba(OH)_2（剩余）+ H_2C_2O_4 \longrightarrow BaC_2O_4 \downarrow + 2H_2O$$

【材料、仪器及试剂】

1. 材料

干燥和发芽的水稻（小麦）种子。

2. 仪器

广口瓶呼吸速率测定装置（图 4-4-9）、托盘天平、碱式滴定管、酸式滴定管、滴定架、温度计、恒温水浴锅。

3. 试剂

（1）1/44 mol/L 的草酸溶液（每毫升 1/44 mol/L 草酸相当于 1 mg $CO_2$）：准确称取重结晶 $H_2C_2O_4 \cdot 2H_2O$ 2.8645 g，溶于蒸馏水中，定容至 1000 mL。

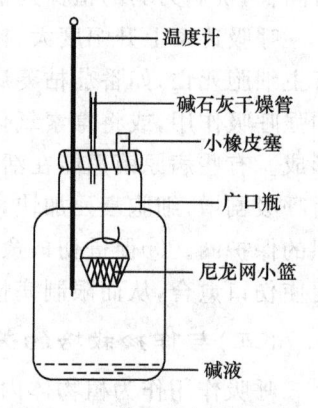

图 4-4-9 广口瓶呼吸速率测定装置

(2)0.05 mol/L 氢氧化钡溶液:称取 Ba(OH)₂ 8.6 g,溶于 1000 mL 蒸馏水中。

(3)酚酞试剂:1 g 酚酞溶于 100 mL 95%酒精中,储于滴瓶。

【方法与步骤】

1. 呼吸速率测定

(1)取 500 mL 广口瓶两个,分别加一个三孔橡皮塞。一孔插入装有碱石灰的干燥管;一孔插入温度计;另一孔直径约为 1 cm,供滴定用。平时用一个小橡皮塞塞紧,瓶塞下面装一小铁钩,以便悬挂尼龙网小篮,供装植物材料用。整个装置如图 4-4-9 所示。

(2)空白滴定。取广口瓶测呼吸装置一个,拔出滴定孔上的小橡皮塞,用滴定管准确向瓶中加入 0.05 mol/L 的 Ba(OH)₂ 溶液 10 mL,再将滴定孔塞紧,橡皮塞下方小篮不放植物材料。充分摇动广口瓶几分钟,瓶内全部 $CO_2$ 被吸收后,拔出小橡皮塞加入酚酞试剂 3 滴,把酸式滴定管插入滴定孔中,用 1/44 mol/L $H_2C_2O_4$ 溶液进行滴定,直至红色刚刚消失为止,记录草酸溶液用量(mL),即空白滴定值。

(3)测定植物材料滴定值。取另一广口瓶测呼吸装置一个,拔出滴定孔上的小橡皮塞,用滴定管准确向瓶中加入 0.05 mol/L 的 Ba(OH)₂ 溶液 20 mL,再将滴定孔塞紧。同时称取植物材料(种子)100 粒,装入尼龙网小篮中,迅速挂于橡皮塞的小钩上,塞好塞子,开始记录时间。经 30 min,其间轻轻摇动数次,使溶液表面的 $BaCO_3$ 薄膜被破坏而利于 $CO_2$ 的充分吸收。到预定时间后,轻轻打开橡皮塞,迅速取出小篮,立即重新塞紧,充分摇动数分钟,使瓶中 $CO_2$ 完全被吸收,然后拔出小橡皮塞,加入酚酞 3 滴,用草酸滴定如前,记录草酸溶液用量(mL),即样品滴定值。加样操作过程中注意防止空气中和口中呼出的气体侵入瓶内。

(4)计算呼吸速率。

$$y=\frac{(V_1-V_2)\times c\times M}{W\times t}$$

式中　$y$——呼吸速率,$mg(CO_2)/(g \cdot h)$;

　　　$V_1$——空白滴定值,mL;

　　　$V_2$——样品滴定值,mL;

　　　$c$——$H_2C_2O_4$ 浓度,mol/L;

　　　$M$——$CO_2$ 的摩尔质量,g/mol;

　　　$W$——样品鲜重,g;

　　　$t$——反应时间,h。

2. 不同条件对呼吸速率的影响

(1)取呼吸瓶 3 个,在每个瓶中分别加入 0.05 mol/L 的 Ba(OH)₂ 溶液 20 mL,称取种子(按以下 3 种方式处理进行)挂于橡皮塞的小钩上,立即塞紧橡皮塞,置于不同的条件下,并开始记录时间:

①加干种子 100 粒,在 30 ℃恒温水浴锅上;

②加催芽种子100粒,在30 ℃恒温水浴锅上;

③加催芽种子100粒,在10 ℃左右的室温下。

(2)约30 min后,轻轻从呼吸瓶中取出种子,然后用草酸滴定(同上),并用公式计算各材料的呼吸速率

$$y = \frac{(V_1 - V_2) \times c \times M}{t}$$

式中 $y$——呼吸强度,$mg(CO_2)/(100 粒种子 \cdot h)$。

(3)不同处理的测定结果记于表4-4-5,并加以解释。

表4-4-5　　　　呼吸强度测定记录

| 处理 | 测定时间 /min | 空白滴定值 /mL | 材料滴定值 /mL | 呼吸强度 /[mg(CO₂)/(100粒种子·h)] |
|---|---|---|---|---|
| ① | | | | |
| ② | | | | |
| ③ | | | | |

【实训报告】

1.分析在进行植物呼吸速率测定时应注意的事项。

2.通过实训测定不同条件下植物材料的呼吸速率,简要谈谈植物不同的生理状态、不同的外界环境(温度)对呼吸速率的影响。

# 考核内容

【知识考核】

一、名词解释

植物呼吸作用;有氧呼吸;无氧呼吸;维持呼吸;生长呼吸;生物氧化;呼吸链;氧化磷酸化;P/O比;呼吸速率;呼吸商;温度三基点;温度系数;呼吸跃变。

二、简述题

1.呼吸作用的生理意义是什么?

2.植物进行呼吸作用的主要细胞器是什么?植物呼吸代谢的主要途径有哪些?

3.简述影响植物呼吸作用的主要因素。

4.作物长时间被水淹通常会导致死亡,试分析其原因。

5.结合植物呼吸作用相关知识,谈谈在进行种子储藏时应考虑哪些因素,为什么?

6.你认为在储藏果蔬、块茎或块根时要注意哪些问题?

7.作物栽培过程中,可以采用哪些措施来促进作物的呼吸作用?

【专业能力考核】

请以工作小组形式,设计并实施一个测定某种植物叶片呼吸速率的试验。

**【职业能力考核】**

**考核评价表**

| 子情境4-4:测定植物呼吸作用 ||||||||
|---|---|---|---|---|---|---|---|
| 姓名: ||| 班级: |||||
| 序号 | 评价内容 | 评价标准 || 分数 || 得分 | 备注 |
| 1 | 专业能力 | 资料准备充足,获取信息能力强 || 10 | 80 | | |
| | | 能准确把握植物呼吸作用的类型、影响呼吸作用的主要因素;能正确分析处理植物呼吸作用与农业生产的关系 || 40 | | | |
| | | 按要求完成技能训练、现象分析全面、结论总结到位 || 30 | | | |
| 2 | 方法能力 | 获取信息能力、组织实施、问题分析与解决、解决方式与技巧、科学合理的评估等综合表现 || 10 ||||
| 3 | 社会能力 | 工作态度、工作热情、团队协作互助的精神、责任心等综合表现 || 5 ||||
| 4 | 个人能力 | 自我学习能力、创新能力、自我表现能力、灵活性等综合表现 || 5 ||||
| 合计 |||| 100 ||||

教师签字: 　　　　　　　　　　　　　　　　　　　　　年　　月　　日

# 情境 5

## 植物生长发育过程

## 子情境 5-1 植物种子休眠与萌发

| 学习目标 |
|---|
| 1. 掌握种子休眠及调控 |
| 2. 掌握种子萌发及调控 |
| 3. 掌握种子生活力的测定 |
| **职业能力** |
| 1. 能调控种子休眠与萌发 |
| 2. 能测定种子生活力 |
| **学习任务** |
| 1. 认知种子休眠及调控 |
| 2. 认知种子萌发的影响因素 |
| 3. 应用植物生长调节剂调控植物种子的萌发 |
| 4. 测定种子生活力 |
| **建议教学方法** |
| 思维导图教学法、项目教学法 |

## 一、种子的休眠与调控

### （一）种子的休眠及其意义

多数植物所处环境有季节性的变化,如温带在光照、温度和雨量上的季节差异十分明显,如果植物不存在某些保护性或防御性机制,便会受到伤害甚至致死。植物度过不良环境的常见保障措施便是通过不同的器官进行休眠。休眠(dormancy)是指植物的整体或某一部分在某一时期内生长和代谢暂时停滞的现象,是植物抵抗和适应不良环境的一种自身保护性的生物学特征。

依据种子休眠的深度和原因,通常将休眠分为强迫休眠(force dormancy)和生理休眠(physiological dormancy)两种类型。由于不利于生长的环境条件,如高温、低温、干旱等引起的休眠称为强迫休眠。刚收获的大麦、水稻等籽粒,即使给予充足的水分、适当的温度等适宜的萌发条件,它们仍不能萌发,只有在储藏数月后才能萌发。把在适宜条件下,因为植物本身内部原因而造成的休眠称为生理休眠。

许多一、二年生植物以种子为休眠器官,休眠是植物经过长期进化而获得的一种对环境条件及季节性变化的生物学适应性,对植物的生存具有重要意义。如温带地区的植物在秋季形成种子后,通过休眠来避免冬季严寒的伤害;禾谷类作物种子具备短暂的休眠期,可以避免谷粒在穗上萌发,特别是在收获期遇上短期阴雨天气时,这不但有利于种子资源的储藏和保存,而且对人类也有益处;此外,田间杂草种子具有复杂的休眠特性,杂草种子可以在土层下保持多年不萌发,且萌发期参差不齐,陆续出土难以防治,给农业带来危害。对杂草种子休眠特性的研究和了解,将有助于防除杂草,提高作物产量。因此,深入研究和了解种子休眠的问题在理论上和实践上均有重大意义。

(二)种子休眠的原因

**1. 种皮限制**

种皮或果皮可从三个方面影响种子萌发:不透水;不透气;对胚具有机械阻碍作用。有些种子由于种皮厚且坚实或种皮上有厚而致密的蜡质或角质,种皮不透水或透水性弱,不易从外界吸水而造成休眠,如豆科、锦葵科、藜科等多种植物的种子。另有一些种子(如椴树种子)的种皮虽能透水,但不透气,即外界 $O_2$ 不能进入种子,种子内的 $CO_2$ 也不能散出种皮,因此,抑制胚的生长。还有一些种子(如苋菜种子),虽能透水、透气,但因种皮太坚硬,胚不能突破种皮,也难以萌发。有些种子种皮表面由排列紧密的厚壁细胞构成,种皮内还有油质和蜡质,成为厚实难破的保护层。如桃、李、杏、梅等植物种子,均有坚硬的外壳包裹,水分和 $O_2$ 很难进入。

**2. 种子未完成后熟**

有些种子的胚已经分化发育完全,胚在形态上貌似成熟,其实生理上尚未成熟,在适宜条件下仍不能萌发,它们要经过一定时间的休眠,在胚内部发生某些生理、生化变化后,才能萌发。这些种子在休眠期内发生的生理、生化过程,称为后熟(after-ripening)。果实离开植物株后的后熟现象,称为后熟作用。如苹果、桃、梨、樱桃等蔷薇科植物和松柏类植物的种子,这类种子必须经低温处理,即用湿沙将种子分层堆积在低温(5 ℃左右)的地方1~3个月,经过后熟才能萌发。这种催芽的技术称为层积处理(stratification)。一般认为,在后熟过程中,主要完成内部有机物质和激素等物质的转化,种子内的淀粉、蛋白质、脂肪等有机物的合成作用加强。经过后熟作用后,种皮透性加大,呼吸强度逐渐升高,酶活性增强,有机物开始水解,内源激素水平也发生变化,促进萌发的物质如 CTK、GA 的含量渐增,而抑制萌发的物质如 ABA 含量逐渐减少。有些植物种子的后熟要求低温,而有些种子则在收获后的晒种干燥过程中完成后熟。研究指出,糖槭休眠种子在 5 ℃低温层积过程中,开始时脱落酸含量很高,后来迅速下降;细胞分裂素首先上升,以后随着赤霉素含量的上升而下降。

**3. 胚未发育完全**

种子休眠的另一原因是胚未发育完全。有些植物,如白蜡、银杏、当归、人参等的种子或果实从外表看似成熟了,但内部胚还很幼嫩,未发育完全,结构也不完善,脱离母体后,在湿润和低温条件下,幼胚继续从胚乳中吸取营养,生长发育到完全成熟,才达到可萌发状态。欧洲白蜡树种子脱离母体后,必须经过一段时间的种胚发育才能萌发(图 5-1-1)。分布于我国西南地区的木本植物珙桐的果核,要在湿沙中层积 1~2 年才能发芽。据研究,新采收的珙桐种子的胚轴顶端无肉眼可见的胚芽,层积 3~6 个月后,胚芽才肉眼可见,9 个月后胚芽伸长并分化为叶原基状,1 年后叶原基伸长,1.5 年后叶原基分化为营养叶,此时胚芽形态分化结束,种胚完成形态后熟,胚根开始伸入土中,进入萌发阶段。新采收的人参种子,其胚只有 0.3~0.4 mm 长,几乎完全未分化,整个种子中充满胚乳,在 20 ℃下 3~4 个月后,胚生长达到 3 mm 左右,胚乳中的营养物质转向胚中,胚发育完善后才具有了萌发能力。

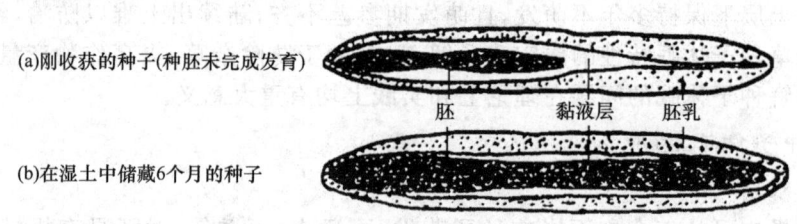

(a)刚收获的种子(种胚未完成发育)

胚　黏液层　胚乳

(b)在湿土中储藏6个月的种子

图 5-1-1　欧洲白蜡树种子的胚的发育

**4. 抑制物质的存在**

有些植物种子不能萌发是由于种子或果实内含有抑制种子萌发的物质,如挥发性的氰化氢(HCN)、氨(NH$_3$)、乙烯、芥子油;醛类化合物(柠檬醛和肉桂醛);酚类化合物(水杨酸和没食子酸);生物碱(可卡因和咖啡因);不饱和内酯(香豆素和 ABA)等。如生长抑制剂香豆素,可以抑制莴苣种子的萌发。抑制物质存在于种皮、果肉、胚乳或子叶中,如梨、苹果、甜瓜、柑橘、番茄等果实的果肉;大麦、燕麦、苍耳、甘蓝等种子的种皮;鸢尾、莴苣种子的胚乳及菜豆种子的子叶中均含有抑制物质;红松种子各部分都有萌发抑制物质。珙桐内果皮和种子子叶中均含有抑制物质,在层积过程中抑制物质逐渐减少。洋白蜡树种子休眠是因种子和果皮内都有脱落酸,其含量分别达到 1.7 μmol/kg 和 2.8 μmol/kg,当其脱落酸含量分别降至 0.6 μmol/kg 和 1.8 μmol/kg 时,种子就破除休眠而萌发。

生长抑制物质对种子萌发的抑制作用有重要的生物学意义。例如,生长在沙漠的滨藜属植物,其种子含有阻止萌发的生长抑制物质,在一定雨量下冲洗掉抑制物质,种子就能立即萌发并利用湿润的环境条件完成生活周期;如果雨量不足,不能完全冲掉抑制物质,种子就不萌发,继续休眠,以适应干旱的沙漠环境。这种植物就是依靠种子的抑制物质,巧妙地适应干旱的沙漠条件。在农业生产上,对于果肉中存在抑制物质的西瓜、甜瓜、番茄、茄子等,可将种子从果实中取出,借流水除去抑制物质,可促进种子萌发。

**(三)种子休眠的调控**

由于种子休眠给生产带来困难,因此,根据其休眠原因的不同,可采取相应的措施来解除休眠,促进萌发。

**1. 机械破损**

对种皮过厚或紧实不透水的种子,可用沙子与种子摩擦或除去种皮等方法来促进萌发。如紫云英、苜蓿和菜豆等种子加沙和石子进行摇擦处理,能有效促进萌发。

2. 低温湿沙层积处理(沙藏法)

对于胚已长成或胚已分化完成,但需要完成生理后熟的种子,如一些蔷薇科植物苹果、梨、桃及松柏类种子都要求低温、湿润的条件来解除休眠。通常采用层积处理,即将当年收获的种子,在冬季用湿沙和种子相混合或成层地放在室外背阴处或地窖堆积,在0～5 ℃温度下放置1～3个月,到春天播种,就能使种子通过休眠期而整齐发芽。

3. 晒种或加热处理

小麦、黄瓜等种子在播种前晒种,棉花采用35～40 ℃温水浸种处理,可促进后熟,提高发芽率。油松、沙棘种子用70 ℃水浸种24 h,可增加透性,促进萌发。

4. 化学药剂处理

用乙醇处理莲子,可增加莲子种皮的透性;用氨水(1∶50)处理松树种子;棉花种子在热(120～150 ℃)$H_2SO_4$ 中搅拌5 min,再用清水将 $H_2SO_4$ 洗净;用98%浓 $H_2SO_4$ 处理皂荚种子1 h,清水洗净,再在40 ℃清水中浸泡86 h(用此方法应注意安全)等方法,都可以打破休眠,提高发芽率。

5. 植物生长调节剂处理

多数植物生长物质能打破种子休眠,促进种子萌发,其中GA效果最为显著。樟子松、鱼鳞云杉和红皮云杉是北方优良树种,将种子浸泡在100 mg/L 的 GA 溶液中24 h,不仅可提高发芽率和发芽势,还能促进种苗初期生长。药用植物黄连的种子由于胚未分化成熟,需要低温下90 d才能完成分化过程。如果用5 ℃低温和10～100 mg/L 的 GA 溶液同时处理,只需要48 h便可打破休眠而发芽。GA 处理人参种子可将休眠期由1～2年缩短到几个月。生长调节剂可打破延存器官的休眠,如刚收获的马铃薯块茎一般休眠期为40～60 h,在一些地区一年内要进行春、秋两季栽培,就有必要人为解除休眠,以促使供秋季栽培的种薯发芽,常用的方法是将薯块用0.5～1.0 mg/L 的 GA 浸泡20 min,然后上床催芽,可整齐萌发。

6. 清水处理

对于由于抑制物质的存在而休眠的种子或器官,如番茄、甜瓜、西瓜等种子从果实中取出后,用水(流水更佳)冲洗干净,除去附着在种子上的抑制物质后可解除休眠。

7. 光照处理

需光性种子种类很多,对光照的要求也不一样。有些种子一次性感光就能萌发。如泡桐浸种后给予1000 lx 光照10 min,能诱发30%种子萌发;光照8 h,萌发率达80%。有些则需经7～10 d,每天5～10 h的光周期诱导才能萌发,如八宝树、榕树等。藜、莴苣、芹菜和烟草的某些品种,种子吸涨后照光也可解除休眠。

8. 物理方法

用X射线、超声波、高低波、高低电流、电磁场处理种子,也有破除休眠的作用。

## 二、种子萌发与调控

(一)种子萌发的概念

种子是由受精胚珠发育而来的,是种子植物特有的延存器官。植物个体生命周期是从受精卵分裂形成胚开始的,但习惯上以种子萌发作为个体发育的起点。种子萌发是指种子从吸水到胚根突破种皮期间所发生的一系列生理、生化变化的过程。

### (二)影响种子萌发的因素

种子健全、饱满、生活力强、无病虫,是种子萌发的基础条件。完成休眠的种子,仅具备了萌发的内在条件,还必须在适宜的环境条件下才能萌发。

**1. 影响种子萌发的内部因素**

种子播种后,能否正常萌发,首先是由其内部因素决定的。内部因素包括种子是否具有生活力以及休眠过程是否已经解除。若要健壮萌发,还与种子活力高低有关。

(1)种子生活力

种子生活力(seed viability)是指种子能够萌发的潜在能力或种胚具有的生命力。没有生活力的种子是死亡的种子,不能萌发。一般来说,种子生活力就是指种子的发芽力。种子从发育成熟到丧失生活力所经历的时间即种子的寿命(seed longevity)。

种子寿命既与植物种类有关,也与储藏条件有关。一些植物的种子,如热带的可可、杧果等的种子,既不耐脱水干燥,也不耐零上低温,往往寿命很短(只有几天或几周),被称为顽拗性种子(recalcitrant seed)。而大多数植物的种子,如水稻、花生等的种子,能耐脱水和低温(包括零上和零下低温),寿命往往较长,被称为正常性种子(orthodox seed)。影响种子寿命的储藏条件主要是种子含水量和储藏温度,尤以种子含水量更为重要。在一定范围内,降低种子含水量和储藏温度,有利于延长种子的寿命。

(2)种子活力

种子活力(seed vigor)是指种子在田间状态(非理想状态)下迅速而整齐地萌发并形成健壮幼苗的能力。通常具有相同发芽率的种子,其发芽速度、幼苗的整齐程度和健壮程度有很大差别。用种子活力作为指标能更准确地评价种子的播种品质和田间生产性能。在播种时选用高活力的种子有利于形成健壮的幼苗,从而提高作物的抗逆能力和增产潜力。

**2. 影响种子萌发的外界条件**

影响种子萌发的外界条件主要包括充足的水分、适宜的温度和足够的氧气,有些种子的萌发还受光照的影响。

(1)水分

吸水是种子萌发的第一步。种子吸水后,种皮膨胀软化,$O_2$容易透过种皮,胚的呼吸作用增强,使胚根易于突破种皮;水分可使原生质由凝胶状态转变为溶胶状态,细胞器结构恢复,各种酶活性增强,使胚乳的储藏物质逐渐转化为可溶性物质,供幼胚生长、分化;水分可促进可溶性物质运输到正在生长的幼芽、幼根,供给呼吸需要或形成新细胞结构的有机物;水分使种子内储藏的植物激素由束缚型转化为游离型,提高活性,调节胚的生长发育。所以充足的水分是种子萌发的必要条件。

不同作物种子在萌发过程中吸水量有差异。一般禾谷类种子含淀粉较多,萌发时需水较少,为30%~70%;豆类植物含蛋白质较多,亲水性较强,种子吸水量较高,为110%以上;油料作物种子除含有脂肪外,往往也含有较多的蛋白质,因此油料作物种子吸水量通常介于淀粉种子和蛋白质种子之间(表5-1-1)。种子吸水速率不仅与种子储藏物质有关,还与土壤含水量、土壤溶液浓度以及环境温度有关。通常土壤含水量充足,土壤溶液浓度较低,环境温度较高,可促进吸水。

表 5-1-1　　不同作物种子萌发时的吸水率(占风干重的百分率)　　%

| 作物种类 | 吸水率 | 作物种类 | 吸水率 |
| --- | --- | --- | --- |
| 水稻 | 35～40 | 大豆 | 120 |
| 小麦 | 60 | 豌豆 | 185 |
| 玉米 | 39.8 | 棉花 | 58～80 |
| 蚕豆 | 157 | 油菜 | 48.3 |

(2)温度

种子萌发过程是由一系列酶所催化的生理、生化反应引起的,而酶的活性与温度密切相关,因此,温度也是影响种子萌发的一个重要因素。

温度对种子萌发的影响有三基点现象:最低温度;最适温度;最高温度。在最低温度时,种子虽能萌发,但所需时间长,发芽不整齐,易烂种。种子萌发的最适温度是指在最短的时间内发芽率最高的温度。高于最适温度,虽然萌发速率较快,但发芽率低。而低于最低温度或高于最高温度,种子都不能萌发。种子萌发的三基点温度,因植物种类和原产地不同而有很大差异,一般原产低纬度地区的植物温度三基点较高,原产高纬度地区的植物温度三基点较低(表5-1-2)。

表 5-1-2　　　　　　　几种主要作物种子萌发对温度的要求　　　　　　　℃

| 作物种类 | 最低温度 | 最适温度 | 最高温度 |
| --- | --- | --- | --- |
| 小麦 | 0～5 | 20～28 | 30～43 |
| 大麦 | 0～5 | 20～28 | 30～40 |
| 玉米 | 8～10 | 32～35 | 40～44 |
| 水稻 | 10～12 | 30～37 | 40～42 |
| 棉花 | 10～13 | 25～32 | 38～40 |
| 大豆 | 6～8 | 25～30 | 39～40 |
| 花生 | 12～15 | 25～37 | 41～46 |
| 黄瓜 | 15～18 | 31～37 | 38～40 |
| 番茄 | 15～18 | 25～30 | 34～39 |
| 高粱 | 6～7 | 30～33 | 40～45 |
| 烟草 | 10～12 | 25～28 | 35～40 |

在最适温度下,种子萌发最快,但由于呼吸旺盛,消耗有机物较多,幼苗生长快而不健壮,抗逆性差,因此,使种子健壮萌发的温度比萌发最适温度稍低,称为协调最适温度。因此,种子适宜播期一般应稍低于最适温度。如棉花播种期一般以表土 5 cm 土温稳定在 12 ℃为宜。在农业生产中常采用地膜覆盖小麦、玉米、蔬菜及水稻育秧等,起到了保水增温作用,使播期提前。实践证明,变温比恒温更有利于种子萌发,特别是对一些难以萌发的种子,还可以提高幼苗的抗寒力。例如,经过层积处理的水曲柳种子,在 8 ℃或 25 ℃恒温下都不易萌发,但是给予 9 ℃ 20 h 和 25 ℃ 4 h 的变温条件则大大促进了种子萌发。变温可促进种子内外气体交换,从而促进了呼吸作用;变温提高了酶系统的活性,有利于储藏物质转化,为胚的生长提供养分;变温促使种皮胀缩,便于胚根、胚芽突破种皮,有利于种子水分和空气交换,促进种子萌发。

农业生产上以种子萌发最低温度为确定作物播期的主要依据,要求地温稳定高于最低温度时为适宜播期。

(3) 氧气

种子萌发和幼胚生长是非常活跃的生命活动过程,旺盛的物质代谢和活跃的物质运输等需要有氧呼吸作用来保证,因此,氧气对种子萌发是极为重要的。如果播种过深,土壤水分过多或土壤板结,就会造成土壤中氧气不足,导致种子无氧呼吸,一方面储藏物质消耗过快,另一方面容易使种子中毒或造成烂种。

不同作物种子萌发时需氧量不同,一般作物种子需10%以上的氧气含量才能正常萌发,当氧气浓度低于5%时,很多作物的种子不能萌发,如果土壤水分含量过多,就会引起烂种。如对低氧条件特别敏感的芹菜、萝卜等,当含氧量下降到5%时,几乎不能发芽。油料种子萌发时耗氧量大,如花生、大豆、向日葵和棉花等适宜浅播。但也有些植物(马齿苋和黄瓜)种子在含氧量降到2%时仍可发芽,但影响发根。而水稻种子对缺氧的忍耐力较强,其在无氧条件下萌发,不过,缺氧时幼苗生长不正常,芽鞘迅速伸长,而根系生长受阻或不发根。因此,在水稻催芽时,要注意翻种,以防缺氧。播种后,应注意秧田排水,保证氧气供应,促进根系生长。

(4) 光照

大多数作物的种子萌发时对光照不敏感。但有些植物如苜蓿、莴苣、烟草、胡萝卜和许多杂草种子的萌发需要光,称为需光种子(light seed)。而另一类植物如茄子、番茄、苋菜、瓜类、韭菜等种子,只有在黑暗条件下才能萌发,在光下受抑制,称为嫌光种子或喜暗种子(dark seed)。但是,有些植物种子萌发不受光的影响,称为中光种子,如水稻、小麦、大豆、棉花等。

莴苣种子萌发不但与光有关,还与光的波长有关。例如,将充分吸水的莴苣种子放在白光下,能够促进种子萌发;用波长为660 nm的红光照射种子,也会促进萌发;若用波长为730 nm的远红光照射种子,则抑制萌发;在红光照射后,再用远红光处理,萌发也会受抑制,即红光作用被远红光逆转;如果红光和远红光交替多次处理,则种子发芽状况取决于最后一次处理的光的波长(表5-1-3),且可反复多次。

表 5-1-3　　红光和远红光对莴苣种子萌发的影响　　　　%

| 光照处理 | 种子萌发率 |
| --- | --- |
| 黑暗 | 14 |
| R | 70 |
| R+FR | 6 |
| R+FR+R | 74 |
| R+FR+R+FR | 6 |
| R+FR+R+FR+R | 76 |
| R+FR+R+FR+R+FR | 7 |
| R+FR+R+FR+R+FR+R | 81 |

注:R 表示红光处理;FR 表示远红光处理。

## （三）种子萌发的调控

播种活力高的种子，获得健壮、整齐的幼苗，是优质高产的基础。对活力偏低的种子，可以通过播种前的预处理，提高其活力，改善其田间成苗能力，这对于干旱和盐碱地区特别重要。如小麦播种前用过磷酸钙等预处理，可显著提高出苗率和产量。

内源激素的变化对种子萌发具有重要的调节作用。如禾谷类种子吸水萌发时，导致胚合成 GA 并将之释放到胚乳和糊粉层，糊粉层细胞接受 GA 刺激后，产生水解酶（如淀粉酶、蛋白酶、核酸酶等）并释放到胚乳，降解胚乳中的储藏物质。其次，细胞分裂素和生长素在胚中形成，细胞分裂素促进细胞分裂，促进胚根与胚芽的分化与生长；生长素促进胚根与胚芽的伸长。

在生产上，施用生理活性物质可以促进种子的萌发和幼苗生长。施用生理活性物质的形式有喷施、撒施、涂于种子表面（制成颗粒状或带状，即种子包衣）、通过有机溶剂渗入等，所施用的物质包括生长调节剂（GA、CTK 等）、矿质元素、杀虫剂、杀菌剂、杀鼠剂等。

利用一定浓度的 PEG（聚乙二醇）溶液对种子进行渗透调节处理，使幼苗出土快而整齐。由于 PEG 溶液具有一定的渗透势，可以控制水分进入细胞的量，使萌发过程进行到一定程度后就停留在某一阶段，这样所有种子的萌发最终都将停留在相同的阶段。一旦重新吸水后，所有种子将从相同阶段继续完成萌发过程，提高幼苗的整齐度。渗透调节处理还可以促进萌发种子中 RNA、蛋白质的合成，有利于生物膜系统损伤的修复。

## 三、技能训练——种子生活力的快速测定

### （一）氯化三苯四氮唑（TTC）法

【实训原理】

凡是有生命力的种胚在呼吸作用过程中都有氧化还原反应，而无生命力的种胚则无此反应。当氯化三苯四氮唑（TTC）渗入种胚的活细胞中，并作为氢受体被脱氢辅酶（$NADH+H^+$ 或 $NADPH+H^+$）上的氢还原时，由无色的 TTC 变为红色的三苯基甲䏲（TTF），从而使种胚着色。如果种胚死亡便不能染色，种胚生命力衰退或部分丧失生活力则染色较浅或局部被染色，因此，可以根据种胚染色的部位或染色的深浅程度来鉴定种子的生命力。

【材料、仪器及试剂】

1. 材料

水稻、小麦或玉米种子。

2. 仪器

恒温箱、培养皿、镊子、刀片等。

3. 试剂

0.12%～0.5%TTC 溶液（TTC 可直接溶于水，溶于水后，呈中性，pH 为 7.0±0.5，不宜久藏，应随用随配）。

【方法及步骤】

1. 浸种

将待测的水稻、小麦种子在温水（约 30 ℃）中浸泡 2～6 h，使种子充分吸胀。

2. 显色

随机取吸胀的水稻、小麦种子各100粒,用刀片沿种胚中央纵切为两半,取其中各一半分别置于两个培养皿中,加入适量TTC溶液(以浸没种子为度),然后放入30~35 ℃的恒温箱中0.5~1.0 h。

3. 结果观察

染色结束后要立即进行鉴定,放久会褪色。倒出TTC溶液,再用清水将种子冲洗1~2次,观察种胚被染色的情况,凡种胚全部或大部分被染成红色的即具有生命力的种子。种胚不被染色的为死种子。种胚中非关键性部位(如子叶的一部分)被染色,而胚根或胚芽的尖端不染色,都属于不能正常发芽的种子。

4. 计算活种子的百分率

(二)红墨水法

【实训原理】

生活细胞的原生质膜具有选择性吸收物质的能力,某些染料如红墨水中的酸性大分子物质不能进入细胞内,种胚部分不染色。而死的种胚细胞原生质膜丧失选择性吸收物质的能力,于是酸性大分子物质能进入细胞内,种胚部分被染色。因此,可根据种胚是否染色来判断种子的生活力。

【材料、仪器及试剂】

1. 材料

水稻、大豆种子。

2. 仪器

恒温箱、培养皿、刀片等。

3. 试剂

5%红墨水溶液或0.02%~0.20%靛红溶液。

【方法及步骤】

1. 浸种

将待测的水稻、大豆种子在温水中浸泡至充分吸胀。

2. 显色

取吸胀的水稻、大豆种子100粒,用刀片沿种胚中央纵切为两半,取其中各一半分别置于两个培养皿中,加入适量红墨水溶液(以浸没种子为度),然后放入30~35 ℃的恒温箱中10~20 min,倒去红墨水溶液,用水冲洗多次至冲洗液无色为止。

3. 观察并记录结果

种胚红色的为死种子(可用沸水杀死另一半种子做对照观察)。

4. 计算活种子的百分率

【注意事项】

1. 沿种胚的中线纵切种子。

2. 处理时药液以浸没种子为度。

3. 红墨水染色时间不能太长,因膜透性具有相对性。染好色后,一定要反复冲洗干净,否则不易区别染色与否。

【实训报告】
各小组对种子生活力测定方法和试验结果就以下问题进行讨论和描述：
1. 试验结果与实际情况是否相符？为什么？
2. 两种方法测定种子生活力结果是否相同？为什么？
3. 两种测定种子生活力的方法中，哪一种方法更好？为什么？

# 考核内容

【知识考核】
一、名词解释
休眠；后熟作用；种子萌发；种子活力。
二、简答题
1. 简述种子生活力和种子活力有何不同。
2. 简述种子休眠的原因及解除休眠的措施。
三、分析论述题
影响种子萌发的因素有哪些？生产上如何加快种子萌发的速度？

【专业能力考核】
一、破除马铃薯块茎休眠的方法有哪些？
二、从下列果实中取出种子立刻播种，种子不能很快萌发，请解释原因。
①松树  ②桃  ③珙桐  ④菜豆  ⑤番茄
三、举例说明植物生长调节剂在打破种子或器官休眠中的作用。
四、在生产中如何延长水稻、小麦等种子的休眠期？

【职业能力考核】

考核评价表

子情境5-1：植物种子休眠与萌发

姓名：　　　　　　　　　　　　　　　　　　班级：

| 序号 | 评价内容 | 评价标准 | 分数 | | 得分 | 备注 |
|---|---|---|---|---|---|---|
| 1 | 专业能力 | 资料准备充足，获取信息能力强 | 10 | 80 | | |
| | | 能正确认知和调控植物种子休眠与萌发 | 40 | | | |
| | | 按要求完成技能训练，训练报告分析全面、到位 | 30 | | | |
| 2 | 方法能力 | 获取信息、组织实施、问题分析与解决、解决方式与技巧、科学、合理的评估等综合表现 | 10 | | | |
| 3 | 社会能力 | 工作态度、工作热情、团队协作互助、责任心等综合表现 | 5 | | | |
| 4 | 个人能力 | 自我学习能力、创新能力、自我表现能力、灵活性等综合表现 | 5 | | | |
| | | 合计 | 100 | | | |

教师签字：　　　　　　　　　　　　　　　　　　　　年　　月　　日

# 子情境 5-2　认知植物生长

| 学习目标 |
| --- |
| 1. 认知植物生长 |
| 2. 掌握影响植物生长的环境因素 |
| **职业能力** |
| 能使用植物生长调节剂调控植物的生长 |
| **学习任务** |
| 1. 认知植物生长、分化和发育 |
| 2. 认知植物生长的相关性 |
| 3. 认知环境因素对植物生长的影响 |
| 4. 应用植物生长调节剂调控植株生长 |
| **建议教学方法** |
| 思维导图教学法、项目教学法 |

## 一、植物的生长、分化和发育

### （一）生长

生长是指植物的体积或质量不可逆的增加过程，它通过细胞分裂、细胞伸长以及原生质体、细胞壁的增加来实现，如根、茎、叶等各个器官体积和质量不断增大的过程。

### （二）分化

分化是指来自同一合子或遗传上同质的细胞类型转变为在形态上、功能上、化学组成上与原来不同的异质细胞类型的过程；它可在细胞、组织、器官的不同水平上表现出来，如细胞的分化、组织的分化、器官的分化、芽的分化等。通过不同水平上的分化，使植物体各部分具有不同的结构和生理功能；同时，植物的各个器官又相互依赖，形成统一的整体。

### （三）发育

发育是指植物生长和分化的综合表现，是植物在生活周期过程中，其组织、器官或整体发生的在形态、结构和功能上的有序变化过程。发育是器官或整体有序的量变与质变，生长和分化贯穿于整个发育过程。如种子萌发、幼苗形成、开花结实、衰老死亡等一系列过程都是按一定的时间顺序发生的。植物体的各个器官都有其特定的发育过程，如从叶原基的分化到成熟叶片的过程称作叶的发育过程；由茎端分生组织形成花原基，再由花原基分化形成花的各个器官以及开花的整个过程称作花的发育过程。发育的概念从广义上讲，指植物的发生与发展过程，而狭义上一般认为是指植物由营养生长向生殖生长的有序变化过程。

## 二、植物生长的相关性

植物各部分在生长上相互促进和相互制约的现象，称为植物生长的相关性(correlation)。在农业生产上，为了使植物各部分能协调生长，就必须了解植物生长的相关性，并进行合理调控（肥水管理、整枝、修剪等措施），以达到提高作物产量，改善作物品质的目的。

### （一）地上部分与地下部分的相关性

地上部分与地下部分的生长是相互依赖的。地上部分的生长和生理活动需要根系提供的水分、无机盐、氨基酸、核苷酸、生物碱、CTK、ABA、GA等物质。其中ABA被认为是一种应激激素，在逆境条件下，根系快速合成并通过蒸腾流运送到地上部分，调控地上部分的生理活动。同时，地上部分对根系的生长也有促进作用，地上部分的枝叶为地下部分提供光合产物、蛋白质、维生素 $B_1$（硫胺素）和IAA等物质。由此可见，通过物质的交换使两部分的生长相互依存，缺一不可。"根深叶茂""本固枝荣""育苗先育根"等现象都生动地描述了根与冠之间的相互关系。

地下部分与地上部分的生长也是相互制约的，地下和地上部分的生长关系一般用根冠比来表示(root top ration，R/T)。影响根冠比的环境条件主要有以下几方面：

1. 土壤水分

当土壤干旱或供水不足时，根系吸水量减少，根系首先满足自己的需要，给地上部分输送的水分就相对较少，地上部分因缺水而生长受阻，光合产物相对较多地输送到根系，根系的相对质量增加，所以土壤水分不足时，根冠比增大。相反，当土壤水分过多，土壤通气不良时，根系生长受到一定的限制，而地上部分由于水分供应充足而保持旺盛生长，地上部分生长消耗了大量光合产物，减少了地下部分的供应，必然削弱根系生长，根冠比降低。在大田作物苗期和果树、蔬菜的育苗中，为获得壮苗，经常采取控水蹲苗的措施，增大根系的吸收面积。在水稻栽培中，适当落干烤田以及旱田雨后排水松土，可以加强根系生长，增大根冠比，俗话说"旱长根，水长苗"，就是这个道理。

2. 矿质营养

不同的营养元素或不同的营养水平，对根冠比的影响不同。植物对矿质营养的吸收主要通过根系来完成的。土壤中营养状况以氮肥的影响最大。当土壤供氮不足时，根系受抑制程度较小，地上部分比根系缺氮更严重，地上部分合成蛋白质减少，而向根系供应的糖分相对增多，促进根系生长，根冠比增大；土壤供氮充足时，有利于地上部分合成蛋白质，枝叶生长旺盛，从而减少光合产物向根系输入，根冠比降低。

磷和钾在糖类的转化和运输中起着重要作用，它们可以促进叶内光合产物向根系运输，有利于根系生长，使根冠比增大。在农业生产上，对甘薯、甜菜等以地下器官为收获物的作物，通过适当栽培措施，调控根冠比以提高产量。一般在生长前期保证水和氮肥供应，使地上部分生长良好，形成较大的光合面积，要求根冠比为0.2；到生长后期，减少氮肥使用，增施磷、钾肥，使根冠比增至2.0左右，获得高产稳产。

3. 光照

光是光合作用的能源。在一定范围内，提高光照强度，光合产物积累增多，向地下部分输送的碳水化合物相应增多,促进根系生长,使根冠比增大。光照不足时,地上部分合成的光合产物先满足自己需要,输送给根系的光合产物减少,对根系生长的影响比对地上部分生长的影响大,使根冠比降低。

### 4. 温度

通常根系生长和生理活动的最适温度比地上部分低,因此在气温较低的秋末至早春,植物地上部分的生长处于停滞期时,根系开始有不同程度的生长,根冠比增大。当气温升高,地上部分生长加快时,根冠比下降。

**调节措施**

#### 1. 修剪与整枝

通过修剪与整枝除去了部分枝、叶和芽,短期效应是增加根冠比,但是长期效应是降低根冠比。因为一方面,通过修剪和整枝后,减小了地上部分的光合面积,使根系获得的光合产物相应减少,影响了根系的生长。同时,由于地上部分的减少,使地上部分从根系获得的水分和矿质营养(特别是氮素)相对增加。另一方面,修剪后又刺激了侧枝和芽的生长,使大部分光合产物或储藏物用于新梢生长,削弱了对根系的供应。因此,修剪促进了地上部分的生长,相对抑制了地下部分的生长,修剪越重,效果越明显。

#### 2. 中耕与移栽

通过中耕除草引起植物部分断根,降低了根冠比;由于断根减小了根系吸收面积,减少了根系对地上部分的水分和矿质营养的供应,也暂时抑制了地上部分的生长,但由于断根后地上部分对根系的供应相对增加,土壤又疏松通气,这样为根系生长创造了良好的条件,促进了侧根与新根的生长。因此,长期效应是增大根冠比。苗木、蔬菜移栽时也有暂时伤根,以后又促进发根的类似情况。

#### 3. 生长调节剂

生产上使用三碘苯甲酸、整形素、矮壮素、缩节胺、多效唑、烯效唑、水杨酸等生长抑制剂或延缓剂,均能抑制或延缓植物茎顶端分生组织或亚顶端分生组织细胞的分裂和生长,使节间缩短,根冠比增大;而 GA、BR、CTK 等生长促进剂能促进植物茎叶的生长,降低根冠比。在农业生产中,根据具体情况,采用相应的栽培措施,调控植物的根冠比以提高产量。

在农业生产上,常通过肥水来调控根冠比,对甘薯、胡萝卜、甜菜、马铃薯等这类以收获地下部分为主的作物,在生长前期应注意氮肥和水分的供应,以增大光合面积,多制造光合产物,中后期则要施用磷、钾肥,并适当控制氮素和水分的供应,以促进光合产物向地下部分的运输和积累。

## (二)主茎与侧枝的相关性

### 1. 顶端优势

植物的顶芽优先生长,而侧芽生长受抑制的现象称为顶端优势(apical dominance)。如果去掉顶芽,侧芽就由休眠状态转为萌发状态,开始生长。

顶端优势现象普遍存在于植物界。不同植物顶端优势强弱不同。有些植物具有明显的顶端优势,如木本植物的杉树、雪松等,顶芽生长较快,侧枝从上到下的生长速度不同,侧芽距离茎尖越近,被抑制越强,使得植株呈塔形树冠,成为重要的园林观赏植物;草本的向日葵、玉米、高粱、甘蔗、黄麻、油菜等作物,植株没有或很少有分枝,具有明显顶端优势,只有当主茎顶端被切除时,邻近的侧枝才加速生长。但有些植物顶端优势不明显,主茎和侧枝生长差异不明显,因此树形很不整齐,如柳树、榆树以及灌木型植物等。同一植物在不同生育期,其顶端优势也有变化。如稻、麦在分蘖期顶端优势弱,分蘖节上可多次长出分蘖。进入拔节期后,顶端优势增强,主茎上不再长分蘖;玉米顶芽分化成雄穗后,顶端优势减弱,下部几个节间的腋芽开始分化成雌穗;许多树木在幼龄阶段顶端优势明显,树冠呈圆锥形,成年后顶端优势变弱,树冠变为圆形或平顶。总之,顶端优势明显与否,决定了木本植物的树冠和草本植物的株形,即决定了植物地上部分的形态。

2. 顶端优势在农业生产上的应用

在生产上有时需要保持和利用顶端优势,如松、杉等用材树需要高大笔直的茎干,因而要保持顶端优势,有利于主干通直,提高用材比例和材质;麻类、烟草、玉米、甘蔗、高粱等作物,也要保持顶端优势,以提高作物产量和品质。

生产上有时则需要打破顶端优势,促进侧枝发育,提高开花结果数量。如棉花打顶和整枝、瓜类摘蔓、幼龄果树修剪等,可防止主茎过分徒长,促进侧枝生长,使养分分配合理,减少落果,提高产量和品质。花卉打顶去蕾,可调控花朵数量和大小。茶树栽培中弯下主枝可长出更多侧枝,从而增加茶叶产量。苗木、蔬菜移栽时切断主根尖端,可促进侧根生长,提高成活率。另外,利用植物生长调节剂消除顶端优势,如用三碘苯甲酸处理大豆,可促进侧枝生长,提高开花结荚率;果树应用维生素 $B_9$ 可打破顶端优势,促进侧芽萌发。

(三)营养生长与生殖生长的相关性

通常将根、茎、叶等营养器官的生长称为植物的营养生长。而将花、果实、种子等生殖器官的形成与生长称为生殖生长。二者存在着既相互依赖又相互制约的关系。

1. 相互依赖关系

营养生长为植物生殖生长奠定基础,生殖器官生长所需的养料,绝大部分是由营养器官提供的,因此,营养器官生长状况直接关系到生殖器官的生长发育。没有健壮的营养器官,生殖器官不可能获得足够的养分。另一方面,进入生殖生长阶段,生殖器官成为代谢中心,消耗大量营养物质,从而促进叶片光合产物向外运输,促进营养器官的代谢。生殖器官在生长过程中也会产生一些激素类物质,反过来促进到营养器官的生长。

2. 相互制约关系

营养生长与生殖生长之间还存在相互制约的关系。如果营养器官生长过旺,会消耗过多的养分,减少了对生殖器官碳水化合物的分配,使生殖器官分化延迟,花芽分化以及果实发育不良,引起落花落果。如水稻、小麦前期肥水过多,造成茎、叶徒长,会延迟幼穗的分化,显著增加空瘪粒;后期肥水过多,则造成贪青迟熟,影响粒重。又如棉花、果树等,若枝叶徒长,会造成不能正常开花结实,严重时导致落花落果。相反,生殖器官的生长也会抑制营养器官的生长。在生殖生长阶段,生殖器官成为生长中心,根部得到的光合产物相对减少,以致影响根对矿质的吸收,使地上部分生长也受到影响。如果植株大量开花结实,过多的养分被生殖器官所利用,枝叶等营养器官的生长就会趋于停滞、衰退以致死亡。

一次开花植物,如水稻、小麦、玉米、竹子等,一般是营养生长在前,生殖生长在后,一生只开一次花,开花后植株逐渐衰老死亡。多次开花植物,如多年生的果树等,营养生长与生殖生长重叠和交叉进行,开花并不导致植株死亡,只是引起营养生长速率的降低甚至停止。苹果、梨等果树具有的"大小年"现象,主要是由营养生长与生殖生长的相互制约造成的。果实丰收的大年,果树开花结实过多,消耗了大量的养分,植株体内所积累的养分不足,将影响来年花芽的分化,使花果减少;小年时的情况则正好相反。因此,在果树生产中,可采取整枝修剪、疏花疏果等措施,调节营养生长与生殖生长的矛盾,以消除大小年。

## 三、环境条件对植物生长的影响

影响植物生长的环境因素主要包括温度、光照、水分、矿质营养、植物生长调节剂等。

### (一)温度

植物的正常生长要在一定温度范围内(0～35 ℃)才能进行,在此范围内,随着温度的升高生长加快。植物生长都有温度三基点(表5-2-1),即最低温度、最适温度和最高温度。生长最适温度是生长最快时的温度;而最低温度和最高温度是生长停滞的温度。植物在生长最低和最高温度时,尽管生长停滞,但生命活动并未停止,有些生理过程如呼吸、有机物运输等仍在进行。温度三基点与植物原产地的气候特点有关,原产温带地区的植物温度三基点较低,分别为5 ℃、20～30 ℃、30～40 ℃;原产热带及亚热带的植物,其温度三基点较高,分别为10～15 ℃、30～40 ℃、45 ℃;而北极的或高山的植物,可在0 ℃或0 ℃以下生长,最适温度一般很少超过10 ℃。

表5-2-1　　　　　　　几种农作物生长的温度三基点　　　　　　　　　℃

| 作物 | 最低温度 | 最适温度 | 最高温度 | 作物 | 最低温度 | 最适温度 | 最高温度 |
| --- | --- | --- | --- | --- | --- | --- | --- |
| 水稻 | 10～12 | 30～32 | 40～45 | 小麦 | 1～5 | 25～30 | 32～37 |
| 玉米 | 5～10 | 25～33 | 40～50 | 大麦 | 1～5 | 25～30 | 32～37 |
| 大豆 | 10～12 | 25～33 | 35～40 | 南瓜 | 10～15 | 37～40 | 45～50 |
| 向日葵 | 5～10 | 30～35 | 37～45 | 棉花 | 10～18 | 25～30 | 32～38 |

生长最适温度是指植物生长最快时的温度,但不是植物生长最健壮的温度,因为植物生长最快时,细胞伸长过快,物质消耗太多,其他代谢如细胞壁的纤维素沉积、细胞内含物质的积累等就不能与细胞伸长生长协调进行,植物生长不健壮。通常将生长最快的温度称为"生长最适温度",而把植物生长健壮时的温度称为"协调最适温度"。通常协调最适温度比生长最适温度稍低些。在生产实践上为了培育健壮植株,往往需要在协调最适温度范围内进行。

### (二)光照

光对植物生长的影响分为间接作用和直接作用两个方面。

光的间接作用是指光通过光合作用、蒸腾作用和物质运输等方面影响植物的生长,为植物的生长提供能量和物质基础。

光的直接作用是指光调控着植物的形态建成,调节植物整个生长发育。如红光促进幼叶的展开,抑制茎的伸长,光照越强抑制作用越大。

光促进细胞分化与成熟,在强光下生长的植物虽然比较矮小,但组织分化程度高,植株生长健壮。不同波长的光对植物生长的影响不同,短波长的蓝光、紫光,特别是紫外光对植物伸长生长具有明显的抑制作用。高山上的植物长得矮小,与高山上的大气稀薄,紫外光强度较大有关。研究表明,在光下生长的玉米幼苗,其生长速率比黑暗条件下降低30%左右。草坪中生长在树下的草比空旷处的草长得要高些。

黑暗中生长的幼苗与光下生长的幼苗在形态上也有很大差异(图5-2-1)。黑暗中生长的幼苗,茎细长而柔弱,机械组织不发达,顶端呈弯钩状,节间很长,叶片细小、无叶绿素,不能进行光合作用而形成黄化苗。植物在黑暗条件下生长,形成黄化苗的现象被称为黄化现象(etiolation)。如果每天给予黄化植物较短时间的光照,叶色会逐渐变绿,形态趋于正常,因此,光对消除黄化现象起着重要作用,光是绿色植物形态建成的必要条件。

(a)光下生长的菜豆　　(b)暗中生长的菜豆

图 5-2-1　光照对菜豆幼苗生长的影响

了解光照对植物生长的影响,对于农业生产实践具有指导意义。作物栽培中,要合理密植,避免因栽种过密而导致群体内光照减弱,不但影响光合作用,而且使茎秆长得细弱,抗逆能力降低,容易倒伏。如棉花间苗过晚,容易形成"高脚苗"。在水稻育苗时,采用浅蓝色塑料薄膜有利于培育壮秧,因为浅蓝色薄膜可大量透过波长为 400~500 nm 的蓝紫光,既可提高增温效果,又可抑制幼苗的生长,促使幼苗强壮。在蔬菜栽培中,还可以利用黄化现象培养韭黄、蒜黄、豆芽、白芦笋等特种蔬菜。

(三)水分

充足的水分是植物生长的一个重要条件。首先,水分是细胞分裂和伸长的动力。无论是细胞的分裂和伸长,还是组织、器官以及个体的生长,都必须在水分充足的情况下才能进行。小麦、水稻等禾谷类作物从分蘖末期到抽穗期为第一个水分临界期,就是因为在这段时间缺水,不但严重影响穗下节间的伸长,造成穗子不能正常抽出,包藏在叶鞘内的籽粒结实不良,而且影响花粉母细胞的正常分裂和花粉形成,导致严重减产。另外,水分是植物各种生理活动的必需条件。水分是光合作用和物质代谢的必要条件,水分缺乏时,生长速度慢,叶小而厚,光合能力降低,有机物质的合成减弱而水解加快,有机物的运输和分配也受到影响,从而影响植物的生长。

### (四)矿质营养

土壤中含有植物生长所必需的多种矿质元素,每种矿质元素在植物的生长过程中都有其独特的生理功能。植物缺乏这些元素便会引起生理失调,影响生长发育。其中对苗期生长影响较大的矿质元素有氮、磷、钾和锌。氮肥促进叶片生长,延长叶片寿命,因此氮肥亦称为叶面肥;但施用过量,叶片大而薄,容易干枯,寿命反而缩短,还会引起植株徒长易倒伏。对稻田中期排水晒田,就是减少对氮肥的吸收,积累糖类,使叶厚且硬直,改善田间小气候。足够的磷、钾元素是保证光合产物制造、运转,并转化为纤维素等细胞壁成分所必需的。锌能够促进生长素的合成,故可促进植株生长。

### (五)植物生长调节剂

植物生长调节剂对植物生长具有显著的调控作用。赤霉素能显著促进水稻茎节间的伸长生长,因此,生产上利用赤霉素促进杂交水稻亲本的抽穗,便于亲本间传粉,提高制种质量。多胺能促进细胞分裂和生长,加速菜豆不定根的形成。油菜素内酯可促进光合作用产物的运输,从而促进植物的生长,还能增强植物的抗逆性。生长延缓剂 CCC、多效唑和烯效唑等均能够延缓植物的生长。外源 SA 可诱导植物产生某些病原相关蛋白,提高植物的抗病能力;SA 可抑制大豆顶端生长,促进侧枝生长,增加分枝数量,提高产量,且能延缓鲜切花衰老。乙烯利能够促进果实成熟和器官脱离。

## 四、技能训练

### (一)生长素类物质对根芽生长的不同影响

【实训原理】

生长素及人工合成的类似物质如 α-萘乙酸(NAA)等对植物生长有很大的调节作用,在不同浓度下对植物生长的效应也不同。一般来说,低浓度的生长素促进生长,高浓度时则抑制生长。不同的植物器官对生长素的反应也不同,通常根比芽、茎对生长素更敏感。本实验据此观察不同浓度的 α-萘乙酸在种子萌发过程中对植物不同器官生长的影响。

【材料、仪器及试剂】

1. 材料

小麦种子。

2. 仪器

温箱、培养皿、移液管、镊子、滤纸、尺子。

3. 试剂

10 mg/L α-萘乙酸、0.1%升汞。

【方法及步骤】

1. 取小麦种子,用 0.1%升汞消毒 15 min,再用自来水和蒸馏水各冲洗 3 次,置于 22 ℃的温箱中催芽 2 d。

2. 取 9 cm 的洁净培养皿 7 套,编号。在 1 号培养皿中加入 10 mg/L α-萘乙酸

10 mL,然后从其中吸取 1 mL 放入 2 号培养皿中,加 9 mL 蒸馏水混匀后即成为 1 mg/L α-萘乙酸溶液。如此依次稀释到 6 号培养皿(最后从第 6 号培养皿中取出 1 mL 弃去),则 1 号至 6 号培养皿中的 α-萘乙酸浓度依次为 10 mg/L、1 mg/L、0.1 mg/L、0.01 mg/L、0.001 mg/L、0.0001 mg/L(注:配制 α-萘乙酸的浓度梯度要准确)。第 7 号培养皿中则加入 9 mL 蒸馏水作为对照。

3. 在各培养皿中放入一张与培养皿底部大小一致的滤纸,选取已萌动的小麦种子 10 粒,用镊子将其整齐地排列在培养皿中,使芽尖朝上并使胚的部位朝向同一侧,盖上皿盖后,放在 22 ℃的温箱中暗培养 3 d。

4. 测量培养皿内小麦幼芽及幼根的平均长度以及根的数目。

5. 结果计算。以蒸馏水中的材料为对照,计算不同浓度 α-萘乙酸溶液中小麦幼芽及幼根长度的增加或减少值,并填入表 5-2-2 中进行比较。

表 5-2-2　　　　　　　　α-萘乙酸浓度对根、芽生长的不同影响

| α-萘乙酸浓度 | 平均根数 | 平均各条根长/cm ||| 平均芽长/cm |
| --- | --- | --- | --- | --- | --- |
| | | 第一条种子根 | 第二条种子根 | 第三条种子根 | |
| | | | | | |

【实训报告】

1. 用本试验的结果来分析小麦根和芽的生长对生长素的敏感性的差异。

2. 在该试验中,如果培养皿的盖子不严,有水分挥发,对试验结果有何影响?

(二)植物生长调节剂对插条生根的影响

【实训原理】

插条是指用植物的一部分茎、根或叶,插植在排水良好的土壤或沙土中,长出不定根和不定芽,进而长成一新植株的方法。扦插是植物繁殖的一条重要途径,它具有简便、快捷及保持优良品种或个体特性的优点,因此,在农业、园林绿化和花卉生产等领域广泛应用。用植物生长调节剂(IAA、NAA、IBA、ABT 生根粉)处理插条,可以促进细胞的分裂能力,诱导根原基发生,促进不定根的生长;容易生根的植物经处理后,发根早,成活率高;对植物进行插条处理,可提高生根率。移栽的幼苗经植物生长调节剂处理后,移栽成活率高,根深苗壮。

【材料、仪器及试剂】

1. 材料

葡萄。

2. 仪器

分析天平、花盆、解剖刀、量筒、塑料膜、电加温线。

3. 试剂

浓度分别为 10 mg/L、20 mg/L、50 mg/L、100 mg/L 的吲哚丁酸(IBA)或萘乙酸(NAA)。

【方法及步骤】

1.育苗床的准备。使用温室或塑料大棚,平整好地面做畦床,床宽 1 m,长度以插条数量而定,床周围用高约 5 cm 的木框子固定。床内先铺 2~3 cm 厚的沙土,然后按 5 cm 左右间距拉电加温线,上面再铺沙土。

2.插条选取。注意插条的生理状态(如果植物材料是灌木,应选枝条部位)。在葡萄枝条度过自然休眠期后(2月下旬),选取枝条。选取的标准:成熟较好的一年生枝条,具有品种优良特征,要求枝条粗壮,节部膨大,生长充实,髓部较小,芽眼饱满,无病虫害。

3.插条剪截。从茎顶端或枝条上端向下截取枝条。将枝条剪成 2~4 个芽为一根的插条。上端在距芽眼 1 cm 处平剪,下端剪成马蹄形(斜剪口),剪口在节间处或破节下 1/3 处斜剪。节部储藏营养物质多,易产生愈伤组织,发根数量多。

4.插条处理及电加温催根。将剪好的插条绑成捆,每 25 条一捆,下端 2~3 cm 处浸入不同浓度的 IBA 溶液中 5 s。以相同体积水浸泡插条为对照。

将用 IBA 处理过的插条成捆插入土中,用电加温,温度控制在 25~28 ℃ 为宜。保持沙土湿润,进行催根。

5.经 15~20 d 的催根,统计、分析不同浓度的 IBA 对葡萄插条生根数、根长度的影响。

【注意事项】

1.植物生长调节剂的使用浓度配制要准确。

2.注意插条的选取部位和生理状态。

# 考核内容

【知识考核】

一、名词解释

生长;分化;发育;顶端优势;温度三基点;植物生长的相关性;黄化现象。

二、简答题

1.简述光对植物生长的影响。

2.何谓营养生长和生殖生长?两者有何关系?在生产上如何协调以达到栽培上的目的?

三、分析论述题

1.论述环境条件对植物生长的影响。

2.用你所学的知识解释"旱长根,水长苗""根深叶茂""本固枝荣"等现象。

【专业能力考核】

以小组为单位,采用一品红、茉莉花或金银花为植物材料,设计并实施不同浓度的植物生长素对插条生根的影响试验。

## 【职业能力考核】

**考核评价表**

| 子情境 5-2：认知植物生长 |||||||
|---|---|---|---|---|---|---|
| 姓名： |||| 班级： |||
| 序号 | 评价内容 | 评价标准 | 分数 || 得分 | 备注 |
| 1 | 专业能力 | 资料准备充足，获取信息能力强 | 10 | 80 | | |
| | | 能正确认知和调控植物生长 | 40 | | | |
| | | 按要求完成技能训练，训练报告分析全面、到位 | 30 | | | |
| 2 | 方法能力 | 获取信息能力、组织实施、问题分析与解决、解决方式与技巧、科学合理的评估等综合表现 | 10 ||||
| 3 | 社会能力 | 工作态度、工作热情、团队协作互助的精神、责任心等综合表现 | 5 ||||
| 4 | 个人能力 | 自我学习能力、创新能力、自我表现能力、灵活性等综合表现 | 5 ||||
| | | 合计 | 100 ||||

教师签字： 年 月 日

# 子情景5-3　认知植物发育

| 学习目标 |
|---|
| 掌握春化作用和光周期现象在生产上的应用 |
| **职业能力** |
| 能调控植物成花 |
| **学习任务** |
| 1. 认知低温对植物成花的影响<br>2. 认知光周期对植物成花的影响<br>3. 能调控植物发育 |
| **建议教学方法** |
| 思维导图教学法、项目教学法 |

植物在营养生长的基础上，在适宜的外界条件下，茎尖分生组织就分化出生殖器官（花芽），最后结出果实。但大多数高等植物在开花之前需要达到一定的年龄或生理状态，然后才能具有接受外界环境诱导而开花的能力。植物在感受外界刺激开花前必须达到的生理状态称为花熟状态。花熟状态是植物从营养生长转入生殖生长的标志。植物达到花熟状态之前的营养生长阶段称为幼年期。处于幼年期的植物即使满足了其开花所需的外界条件也不能开花。已经达到花熟状态的植物，也只有在适宜的外界条件下才能开花。不同植物种类幼年期时间的长短有很大差异。我国民谚"桃三、杏四、梨五年"说的就是这些果树的幼年期（图5-3-1）。

许多高等植物经过一定时期的营养生长，就能接受外界环境的信号刺激，特别是低温和光周期诱导，这种能力称为"感受"能力。研究表明，花熟状态、低温和光周期是控制植物开花的重要因素。除此之外，营养物质以及其他条件与开花也有较为密切的关系。

图5-3-1　树木幼年期和成年期的部位

## 一、春化作用

（一）春化作用的概念及类型

1. 春化作用的概念

许多二年生植物（萝卜、天仙子、甜菜和白菜等）及许多一年生冬性作物（冬小麦、油菜和菠菜等）的开花必须经过一个低温阶段，即在营养生长的某一阶段，若给予一定时期的低温处理,可大大促进开花。例如种用甜菜块根的储藏温度不能高于 15 ℃,否则所形成的植株将持续进行营养生长,到第二年仍不能抽薹开花,且如果尚未抽薹的甜菜植株,在 15～26 ℃下连续栽培,可以在若干年内不进行生殖生长。在自然条件下,冬小麦秋播,冬季能满足其所需要的低温条件,来年才能抽穗结实。如果将冬小麦春播,不能满足其开花所需的低温条件,则只能进行营养生长,不能开花结实或大大延迟开花。我国北方农民早就发现,将萌动的小麦种子放在罐内,置于 0～5 ℃低温处理 40～50 d(称为"闷麦"),或将小麦种子于冬至当天浸入井水中,次晨取出阴干,每 9 d 处理一次,共七次,农民称"七九小麦",然后在春季播种,当年夏季即可抽穗结实,从而避免了因秋季干旱等原因无法播种所带来的损失。在自然条件下,秋末冬初的低温就成为花诱导所必需的条件。这种低温诱导植物开花的作用称为春化作用(vernalization)。

需要低温诱导开花的植物包括冬性一年生植物和大多数二年生植物,如冬小麦、冬黑麦、冬大麦和芹菜、白菜、胡萝卜、萝卜、油菜、百合、鸢尾、郁金香、风信子、甜菜和天仙子等。温度是这些植物成花的重要信号,低温处理启动或加速了植物的成花过程,是植物完成正常生命周期所必需的,但这些植物经过低温春化后,往往还需要在较高温度和长日照条件下才能开花。因此,春化过程只对植物开花起诱导作用。

2. 春化作用的类型

不同植物种类对低温的反应存在一定差异,将植物开花对低温的要求大致分为两种类型。一类植物开花对低温的要求是绝对的,或者说是质的反应。二年生植物和多年生草本植物多属于这种类型,它们在当年秋天形成莲座状的营养体,经过低温诱导,第二年夏季开花结实。如不经过一定天数的低温诱导,就一直保持营养生长状态,而不开花。另一类植物开花对低温的要求是相对的,或者说是量的反应,低温处理促进开花。如冬黑麦等越冬性一年生植物,低温处理促进开花,未经过低温处理的植物虽然营养生长期延长,但最终也能开花或勉强开花。

(二)植物通过春化作用的条件

1. 低温和时间

不同植物通过春化所要求的温度范围和持续的时间长短存在一定差异。一般有效温度介于 0～10 ℃,最有效温度是 1～7 ℃。植物的原产地不同,通过春化时所要求的温度也不一样,原产于北方的植物,冬性较强,要求的温度低,需要的时间较长;原产于南方的植物,要求的温度范围不太严格。根据春化过程对低温要求不同,可将冬小麦分为冬性、半冬性和春性 3 种类型。不同类型所要求的低温范围和春化时间不同,一般冬性越强,要求春化温度越低,持续天数越长(表 5-3-1)。我国华北地区的秋播小麦多为冬性品种,黄河流域一带多为半冬性品种,华南一带则多为春性品种。冬性植物通常需要 1～3 个月的低温诱导才能通过春化。植物在春化过程结束之前,如遇高温,低温的效应会被削弱或消除,这种现象称为脱春化作用(devernalization)或解除春化。一般解除春化的温度为 25～40 ℃。如冬黑麦在 35 ℃下 4～5 d 可解除春化。通常植物经过低温春化的时间愈长,则解除春化愈困难。一旦春化作用完成,春化效应就很稳定,高温处理也不能解除。大多数已去春化的植物再返回到低温下,又可继续进行春化,春化效果可以累加,这种现象叫再春化作用。园艺栽培上利用解除春化的特性控制洋葱的开花,洋葱在第一年形成鳞茎,在冬季储藏中可被低温诱导而在第二年开花,从而影响第二年鳞茎的产量,因此,可采用解除春化的办法防止洋葱开花,提高洋葱鳞茎的品质和产量。

表5-3-1　　　　　各种类型小麦完成春化作用所需要的温度和时间

| 类型 | 春化温度范围/℃ | 春化时间/d |
| --- | --- | --- |
| 冬性 | 0~3 | 40~45 |
| 半冬性 | 3~6 | 10~15 |
| 春性 | 8~15 | 5~8 |

2.氧气、水分和营养物质

植物春化作用除了需要一定时间的低温外,还需要适量的水分,充足的氧气可作为呼吸底物的营养物质。试验表明,吸胀的小麦种子可以感受低温通过春化,但将已吸水萌动的小麦种子再次失水干燥,当其含水量低于40%时,用适宜的低温处理,不能通过春化。氧对春化作用是必要的,植物在缺氧条件下,即使给予适当低温也不能完成春化作用。缺少作为呼吸底物的营养物质,植物春化过程也不能完成。如将小麦种胚在室温下萌发至体内糖分耗尽时,进行低温诱导,则离体胚不能通过春化作用。如果添加2%的蔗糖,则离体胚就能感受低温通过春化。

3.光照

光照对植物春化的影响,因植物种类不同而存在差异。一般需要春化才能开花的植物(二年生和多年生)在春化之前进行充足的光照,可促进植物通过春化,这可能与充足光照可缩短植物的幼年期,利于储备充足的营养物质有关。绝大多数植物在春化处理之后还需要长日照,才能开花。如二年生甜菜、天仙子和菠菜等,春化处理之后若在短日照条件下生长,则不能开花,春化效应逐步消失。但也有例外,菊花就是需要春化的短日照植物,蚕豆、甜豌豆是需要春化的日中性植物。

(三)春化作用的时期、部位和春化效应的传递

1.植物感受低温的时期

不同植物通过春化的时期不同,一般植物春化是种子萌发到苗期都可感受低温而通过春化。大多数一年生植物的春化过程在种子吸胀后即可感受低温诱导而通过春化,如冬小麦、冬黑麦等既可在种子萌动时进行春化,又可在苗期进行,其中以三叶期为最快。而多数二年生(萝卜、白菜、甘蓝、月见草等)和多年生植物感受春化作用的时间比较严格,不能在种子萌发状态进行春化,只有当幼苗生长到一定大小后才能感受低温诱导而通过春化,如甘蓝幼苗在茎粗超过0.6 cm、叶宽5 cm以上时才能接受春化,月见草6~7片真叶时才能接受低温通过春化。

2.植物感受低温的部位

接受低温影响的部位是茎尖生长点,凡是具有分化能力的细胞都可接受春化刺激。将芹菜种植在高温(25 ℃)的温室中,由于没有适当的低温诱导而不能开花结实。但是,若用橡皮管把芹菜茎的顶端缠绕起来,管内不断通过冰冷的水流,使茎尖生长点获得低温,就能通过春化,在长日照条件下可开花结实。反之,如把整株芹菜置于适当低温的条件下,而将茎尖生长点进行高温处理,则不能开花结实。

研究表明，某些植物感受低温的部位在可进行细胞分裂的叶柄基部，如椴花的叶柄基部在适当的低温处理后，可培养出花茎；若将叶柄基部 0.5 cm 切除，再生的植株不能形成花茎。在母体中正在发育的幼胚也能接受低温的影响。将正在发育的冬黑麦穗子（甚至受精后 5 天的穗子）放在冰箱中直到成熟，也可以有效地进行春化。这说明，植物在春化作用中感受低温的部位是分生组织和能进行细胞分裂的组织。

### 3. 春化效应的传递

春化效应是否能传递，有关的试验得到两种完全相反的结果。试验证明春化作用的刺激在有些植物体内可以进行传递。如将已春化的二年生植物天仙子枝条或叶片嫁接到没有春化的同种植物上，可诱导未春化的植株开花。甚至将已春化的天仙子枝条嫁接到烟草或矮牵牛植株上，也使这两种植物开花。说明经过低温春化的植株，产生了某种刺激开花的物质且可以通过嫁接作用进行传递，把这种由低温诱导而产生的能够促进植物开花的特殊物质称为春化素，但这种物质至今没有从植物中分离出来。然而，有些植物种类的春化刺激却不能传递，如将未春化的萝卜植株顶芽嫁接到已春化的萝卜植株上，该顶芽长出的枝条不能开花；将一株菊花部分枝条的顶部给予局部低温处理可开花，但未被低温处理的枝条则仍进行营养生长而不能开花。即完成春化的植株通过嫁接也不能引起没有春化的植株开花，但如果将春化后的芽移植到未春化的植株上，则这个芽长出的枝梢能开花。但将未春化的萝卜植株的顶芽嫁接到已春化的萝卜植株上，该顶芽长出的枝梢却不能开花。这说明春化的感应只能随细胞分裂从一个细胞传递到另一个细胞，且细胞传递时应有 DNA 的复制。

## （四）春化作用在农业生产上的应用

### 1. 调种引种

我国地域辽阔，不同纬度地区的温度有明显差异，一般北方纬度高而温度低，而南方纬度低而温度高。在南北不同地区之间进行引种时，首先要考虑被引品种的春化特性以及当地的气温条件是否能够满足被引品种对低温的要求。例如，北方冬性强的品种引到南方，就可能不能满足它对低温的要求，导致植株只进行营养生长而不开花结实。过去曾将河南省的小麦引到广东省栽培，结果只进行营养生长而不能抽穗结实。

### 2. 人工春化处理，加速成花

对萌动的种子进行人为低温处理，使之完成春化作用的措施称为春化处理。经过春化处理的植物，成花诱导加速，提早开花、成熟。春季补种冬小麦因为没有通过冬天的低温春化，只进行营养生长而不能抽穗开花。我国劳动人民利用闷麦法（把萌发的冬小麦闷在罐中，放在 0~5 ℃ 低温处 40~50 d）、七九小麦（在冬至那天起将种子浸在井水中，次晨取出阴干，每九日处理 1 次，共 7 次）等方法，对萌动的种子进行低温处理而完成春化，可以解决冬小麦的春播问题，当年夏初可抽穗结实。一般冬小麦经春化处理后，可缩短生育期，早熟 5~7 d，既避免了不良气候的影响，又有利于后季作物的生长。

### 3. 控制花期

在园艺生产上，利用低温处理，使某些秋播的一、二年生草本花卉改为春播，当年开花。例如，用 0~5 ℃ 低温处理石竹可促进其花芽分化。利用解除春化的原理控制某些植物开花，如越冬储藏的洋葱鳞茎在春季种植前用高温处理解除春化，可以防止生长期抽薹开花而提高产量。当归为二年生的药用植物,当年收获的块根质量较差,药效不佳,需要第二年栽培,但又容易抽薹开花而降低块根品质,因此,如在第一年将其块根挖出,储藏在高温下使其不能通过低温春化,就可减少第二年的抽薹率,提高产量和药用价值。

## 二、光周期现象

在一天之中,白天和黑夜的相对长度,称为光周期(photoperiod)。光周期对花诱导有着极为显著的影响。某些需要春化的植物在完成低温诱导后,还需要在适宜的季节(日照长短变化)才能进行花芽分化和开花。我国地处北半球,北半球不同纬度地区昼夜长度呈季节性变化(图5-3-2)。1920年美国园艺学专家Garner和Allard对日照长短与开花的关系进行了广泛研究,他们发现美洲烟草在华盛顿附近地区夏季长日照的条件下,株高达3～5 m也不开花,但在冬季温室内株高不到1 m即可开花;但冬季温室内生长的植株人工延长光照后,则保持营养生长状态不开花。这些试验证明日照长度控制着植物的成花诱导。植物对白天和黑夜相对长度的反应,称为光周期现象(photoperiodism)。

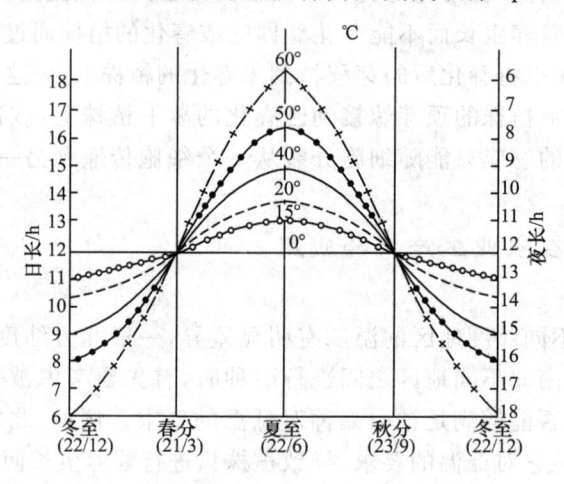

图5-3-2 北半球不同纬度地区昼夜长度的季节性变化

大量研究证明,植物开花与昼夜长度即光周期有关,许多植物必须经过一定时间适宜的光周期诱导才能开花,否则就一直处于营养生长状态。光周期的发现,使人们认识到光不但为植物光合作用提供能量,而且还作为环境信号调节着植物的发育进程,尤其是对成花反应的诱导。

### (一)植物对光周期反应的类型

1. 长日植物

长日植物(long-day plant,LDP)是指日照长度必须长于一定时数才能开花的植物[图5-3-3(a)]。延长光照,则加速开花;缩短光照,则延迟开花或不能开花。属于长日植物的有小麦、黑麦、胡萝卜、甘蓝、天仙子、菠菜、芹菜、萝卜、洋葱、燕麦、甜菜、油菜等。

2. 短日植物

短日植物(short-day plant,SDP)是指日照长度必须短于一定时数才能开花的植物

[图 5-3-3(b)]。如适当缩短光照,可提早开花;但延长光照,则延迟开花或不能开花。例如美洲烟草、大豆、菊花、日本牵牛、苍耳、水稻、甘蔗、高粱、大麻、黄麻、棉花等。

3. 日中性植物

日中性植物(day-neutral plant,DNP)是指在任何日照条件下都可以开花的植物[图 5-3-3(c)]。例如番茄、茄子、黄瓜、向日葵、辣椒、菜豆和月季等。

4. 其他类型

除了上述三类植物,还有一些植物的花诱导和花器官形成要求不同日长,是双重日长(dual daylength)类型。例如,大叶落地生根、夜香树和芦荟等成花诱导需要长日照,但花器官形成需要短日照条件,这类植物称为长短日植物(long-short-day plant)。而风铃草、鸭茅、瓦松、白三叶草等恰好相反,花的诱导是在短日照条件下完成,而花器官的形成要求长日照,这类植物称为短长日植物(short-long-day plant)。还有一类植物,只有在一定长度的日照条件下才能开花,延长或缩短日照长度均抑制其开花,这类植物称为中日照植物(intermediate-day plant,IDP)。如甘蔗开花要求 11.5~12.5 h 的日照长度,缩短或延长日照长度,对其开花均有抑制作用。

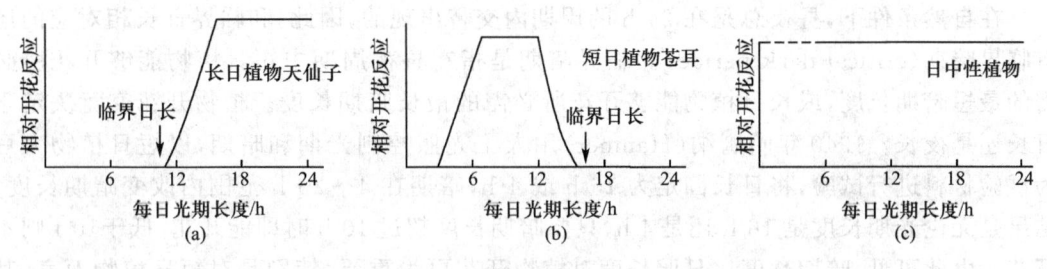

图 5-3-3 三种主要的光周期反应类型

(二)临界日长

对光周期敏感的植物开花需要一定的临界日长。临界日长(critical daylength)是指昼夜周期中诱导短日植物开花所必需的最长日照或诱导长日植物开花所必需的最短日照。对长日植物来说,日照长度大于临界日长,且日照越长开花越早,在连续光照下开花最早;而对短日植物来说,日照长度必须小于临界日长才能开花,而日长超过其临界值时则不能开花,然而日长太短也不能开花,可能因光照不足,植物几乎成为黄化植物。因此,长日植物是指在日照长度长于临界日长的光周期中才能开花的植物,日照愈长对其开花愈有利;短日植物是指在日照长度短于临界日长的光周期中才能开花的植物,日照缩短,开花提早,但不能短于光合作用对光的需要。所以,不同植物的临界日长不同,长日植物开花所需的临界日长并不一定长于短日植物开花所需的临界日长,如长日植物天仙子的临界日长为 11.5 h,短日植物苍耳的临界日长为 15.5 h(表 5-3-2)。但这并不意味着植物一生都需要这样的日照长度,而是在植物发育的某一时期经一定数量的光周期诱导后才能开花。

表 5-3-2　　　　　　　部分长日植物和短日植物花诱导所需的临界日长

| 植物名称 | 24h光周期中的临界日长(h) | 植物名称 | 24 h光周期中的临界日长(h) |
|---|---|---|---|
| 短日植物 | | 长日植物 | |
| 菊花 | | 天仙子 | 11.5 |
| CV. Encore | 14.5 | 小麦 | 12 以上 |
| CV. Snow | 11 | 大麦 | 10~14 |
| 苍耳 | 15.5 | 菠菜 | 13 |
| 美洲烟草 | 14 | 燕麦 | 9 |
| 大豆 | | 白芥 | 14 |
| CV. Biloxi(晚熟种) | 13~14 | 木槿 | 12 |
| CV. Peking(中熟种) | 15 | 甜菜(一年生) | 13~14 |
| CV. Mandarin(早熟种) | 17 | 拟南芥 | 13 |

### (三)临界暗期及暗期的重要性

在自然条件下,昼夜总是在 24 h 的周期内交替出现的,因此,和临界日长相对应的还有临界暗期(critical dark period)。临界暗期是指在昼夜周期中短日植物能够开花所必需的最短暗期长度,或长日植物能够开花所必需的最长暗期长度。植物开花究竟决定于日长还是夜长? 1940 年哈姆纳(Hamner)用人工光照控制光期和暗期,以短日植物大豆为试验材料进行试验,将日长固定为 16 h 或 4 h,暗期在 4~20 h 范围内改变暗期长度,结果是无论光期长度是 16 h 还是 4 h,只要暗期长度超过 10 h 时即能开花,低于 10 h 则不开花。由此可见,暗期长度比日照长度对植物开花更为重要,特别是对短日植物而言,其开花主要是受暗期长度的控制,而不是受日照长度的控制。

暗期对植物的重要性还可以通过暗期中断试验来证明。将短日植物和长日植物同置于人工光照室内,只要暗期超过短日植物的临界夜长,无论光期有多长(但日照长度必须满足植物正常生长的范围),短日植物都能开花,而长日植物不开花。如果在足以引起短日植物开花的暗期内,当接近暗期中间时,插入短暂的、足够强度的闪光,短日植物不能开花,而置于同室的长日植物则开花。相反,若在短于短日植物临界暗期长光照条件下,插入一个短暂的黑暗中断光明,既不会阻止长日植物开花,也不会诱导短日植物开花(图5-3-4)。这些结果说明,光周期中暗期长度对植物开花起决定作用,特别是短日

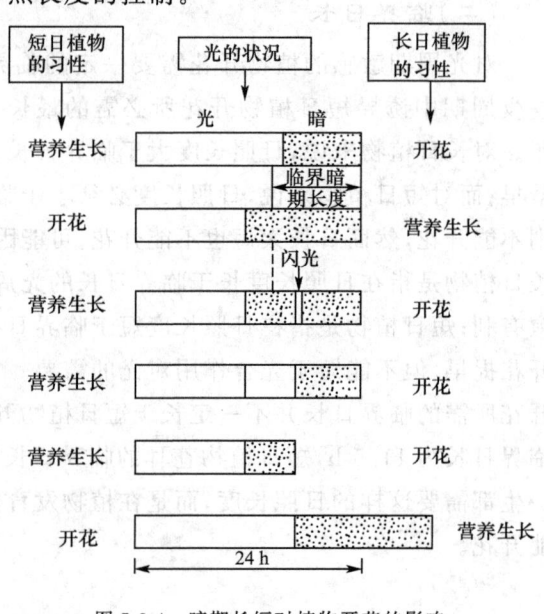

图 5-3-4　暗期长短对植物开花的影响

植物开花要求一个连续的长暗期。因此,将短日植物称为长夜植物(long night plant),长日植物称为短夜植物(short night plant)更为确切。一般认为植物通过光周期诱导所需光强较低,为 50~100 lx,而暗期中断所需强度也很低(日光的 $10^{-5}$ 倍,一般情况下,日出、日落的光照度可达到 200 lx),处理时间也很短,如几分钟的低强度光照就可完全阻止大豆、苍耳等开花,而水稻对夜间 8~10 lx 的闪光就有反应。苍耳、大豆等敏感植物在进行暗期中断试验时,不超过 30 min 的光照就足以阻止成花;菊花需要在暗期的中间连续数周大于 1 h 的照光才能生效,但高光强的荧光灯照光几分钟也能抑制成花。暗期中断一般在接近暗期中间时进行效果最好,在暗期刚开始不久和即将结束时不能产生中断效应。

用不同波长的光间断暗期的试验表明,无论是抑制短日植物开花,还是诱导长日植物开花,最有效的光是红光,其最大效应在 600~660 nm 区域内,蓝光效果很差,绿光几乎无效。如果红光照射之后再立即照远红光,就不能产生暗期中断效应,也就是红光的暗期中断效应可以被远红光所抵消,且这个反应可以反复逆转多次,暗期间断效果取决于最后一次照射的是红光还是远红光。如在短日条件下用红光中断长夜,其结果阻止短日植物开花,促进长日植物开花;但如果用红光照射后再立即照远红光,则短日植物开花而长日植物不开花(图 5-3-5)。

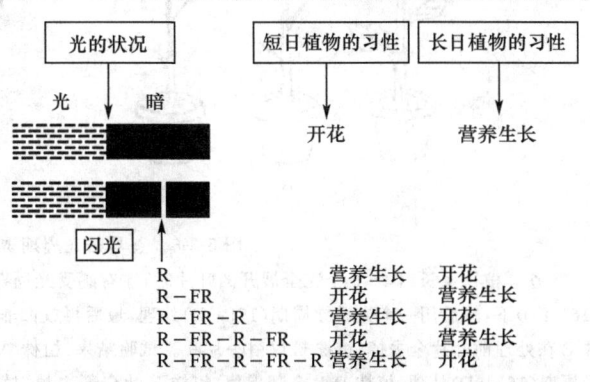

图 5-3-5 暗期中断时红光(R)和远红光(FR)对长日植物和短日植物开花的可逆控制

只有在适当的暗期并在昼夜光暗交替的作用下,植物才能正常开花。试验证明暗期长度决定花原基的发生,而光期长度决定花原基的数量,光期的光合作用主要为花发育提供营养物质。如果没有光期的光合作用,花原基的分化就没有营养物质。

## (四)光周期诱导

对光周期敏感的植物必须经过适宜的光周期条件诱导才能开花,但引起植物开花的适宜光周期处理并不需要一直持续到植物花芽分化为止。植物达到花熟状态时,在适宜的光周期条件下就可诱导成花,且只需要一定时间适宜的光周期处理,以后即使处于不适宜的光周期下,仍然可以长期保持刺激的效果而诱导植物开花,这种现象称为光周期诱导(photoperiodic induction)。因此,适宜的光周期处理只是对植物成花反应起诱导作用,花芽分化不是出现在适宜的光周期处理的当时,而是经过处理后的若干天。因此,光周期的作用是一个诱导过程,其效应可在体内保持,花芽分化就是这种效应的表现。这种能产生诱导效果的适宜的光周期处理称为光周期诱导。

### 1. 光周期诱导的周数

光周期诱导所需的光周期处理天数,因植物种类而异。如苍耳、毒麦、水稻、日本牵牛等只需要 1 个光周期(1 d)处理,大豆 2~3 d,大麻 4 d,菊花 12 d;长日植物油菜和菠菜各为 1 d,矢车菊 13 d,天仙子 2~3 d,胡萝卜 15~20 d。例如,短日植物苍耳的临界日长为 15.5 h,只需要一个光诱导周期(photoinductive cycle),即一个循环的 15 h 照光及 9 h 黑暗(15L-9D)就可以开花。如果由非光诱导周期(指对植物没有成花诱导作用的光周期)处理,即16 h照光,8 h黑暗(16L-8D)就不开花(图5-3-6)。一般而言,短于其诱导周期的最低天数时,不能诱导植物开花,增加光周期诱导的天数可加速花原基的发育,花的数量也增多。每种植物光周期诱导需要的天数随植物的年龄以及环境条件,特别是温度、光强及日照的长度而定。一般增加光周期诱导天数,可加速花原基的发育,增加开花数目。

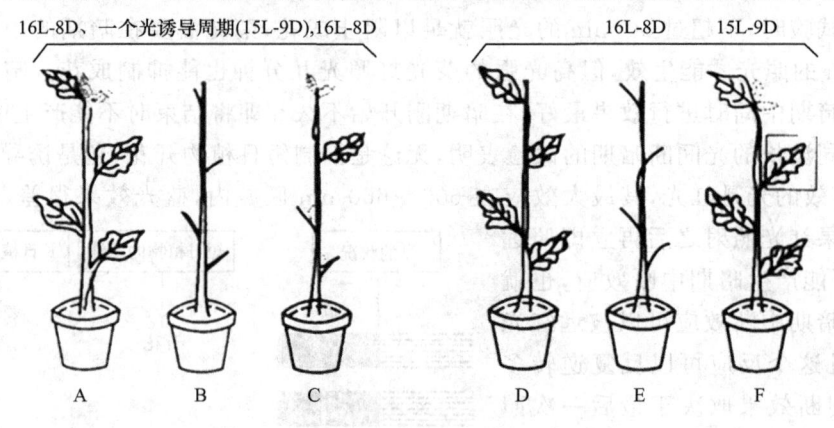

图5-3-6　苍耳的光周期诱导天数试验

苍耳植株生长出4~5个完全展开的叶片时,才有感受光周期的能力。植株A、B、C在处理前均生长在非光周期(16L-8D)下,然后用一个光诱导周期(15L-9D)处理,最后再放回非光诱导周期下。植株A在处理前后叶片全保留,植株B在处理前叶片全去掉,植株C仅保留一片叶。试验结果:植株A和C开花,植株B不开花。植株D、E、F用非光诱导周期(16L-8D)处理,植株D叶全部保留,植株E叶全部去掉,植株F叶虽全部保留但有一片叶用一个光诱导周期(15L-9D)处理。试验结果:植株D、E都未开花,只有植株F开花。以上试验不仅证明苍耳只经一个适宜的光诱导周期就可以开花,并证明一片叶即足以完成诱导的作用。

**2. 光周期刺激的感受和传导**

柴拉轩(1937年)将短日植物菊花进行4种处理(图5-3-7),结果表明,只有对叶片进行适宜的光周期处理,才能诱导植物开花;若只对茎尖进行适宜光周期处理,而叶片暴露在不适宜的光周期下,植物就不开花。因此,植物开花感受光周期诱导的部位是叶片,而不是茎尖生长点。叶片感受合适的光周期刺激后,将其影响传导到生长点,引起成花反应。叶片对光周期刺激的敏感性与叶片的发育程度有关。一般植物生长到一定程度后,才有可能接受光周期诱导,如大豆是在子叶伸展期,水稻在七叶期前后,红麻在六叶期。一般来说,幼叶和老叶对光周期刺激的敏感性较弱,叶片生长达到最大时敏感性最强,这时叶片的很小一部分处在适宜的光周期下就可诱导开花。如苍耳或毒麦的叶片完全展开达最大面积时,仅对2 cm的叶片进行短日处理,即可诱导成花。

接受光周期的部位是叶片,成花部位是茎尖端的生长点。叶和茎尖端生长点之间隔着叶柄和一段茎。因此可以设想,叶在光周期诱导下可能产生某种开花刺激物并传导到茎顶端生长点,才能引起成花。柴拉轩通过嫁接试验证实了这种设想。将5株苍耳植株互相嫁接在一起(图5-3-8),只要把一株上的一片叶处在适宜的光周期(短日照),即使其他植株都处于不适宜的光周期(长日照),所有植株都能开花,这充分证明了叶片经过合适的光周期诱导后产生了开花刺激物,通过嫁接在植株间进行传递并发挥作用。更有趣的是,不同光周期类型的植物通过嫁接能相互影响开花。经过短日照处理的短日植物,还可

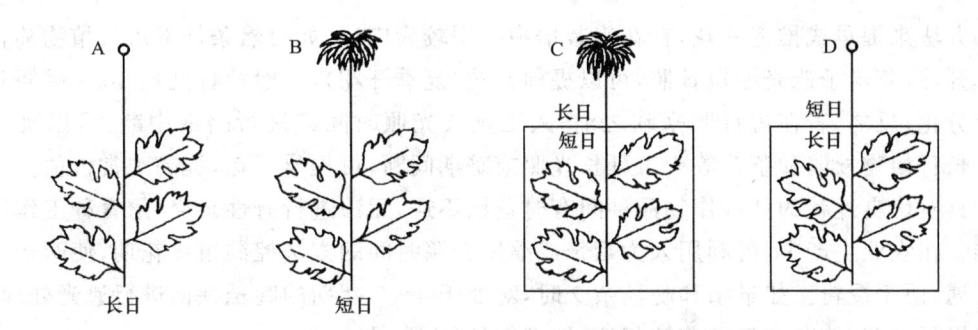

图 5-3-7　叶片和顶芽的不同光周期处理对菊花开花的影响

以通过嫁接引起长日植物开花。例如，短日植物高凉菜可以诱导长日植物八宝在短日条件下开花。长日植物天仙子和短日植物烟草嫁接，无论在长日照或短日照条件两者都能开花。这说明不同光周期反应类型的植物所产生的开花刺激物的性质可能是相同的。这种开花刺激物质到现在尚未研究清楚。

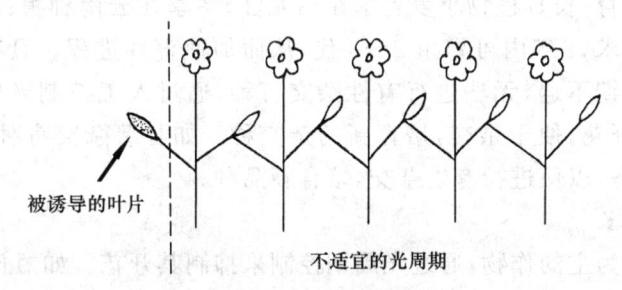

图 5-3-8　苍耳开花刺激物的嫁接传递

### （五）光周期理论在农业上的应用

**1. 引种**

在生产实践中，往往需要从外地引进优良的作物品种，以获得优质高产。但不同纬度地区的光照条件存在一定差异，尤其我国南北方差异很大，某一地区的光照条件不一定能满足使从外地引进的某一植物开花的要求，因此，在从不同地区引种时，必须了解该作物原产地与引进地之间生长季节、光照条件的差异。

引种要考虑以下三方面的因素：

第一，要了解被引品种的光周期特性，是属于长日植物、短日植物还是日中性植物，是否对低温有所要求；

第二，要了解作物原产地与引种地季节的日照条件和温度的差异；

第三，要根据被引作物所收获的主要器官（种子、果实或营养体）的不同来确定所引品种。

我国地处北半球，将短日植物从北方引种到南方，会提前开花，如果所引植物是为了收获果实或种子，则应选择晚熟品种；而从南方引种到北方，则应选择早熟品种。如将长日植物从北方引种到南方，会延迟开花，如果所引植物的种植目的是收获种子，宜选择早熟品种；而从南方引种到北方时，应选择晚熟品种。

**2. 控制花期**

在自然条件下，植物开花具有明显的季节性，光周期的发现使人们能够通过控制光周期的办法来提早或推迟开花,在花卉栽培中应用较为广泛,如自然条件下短日植物菊花在秋季开花,若给予遮光缩短日照,可以提前开花(夏季开花),一般短日处理10 d后便开始花芽分化;反之,若在短日照来临之前,人工延长光照时间或进行暗期中断,可以延迟开花。长日植物杜鹃和茶花等人工延长光照或暗期间断,可提早开花,提高观赏价值。

具有优良性状的某些作物品种间有时花期不遇,无法进行有性杂交,给育种工作带来困难。在农业生产中,可利用人为延长或缩短光照时间的方法控制植物花期,使两亲本花期相遇,便于授粉。如早稻和晚稻杂交时,对处于4~7叶期的晚稻秧苗进行遮光处理,促使其提早开花,使杂交亲本花期相遇,培育新品种。

3. 加速世代繁殖

通过人工控制作物的光照条件,进行适宜的光周期诱导,可以加速良种繁育、缩短育种年限。根据我国不同地区气候条件的差异,育种工作者利用异地种植满足作物所需的日照和温度条件,以达到快速繁育的目的,如将冬季短日植物玉米、水稻等在海南岛繁育,夏秋季节在北方繁育;长日植物小麦夏季在黑龙江,冬季在云南种植;可以满足作物发育对光照和温度的要求,1年内可繁殖2~3代,从而加速育种进程。具有优良性状的某些作物品种间有时花期不遇,无法进行有性杂交育种,通过人工控制光周期诱导和温度变化,使两亲本同时开花,便于杂交,培育新的杂交种。如甘薯杂交育种时,可人工缩短光照,使甘薯开花整齐,以便进行有性杂交,培育新品种。

4. 控制营养生长

以收获营养体为主的作物,通过光周期控制来抑制其开花。如短日植物烟草,原产于热带或亚热带,南种北引至温带,可通过提早至春季播种,利用夏季的长日照促进营养生长,推迟开花,延长营养生长的时间,提高烟叶的产量和质量。此外,某些甘蔗品种为短日植物,当自然的短日照来临时,利用暗期光中断处理,使其继续进行营养生长而不开花,从而提高茎秆和蔗糖的产量。短日植物麻类,南种北引时,可推迟其开花,增加植株高度,提高纤维产量和品质。

通过光周期诱导还可解决自然条件下种子不能自然成熟问题。如将广州、广西等地的红麻引到北方来,9月下旬才能现蕾,种子不能正常成熟,可在留种地采用苗期短日处理的方法,解决留种问题。

# 三、技能训练——植物生长调节剂在植物性别调控中的作用

【实训原理】

适宜浓度的赤霉素和乙烯能够诱导植物的性别分化。人工合成的植物生长调节剂乙烯利,化学名称为2-氯乙基膦酸,在pH高于4.1时,进行分解产生乙烯。在蔬菜生产中,乙烯利能够诱导多种瓜类的雌花形成。而用适宜浓度的赤霉素处理黄瓜幼苗,能够促进雄花分化,抑制雌花形成,用于不育系的纯种繁殖。

本试验在盆栽条件下,通过叶片喷洒或者根部浇灌,观察赤霉素控制黄瓜的雌花分化和诱导雄花形成以及乙烯利对雌花分化的促进作用。

【材料、仪器及试剂】
1. 材料
黄瓜幼苗。
2. 仪器
烧杯、移液管、量筒、棉花、滴管、标签。
3. 试剂
150 mg/L 乙烯利,50 mg/L 赤霉素($GA_3$)。

【方法及步骤】
1. 大田或盆栽黄瓜,选择12株具有2~3片真叶的幼苗,分成2组,每组5株,于晴天下午4点左右进行试验。
2. 用镊子夹住小棉花团,浸入150 mg/L 乙烯利溶液中,将沾有乙烯利的棉花团放在幼苗(第1组)的生长点上,对照用沾有蒸馏水的处理棉花团,使幼苗吸收,挂上标签。并在幼苗旁边插上竹竿,利于幼苗攀爬。
3. 同步骤2,用镊子夹住小棉花团,浸入50 mg/L 赤霉素溶液中,将沾有赤霉素的棉花团放在幼苗(第2组)的生长点上,对照用沾有蒸馏水的处理棉花团,挂上标签。并在幼苗旁边插上竹竿,利于幼苗攀爬。
4. 试验观察时间为1个月左右,每周观察一次幼苗,记录开花日期,开花节位,花朵性别,平均雌花数、雄花数、结瓜数目等。

【注意事项】
乙烯利和赤霉素的施用部位是幼苗生长点。

【实训报告】
1. 根据所观察的现象,分析赤霉素和乙烯利对黄瓜的营养生长有什么影响?并分析原因。
2. 根据试验结果,讨论赤霉素和乙烯利对黄瓜的性别控制起什么作用。

# 考核内容

【知识考核】
一、名词解释
春化作用;脱春化作用;光周期;光周期现象;长日植物;短日植物;日中性植物;临界日长;光周期诱导。

二、问答题
1. 简述植物成花的光周期反应类型。
2. 简述花期调控的常用方法。
3. 麻类作物属短日植物,南麻北种有利弊。为什么?
4. 论述春化作用和光周期现象在农业生产上的应用。

【专业能力考核】
一、我国四川地区一些药农种植二年生药用植物当归,发现若当年收获块根则质量不

### 植物与植物生理

好,越冬种植在第二年种植期间又因抽薹开花,而降低块根质量,试问如何才能收获质量较好的块根?为什么?

二、将北方的苹果引到华南地区种植,苹果仅进行营养生长而不开花结果,试分析原因。

三、试分析下列花卉在我国华南地区的广东、海南种植能否开花。
①月季　②菊花　③剑兰　④牡丹　⑤郁金香　⑥风信子

四、用什么办法可使菊花在春节开花而且花多?又有什么办法使其在夏季开花而且花多?

五、试分析将东北一种优良大豆引种到南方后产量可能降低的原因。

【职业能力考核】

**考核评价表**

子情境5-3:认知植物发育

姓名:　　　　　　　　　　　　班级:

| 序号 | 评价内容 | 评价标准 | 分数 | 得分 | 备注 |
| --- | --- | --- | --- | --- | --- |
| 1 | 专业能力 | 资料准备充足,获取信息能力强 | 10 | 80 | |
| | | 能正确认识和调控植物发育 | 40 | | |
| | | 能准确完成考核内容 | 30 | | |
| 2 | 方法能力 | 获取信息能力、组织实施、问题分析与解决、解决方式与技巧、科学合理的评估等综合表现 | 10 | | |
| 3 | 社会能力 | 工作态度、工作热情、团队协作互助的精神、责任心等综合表现 | 5 | | |
| 4 | 个人能力 | 自我学习能力、创新能力、自我表现能力、灵活性等综合表现 | 5 | | |
| | | 合计 | 100 | | |

教师签字:　　　　　　　　　　　　　　　　　　　年　　月　　日

# 子情境5-4　植物的成熟与衰老

| 学习目标 |
|---|
| 1. 掌握种子与果实成熟生理<br>2. 了解植物的衰老与脱落 |
| **职业能力** |
| 1. 能调控果实成熟<br>2. 能调控植物衰老与脱落 |
| **学习任务** |
| 1. 认知植物果实与种子的成熟<br>2. 认知植物器官衰老与脱落 |
| **建议教学方法** |
| 思维导图教学法、项目教学法 |

植物在开花之后,经过授粉、受精作用,其受精卵发育成胚,胚珠发育成种子,子房及其周围的组织(如花托、花萼、花序轴等)膨大形成果实,因此,受精作用能否顺利进行直接影响农作物的产量和品质。种子和果实形成时,不只是形态上发生显著变化,在生理上也发生剧烈变化。随着植物生长发育的进程,植株会逐渐成熟,尤其一、二年生的草本植物,种子和果实形成之后,植株趋向衰老,有些器官发生脱离现象,并逐渐死亡,从而结束生活周期。

## 一、种子的成熟生理

### (一)种子成熟时的生理生化变化

种子的形成和成熟过程,实际上是胚体从小变大,以及营养物质在种子中转化和积累的过程。

**1. 储藏物质的变化**

种子成熟期间的储藏物质变化,大体上和种子萌发时的变化相反,植株营养器官的养分,以可溶性的低分子化合物形式(如蔗糖、氨基酸等)运往种子,在种子中逐渐转化为不溶性的高分子化合物(如淀粉、蛋白质和脂肪等),并且积累起来。

(1)糖类的变化

小麦、水稻等禾谷类种子的储藏物质主要是淀粉,在种子成熟过程中,可溶性糖含量逐渐降低,淀粉积累迅速增加,表明淀粉是由糖类转化而来的(图5-4-1),催化淀粉合成的酶类(如Q酶、淀粉磷酸化酶等)活性增强,另外,在淀粉形成的同时,还形成构成细胞壁的不溶性物质如纤维素和半纤维素。禾谷类种子发育要经过乳熟期、糊熟期、蜡熟期和完熟期四个时期,淀粉的积累以乳熟期和糊熟期最快,因此,干重迅速增加。

淀粉种子在成熟时,碳水化合物的变化主要有两个特点:一是催化淀粉合成的酶类活性增强,如Q酶、淀粉磷酸化酶、腺苷(或尿苷)二磷酸淀粉转葡萄糖激酶;二是可溶性的小分子化合物转化为不溶性的高分子化合物,如淀粉、纤维素。

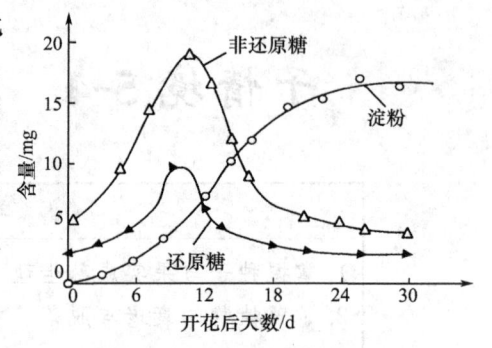

图5-4-1 水稻谷粒成熟过程中胚乳内主要糖类含量的变化

(2)蛋白质的变化

豆科植物的种子富含蛋白质,称之为蛋白质种子。其积累的蛋白质首先从叶片或其他营养器官的氮素以氨基酸或酰胺的形式运到荚果,氨基酸或酰胺在荚皮中合成蛋白质,暂时成为储藏状态;然后暂存的蛋白质分解,以酰胺态运至种子转变为氨基酸再合成新的蛋白质。

种子储藏蛋白有清蛋白、球蛋白、谷蛋白和醇溶谷蛋白等。储藏蛋白没有明显的生理活性,主要的功能是提供种子萌发时所需的氮和氨基酸。种子储藏蛋白的生物合成开始于种子发育的中后期,至种子干燥成熟阶段终止。如小麦籽粒的氮素总量,从乳熟期到完熟期变化很小。但随着成熟度的提高,非蛋白氮的含量逐渐下降,蛋白质逐渐增加,这说明蛋白质是由非蛋白氮转化而来的。同时,成熟小麦种子的RNA含量较多。

(3)肌醇六磷酸钙镁的变化

肌醇六磷酸钙镁(植酸钙镁)是一种主要的磷酸储藏物,约占储藏磷酸总量的50%以上。在种子成熟的过程中,由叶片运来的糖类物质与磷酸结合,如磷酸蔗糖,磷酸蔗糖在转变为淀粉时脱下磷酸,然后,磷酸与肌醇、Ca、Mg离子结合形成肌醇六磷酸钙镁(又称菲酊),它是禾谷类等淀粉型种子的磷酸储存库与供应源,当种子萌发时,分解释放出磷、钙、镁等养分,供幼苗生长之用。

(4)脂肪的变化

大豆、花生、向日葵等的种子脂肪含量很高,称之为脂肪种子或油料种子。在成熟过程中,脂肪含量不断升高,而糖类(葡萄糖、蔗糖、淀粉)总含量相应降低,说明脂肪是由糖类转化而来(图5-4-2)。脂肪代谢有以下特点:①油料种子在成熟初期形成大量的游离脂肪酸,随着种子的成熟,游离脂肪酸逐渐合成油脂,游离脂肪酸含量降低。②在种子成熟初期先合成饱和脂肪酸,然后在去饱和酶的作用下转化为不饱和脂肪酸。所以,一般油料种子,如大豆、芝麻等种子油脂的碘价(指100克油脂所能吸收碘的克数)随着种子的成熟度而逐渐增加,脂肪酸不饱和程度与数量提高。

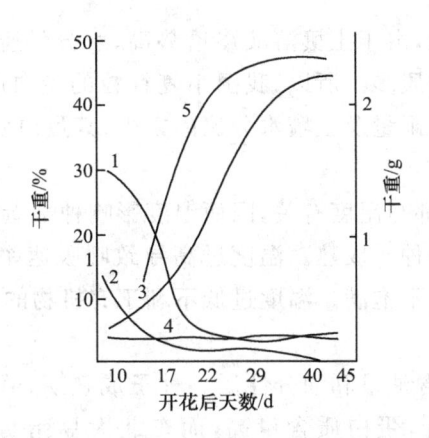

1—可溶性糖；2—淀粉；3—千粒重；4—含氮物质；5—粗脂肪
图 5-4-2　油料种子在成熟过程中各种有机物的变化情况

2.种子成熟过程中的其他生理变化

(1)呼吸速率的变化

种子成熟过程是有机物合成积累过程,新陈代谢旺盛,需要呼吸作用提供能量。因此,有机物积累和种子的呼吸速率有密切关系,干物质积累迅速时,呼吸速度亦高;种子接近成熟时,呼吸速度逐渐降低。

(2)内源激素

种子的生长发育过程直接受内源激素的调节与控制。小麦从抽穗到成熟期间,籽粒的内源激素含量和种类发生有规律的变化。不同内源激素的交替变化,调节着种子发育过程中的细胞分裂、生长、扩大,有机物质的合成、运输、积累、耐脱水性的形成及进入休眠等。种子在成熟过程中,首先出现的玉米素,可能调节籽粒的细胞分裂过程;然后是赤霉素和生长素,可能调节有机物向籽粒运输和积累。在籽粒成熟期,脱落酸含量提高,可能调节籽粒的成熟和休眠的有关过程。

(3)含水量的变化

随着种子成熟,其含水量逐渐降低。有机物质的合成是逐渐脱水的过程,种子成熟时幼胚中具有浓厚的原生质而无液泡,自由水含量极少,种子的生命活动也由代谢活跃状态转入休眠状态。

(二)外界条件对种子成分及成熟过程的影响

1.水分

风旱不实现象,即干燥的大气和热风使种子灌浆不足而导致的减产现象。我国西北华北地区的小麦,在灌浆成熟时常遭受干热风的危害而减产。干旱使作物体内的水分平衡遭破坏,植物蒸腾剧烈,加之土壤干旱导致植物萎蔫,不但影响有机物向籽粒运输,且合成酶的活性降低,水解酶的活性升高,妨碍储藏物质的积累,导致籽粒干缩和过早成熟,造成严重减产。同时,土壤干旱导致种子化学成分发生变化,可溶性糖来不及转化成淀粉,就被糊精胶结而相互黏结在一起,形成玻璃状而不是粉状籽粒,造成籽粒不饱满而减产。蛋白质的积累过程受影响较小,因此,风旱不实的种子蛋白质含量相对较高。在干旱地区,特别是稍微盐碱化地带,由于土壤溶液渗透势高,水分供应不良,灌浆困难,籽粒比一般地区含淀粉少,而含蛋白质多。所以,我国小麦籽粒的蛋白质含量,从南到北有显著差异。北方小麦种子成熟时,雨量及土壤水分比南方少,其蛋白质含量较高。

2. 温度

光合作用和物质运输都与温度有关,因而温度影响种子灌浆及种子的饱满度,适宜的温度利于物质的积累,促进种子成熟。温度过高导致呼吸速率提高,消耗有机物过大,不利于储藏物质的积累,籽粒不饱满。温度过低不利于有机物的运输和转化,不但影响籽粒灌浆,还延迟成熟期。

温度影响油料种子的含油量和油分性质。种子成熟期,适当的低温有利于油脂的积累,如南方大豆脂肪含量低,蛋白质含量高,而东北大豆脂肪含量高,蛋白质含量较低(表5-4-1)。在油品品质上,亚麻种子成熟时昼夜温差大,利于不饱和脂肪酸的形成。所以优质的干性油往往来自纬度高或海拔高的地区。

表 5-4-1　　　　　　　　我国不同地区大豆的品质分析　　　　　　　　　　　%

| 不同地区品种 | 蛋白质占干重的百分比 | 脂肪占干重的百分比 |
| --- | --- | --- |
| 北方春大豆 | 39.9 | 20.8 |
| 黄淮海流域夏大豆 | 41.7 | 18.0 |
| 长江流域春夏秋大豆 | 42.5 | 16.7 |

3. 光照

光照强度直接影响种子内有机物质的积累。如小麦开花后光照不足,会影响籽粒灌浆,穗粒重和千粒重减小,导致减产。此外,光照也影响籽粒的蛋白质含量和含油率。

4. 矿质营养

矿质营养对种子成熟过程和化学成分也有显著影响。对淀粉型种子来说,氮肥有利于种子的蛋白质含量提高,适当增施磷钾肥可促进糖分向种子或储藏器官运输,并加速有机物转化,增加淀粉含量。对油料种子而言,磷钾肥有利于脂肪的合成和累积,提高含油率。但如果氮肥过多,使有机物的分配不合理,不但会引起贪青晚熟,造成减产,同时,还影响油料种子有机物的转化,使植物体内大部分糖类和氮化合物结合形成蛋白质,从而使脂肪含量下降。

## 二、果实的成熟生理

### (一)果实的发育

1. 果实生长曲线

果实的生长过程呈现周期性特点,不同植物种类,果实生长特点有一定差异。果实生长曲线主要有两种类型:单"S"形曲线和双"S"形曲线(图5-4-3)。

苹果、梨、香蕉、板栗、核桃、石榴、柑橘、枇杷、菠萝、草莓、番茄、茄子等,肉质果实生长曲线呈单"S"形,这一类型的果实在开始生长时速度较慢,以后逐渐加快,达到高峰后又逐渐变慢,最后停止生长。这种慢—快—慢生长节奏的表现是与果实中细胞分裂、膨大以及成熟的节奏相一致的。

桃、李、杏、梅、樱桃、柿、山楂和无花果等果实的生长曲线呈双"S"形。此类果实在迅速生长中期有一缓慢生长期,这一时期正是果肉停止生长,营养物质的供应发生了转变,内果皮木质化、果核变硬和胚迅速生长的时期。果实第二次迅速增长的时期,主要进行中果皮的细胞膨大和营养物质的大量积累。

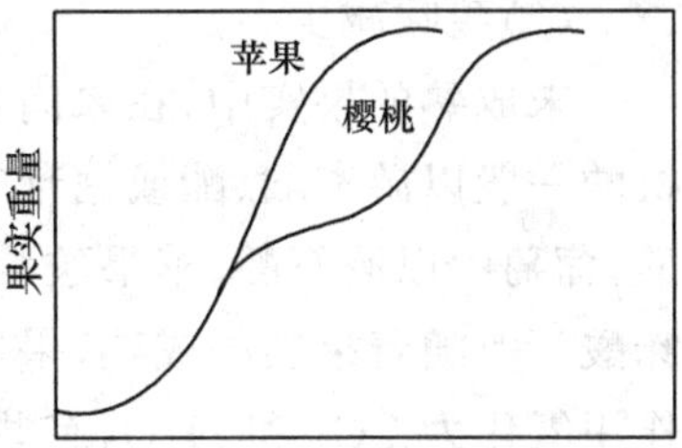

图 5-4-3　果实生长曲线

2. 单性结实

通常植物经过受精作用才能形成果实,但有些植物的胚珠不经受精作用而使子房膨大形成无籽果实称为单性结实(parthenocarpy)。

天然单性结实指不经授粉、受精作用或其他任何外界刺激而形成无籽果实。如葡萄、柿子、香蕉、无花果、无核蜜橘等的个别植株或枝条发生突变而形成无籽果实,利用无性繁殖把突变枝条或植株保存下来可形成无籽的品种。低温、高光强、霜害可引起无籽果实的形成;短光周期或较低的夜温可引起瓜类作物单性结实。

刺激性单性结实指在外界环境条件的刺激下人工诱导而引起的单性结实。如用花粉浸出液处理雌蕊;梨的花粉授于苹果的柱头上;用 GA 浸葡萄花序可诱发单性结实。在生产实践中,应用较多的是植物生长调节剂如 NAA、2,4-D、GA,诱导番茄、茄子、辣椒、草莓、西瓜、无花果等形成无籽果实。

(二)果实成熟过程中的生理生化变化

1. 呼吸跃变

随着果实的成熟进程,某些果实的呼吸速率也在发生变化。在细胞分裂迅速的幼果期呼吸速率很高,当细胞分裂停止,果实体积增大时,呼吸速率逐渐降低,某些果实在生长完成和进入成熟之前,呼吸速率再次升高,出现呼吸高峰,然后又下降至最低水平。果实在成熟之前发生的这种呼吸突然升高的现象称为呼吸跃变或呼吸高峰。呼吸跃变的出现标志着果实成熟达到可食的程度。有人称呼吸跃变期间果实内部的变化,就是果实的后熟作用。完熟后的果实耐储性较差,因此,在实践上可调节呼吸跃变的来临,以推迟或提早果实的成熟。适当降低温度和氧的浓度(提高 $CO_2$ 浓度或充氮气),可延迟呼吸跃变的出现,使果实成熟延缓;而提高温度和增加 $O_2$ 浓度,或用乙烯利处理,都可以刺激呼吸跃变的提前,加速果实的成熟。(相关知识在子情境 4-4 已有详细介绍)

2. 肉质果实成熟时有机物质的转化

肉质果实成熟过程中,不断积累有机物质并经过复杂的生化转变,使果实在色、香、味等方面发生显著变化。

(1)甜味增加

在果实形成初期,从叶片运来的可溶性糖转变为淀粉储藏在果肉细胞中,所以未成熟的果实中淀粉含量较高,无甜味。到成熟后期,果实中储存的不溶性淀粉转化为可溶性糖(葡萄糖、果糖、蔗糖等),糖分积累在果肉细胞的液泡中,淀粉含量越来越少,可溶性糖含量迅速增多,使果实变甜。如香蕉果实成熟过程中,淀粉由占鲜重的20%～30%下降到1%以下,而同时可溶性糖则由0.1%上升至15%～20%,香蕉的这一变化过程很快。

(2) 酸味减少

未成熟的果实中,在果肉细胞的液泡中有机酸含量较高,因而具有酸味。果实中的有机酸一般以游离酸、酯或糖苷等形式存在。如柑橘中含有柠檬酸,苹果、梨、桃中含有苹果酸,葡萄中以酒石酸、苹果酸为主。在果实生长初期,有机酸含量逐渐升高,所以幼嫩果实味酸。但随着果实的成熟,果肉细胞的液泡中积累的有机酸有些转变为糖,有些则由呼吸作用氧化为 $CO_2$ 和 $H_2O$,有些则被 $K^+$、$Ca^{2+}$ 等所中和生成盐,因此,成熟果实中酸味明显下降,甜味增加。一般果实的含酸量在 0.1%～0.5%,口感较好。

(3) 涩味消失

未成熟的柿子、李子、香蕉等果实的果肉往往具有涩味,这是细胞中的糖类经不完全氧化形成单宁的缘故。单宁属于多元酚类物质,主要存在于细胞液中,可以保护果实免于脱水及病虫侵染。单宁与人口腔黏膜上的蛋白质作用,使人产生强烈的麻木感和苦涩感。柿子的单宁含量最高,梨、香蕉等含量较少。一般果实生长最快时,含量较多。果实中的单宁以果皮含量最高,为果肉的 4～5 倍。随着果实的成熟,单宁被过氧化物酶氧化成无涩味的过氧化物,或凝结成不溶于水的胶状物质,因而涩味消失。

(4) 香味产生

果实成熟时产生一些具香味的挥发性物质,这些物质主要是一些酯类或特殊的醛类物质。据报道,苹果、香蕉的挥发性气体种类多达 200 种以上,如香蕉中含有乙酸戊酯和甲酸甲酯,苹果中有乙酸丁酯和乙酸乙酯,柑橘中含有特殊的醛类物质如柠檬醛。

(5) 果实变软

未成熟果实因其初生壁中沉积不溶于水的原果胶,尤其是苹果、梨中的原果胶含量很高,果实较硬。随着果实成熟,果胶酶和原果胶酶的活性增强,原果胶被水解为可溶性果胶、果胶酸和半乳糖醛酸,果肉细胞彼此分离,于是果肉变软。此外,果肉细胞中淀粉的转变也是使果实变软的部分原因。果实变软是果实成熟的一个重要标志。

(6) 色泽变艳

果实的颜色与其品质和商品价值有密切关系。随着果实的成熟,果皮的颜色由绿逐渐转变为黄、红、橙色。未成熟的果实一般呈绿色,因其果皮中含有大量叶绿素。随着果实成熟,果皮中的叶绿素逐渐分解而丧失绿色,而叶绿体中类胡萝卜素含量仍较多且稳定,故呈现黄色、红色、橙色。同时,由于花色素的形成而使果实变艳。花色素属于类黄酮类物质,以糖苷的形式存在,分布在液泡中,不同果实因细胞 pH 不同,而呈现不同颜色。阳光充足,温度较高的条件促进花色素苷的合成,因而树冠外围果实或果实的向阳面色泽鲜艳。

(7) 维生素含量增高

果实中含有丰富的维生素,主要是维生素 C。不同果实的维生素含量差异较大。随着果实发育成熟,维生素特别是维生素 C 的含量显著增高。一般以 100 g 鲜重计算,香蕉 1～9 mg,番茄 8～33 mg,毛猕猴桃 1000 mg,红辣椒 128 mg。

果实成熟过程中,肉质果实有机物质的变化,受当地气候条件的影响,主要是温度、湿度和光照强度。夏凉多雨的条件下,果实酸味较重;而在阳光充足、气温较高及昼夜温差较大的地区,果实中含糖量较多而酸较少,所以果实味甜。

3. 蛋白质和激素的变化

果实成熟过程中蛋白质合成与果实成熟有关。苹果和梨等成熟时,蛋白质含量升高,如用蛋白质合成抑制剂环己亚胺处理正在成熟的果实组织,则 $^{14}$C-苯丙氨酸结合到蛋白质的速度降低,同时抑制了乙烯的合成,使果实成熟延迟。

在果实成熟时,各种内源激素都发生变化。一般认为在开花和幼果生长期,生长素、赤霉素和细胞分裂素含量明显升高与授粉受精和幼果生长有关。伴随果实成熟,跃变型果实的乙烯含量达到最高峰;而柑橘、葡萄等非跃变型果实成熟时则脱落酸含量最高;而跃变型果实猕猴桃、梨、柿子等,伴随着果实成熟脱落酸含量也逐渐升高,成熟期达到最高峰(图5-4-4)。

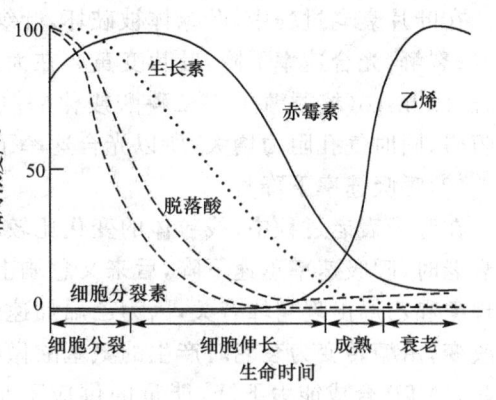

图5-4-4 果实生长曲线

## 三、植物的衰老与器官脱落

### (一) 植物的衰老

衰老(senescence)是指细胞、器官或整株植物生理活动和功能逐渐衰退的过程。衰老不同于老化,老化是指植物发育进程中,在机构和生理功能方面出现进行性的衰退变化,其特点是机体对环境的适应能力逐渐减弱,但不立即死亡,它主要受遗传控制,但也受环境条件的影响。衰老不是简单的被恶劣环境因子导致被动的死亡或坏死,衰老是受植物遗传控制的、主动和有序的发育过程。如在植物发育的一定阶段,老的叶片光合作用功能下降进入衰老程序,将物质运出,被新生的器官再利用。衰老导致死亡,是自然界发展的必然规律。衰老程序的启动与环境有关。不同植物的器官衰老方式不同,有的以器官脱落方式衰老。如多年生落叶植物,根茎可生活多年,而叶片和果实每年秋季脱落。有的植物以整株或仅地上部衰老,如许多一、二年生植物开花结实后,整个植株进入衰老状态,最后死亡;多年生草本植物地上部每年死亡,但地下根系或根茎可继续生存。

1. 植物衰老的类型

整体衰老:一年生植物或二年生植物(如玉米、水稻等),在开花结实后,出现整株衰老死亡。

地上部衰老:多年生草本植物(如苜蓿、茅草等),地上部随生长季节的结束每年死亡,而地下部仍可继续存活多年。

落叶衰老:多年生落叶木本植物,发生季节性的叶片同步衰老脱落,而茎和根能生活多年。

渐进脱落:多年生常绿木本植物,较老的器官和组织随时间的推移逐渐衰老脱落,并被新的器官所取代。

## 2. 衰老过程中的生理生化变化

植物在衰老过程中，体内发生一系列的生理生化变化，使植物的生活力下降，最后死亡。

### (1) 光合速率下降

在叶片衰老过程中，叶绿体被破坏，叶绿素含量迅速下降，叶绿体的基质破坏，类囊体膨胀、裂解，光合速率下降，叶片变黄。在大麦叶片衰老时，伴随着蛋白水解酶活性增强的过程，Rubisco（核酮糖-1,5-二磷酸羧化酶/加氧酶）减少，光合电子传递和光合磷酸化受到阻碍，同时气孔阻力增大，所以光合速率下降。

### (2) 呼吸速率下降

在叶子衰老过程中，线粒体的变化比较缓慢，而功能线粒体一直保留到衰老末期。叶片衰老时，呼吸速率迅速下降，后来又急剧上升，再迅速下降，似果实一样，有呼吸跃变，这种现象和乙烯出现高峰有关，因为乙烯加速透性，呼吸加强。在离体叶衰老时呼吸底物发生改变，由糖转变为衰老时产生的氨基酸做呼吸底物。在衰老过程中氧化磷酸化逐步解偶联，ATP合成能力下降，能量的供应不足，从而影响细胞的生物合成过程，加速衰老进程。

### (3) 蛋白质含量显著下降

叶片衰老时，蛋白质合成能力减弱，而分解加快，使蛋白质含量显著下降，游离氨基酸含量逐渐增加。在蛋白质的水解的同时，膜结合蛋白也会发生分解。例如，用延缓衰老的植物激素（赤霉素和激动素）处理旱金莲离体叶或叶圆片，掺入蛋白质中的 $^{14}C$-亮氨酸数量比对照（水）多；用促进衰老的脱落酸处理，掺入蛋白质的数量则比对照还少。这说明衰老是由于蛋白质合成能力减弱引起的。另外一些人认为，衰老是由于蛋白质分解过快引起的。植物叶片中有70%的蛋白质存在于叶绿体，衰老时首先发生叶绿体的破坏和降解，蛋白质含量下降。同时，有试验表明，在衰老过程中，水解酶如蛋白酶、核酸酶、脂酶等活性增大，蛋白质分解加快。总之，叶片衰老时蛋白质含量下降是由蛋白质代谢失衡导致分解速率超过合成速率。

### (4) 核酸含量的变化

叶片衰老时，RNA总量下降，其中rRNA减少最明显，与RNA合成能力降低和降解加速有关。试验得知，DNA含量也下降，但其下降速率小于RNA，例如烟草叶片衰老3 d，RNA下降16%，DNA只减少3%。核酸和蛋白质的变化是基因转录和翻译变化的反映，衰老过程中不仅合成能力下降，而且合成种类也发生质的变化。虽然蛋白质和核酸总量减少，但某些蛋白质和RNA的合成仍在进行，可能是与衰老相关的基因开始表达，从而导致与衰老相关的水解酶合成占优势。

### (5) 激素的变化

植物衰老时，通常是促进生长的植物激素如细胞分裂素、生长素、赤霉素等含量减少，而诱导衰老的激素如脱落酸、乙烯等含量增加。

## 3. 环境条件对植物衰老的影响

### (1) 温度

低温和高温都会加速叶片衰老。不适宜的温度均能诱发自由基的产生，引起生物膜相变和膜质过氧化,促进蛋白质的降解,叶绿体的功能减退,加速植物衰老。

(2) 光照

适度的光照能延缓植物衰老,黑暗加速衰老。强光和紫外光促进植物体内产生自由基,加速植物衰老。日照长度对衰老也有一定的影响,长日照促进 GA 合成,利于生长,短日照促进 ABA 合成,抑制生长,利于脱落,加速衰老。光可抑制叶片中 RNA 的水解,在光下乙烯的前提物质 ACC(1-氨基环丙烷-1-羧酸)向 Eth(乙烯)的转化受到阻碍。不同光质对衰老的作用不同,红光可阻止叶绿素和蛋白质含量的减少,延缓衰老,远红光则能消除红光的作用;蓝光可显著地延缓绿豆幼苗叶绿素和蛋白质的减少,延缓叶片衰老。

(3) 气体

$O_2$ 浓度过高加速自由基的形成,自由基的产生超过自身的防御能力时,引起衰老。$O_3$ 污染环境可加速植物的衰老过程。低浓度 $CO_2$ 可促进乙烯生成,诱发衰老,而高浓度的 $CO_2$ 能够抑制乙烯生成,降低呼吸速率,延缓衰老,生产上用 5%～10% $CO_2$ 并结合低温,可延长果实和蔬菜的储藏期。

(4) 水分

在水分胁迫下促进乙烯和 ABA 形成,加速蛋白质和叶绿素的降解,提高呼吸速率。自由基产生增多,加速植物的衰老。

(5) 矿质营养

氮肥不足,叶片易衰老,增施氮肥,能延缓叶片衰老。$Ca^{2+}$ 有稳定膜的作用,减少乙烯的释放,能延迟果实成熟与衰老。$Ag^+$ 为乙烯拮抗剂,适宜浓度的 $Ag^+$($10^{-10}$～$10^{-9}$ mol/L)可延缓水稻叶片的衰老。$Ni^{2+}$($10^{-4}$ mol/L)和 $Co^{2+}$ 可抑制植物体内乙烯和 ABA 的合成,从而延缓植物衰老。

生产上可通过改变环境条件来调控衰老。如通过合理密植和科学的肥水管理来延长水稻、小麦上部叶片的功能期,以利于籽粒充实。应用植物生长调节剂可调控植物的衰老,乙烯利可促进香蕉、梨、苹果、番茄、辣椒、棉铃等果实成熟,适宜浓度的 STS、SA、6-BA、VC、AVG 等可显著延缓对乙烯敏感型切花(如香石竹、百合)的衰老。低 $O_2$(2%～4%)和高 $CO_2$(5%～10%),并结合低温可延长果实的储藏期。

4. 衰老的生物学意义

植物衰老的生物学意义既有积极的一面,又有消极的一面。衰老不仅能使植物适应不良的环境条件,而且对物种进化起重要作用。如一、二年生植物成熟衰老时,营养器官的储存物质发生降解,将营养物质转运到发育的种子、块根、块茎等器官中,以利于新器官的生长发育;多年生植物秋天叶片衰老脱落之前,将大量营养物质转运到茎、芽、根中,以供再分配和再利用,同时叶片的脱落可降低蒸腾失水,提高植物对不良环境的适应能力,利于安全越冬。一、二年生植物基部受光不足的叶片,成为养分的消耗者,叶片自基部而上顺序衰老死亡,有利于植物保存营养物质。花的衰老及其衰老部分的养分撤离,能使受精胚珠正常发育。果实与种子成熟后的衰老与脱落,有利于借助其他媒介传播种子,便于物种的繁衍和传播。因此,衰老具有积极的生物学意义。但农作物受到某些不良因素影响时,适应能力降低,引起营养体生长不良,造成过早衰老,籽粒不饱满,使粮食减产,这是不利的,在生产实践中应予以克服,提高植物的抗衰老能力。

(二)植物器官的脱落

植物器官衰老往往导致脱落,但某一特定器官的脱落并不意味着整株植物都衰老了。脱落是指植物细胞、组织或器官自然脱离母体的现象,如树皮和茎顶的脱落,叶、花、果实的脱落等。根据引起脱落的原因,脱落可分为三种:①由于衰老或成熟引起的器官脱落是正常脱落,如果实和种子成熟后的脱落,多年生树木的叶片脱落等是发育阶段的必然结果和植物对环境的适应特性,是正常生理现象;②由于环境条件胁迫和生物因素(病虫害等)导致的不正常脱落叫胁迫脱落;③由植物自身的生理活动而引起的脱落叫生理脱落,是植物体内的生理因素造成的,如植物的营养生长和生殖生长的竞争,光合产物运输受阻等导致营养物质分配不平衡,造成器官的生理脱落。生理脱落和胁迫脱落都属于异常脱落。

植物器官脱落的生物学意义在于适应环境、保存自身和保证物种的繁衍。在正常条件下,部分器官脱落可淘汰掉一部分衰弱的营养器官或败育的花果,可以减少水分和养分的消耗,减少营养竞争,利于存留器官的正常生长发育和成熟,利于种子的传播和繁殖,所以脱落是植物自我调节的手段。逆境胁迫下,植物叶片、花和幼果也会提早脱落,是植物对环境的一种适应,但是过量或非适时的异常脱落会给农业带来严重损失。在生产上异常脱落现象比较普遍,如茄果类、果树都存在落花落果现象,尤其是棉花的蕾铃脱落率达70%。生产上采取必要措施减少器官脱落具有重要意义。

1. 器官脱落与离层的形成

器官脱落之前往往先在叶柄、果柄、花柄以及某些枝条的基部形成离层。离层是指分布在叶柄、花柄和果柄等基部的一段区域,经横向分裂而成的几层细胞,其体积小,排列紧密,细胞壁薄,有浓稠的原生质和较多的淀粉粒,核大而突出(图5-4-5)。脱落发生在离层细胞之间。这些细胞可感受某些信号而发生变化,如纤维素酶、果胶酶活性增强,水解离层细胞的细胞壁和胞间层,使细胞彼此分离,叶柄只靠维管束与枝条相连,在重力或风、雨等其他外力的作用下,维管束折断,发生脱落。残茬处细胞积累壁物质,细胞壁木栓化,保护分离的断面,形成保护层。

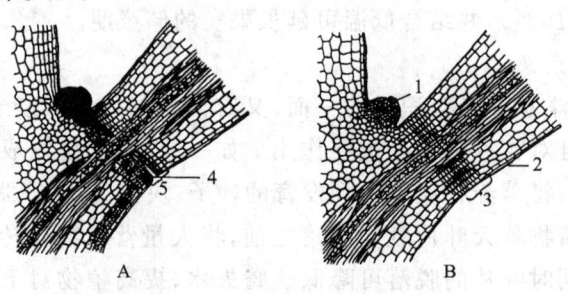

1—叶芽;2—叶柄;3—离区;4—保护层;5—离层

图5-4-5 离区的离层和保护层

多数植物器官脱落之前已经形成离层,但处于潜伏状态。一旦离层活化,即引起脱落。有些植物如烟草、禾本科植物的叶片不产生离层,枯萎后叶片不脱落。花瓣不形成离层也可脱落。

2. 植物激素与脱落

(1) 生长素

生长素对植物器官脱落的效应与生长素的使用浓度和处理的部位有关。试验表明，将锦紫苏属(Coleus)的叶片去掉，留下的叶柄也会很快脱落，但如果将含有生长素的羊毛脂膏涂在叶柄的断口上，叶柄就将延迟脱落，这说明叶片中产生的生长素有抑制叶子脱落的作用。在生产上施用 NAA 或 2,4-D 之所以使棉花保蕾保铃，就是因为提高了蕾、铃内生长素的浓度，防止离层的形成，说明脱落与生长素有关。将生长素施于离区的近基端，则促进脱落；施于远基端，则抑制脱落，说明脱落与离层两侧的生长素相对含量有关。据此，Addicott 等提出了脱落的生长素梯度学说，该学说认为，不是离层内的生长素的绝对含量，而是离层两端的生长素浓度梯度控制器官脱落。当生长素含量远基端大于近基端时，离层不能形成，叶片不脱落；相反，当生长素含量远基端小于近基端时，加快离层形成，促进器官脱落(图 5-4-6)。

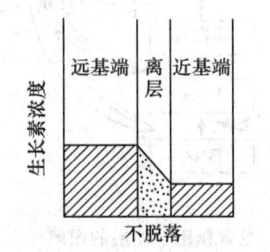

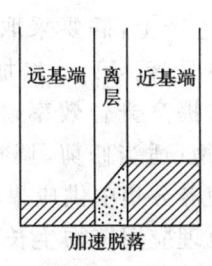

图 5-4-6　叶子的脱落和叶柄离层的远基端的生长素和近基端生长素的相对含量的关系

(2) 脱落酸

正在生长的幼果和幼叶脱落酸含量低，衰老器官含量最高。脱落酸能促进分解细胞壁酶的分泌，也能抑制叶柄内生长素的传导，并促进 Eth 产生，增加器官对 Eth 的敏感性，所以促进器官脱落。短日照有利于脱落酸的合成，这是短日照成为叶片脱落的环境信号的原因。但 ABA 促进脱落的效应低于乙烯。赤霉素和细胞分裂素对脱落酸和乙烯有拮抗作用，细胞分裂素能延缓细胞衰老，所以能抑制器官脱落。

(3) 乙烯

乙烯是主宰植物器官脱落的主要激素。植物器官内源乙烯水平与脱落率成正相关。对叶片外用极低浓度的乙烯(0.01~1.0 μL/L)，即可诱导脱落。叶片衰老、受到病虫伤害等都使乙烯含量上升，促进脱落。乙烯在脱落中有双重效应：一是引起或加速器官衰老，调节着离层的形成；二是乙烯能诱导离层区水解酶类如果胶酶和纤维素酶的合成，增加膜透性，并提高 ABA 含量。Addicott(1982)认为乙烯可促使生长素钝化，抑制生长素向离区运输，使离区生长素水平下降，所以促进器官脱落。如棉花子叶在脱落前乙烯生成增加一倍多，柑橘受到霜害后或花生感染病害后，乙烯释放量增多，都会促进脱落。$CO_2$、$Ag^+$ 和 AVG 抑制乙烯形成，从而抑制脱落。

(4) 赤霉素和细胞分裂素

GA 和 CTK 可能因为减缓衰老而减少器官脱落。外用赤霉素可促进生长素合成及调动营养物质流入果实，可促进番茄、棉花、苹果、柑橘等幼果的发育，减少幼果脱落。赤霉素还可抑制乙烯对柑橘果实脱落的促进效应。由于CTK与衰老密切相关,又有对养分的调动作用和对细胞分裂的促进作用,因而可抑制幼果、幼叶脱落。如在香石竹和百合切花瓶插过程中,CTK能延缓切花衰老,延长瓶插寿命,这是因为CTK能降低组织对乙烯的敏感性,并抑制乙烯的合成。

总之,器官脱落不是受一种激素单独控制的,而是多种激素相互协调、平衡作用的结果。Addicott(1982)将离层内的激素效应总结如图5-4-7所示。脱落的关键是果胶、细胞壁等物质和可溶性糖之间的平衡。图上方是促进水解酶的合成,使细胞壁分解而引起脱落;下方是促进合成酶的形成,延缓衰老脱落。

在生产上,需要采取有效措施,保花保果,减少脱落。第一,增加水肥供应,改善营养条件,提高光合效率,使花果得到足够的光合产物;适当修剪,调控营养物质的合理分配,使养分集中供应果枝发育,减少脱落。第二,合理应用植物生长调节剂,如PP$_{333}$和S-3307等可以控制营养枝的生长,促进花芽

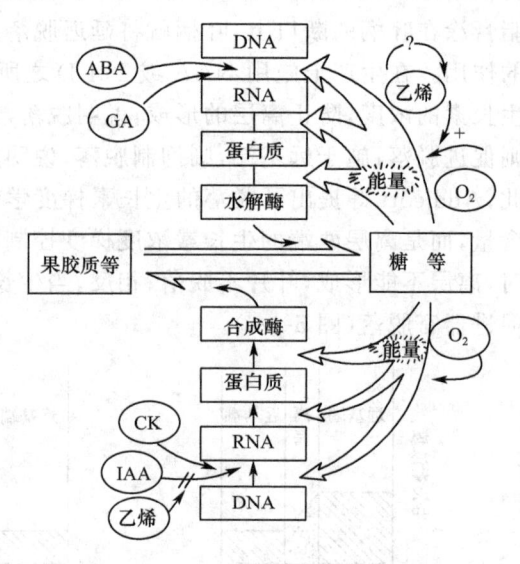

图 5-4-7　激素作用于离层的图解

分化;赤霉素、萘乙酸、2,4-D等可防止落花落果,增加坐果率。合理疏花疏果也是保证年平衡高产和保证品质的重要措施,可采用萘乙酸和萘乙酰胺。

3. 影响脱落的外界因素

(1)光照

光照强度和日照长度均能影响器官脱落。强光能延缓或抑制脱落,光照不足,促进器官脱落。如田间作物种植密度过密时,行间过分遮阴,使得下部叶片光照不足而提早脱落。长日照延迟脱落,短日照促进脱落,这可能与GA和ABA的合成有关。不同光质也影响脱落,红光延缓脱落,而远红光增加组织对乙烯的敏感性,促进脱落。

(2)温度

温度过高或过低都会加速器官脱落。随着温度升高,呼吸速率提高,有机物质消耗加快,促进脱落。如棉花在30 ℃以上,四季豆在25 ℃以上脱落最快。在田间条件下,高温常引起土壤干旱而加速脱落,同时,有机物质消耗加速,促进脱落。而低温降低酶活性,影响物质运输,还影响植物开花传粉,造成落花落果。如霜冻引起棉花叶片脱落。低温往往是秋季树木落叶的重要因素之一。

(3)水分

干旱缺水引起叶片、花朵、果实脱落,是通过减少水分散失而采取的保护性反应。干旱导致植物体内的激素平衡遭到破坏,IAA氧化酶活性提高,使IAA含量和CTK含量降低,提高乙烯和ABA含量,促使离层形成而导致脱落。另外,植物根系淹水条件下,土壤通气不良,促进ACC合成,产生逆境乙烯,最终造成器官大量脱落,影响产量。

(4) 矿质营养

缺乏 N、P、K、S、Ca、Mg、Zn、B、Mo、Fe 都可导致脱落。N、Zn 是合成 IAA 的必需元素,影响植物体内 IAA 的含量。Ca 是细胞壁胞间层果胶酸钙的重要组分,缺钙也会引起严重脱落。缺 B 使花粉败育,引起不孕或果实退化。

(5) 氧气

高氧气浓度促进脱落,$O_2$ 浓度在 10%~30% 范围内,$O_2$ 浓度增高会加速脱落,可能是高 $O_2$ 促进乙烯合成;低浓度的 $O_2$ 抑制呼吸作用,降低根系对水分及矿质的吸收,造成植物发育不良,也会促进脱落。

其他如大气污染、土壤盐害、紫外线、病虫害等对脱落都有影响。

4. 脱落的调控

(1) 防止脱落

器官脱离对植物生长有很大影响,在生产上需要采取措施对脱落进行适当控制。通过合理密植和适当修剪,改善作物通风透光的条件,增加水、肥供应,形成较多的光合产物,供花果发育所需,以减少器官脱离。园艺栽培上经常采取疏花疏果和运用植物生长调节等措施,防止果实脱落。如用 10~25 mg/L 的 2,4-D 沾花,可防止番茄落花、落果;棉花结铃盛期,喷施 20 mg/L 赤霉素溶液,可防止和减少棉铃脱落,一些生长延缓剂如 CCC、$B_9$、$PP_{333}$ 等对防止落铃也有效。

(2) 促进脱落

在果树生产中,常因坐果太多而使果实变小或畸形果增加,严重影响产品质量,出现结果不均的大小年现象,不利于果树生产经营,因此,生产上为了保证"源"和"库"的平衡,在开花期对开花较多的苹果、梨树喷施萘乙酰胺溶液可进行疏花、疏果,避免坐果过多,影响果实品质。生产上还常用 $MgCO_3$ 和 NaClO 作为脱叶剂,可对叶片进行集中脱落,便于机械采收。

# 考核内容

【知识考核】

一、名词解释

单性结实;衰老;脱落;生理脱落;胁迫脱落。

二、简答题

1. 何谓呼吸跃变?出现呼吸跃变的原因是什么?
2. 简述植物衰老的类型。
3. 引起植物器官脱落的因素有哪些?

三、分析论述题

1. 以肉质果实为例,论述果实成熟期间在生理生化方面的变化。
2. 植物衰老时有哪些生理变化?

【专业能力考核】

一、果实呼吸高峰与果实采后保存有何关系?
二、生产中常用哪些生长调节物质来调控植物器官的脱落?

植物与植物生理

**【职业能力考核】**

考核评价表

| 序号 | 评价内容 | 评价标准 | 分数 | 得分 | 备注 |
|---|---|---|---|---|---|
| | | 子情境5-4：植物的成熟与衰老 | | | |
| 姓名： | | 班级： | | | |
| 1 | 专业能力 | 资料准备充足，获取信息能力强 | 10 | 80 | |
| | | 能正确认识和调控植物成熟与衰老 | 40 | | |
| | | 能准确完成考核内容 | 30 | | |
| 2 | 方法能力 | 获取信息能力、组织实施、问题分析与解决、解决方式与技巧、科学合理的评估等综合表现 | 10 | | |
| 3 | 社会能力 | 工作态度、工作热情、团队协作互助的精神、责任心等综合表现 | 5 | | |
| 4 | 个人能力 | 自我学习能力、创新能力、自我表现能力、灵活性等综合表现 | 5 | | |
| | | 合计 | 100 | | |

教师签字： 年 月 日

# 情境 6 应用植物生长物质

## 子情境 6-1　认知植物激素

| 学习目标 |
|---|
| 认知植物激素的种类及在生产上的应用 |
| **职业能力** |
| 能在农业生产中熟练应用植物激素 |
| **学习任务** |
| 1. 认知植物激素的种类与分布<br>2. 认知植物激素的生理作用<br>3. 认知农业生产中常用植物激素的种类及使用方法 |
| **建议教学方法** |
| 思维导图教学法、理实一体教学法 |

### 一、植物激素概述

植物的生长和发育是一个有序的过程,植物细胞的分裂、器官的发生在时间上和空间上是严格有序的,这种有序性与遗传基因的表达和环境因素的影响有关。而基因的表达和环境因素的影响,与植物体内一些微量生理活性物质有关,其中主要的生长调节物质是植物激素。植物激素是一些在植物体内合成的,从产生部位转移到作用部位,在低浓度下对生长发育起调节作用的微量有机物质。从植物激素的概念上看,它有四个特征:

(1)内源的,由植物体自身生长发育过程中产生的;

(2)可移动的,可以随时由生产部位运送到作用部位;

(3)微量的,在植物体内植物激素的产量是极其微小的,其有效浓度只有 1 $\mu$mol/L,而氨基酸、糖、有机酸在体内的正常有效浓度为 50 mmol/L;

(4)有机物质,植物激素是一种调节植物生长和发育的有机物质,而不是营养物质。

## 二、植物激素种类

目前,已经发现五大类植物激素,它们是生长素类、赤霉素类、细胞分裂素类、脱落酸和乙烯。

### (一)生长素类

生长素是发现最早的一类植物激素。从植物中首先分离出来的生长素是吲哚乙酸(IAA)。后来,人们又在植物中发现一些具有生长素活性的带吲哚环和苯环的物质,如吲哚乙醛、吲哚丙酮酸、吲哚乙腈、吲哚乙醇、吲哚丁酸、4-氯吲哚乙酸、苯乙酸等,现在认为这些物质是吲哚乙酸合成的前体物质,或是降解物质,或是衍生物质。这些物质的共同特点是带有吲哚环、苯环或萘环和羧基,统称为生长素类物质。

生长素类化合物难溶于水,但溶于有机溶剂,如乙醇、乙醚、丙酮等。

1. 生长素在体内的分布与运输

生长素分布在植物的各种器官和组织中,含量为10～100 ng/g(鲜重)。但在不同的器官和组织中,生长素含量差异很大。一般在生长旺盛的部位含量较高,如根尖、幼叶、茎尖、芽和幼果、正在发育的种子及各种器官的分生组织和形成层。而在衰老的器官的和组织中,生长素含量较低,如老根、老叶、成熟的果实等。

生长素在茎尖、幼叶合成后,必须运输到植物的其他部位发挥作用。在高等植物中,至少有两个基本的生长素运输系统,维管束薄壁组织细胞消耗能量进行单方向的极性运输和经由韧皮部的非极性运输。

在燕麦胚芽鞘中,生长素从顶端向基部运输,这种只能从形态学上端向下端运输而不能反向的运输称为极性运输。取一段胚芽鞘,将琼脂块分别放在形态学的上下两端,过一段时间,只在下端的琼脂块中发现了IAA,上端的则没有。把胚芽鞘切段倒转过来,结果表明还是如此,只在形态学下端的琼脂块上发现IAA(图6-1-1)。

在根中,生长素运输与胚芽鞘不同,IAA的运输方向是从根基部到根尖运输。

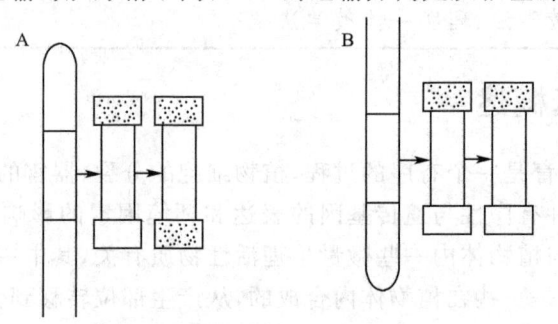

图 6-1-1  IAA 的极性运输
A. 胚芽鞘形态学上端向上;B. 胚芽鞘形态学下端向上

叶片中合成的生长素是通过韧皮部运输出去的。给叶片外加生长素,外加的生长素也是通过韧皮部运输。给茎尖加生长素,向下进行极性运输,给根外加生长素,通过木质部向上运输。

2.生长素的生理作用及在农业生产上的应用

(1)促进伸长生长。生长素促进幼茎和胚芽鞘的伸长。离体幼茎或胚芽鞘伸长速度急剧下降,外加生长素 15 min 左右,伸长速度就能恢复正常。

生长素对伸长生长的促进作用与浓度有关,一般低浓度的生长素促进伸长,高浓度的则抑制伸长,称为生长素的双重效应。

生长素的作用也与器官的敏感性有关。不同器官对生长素的敏感性不同,对生长素的敏感性,根大于芽和茎。根对生长素最敏感,较低浓度的生长素可促进根伸长,促进根伸长的最适 IAA 浓度为 $10^{-10}$ mol/L,$10^{-8}$ mol/L 就抑制伸长。茎对生长素的敏感性最低,促进茎伸长的最适浓度为 $10^{-5}$ mol/L(10 m),芽对生长素的敏感性介于根和茎之间(图 6-1-2)。

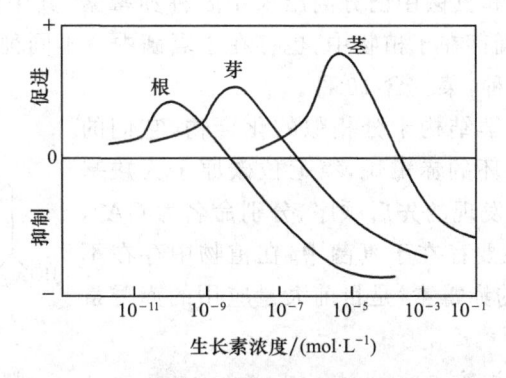

图 6-1-2　植物的不同器官对生长素的反应

(2)引起顶端优势。顶端优势指植物主茎或顶芽生长始终占优势而抑制侧芽或侧枝生长的现象。顶端优势与生长素极性运输有关(高浓度生长素抑制生长)。将顶芽切去,顶端优势消失,侧芽正常发育。生产上通过摘心、打顶等措施来消除顶端优势,促进侧枝生长;也可以通过抹芽、修剪等手段维持顶端优势,促进主茎生长。

(3)促进插枝生根。生长素可有效促进插枝生根。将植物枝条切段的基部用生长素处理,可促进发根,常用的生长素类物质是吲哚乙酸、吲哚丁酸、萘乙酸等(图 6-1-3)。在组织培养时,吲哚丁酸常用于促进愈伤组织生根。

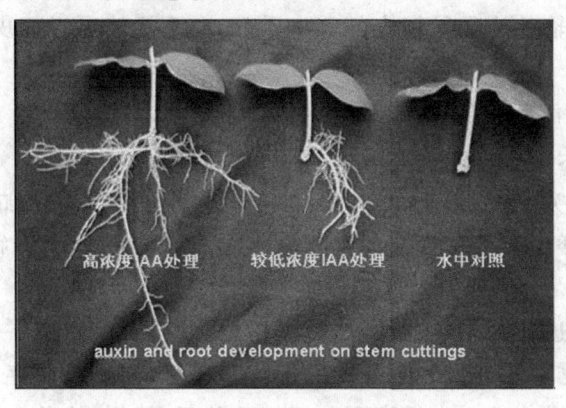

图 6-1-3　生长素促进扦插枝条生根

(4)引起单性结实。果实的生长依靠子房和周围组织的膨大,授粉之后,子房中生长素含量迅速增大,吸引和调运养分到子房,促进果实的形成。如果在授粉前用生长素处理柱头,也可引起子房膨大,形成无籽果实,这种现象称为单性结实。

(5)影响性别分化和促进开花。生长素促进瓜类植物(黄瓜、南瓜)的雌花分化,促进菠萝开花。

(二)赤霉素类

美国科学家1958年首次从高等植物中分离出赤霉素,主要是$GA_1$。赤霉素在高等植物中含量非常低,在营养组织中为几个ppb(ng/g)(十亿分之一),在未成熟种子中为1 μg/g。当时科学家剥了一卡车的红花菜豆,才获得足够的种子,来分离和纯化赤霉素。到1999年,人们从植物和真菌中已分离出来108种赤霉素,其中植物中存在73种,真菌中存在25种,有14种既存在于植物中,也存在于真菌中。不同种类植物含有的赤霉素种类不同,如佛手瓜含20种,菜豆含16种。

赤霉素是一大类化学结构十分相似的化合物,它们的基本结构是一个4个碳环的赤霉烷,第七位碳原子为羧基碳。根据各种赤霉素被发现的先后顺序,分别命名为$GA_1$,$GA_2$,…,$GA_{108}$。$GA_3$主要存在于真菌中,在植物中存在不普遍,是生理活性最强的赤霉素,是目前大量应用的赤霉素形式。(图6-1-4)

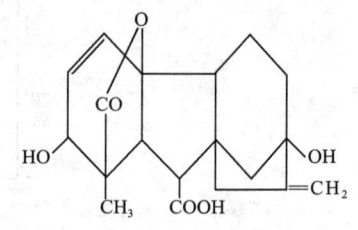

图6-1-4 $GA_3$的分子结构

1.赤霉素的分布与运输

生物合成赤霉素的主要部位是植物的幼芽、幼根、正在发育的果实和种子。成熟叶片也合成赤霉素,但很少输出。

赤霉素广泛存在于植物的各种组织和器官中,如根、茎、叶、花、果实、种子等。但赤霉素在生殖器官和生长旺盛的部位,如茎尖、根尖等含量较高,在衰老和休眠器官中含量较低,例如,在未成熟的种子中赤霉素含量为1 μg/g,在营养组织中只有10 ng/g。

赤霉素在体内的运输不表现极性,可以向顶部运输,也可向基部运输。例如将放射性标记的赤霉素涂抹在大豆胚轴上,GA既可以向茎尖运输,又可以向根尖运输。

赤霉素在体内运输的途径是韧皮部和木质部,向下运输通过韧皮部,向上运输通过木质部。

2.赤霉素的生理作用及在农业生产中的应用

(1)促进茎的伸长生长。赤霉素最明显的生理作用是促进伸长,但不增加节间,像玉米、小麦、豌豆的矮生突变种,用1 ng/g的$GA_3$处理就可明显地增加节间长度,达到正常高度,这也说明这些矮生突变种变矮的主要原因是缺少赤霉素。赤霉素对离体器官的伸长没有明显效应。

赤霉素还用来促进葡萄果柄的伸长,使之松散,防止霉菌感染,一般喷两次,开花时一次,坐果时一次。赤霉素还促进芹菜叶柄的伸长和变脆,但影响储存。

(2)打破休眠,促进萌发。赤霉素可有效打破种子、块根、块茎和芽的休眠,促进萌发。如0.5~1 μg/g的赤霉素就可打破马铃薯的休眠。

(3)促进抽苔开花。有些植物在开花前需经历一段时间的低温和长日照才能够开花,用赤霉素处理就可以代替低温或长日照,使其开花,如萝卜、白菜、甜菜、莴苣等许多二年生植物。

(4)促进坐果,减少花朵脱落。赤霉素处理可提高坐果率,减少花朵脱落(图6-1-5)。如苹果、梨、山楂等,在开花期喷洒10~20 μg/g的赤霉素,就可提高坐果率;用20~50 μg/g的赤霉素点涂在棉花花冠或幼果上,就可减少落花落铃。

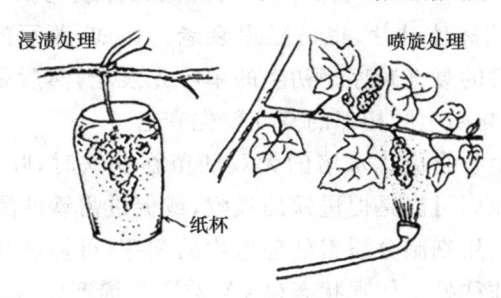

图6-1-5 赤霉素处理果实

(5)诱导单性结实。用赤霉素处理可诱导葡萄、草莓、杏、梨、番茄等单性结实,产生无籽果实。如用200~500 μg/g的GA水溶液喷洒开花一周后的果穗,可获得无籽葡萄,无核率达60%~90%;收获前1~2周喷施可提高果实的甜度。

(6)促进雄花分化。赤霉素处理诱导瓜类分化雄花,如黄瓜(与生长素相反)。

(7)促进淀粉分解。啤酒厂用大麦芽发酵制造啤酒,如果用赤霉素处理种子,可直接发酵,因为赤霉素可诱导淀粉酶产生,促进种子淀粉的分解。

(三)细胞分裂素类

澳大利亚科学工作者于1963年从乳熟的玉米种子中分离出一种促细胞分裂的物质,命名为玉米素。以后又从植物中分离出二氢玉米素、玉米素核苷、异戊烯基腺苷等,这类物质统称为细胞分裂素(CTK),又叫激动素。目前已从植物中分离出30多种细胞分裂素,细胞分裂素在结构上具有共同的特点,它们都是腺嘌呤的衍生物。

常见的人工合成的细胞分裂素有激动素(KT)、6-苄基腺嘌呤(BA,6-BA)等,在生产上应用广泛。

1. 细胞分裂素的分布与运输

细胞分裂素广泛存在于高等植物的根、茎、叶、花、果实中,分布的特点是在幼果、幼叶、茎尖、根尖、未成熟的种子等生长旺盛的部位含量最高。在植物体内,细胞分裂素的含量一般为1~1000 ng/g(干重)。

根尖是细胞分裂素合成的部位,合成后通过木质部向地上运输,在韧皮部中含量很少。

2. 细胞分裂素的生理作用及在农业上的应用

(1)促进细胞分裂与扩大。细胞分裂素的主要作用是促进细胞分裂,将胡萝卜根的韧皮部薄壁细胞培养在无CTK的培养基中,不分裂,而加入CTK,促进分裂形成愈伤组织。细胞分裂包括核分裂和细胞质分裂两个过程,生长素主要促进核分裂,CTK主要促进细胞质分裂。

CTK也促进细胞增大,如四季豆黄化叶用CTK处理后明显增大细胞体积。

(2)促进芽的分化。植物组织培养试验发现,愈伤组织根芽分化取决于CTK与IAA的比值,比值高有利于芽分化,比值低有利于根形成,比值适当愈伤组织保持生长而不分化。

(3)延迟叶片衰老。当成熟叶片离体后,叶子中的叶绿素、核酸、蛋白质和类脂迅速降解,这就是叶片衰老,用CTK处理离体叶片,可延迟叶片衰老。

用CTK处理活体非离体叶片,也可延迟衰老。比如,菜豆的初生叶是单叶,以后长出的叶是三出复叶,正常的衰老顺序是初生的单叶先衰老,然后是三出复叶,如果用6-BA(30 μg/g)处理初生叶,与初生叶相邻的复叶就先衰老。

(4)促进叶绿素的生物合成。水培的大豆幼苗在缺铁时,叶片衰老黄化,用6-BA处理,就可使叶片转绿。原因可能是促进铁的吸收,或促进需铁的酶的活性。

(5)促进侧芽发育。用细胞分裂素处理植物的侧芽,可促进其发育,消除顶端优势,例如,豌豆植株第一腋芽往往处于休眠状态(IAA诱导乙烯产生,乙烯抑制侧芽生长),用激动素处理就可打破休眠,促进生长(CTK抑制乙烯产生,促进侧芽生长)。

(6)促进果树花芽分化。当果树枝条木质部汁液中CTK含量高时,顶芽和侧芽都可形成花芽;CTK含量低时,只有顶芽形成花芽;当木质部不含CTK时,顶芽和侧芽都不形成花芽。

(7)打破休眠。CTK可解除某些需光种子的休眠,如莴苣、梨、烟草等,促进萌发。

### (四)脱落酸

美国科学工作者于1963年发现成熟棉铃提取液可促进脱落,从中分离出一种促进脱落的物质,命名为脱落素。同时,英国科学工作者又发现桦树叶中提取的物质促进休眠,后把这种物质称为休眠素,经化学鉴定脱落素和休眠素是同一物质,即脱落酸(ABA)。

1. 脱落酸的分布与运输

脱落酸主要在根冠和衰老的叶片等部位合成。高等植物的各器官和组织中都存在,其中以将要脱落或进入休眠的器官和组织中为多,在逆境条件下,如高温、低温、缺水、盐碱等,ABA含量迅速升高。植物体内脱落酸含量通常在$10\sim4000$ ng/g。

脱落酸运输的途径是木质部和韧皮部,根中的ABA通过木质部向上运输。土壤缺水时,根标记的大量合成ABA,沿木质部向上运输。叶片合成的ABA通过韧皮部运输。如将放射性ABA涂抹于叶片上,可通过韧皮部向上、向下两个方向运输。

2. 脱落酸的生理作用及在农业上的应用

(1)抑制生长。ABA可抑制幼苗和离体器官的生长,与GA和IAA作用相反。如用ABA处理可抑制小麦胚芽鞘和豌豆幼苗的生长,去掉外施ABA后,幼苗或离体器官可重新生长。

(2)促进休眠,抑制萌发。脱落酸是促进芽和种子休眠,抑制萌发的重要物质。秋天种子和芽进入休眠,脱落酸含量增加,而在萌发过程上,脱落酸含量降低。在小麦、水稻、玉米种子成熟过程中,ABA的作用就是抑制胚的萌发,抑制继续生长。玉米ABA缺乏突变体,籽粒在穗上就开始萌发。

研究表明,抑制红松种子萌发的主要物质就是脱落酸。外源 ABA 处理,可抑制莴苣种子在红光下的萌发。

(3)促进脱落。脱落酸促进叶柄、果实等器官的脱落,如将 ABA 施于茎的切段或叶柄切面,经过一段时间可引起脱落。但现在认为叶片或果实脱落主要是由乙烯引起的。

(4)促进衰老。ABA 促进离体叶切段或未离体叶片的衰老,用 ABA 处理小麦叶切段,2~3 d 后,叶绿素降解,蛋白质、核酸含量下降,呈现出衰老状态。

(5)促进气孔关闭。脱落酸促进气孔关闭,在缺水条件下,叶片萎蔫,ABA 含量大大增加,可增大 40 倍,施用 ABA 可诱导植物气孔关闭,而且这种作用可持续几天。

(6)影响开花。用 ABA 处理短日植物黑醋栗、牵牛、草莓及藜属植物的叶片,可诱导它们在长日照下开花;但用 ABA 处理黑麦、菠菜等长日植物则明显抑制开花。

(7)促进根系的生长和吸收。在土壤轻微干旱时,根尖 ABA 含量升高,伸长加快,吸水和物质的合成能力增强。用 ABA 处理根,促进根对离子和水分的吸收,而且促进初生根的生长和侧根的分化。

由于 ABA 促进根系生长和吸水,抑制了叶片生长和气孔关闭,减少水分损失,有利于植物抵抗干旱。

## (五)乙烯

人类早就认识到乙烯的生理效应。古代中国人发现了在焚香的房间,果实成熟快;古希腊人用橄榄油促进果实成熟。但是直到 1966 年,乙烯(Eth)才被正式确认为植物激素。

### 1. 乙烯在植物体内的分布

乙烯广泛存于植物的各种器官和组织中,在果实成熟过程中,或各种器官组织衰老过程中,乙烯含量升高,器官受到机械损伤或在逆境条件下,乙烯含量也大幅度提高。植物组织中乙烯含量通常为 0.01~10 ng/g(鲜重)。

### 2. 乙烯的生理作用及在农业上的应用

(1)促进果实的成熟。在果实成熟过程中,乙烯含量升高,外源乙烯也可促进果实成熟,但不是在果实成熟的任何阶段乙烯都可促进成熟。如番茄在青熟(发白)后,乙烯处理才有催熟效应。这可能与果实对乙烯的敏感性在不同发育阶段不同有关。乙烯被称为成熟激素。

生长上应用的乙烯形式是乙烯利(2-氯乙基膦酸)。乙烯利是液体,在 pH=3 时稳定,在 pH≥4 时不稳定,分解释放乙烯。乙烯利进入体内,就转化为乙烯。

(2)引起三重反应和偏上性生长。乙烯对生长具有特殊的效应,就是引起三重反应和偏上性生长(图 6-1-6)。三重反应是指在含微量乙烯的气体中,豌豆黄化幼苗上胚轴伸长生长受到抑制,加粗生长受到促进和上胚轴进行横向生长。这是一个比较灵敏的乙烯浓度的生物学鉴定法。

偏上性生长是指在含有乙烯的气体中,番茄叶柄上部生长快于下部,使叶柄向下弯曲,除去乙烯,生长恢复正常。根据植物的偏上性生长,也可判断乙烯的存在。

(3)促进脱落与衰老。在果实或器官脱落过程中乙烯含量升高,外源乙烯促进叶片和果实的脱落。在生产上,为防止大小年,常用乙烯利疏花疏果。

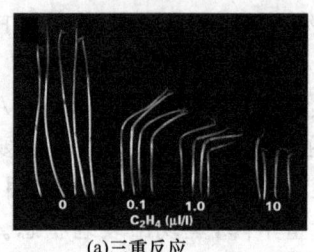

(a)三重反应　　　　　　(b)偏上性生长

图 6-1-6　乙烯的三重反应和偏上性生长

(4)促进开花和促进雌花分化。乙烯和生长素一样,促进菠萝开花,促进瓜类雌花分化。

(5)促进次生物质分泌。用乙烯处理促进植物体内次生物质的排出,如橡胶树分泌乳胶,漆树分泌漆等。

(6)打破休眠,促进萌发。在种子、块根、块茎、休眠芽的生长过程中都有乙烯的产生。用乙烯处理可促进休眠器官的萌发。三叶草种子在空气中不萌发,在 1000 mL 的容器中萌发 20%,在 50 mL 的容器中萌发 80%,原因是三叶草种子发芽萌发需要一定浓度的乙烯。

# 考核内容

【知识考核】

一、名词解释

植物激素;极性运输;顶端优势;三重反应;偏上性生长。

二、简答题

1.植物激素有哪些特征?

2.列表说明五大类植物激素的名称、缩写、生理作用和常用种类。

【职业能力考核】

**考核评价表**

| 子情境 6-1:认知植物激素 ||||||
|---|---|---|---|---|---|
| 姓名: |||班级: |||
| 序号 | 评价内容 | 评价标准 | 分数 | 得分 | 备注 |
| 1 | 专业能力 | 资料准备充足,获取信息能力强 | 10 | | |
| | | 能掌握植物激素的种类与使用 | 30　80 | | |
| | | 按要求完成考核内容 | 40 | | |
| 2 | 方法能力 | 获取信息能力、组织实施、问题分析与解决、解决方式与技巧、科学合理的评估等综合表现 | 10 | | |
| 3 | 社会能力 | 工作态度、工作热情、团队协作互助的精神、责任心等综合表现 | 5 | | |
| 4 | 个人能力 | 自我学习能力、创新能力、自我表现能力、灵活性等综合表现 | 5 | | |
| | | 合计 | 100 | | |

教师签字:　　　　　　　　　　　　　　　　　　　　年　　月　　日

# 子情境 6-2  应用植物生长调节剂

| 学习目标 |
|---|
| 掌握植物生长调节剂的种类及应用 |
| **职业能力** |
| 在农业生产中正确应用植物生长调节剂 |
| **学习任务** |
| 1. 认知植物生长调节剂的种类及在生产上的作用<br>2. 应用植物生长调节剂 |
| **建议教学方法** |
| 思维导图教学法、项目教学法 |

## 一、植物生长调节剂的概念和类型

(一)植物生长调节剂的概念

植物生长调节剂是指人工合成或从微生物中提取的、生理效应与植物激素相似的有机化合物,又称生长调节物质或生长刺激剂。在农业生产上使用植物生长调节剂,能有效调节作物的生育过程,达到稳产增产、改善品质、增强作物抗逆性等目的。植物激素在植物体内含量微小,难以提取,因此在农业生产上很难推广。植物生长调节剂不断合成后,在农业生产上迅速推广应用并取得了显著的成效。

(二)植物生长调节剂的类型

根据植物生长调节剂对作物生长的效应,将其分为以下几类。

1. 生长促进剂

生长促进剂是可以促进细胞分裂、分化和伸长生长,或促进植物营养器官生长和生殖器官发育的生长调节剂。人工合成的生长促进剂可分为生长素类、赤霉素类、细胞分裂素类、油菜素内酯类、多胺类等。

2. 生长延缓剂

生长延缓剂指抑制顶端分生组织细胞分裂的生长调节剂。它对叶、花和果实的形成没有影响。常用的生长延缓剂有矮壮素、比久、助壮素等。外施赤霉素往往可以逆转这种效应。

3. 生长抑制剂

生长抑制剂指抑制顶端分生组织生长的生长调节剂,能干扰顶端细胞分裂,引起茎伸长的停顿,破坏顶端优势,增加侧枝数目。有些生长抑制剂还能使叶片变小、生殖器官发育受影响。外施生长素可以逆转这种抑制效应,而外施赤霉素则无效。常用的生长抑制剂有乙烯利、三碘苯甲酸(TIBA)、整形素、青鲜素(MH)等。生长抑制剂与生长延缓剂之间的根本差别在于其效应能否被赤霉素所解除。

在植物生长调节剂的应用中,我们应根据不同目的选择合适的植物生长调节剂。不同种类的植物生长调节剂都有一定的适用范围,对于同一种植物生长调节剂,由于浓度不同对植物生长的作用会截然不同;即使是同一种类同一浓度的植物生长调节剂施用于不同的植物、植物生长发育的不同时期或不同的器官,也会产生不同的效果。

## 二、植物常用的生长调节剂

### (一)生长促进剂

1. 油菜素内酯(BR)

油菜素内酯能有效促进细胞伸长和分裂,提高光合效率,增强抗逆性。油菜素内酯可增强水稻、玉米、黄瓜、茄子等多种作物的抗冷、抗旱、抗病、抗盐能力。农业生产中,油菜素内酯在玉米、小麦、番茄、黄瓜等作物的花期施用,可提高产量;它可打破葡萄休眠,使葡萄周年生产,还可提高坐果率,促进果实肥大。

2. 萘乙酸(NAA)

萘乙酸能有效促进植物扦插生根,促进开花,疏花疏果,防止采摘前落果,广泛应用于组织培养、植物的扦插繁殖。

3. 吲哚丁酸(IBA)

吲哚丁酸能促进扦插生根,增强根系活力,有利于不定根的形成,常用于组织培养和园林绿化植物的扦插繁殖。

4. 2,4-二氯苯氧乙酸

2,4-二氯苯氧乙酸俗称2,4-D,在浓度较低时就可以防止落花落果,诱导产生无籽果实;在浓度较高时可以作为除草剂。农业生产中,常用于柑橘、茄子、番茄等保花保果和田间双子叶杂草的除草剂。

5. 萘氧乙酸

萘氧乙酸能有效促进扦插植物生根,防止采摘前果实脱落,常用于促进番茄和西瓜的结实并形成无籽果实。

6. 6-苄基腺嘌呤(6-BA)

6-苄基腺嘌呤能有效促进分生组织形成,促进侧芽萌发,减少落果。农业生产中,常用于组织培养或甘蓝、莴苣等蔬菜的储藏保鲜。

### (二)生长延缓剂

1. 矮壮素(CCC)

矮壮素能有效抑制营养生长,促使节间缩短,茎变粗,根系发达,叶色加深,促进生殖生长,抗倒伏,有利于果实的形成。农业生产中多用于防控棉花、小麦、玉米、花生、大豆等作物的徒长,防止倒伏。

2. 比久(B9)

比久能有效控制植物的营养生长,抑制顶端优势的产生,使植株矮化,茎秆粗壮,抗性增强,防止落花落果,促进花芽形成,延长果实储藏期。农业生产中,比久可用于促进马铃薯块茎膨大,促进瓜果结实。因有致癌作用,农业生产中严禁使用。

3. 多效唑(PP333)

多效唑可以明显减弱植物的顶端优势,使植物茎秆变粗,抗性增强。农业生产中,广泛应用于大田作物、蔬菜、果树和花卉,并取得显著成效。例如:多效唑应用在大豆上可抗早衰,调节株形,增产增收;应用在苹果、梨等果树上可以减少营养生长促进生殖生长,提高坐果率和果实大小,同时可以改善果实的营养品质。

4. 缩节胺

缩节胺可以促进棉花早期生根,营养生长期使用缩节胺可以控制棉花主茎和结果枝的节间伸长,促进其他器官的发育,提高结铃率,减少落蕾,提高棉花的产量和质量。

(三)生长抑制剂

1. 乙烯利

乙烯利能有效诱导雌花的生成,促进开花、果实的成熟和脱落。在农业生产中,乙烯利用于促进黄瓜雌花分化,苹果、梨的疏花疏果,凤梨的开花。

2. 三碘苯甲酸(TIBA)

三碘苯甲酸能有效阻碍生长素的运输,消除顶端优势,促进侧芽萌发,使植株矮化粗壮。在农业生产中,主要用于大豆的矮化,增加分枝和结荚,防止倒伏。

3. 青鲜素

青鲜素能有效抑制生长素的效果,抑制顶端分生组织的细胞分裂,破坏顶端优势,抑制生长和发芽。在农业生产中,常用于抑制烟草侧芽生长,抑制洋葱、大蒜、马铃薯在储藏期间发芽。

4. 整形素

整形素能有效抑制种子萌发和植物生长,使植株矮小。在生产中,常用于园林绿化植物的整形,促进甘蓝的结球等。

5. 烯效唑

烯效唑能有效抑制植物徒长,促使植株矮化。在农业生产中,大豆花期使用烯效唑,可以使植株矮化、茎秆变粗、叶片变小、叶柄变粗,植株结荚数、粒数、百粒重都有所增加,产量增加。

## 三、植物生长调节剂在农业生产上的应用

(一)植物生长调节剂的应用

植物激素植物生长调节剂在农业生产上的应用情况见表 6-2-1。

表 6-2-1　　　　　　　　植物激素和植物生长调节剂在农业生产上的应用

| 目的 | 药剂 | 植物 | 使用方法 |
| --- | --- | --- | --- |
| 促进结实 | 2,4-D | 番茄、茄子 | 局部喷施,10~15 mg/L,防止落果,产生无籽果实 |
|  | GA | 西瓜、葡萄 | 花期喷施,10~20 mg/L,果粒增大 |
| 插条生根 | NAA | 熟锦黄杨 | 粉剂,1000 mg/L |
|  |  | 桑、茶 | 50~100 mg/L,浸基部 12~24 h |
|  |  | 甘薯 | 粉剂,500 mg/L,定植前蘸根;水剂,50 mg/L,浸苗基部 12 h |
| 延长休眠 | NAA 甲酯 | 马铃薯块茎 | 0.4‰~1‰粉剂 |
| 破除休眠 | GA | 马铃薯块茎 | 0.5~1 mg/L,浸泡 10 min |
|  |  | 桃种子 | 100~200 mg/L,浸 24 h |
| 疏花疏果 | NAA 钠盐 | 鸭梨 | 局部喷施,40 mg/L |
|  | 乙烯利 | 梨 | 240~480 mg/L,盛花、末花期喷施 |
|  |  | 苹果 | 250 mg/L,盛花前 20 d,10 d 各喷一次 |
| 保花保果 | NAA | 棉花 | 10 mg/L,开花盛期 |
|  | GA | 棉花 | 20~100 mg/L,开花盛期 |
|  | 6-BA | 柑橘 | 400 mg/L,处理幼果 |
|  | 2,4-D | 番茄 | 10~20 mg/L,开花后 1~2 d 浸花 1 s |
|  |  | 辣椒 | 20~25 mg/L,毛笔点花 |
| 保鲜保绿耐储藏 | 2,4-D | 萝卜、胡萝卜 | 100 mg/L,采收前 20 d 喷 |
|  | 6-BA | 莴苣、甘蓝 | 200 mg/L,浸渍 |
| 促进开花 | 2,4-D | 菠萝 | 5~10 mg/L,50 mL/株,营养生长成熟后从株心灌 |
|  | NAA | 菠萝 | 15~20 mg/L,50 mL/株,营养生长成熟后从株心灌 |
|  | 乙烯利 | 菠萝 | 400~1000 mg/L,溶液喷洒 |
|  | GA | 胡萝卜、甘蓝 | 100~200 μg/株 |
| 促进雌花发育 | 乙烯利 | 黄瓜、南瓜 | 1~4 叶期喷施,100~200 mg/L |
| 促进雄花发育 | GA | 黄瓜 | 2~4 叶期,50~150 mg/L |
| 促进营养生长,增加产量 | GA | 芹菜 | 50~100 mg/L |
|  |  | 菠菜、莴苣 | 10~30 mg/L,喷施 |
|  |  | 甘蔗 | 200 mg/L,收获前 3 个月喷施 |
|  |  | 茶 | 1000 mg/L,芽叶刚伸展时喷 |
| 果实催熟 | 乙烯利 | 香蕉 | 1000 mg/L,浸果一下 |
|  |  | 柿子 | 500 mg/L,浸果 0.5~1 min |
|  |  | 番茄 | 1000 mg/L,浸果一下 |
|  |  | 棉花 | 800~1200 mg/L,喷施 |

续表

| 目 的 | 药 剂 | 植 物 | 使用方法 |
|---|---|---|---|
| 促进橡胶分泌乳汁 | 乙烯利 | 橡胶树 | 涂于树干割线下,8%溶液 |
| 杀除杂草 | 2,4-D丁酯 | 双子叶杂草如芥菜等 | 1000 mg/L,喷幼苗 |
| 植株矮化 | TIBA | 大豆 | 125 mg/L,开花期喷施 |
| 植株矮化 | CCC | 小麦、玉米 | 3000 mg/L,喷施 |
| 植株矮化 | CCC | 棉花 | 10~50 mg/L,喷施 |
| 植株矮化 | B9 | 花生 | 500~1000 mg/L,始花后30 d喷施 |
| 植株矮化 | PP333 | 花生 | 250~300 mg/L,始花,25~30 d喷施 |
| 植株矮化 | PP333 | 水稻秧苗 | 250~300 mg/L,一叶一心期喷施 |
| 植株矮化 | PP333 | 油菜 | 100~200 mg/L,一叶一心期喷施 |
| 植株矮化 | PP333 | 菊花 | 30 mg/L,土施 |
| 植株矮化 | PP333 | 大豆 | 200~250 mg/L,4~6叶期喷施 |
| 提高抗性 | PP333 | 水稻 | 100 mg/L,浸种;300 mg/L,拔节期喷,抗倒伏 |
| 提高抗性 | PP333 | 油菜 | 100~200 mg/L,三叶期喷施,抗倒伏 |
| 提高抗性 | PP333 | 桃 | 1000~2000 mg/L,叶面喷施,抗寒 |
| 提高抗性 | PP333 | 辣椒 | 10~20 mg/L,叶面喷施,抗寒抗病 |

(二)应用植物生长调节剂的注意事项

1. 根据不同的对象(植物或器官)和目的选择合适的药剂

生长调节剂种类很多,每种生长调节剂有多种效应。因此在生产实践中应根据不同对象(植物或器官)和不同的目的选择合适的药剂。如促进插条生根宜用NAA或IBA;促进长芽则要用KT或6-BA;打破休眠、诱导萌发用GA等。

2. 正确掌握药剂的浓度和剂量

生长调节剂的使用浓度范围极大,从0.1 mg/L到5000 mg/L都有,这就要视药剂种类和使用目的而定。剂量是指单株或单位面积上的施药量,而生产实践中常发生只注意浓度而忽略了剂量的偏向。正确的方法应该是先确定剂量,再定浓度,这样才能在保证剂量的前提下确定合适的浓度。

3. 先试验,再推广

为了保险起见,应先做单株或小面积试验,再中试,最后才能大面积推广。

4. 配合其他农艺措施

生长调节剂不是营养物质,它只起调节作用,因而在施用生长调节剂的同时,应加强水肥管理等农艺措施,才能保证获得良好效果。

## 四、技能训练——α-萘乙酸对根芽生长的不同影响

【实训原理】

α-萘乙酸(以下简称萘乙酸)是人工合成的类似IAA的生长调节剂,对植物生长有很大影响,但浓度不同作用不同,且不同器官的敏感程度不同。一般说来,低浓度表现促进作用,高浓度表现抑制作用,根比芽对生长素敏感,其最适浓度比芽要低些(图6-2-1)。试验目的是观察不同浓度NAA对植物不同器官生长的促进和抑制作用。

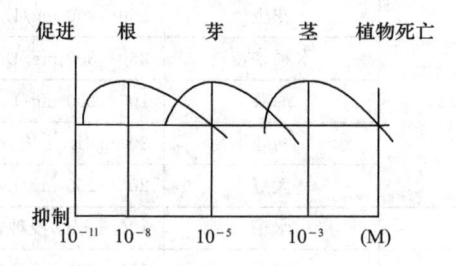

图6-2-1 植物不同器官对生长素的反应

【材料与仪器】

小麦(水稻)种子(破胸)、培养皿、圆形滤纸、恒温箱、镊子、0.1% $HgCl_2$、0.0001~10 mg/L α-萘乙酸。

【方法与步骤】

1. 培养皿准备。洗净7套培养皿,烘干,编号。

2. 配制培养液。在分析天平上称取萘乙酸0.1 g用少许95%酒精将其溶解后,倒入100 mL容量瓶中,用蒸馏水定容至刻度。用移液管吸1 mL,加蒸馏水定容于100 mL容量瓶中。在1号培养皿中加入已配好的10 mg/L萘乙酸溶液10 mL,在2~6号培养皿各加入9 mL蒸馏水,然后用移液管从1号培养皿中吸取10 mg/L萘乙酸溶液1 mL注入2号培养皿中,3~6号培养皿萘乙酸溶液配制方法依此类推,7号培养皿加蒸馏水对照,如图6-2-2所示。

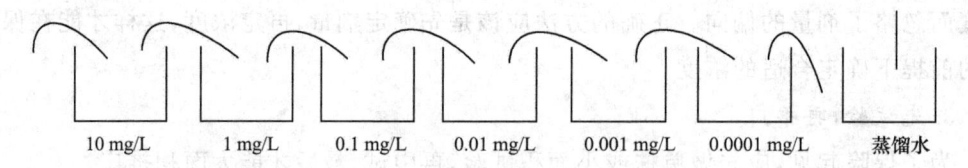

图6-2-2 不同浓度萘乙酸溶液的配制方法

3. 材料处理。精选小麦或水稻种子100粒,用0.1% $HgCl_2$表面灭菌3 min,取出,用自来水洗净,再用蒸馏水冲洗3次,用滤纸吸干种子表面水分。

4. 播种培养。在30 ℃下浸种2~3 d,然后在30 ℃以下保湿催芽至露白点(1~2 d)。在培养皿中放一圆形滤纸,均匀排放大小相似而发芽一致(刚露白点)的小麦种子(种沟朝滤纸,胚朝内)或水稻种子10粒,盖好培养皿,放在恒温箱中培养(小麦27 ℃、水稻32 ℃)。

5.观察记录。3 d后检查培养皿内小麦或水稻种子生长情况,测定经不同处理后已发芽幼苗的平均根数、平均根长和平均芽长,将结果记入表6-2-2。

表6-2-2　　　　　　　　小麦(水稻)种子生长情况

| 培养皿号 | 1 | 2 | 3 | 4 | 5 | 6 | 7 |
|---|---|---|---|---|---|---|---|
| 萘乙酸浓度/(mg·L$^{-1}$) | | | | | | | |
| 平均根数 | | | | | | | |
| 平均根长 | | | | | | | |
| 平均芽长 | | | | | | | |

【实训报告】

分析试验结果,将小麦(水稻)种子的生长情况绘图表示,并加以解释。

## 考核内容

【知识考核】

1.植物生长调节剂有哪些类型?举例说明其在农业生产中的应用。
2.在生产中应用植物生长调节剂要注意哪些问题?
3.为什么有的生长素类物质可以做除草剂?

【职业能力考核】

考核评价表

| 子情境6-2:应用植物生长调节剂 ||||||
|---|---|---|---|---|---|
| 姓名: |||| 班级: ||
| 序号 | 评价内容 | 评价标准 | 分数 | 得分 | 备注 |
| 1 | 专业能力 | 资料准备充足,获取信息能力强 | 10 | | |
| | | 应用植物生长调节剂 | 40　80 | | |
| | | 按要求完成实训,实训总结分析全面、到位 | 30 | | |
| 2 | 方法能力 | 获取信息能力、组织实施、问题分析与解决、解决方式与技巧、科学合理的评估等综合表现 | 10 | | |
| 3 | 社会能力 | 工作态度、工作热情、团队协作互助的精神、责任心等综合表现 | 5 | | |
| 4 | 个人能力 | 自我学习能力、创新能力、自我表现能力、灵活性等综合表现 | 5 | | |
| | | 合计 | 100 | | |

教师签字:　　　　　　　　　　　　　　　　　　　　　　　年　　月　　日

# 情境 7

# 锻炼植物抗逆性

## 子情境 7-1 锻炼植物抗旱性

| 学习目标 |
|---|
| 掌握植物抗旱锻炼的方法 |
| **职业能力** |
| 能对植物进行抗旱锻炼 |
| **学习任务** |
| 1. 认识植物的旱害与抗旱性<br>2. 认识植物抗旱性锻炼<br>3. 测定植物旱害的生理指标 |
| **建议教学方法** |
| 思维导图教学法、项目教学法 |

在农林生产中,经常会遭受有害影响因子之一缺水。干旱不仅危及植物的生长和发育,而且也威胁到人类的生活和生存,它是全球面临的共同难题。在我国,约占48%国土面积的土地都处于干旱、半干旱地区。旱生植物经过长期进化,获得了一定的适应干旱的形态结构与生理机能,通过实施抗旱锻炼,可以大大提高植物抵御干旱的能力。了解植物旱害的相关知识,掌握抗旱锻炼的途径对于提高农林生产力,确保农林生产的顺利进行具有重要的意义。

## 一、干旱的概念及类型

### (一)干旱的概念

当陆生植物耗水大于吸水时,组织内水分亏缺。植物组织内水分过度亏缺的现象,称为干旱(drought)。干旱可以导致植物发生旱害,旱害(drought injury)则是指土壤水分缺乏或大气相对湿度过低对植物造成的伤害。在中国西北、华北地区,干旱缺水是影响农林生产的重要因子,南方各省尽管雨量充沛,但是各月分布不均,时而也发生干旱的危害。

### (二)干旱的类型

干旱可分为大气干旱、土壤干旱以及生理干旱三类。

#### 1. 大气干旱

大气干旱的特点是空气过度干燥,相对湿度低(10%~20%以下),叶片蒸腾超过吸水量,破坏体内水分平衡,植物体表现出暂时萎蔫,甚至叶、枝干枯等危害。"干热风"就是大气干旱的典型例子。

#### 2. 土壤干旱

如果长期存在大气干旱,便会引起土壤干旱。土壤干旱是指土壤中缺乏植物吸收的水分,植物根系吸水满足不了叶片蒸腾失水,植物组织处于缺水状态,不能维持生理活动,受到伤害,严重缺水则引起植物干枯死亡。

#### 3. 生理干旱

除上述两种干旱外,即使土壤有水分,大气也不干燥,但由于土壤通气不良、土温过低或土壤溶液浓度过高等原因,使根系吸水困难,从而造成植物水分亏缺,这种情况通常称为生理干旱。

## 二、旱害对植物的影响

### (一)干旱引起植物形态上的变化

植物在水分亏缺严重时,细胞失水,叶片和茎的幼嫩部分下垂,这种现象称为萎蔫。萎蔫可分为暂时萎蔫和永久萎蔫两种。在夏季炎热的中午,蒸腾强烈,水分暂时供应不上,叶片与嫩茎萎蔫,到了夜晚蒸腾减弱,根系继续供水,植物恢复挺立状态,称为暂时萎蔫。当土壤已无可供植物利用的水分,引起植物整体缺水,根毛死亡,即使经过夜晚萎蔫也不会恢复,称为永久萎蔫。永久萎蔫持续过久,会导致植物死亡。

### (二)干旱导致植物生理上的变化

#### 1. 水分重新分配

因干旱造成水分缺失时,植物水势低的部位夺水,加速器官的衰老过程,地上部分从根系夺水,造成根毛死亡。干旱时一般受害较大的部位是幼嫩的胚胎组织以及幼小器官,因植物中的水分多分配到成熟部位的细胞中去。所以,禾谷类植物幼穗分化时遇到干旱,小穗数和小花数减少;灌浆期缺水,籽粒不饱满,更影响产量。

#### 2. 光合作用下降

由于叶片干旱缺水,导致内源激素脱落酸含量增加,气孔闭合,二氧化碳的供应减少,使叶绿体对二氧化碳的固定速率降低,同时,缺水影响叶绿素的合成和光合产物的运输,导致光合作用显著下降。

#### 3. 体内蛋白质含量降低

由于干旱使RNA酶活性加强,导致多聚核糖体缺乏以及RNA合成被抑制,从而影响蛋白质的合成。同时干旱时,根系合成细胞分裂素的量减少,降低了核酸和蛋白质的合成,而使分解加强,引起叶片发黄。蛋白质分解形成的氨基酸,主要是脯氨酸,其积累量的多少是植物缺水程度的一个标志。萎蔫时,游离脯氨酸增多,有利于储存氨以减少毒害。

#### 4. 呼吸作用增强

缺水使活细胞中酶的作用方向趋向水解,即水解酶活性加强,合成酶的活性降低甚至完全停止,从而增加了呼吸原料。但在严重干旱的条件下,会引起氧化磷酸化解偶联,P/O比(是氧化磷酸化作用的活力指标,是指每消耗一个氧原子有几个ADP变成ATP)下降,因此呼吸产生的能量多半以热能的形式散失,ATP的合成减少,从而影响多种代谢过程和生物合成的进行。

## 三、植物的抗旱性

### (一)旱生植物类型

由于地理位置、气候条件、生态因子等原因,使植物形成了对水分需求的不同类型,根据植物对水分的需求,把植物分为三种生态类型:需在水中完成生活史的植物称为水生植物(hydrophytes);陆生植物中适应不干不湿的环境的植物称为中生植物(mesophytes);适应干旱环境的植物称为旱生植物(xerophytes)。尽管将植物划分为这三种类型,但是这种划分并非绝对,因为即使是一些很典型的水生植物,遇到旱季仍可保持一定的生命活动。

旱生植物对干旱的适应和抵抗能力、方式有所不同,大体可以分为避旱型植物和耐旱型植物。

#### 1. 避旱型植物

这类植物有一系列防止水分散失的结构与功能,有膨大的根系用来维持正常的吸水,或是生命周期极短。景天科酸代谢植物,如仙人掌夜间气孔开放,固定$CO_2$,白天则气孔关闭,防止了较大的蒸腾失水;还具有光合作用的茎,并且叶片退化为刺。一些沙漠植物具有很强的吸水器官,它们的根冠比在(30~50):1,一株小灌木的根系就能延伸到850 $m^3$的土壤中。有些植物如短生植物(ephemeral plant)在雨季萌发、生长和开花,在旱季开始之前就形成休眠种子,从而躲避了干旱对它的威胁。

#### 2. 耐旱型植物

这些植物具有细胞体积小,渗透势低和束缚水含量高等特点,可以忍耐干旱逆境。植物的耐旱能力主要表现在其对细胞渗透势的调节能力上。干旱时,细胞可通过增加可溶性物质来改变其渗透势,从而避免脱水。耐旱型植物还有较低的水合补偿点,水合补偿点指净光合作用为零时植物的含水量。耐旱型植物中较典型的就是更苏植物(resurrection plant),目前更苏植物大约有100多种,其中包括苔藓、地衣和部分种子植物中的一些种类。更苏植物的叶能在十分干燥的空气(相对湿度低于7%)中生存而不受损伤。一种锈状黑藓能忍受5 d相对湿度为0的干旱,胞质失水可达干重的98%,而在重新湿润时又能复活。

### (二)抗旱性植物的特征

植物对干旱的抵抗能力称为抗旱性(drought resistance)。植物的抗旱性主要表现在形态结构与生理生化两方面。

1. 形态结构特征

一般抗旱性较强的植物,根系发达,根冠比较大,能有效地利用土壤水分,特别是土壤深处的水分。根冠比大可以作为选育抗旱品种的形态指标。抗旱植物的叶片细胞体积小,可以减少细胞胀缩时产生的细胞损伤;叶片上的毛孔多,蒸腾的加强有利于吸水;叶脉较密,即输导组织发达,茸毛多,角质化程度高或蜡质厚,这样的结构有利于对水分的储藏和供应;有的植物品种在干旱时叶片卷成筒状,以减少蒸腾损失。根系较深的植物,抗旱力也较强。如高粱,其根深入土层 1.4~1.5 m,因此高粱比玉米抗旱。

2. 生理生化特征

保持细胞有很高的亲水能力,防止细胞严重脱水,这是生理抗旱的基础。最关键的是在干旱的条件下,水解酶类,如 RNA 酶、蛋白酶、酯酶等保持稳定,减少生物大分子分解,这样既确保质膜不受破坏,又可使细胞内有较高的黏性和弹力,通过黏性来提高细胞保水能力,同时弹性增高又可防止细胞失水时产生的机械损伤。原生质结构的稳定可使细胞代谢不发生紊乱异常,使光合作用和呼吸作用在干旱条件下仍然维持较高的水平。植物保水能力或抗脱水能力是植物抗旱性的重要指标。

脯氨酸、甜菜碱、脱落酸等物质积累的变化也是衡量植物抗旱能力的重要特征。

## 四、提高植物抗旱性的措施

### (一)干旱锻炼

具体内容在"抗旱性锻炼"中阐述。

### (二)矿质营养

合理的施肥可提高植物的抗旱性。磷、钾肥均能提高其抗旱性,因为磷能直接加强有机磷化合物的合成,促进蛋白质的合成,提高原生质的束缚水含量,增强抗旱能力;钾则既能改善糖类代谢,增加原生质中束缚水的含量,又能增加气孔保卫细胞的紧张度,使气孔张开有利于光合作用。

硼肥作用与钾相似,也能提高植物的保水能力,增加糖类的积累。此外,还能提高有机物的运输能力,使蔗糖迅速地运向果实和种子。

铜能显著改善糖与蛋白质代谢,这在土壤缺水时效果更为明显。

氮肥过多,枝叶徒长,蒸腾过强;氮肥少,植株瘦弱,根系吸水慢。氮肥过多或不足对植物抗旱都不利。

### (三)化学诱导

用化学试剂处理种子或植株,可产生诱导作用,提高植物抗旱性。如用 0.25% $CaCl_2$ 溶液浸种 20 h,或用 0.05% $ZnSO_4$ 喷洒叶面都有提高植物抗旱性的效果。

### (四)生长延缓剂与抗蒸腾剂的使用

矮壮素能适当抑制地上部的生长,增大根冠比,以减少蒸腾量。矮壮素和 B9 能增加细胞的保水能力,有利于植物抗旱。近年来,还有人用蒸腾抑制剂,如脱落酸,来减少蒸腾失水,从而增加植物的抗旱能力。

通过系统选育、杂交、诱导等方法,选育新的抗旱品种是一项提高植物抗旱性的根本途径。

## 五、抗旱性锻炼

将植物置于一种致死量以下的干旱条件中,让它经受干旱锻炼,通过干旱锻炼,植株根系发达,保水能力增强,叶绿素含量高,干物质积累多,植物对干旱的适应能力得到提高。目前,在农业生产中,人们对作物的干旱锻炼总结了许多行之有效的方法。

### (一)双芽法

由于幼龄植物比较容易适应不良条件,所以在播种前对萌动种子给予干旱锻炼,常采用的方法就是双芽法。即先使种子(如小麦)吸水萌动,然后让其风干,再用40%风干重的水分分三次拌入种子,每次加水后经过一段时间的吸收,再进行风干至原来的质量,如此反复,然后播种。这种萌动的种子经过干旱锻炼,改变了其代谢方式,并使得其原生质的亲水性、黏性及弹性均有提高,在干旱时能保持较高的合成水平,抗旱性增强。

### (二)蹲苗

在幼苗期减少水分供应,使之经受适当缺水锻炼,这种方式就称为蹲苗。通过蹲苗可大大增强植物对干旱的抵御能力,其原因主要是经过这样处理的作物,根系较发达,体内干物质积累较多,叶片保水力强,从而增加抗旱能力。但是蹲苗要适度,不能过度缺水,以免营养器官受到严重的限制,又要能适时地进入生殖生长期,这样既提高抗旱能力,又促进生殖并得到较高产量。"蹲苗"过度,植株生长量不够,不利于产量形成,甚至减产。蹲苗在玉米、棉花、烟草、大麦等生产中广泛使用。

### (三)搁苗

搁苗是把育好的苗在移栽前,先将其拔起,让其适当的萎蔫一段时间后再栽。此方法在蔬菜生产上使用广泛。

### (四)饿苗

甘薯藤剪下两个节位的茎段后不立即进行扦插,通常放置于阴凉处待一段时间,这种措施叫作饿苗。

## 六、技能训练

### (一)测定植物组织水分的饱和亏缺

【实训原理】

根据植物组织(如叶)的自然含水量和充分吸水后的饱和含水量,可以求得组织在自然状态下水分的饱和亏缺(自然饱和亏缺);根据达到将近伤害组织时的含水量,以求得临界饱和亏缺。将自然饱和亏缺与临界饱和亏缺相比,即可以求得植物组织的需水程度。

【材料与仪器】

1. 材料

植物叶子。

2. 仪器

剪刀、天平、滤纸、烧杯、烘箱等。

【方法与步骤】

1. 剪取植物叶片(一般可用 6~10 片,叶龄和生长部位基本一致)迅速称取自然鲜重。然后浸入水中数小时,取出并用吸水纸吸去表面水分,立即称重,再放入水中浸 0.5 h,立即称重。直至两次称重近于相等为止,即饱和鲜重。

2. 将称得饱和鲜重的植物叶片放在约 100 ℃ 烘箱中烘干,称重,获得叶片的干重。

3. 用下面的公式计算自然状态下水分的饱和亏缺(自然饱和亏缺)。

$$自然含水量 = 自然鲜重 - 干重$$

$$饱和含水量 = 饱和鲜重 - 干重$$

$$自然饱和亏缺 = \frac{饱和含水量 - 自然含水量}{饱和含水量} \times 100\%$$

4. 另取同样的植物叶片数片,悬于室内使其逐渐失水干燥,5~6 h 后,每隔一小时取下两片称重,再浸入水中,观察其能否恢复正常状态,直到所取下的叶子称重与在浸水后表现相近。按下式求临界含水量和临界饱和亏缺。

$$临界含水量 = 干至近伤害时的鲜重 - 干重$$

$$临界饱和亏缺 = \frac{饱和含水量 - 临界含水量}{饱和含水量} \times 100\%$$

5. 根据所测得的植物组织水分的自然饱和亏缺及临界饱和亏缺,就可求出当时植物的需水程度。

$$需水程度 = \frac{自然饱和亏缺}{临界饱和亏缺} \times 100\%$$

6. 试比较同一条件(特别是水分条件)下不同植物或同一植物在不同环境条件下水分饱和亏缺和需水程度。

【实训报告】

临界饱和亏缺对农业生产有何意义?

(二)测定不同程度干旱条件下植物组织中游离脯氨酸含量的变化

【实训原理】

通常情况下,植物体内的脯氨酸含量并不高,但是如果植物处在干旱、盐碱等逆境条件下,体内就会出现游离脯氨酸的积累,其积累量往往与干旱、盐碱的程度以及植物对这些逆境的抗性有关,能反应植物遭受水分或盐碱胁迫的程度。

植物体内脯氨酸的含量可用酸性茚三酮测定。当用磺基水杨酸提取植物样品时,脯氨酸便游离于此溶液中。脯氨酸能与酸性茚三酮反应,生成稳定的红色产物,此产物在波长 520 nm 处有最大吸收峰,其色度与脯氨酸的含量成正相关,可用分光光度法测定。

该反应有较强的专一性,酸性和中性氨基酸不能与酸性茚三酮起反应,形成红色产物;碱性氨基酸,如甘氨酸、谷氨酸、天冬氨酸、苯丙氨酸、精氨酸等,对这一反应有轻度干扰,但由于其含量甚微,特别是处在渗透胁迫下的植物体内,脯氨酸大量积累,因此,碱性氨基酸的影响可忽略不计。

【材料、仪器及试剂】

1. 材料

小麦(或水稻、绿豆)幼苗。

### 2.仪器

722型分光光度计、恒温箱、人工光照培养箱、培养皿、离心机、恒温水浴锅、研钵、20 mL带塞的刻度试管、离心管、烧杯、移液管、空心玻璃球、剪刀等。

### 3.试剂

3%磺基水杨酸水溶液、甲苯、80%乙醇溶液、冰醋酸、6 mol/L磷酸。

酸性茚三酮试剂：称取2.5 g结晶茚三酮，将冰醋酸和6 mol/L磷酸以3∶2混合作为溶剂，于70 ℃下加入溶解，冷却后定容至100 mL，置棕色试剂瓶中4 ℃下保存，2 d内有效（注意：配制的茚三酮溶液最好现用现配。茚三酮的用量与脯氨酸的含量相关。一般当脯氨酸的质量浓度在10 g/mL时，显色液中茚三酮的质量浓度要达到10 mg/mL，才能保证脯氨酸充分显色）。

脯氨酸标准溶液：取10 mg脯氨酸溶于少量80%的乙醇溶液中，用蒸馏水配成100 mL的母液（100 μg/mL）。

【方法及步骤】

### 1.材料准备

(1)培养幼苗（以小麦为例）。选择饱满的小麦种子300粒，先用饱和漂白粉溶液消毒15 min左右，用自来水冲洗至无气味后，再用蒸馏水浸泡24 h。然后将种子分成3份（每份100粒），分别播入铺有二层滤纸的三个培养皿中（播种前每培养皿中加入15～20 mL蒸馏水），置于25 ℃恒温箱中萌发2～3 d。

(2)干旱处理。将恒温箱中萌发2～3 d的小麦幼苗取出做如下处理：1号培养皿中加入15～20 mL蒸馏水（CK），然后置于人工光照箱中培养（培养条件：20 ℃、2500 lx、11 h/d），每天更换培养皿中的蒸馏水，连续培养7d；2、3号培养皿中采用不同程度的干旱处理，即在培养至不同天数（第2～6 d之间自行设计两个时间）时，倒干培养皿中的蒸馏水并停止供水，其他培养条件与CK一致。所有试验材料同时收取后分别进行对脯氨酸的测定。

### 2.制作脯氨酸标准曲线

将100 μg/mL的脯氨酸标准溶液稀释成0 μg/mL、1.0 μg/mL、2.5 μg/mL、10 μg/mL、15 μg/mL、20 μg/mL、25 μg/mL的溶液。分别吸取上述溶液各2 mL于带塞刻度试管中，再加入2 mL 3%磺基水杨酸，2 mL冰醋酸、4 mL酸性茚三酮试剂，充分混合后用空心玻璃球将试管口盖上，于沸水浴加热30 min，反应后将试管取出冷却，然后向各试管加入4 mL甲苯盖好盖子充分振荡，以萃取红色物质。静置待分层后吸取甲苯层以"0"管为对照在波长520 nm下测定吸光度值。以脯氨酸溶液浓度（μg/mL）为横坐标，以吸光度值为纵坐标，绘制标准曲线。

### 3.提取和测定样品中的游离脯氨酸

(1)提取脯氨酸。称取0.5 g不同程度干旱处理的小麦幼苗（取叶片部位），剪碎后放入研钵中，用3%磺基水杨酸5 mL研磨，将研磨液转移至离心管中，在沸水浴中加热10 min，冷却后以3000 r/min离心10 min，取上清液待测。

(2)测定脯氨酸含量。分别吸取上述提取液2 mL于刻度试管，分别向以上各试管中加入2 mL冰醋酸、4 mL酸性茚三酮试剂，于沸水中加热30 min。下一步操作按制作脯氨酸标准曲线方法进行甲苯萃取和比色。

(3)计算结果。由样品提取液中脯氨酸的浓度、样品提取液的总体积和样品的质量(g),依据下列公式计算经不同程度干旱处理的小麦幼苗每克鲜重或干重叶片中游离脯氨酸的含量(μg)。

$$脯氨酸含量 = \frac{C \times V}{W} \quad (\mu g/g\ FW\ 或\ \mu g/g\ DW)$$

式中  $C$——根据吸光度值从标准曲线上所查出的样品提取液的浓度,μg/mL;

　　　$V$——样品提取液的总体积,mL;

　　　$W$——样品的质量,g。

【实训报告】

1.植物体内游离脯氨酸测定有何意义?

2.当改变萃取剂时,比色应做哪些改变?如何选择最适波长?如何选择最佳萃取剂?

## 考核内容

【知识考核】

一、名词解释

干旱;旱害;抗旱性;双芽法;蹲苗;搁苗;饿苗。

二、简述题

1.简述干旱的类型及其对植物造成的影响。

2.抗旱性植物具有哪些特征?

3.提高植物抗旱性通常的措施有哪些?

【专业能力考核】

一、制定并实施双芽法进行植物抗旱性锻炼。

二、利用搁苗原理制定并实施蔬菜苗的抗旱锻炼。

三、请以工作小组形式,设计并实施一个测定不同干旱条件下植物组织中游离脯氨酸含量的试验项目。

【职业能力考核】

**考核评价表**

| 子情境7-1:锻炼植物抗旱性 ||||||||
|---|---|---|---|---|---|---|---|
| 姓名: |||| 班级: ||||
| 序号 | 评价内容 | 评价标准 || 分数 || 得分 | 备注 |
| 1 | 专业能力 | 资料准备充足,获取信息能力强 || 10 | 80 | | |
| | | 能正确掌握对植物进行抗旱锻炼的方法 || 40 | | | |
| | | 按要求完成技能训练,现象分析全面、结论总结到位 || 30 | | | |
| 2 | 方法能力 | 获取信息能力、组织实施、问题分析与解决、解决方式与技巧、科学合理的评估等综合表现 || 10 || | |
| 3 | 社会能力 | 工作态度、工作热情、团队协作互助的精神、责任心等综合表现 || 5 || | |
| 4 | 个人能力 | 自我学习能力、创新能力、自我表现能力、灵活性等综合表现 || 5 || | |
| 合计 |||| 100 |||||

教师签字:　　　　　　　　　　　　　　　　　　　　　　　　年　　月　　日

# 子情境 7-2　锻炼植物抗寒性

| 学习目标 |
| --- |
| 1. 掌握植物抗寒锻炼的方法<br>2. 掌握不良环境对植物影响的测定方法 |
| **职业能力** |
| 1. 能对植物进行抗寒锻炼<br>2. 能测定不良环境对植物的影响 |
| **学习任务** |
| 1. 认识植物的寒害与抗寒性<br>2. 认识植物抗寒性锻炼<br>3. 测定低温对植物的影响 |
| **建议教学方法** |
| 思维导图教学法、项目教学法 |

植物生长对温度的反应有三基点,即最低温度、最适温度和最高温度。低于最低温度,植物将会受到寒害。按照低温的不同程度和植物受害情况,寒害可分为冷害和冻害两大类。植物对低温的适应和抵抗能力称抗寒性,分为抗冷性和抗冻性。

## 一、冷害及抗冷性

(一)冷害

1. 冷害的概念

0 ℃以上的低温对植物造成的伤害称为冷害(chilling injury)。冷害是一种全球性的自然灾害,无论是北方的寒冷国家(如加拿大、俄罗斯等),还是南方的热带国家(如印度、孟加拉国、澳大利亚等)均有发生。日本是发生冷害次数较多的国家,每隔 3~5 年便发生一次,有时连年发生。中国冷害经常发生于早春和晚秋,晚秋寒流主要伤害植物的果实和种子,如晚稻灌浆时期遇到晚秋寒流,就会产生较多秕粒。早春寒流主要危害植物幼苗和树木的花芽。果蔬储藏期间遇低温,表皮变色,局部坏死,降低品质。在很多地区冷害是限制植物产量提高的主要因素之一。

2. 冷害的类型

根据植物在不同生育期遭受低温伤害的情况,把冷害分为两种类型,即延迟型冷害和障碍型冷害。

(1)延迟型冷害:植物在营养生长期遇到低温,使生育期延迟的一种冷害。其特点是植物在生长时期内遭受低温危害,使生长、抽穗、开花延迟,虽能正常受精,但由于不能充分灌浆与成熟,使水稻青米粒高、高粱秕粒多、大豆青豆多、玉米含水量高,不但产量降低,而且品质明显下降。

(2)障碍型冷害:植物在生殖生长期(花芽分化到抽穗开花期)遭受短时间的异常低温,使生殖器的生理功能受到破坏的一种冷害。花粉母细胞减数分裂期(大约抽穗 15 d)对低温极为敏感,如遇到持续 3 d 的日平均气温为 17 ℃ 的低温,便发生障碍型冷害。为避免冷害,可在寒潮来临之前深灌加厚水层,当气温回升再恢复适宜水层。水稻在抽穗开花期如遇 20 ℃ 以下低温,如阴雨连绵温度低的天气,会破坏授粉与受精过程,形成秕粒。

另外,根据植物对冷害的反应速度,冷害分为两种:一种是直接伤害,即植物受低温影响几小时,至多 1 d 内即出现伤斑,说明这种影响已侵入胞间,直接破坏原生质的活性;另一种是间接伤害,即植物受低温后,植株形态上表现正常,至少要在几天甚至几周才出现组织柔软、萎蔫现象。这是因低温引起代谢失常的缓慢变化而造成细胞的伤害,并不是低温直接造成的损伤,这种伤害现象极为普遍。

3. 冷害症状

植物遭受冷害之后,最明显的症状是生长速度变慢,叶片变黄,有时出现色斑。例如,水稻遇低温后,幼苗叶片从尖端开始变黄,严重时全叶变为黄白色,幼苗生长极为缓慢或者不生长,被称为"僵苗"或"小老苗"。玉米遭受冷害后,幼苗呈紫红色,其原因是糖的运输受阻,花青素增多。木本植物受冷害后出现芽枯、顶枯、破叶流胶及落叶等现象。植物遭受冷害后,籽粒灌浆不足,常常引起空壳秕粒,产量明显下降。

植物发生冷害后,体内生理代谢过程发生明显变化,蛋白质含量减少,淀粉含量降低,可溶性糖含量提高。冷害使作物呼吸速率大起大落,即开始时上升后下降。初期呼吸速率上升是一种保护反应,因呼吸旺盛放热多,对抗冷害有利;以后呼吸速率降低是一种伤害反应,有氧呼吸受到抑制,无氧呼吸加强,物质消耗过多,产生乙醛、乙醇等有害物质。冷害使叶绿素合成受阻,植株失绿,光合作用降低,如果低温伴有阴雨,会使灾情更加严重。低温使根系吸收能力降低,导致地上部积水,出现萎蔫和干枯。

(二)抗冷性

1. 抗冷性的概念

抗冷性是指植物对 0 ℃ 以上低温的抵抗和适应能力。

2. 提高植物抗冷性的措施

在实际生产中,提高植物抗冷性一般有以下几条途径:

(1)低温锻炼(具体内容在"抗寒性锻炼"中阐述)。

(2)化学药剂处理。使用化学药剂可提高植物的抗冷性,如水稻幼苗、玉米幼苗用矮壮素(CCC)处理,可提高抗冷性。植物生长物质如细胞分裂素、脱落酸、2,4-D 也能提高植物的抗冷性。

(3)培育抗寒早熟品种。培育抗寒性强的品种是一个根本的办法,通过遗传育种,选育出具有抗寒性或开花期能避开冷害季节的植物品种,可减轻冷害对植物的伤害。

此外,营造防护林、增施牛羊粪、多施磷钾肥、有色薄膜覆盖、铺草等,有助于提高植物的抗冷性。

## 二、冻害及抗冻性

### (一)冻害

**1. 冻害的概念**

0 ℃以下的低温使植物组织内结冰而引起的伤害称为冻害(freezing injury)。有时冻害伴随着降霜,因此也称为霜冻。冻害在我国南方和北方均有发生,尤以东北、西北的晚秋与早春以及江淮地区的冬季和早春危害严重。

植物是否遭受冻害,主要取决于降温幅度、降温的持续时间以及冰冻来临时间与解冻是否突然。降温的幅度越大,霜冻持续时间越长,解冻越突然,对植物的危害越大,在缓慢降温和缓慢升温解冻的情况下,植物受害较轻。

冻害发生的温度限度,因植物种类、生育时期、生理状态、组织器官及经受低温的时间长短有很大差异。大麦、小麦、燕麦、苜蓿等越冬作物一般可忍耐 $-12 \sim -7$ ℃的严寒;白桦、网脉柳可以经受 $-45$ ℃的严冬而不死;种子的抗冻性很强,在短期内能经受 $-100$ ℃以下冰冻而仍然保持萌发力;某些植物的愈伤组织在液氮($-196$ ℃)低温下,能保存 4 个月之久仍有活性。

**2. 组织结冰的类型**

冻害主要是冰晶的伤害。植物组织结冰可分为两种方式,即胞外结冰和胞内结冰。

(1)胞外结冰:胞外结冰又称胞间结冰,是指温度下降时,细胞间隙和细胞壁附近的水分结成冰,导致细胞间隙的蒸汽压降低,周围细胞的水分便向细胞间隙方向移动,扩大了冰晶的体积。

(2)胞内结冰:当温度迅速下降时,除了胞间结冰外,细胞内的水分也冻结。通常情况是先在原生质内结冰,然后在液泡内结冰。细胞内的冰晶体数目众多,但体积一般比胞间结冰要小。

**3. 冻害症状**

植物受到冻害时,叶片就像烫伤一样,细胞失去膨压,组织柔软、叶色变褐,最后干枯死亡。

### (二)抗冻性

**1. 抗冻性的概念**

植物对冻害的抵抗和适应能力,称为植物的抗冻性。

**2. 植物对冻害的适应**

植物在长期的进化过程中,在生长习性和生理生化方面对低温都有特殊的适应方式。如一年生植物主要以干燥的种子形式越冬;大多数多年生草本植物越冬时地上部死亡,而以埋藏于土壤中的延存器官如鳞茎、块茎等度过冬天;大多数木本植物或冬季作物除了在形态上形成保护组织如芽鳞片、木栓层等或落叶外,还在生理生化上发生变化,以增强抗寒力。

植物对低温冷冻的抗性也是逐渐形成的。冬季来临前,随着气温的逐渐降低,体内发生一系列适应低温的形态结构和生理生化变化,其抗寒力得到提高,这是所谓的抗寒锻炼。如小麦在夏天 20 ℃时,抗寒能力很弱,只能抗-3 ℃的低温;秋天在 15 ℃时,开始能抗-10 ℃的低温;冬天 0 ℃以下时,可增强到抗-20 ℃低温;春天气温上升变暖后,抗寒能力又下降。

经过逐渐的降温,植物在形态结构上会有较大的变化。如秋末温度逐渐降低,抗寒性强的小麦质膜可发生内陷弯曲现象。这样质膜与液泡相接近,可缩短水分从液泡排向胞外的距离,排除细胞水分在细胞内结冰的危险。

3. 提高植物抗冻性的措施

(1)抗冻锻炼(具体内容在"抗寒性锻炼"中阐述)。

(2)化学调控。使用某些植物生长物质来提高植物的抗冻性,已成为现代农业的一种重要手段。用生长延缓剂 Amo-168、比久处理槭树,能提高其抗冻性;用矮壮素与其他生长延缓剂来提高小麦抗冻性已开始应用于实际生产;脱落酸可以提高植物的抗冻性,如 20 $\mu$g/L 的脱落酸可保护苹果苗不受冻害;用细胞分裂素处理许多植物,如玉米、梨树、甘蓝、菠菜等,都能增强其抗冻性。

(3)农业措施。作物抗冻性的形成是对各种环境条件的综合反应,因此,在生产实践中应该从改善植物生长发育的条件方面入手,加强田间管理,防止冻害的发生。具体措施:①及时播种、培土、控肥、通气,促进幼苗健壮生长;②寒流霜冻来临前实行冬灌、熏烟、盖草,以抵御强寒流袭击;③合理施肥,厩肥和绿肥能提高早春植物的抗寒能力,提高钾肥比例也能提高抗冻性;④早春育秧,采用地膜覆盖对防止冻害有明显效果;⑤选育抗冻性强的优良品种。

## 三、抗寒性锻炼

### (一)低温锻炼

低温锻炼是提高植物,尤其是喜温植物抗寒性的一条有效途径,因为植物对低温的抵抗完全是一个适应锻炼的过程。许多植物如预先给予适当的锻炼,以后即可经受更低温的影响而不致受害。25 ℃中生长的番茄幼苗,在 12.5 ℃低温锻炼几小时到 2 d,对 1 ℃的低温就有一定的抵抗能力;黄瓜、茄子等幼苗,在温室移至大田栽培之前,先经 2~3 d 的 10 ℃低温处理,栽后可抗 3~5 ℃低温;春播玉米、黄豆种子,播前浸种并经适当低温处理,播后苗期的抗寒力明显提高。经过锻炼的幼苗,细胞膜内的不饱和脂肪酸含量提高,膜的结构与功能稳定,膜上酶及 ATP 含量增加。可见低温锻炼对提高抗寒力具有深刻影响。

### (二)抗寒性锻炼

抗寒锻炼是植物适应冷冻的主要方式及提高抗寒能力的主要途径。所谓抗寒锻炼是指随着气温下降,植物体内发生一系列适应冷冻的生理生化变化,以提高植物抗寒能力的过程。

抗寒锻炼首先要求植物必须具备抗冷冻的遗传特性,如水稻无论如何锻炼,也不可能像小麦那样抗冻。其二是环境条件,越冬植物抗寒锻炼要求经过两个阶段,一是光周期阶段;二是低温阶段。如我国北方秋季短日照条件是严冬即将到来的信号,越冬植物经过一定时期的短日照后,就开始进入冬眠状态,同时提高了抗寒能力。如果人为地改短日照为长日照处理就影响抗寒锻炼,使抗寒能力下降。

锻炼之后,植物的含水量发生变化,自由水减少,束缚水相对增多;膜不饱和脂肪酸也增多,膜相变的温度降低;同化产物积累明显,特别是糖的积累;激素比例发生变化,脱落酸增多,抗寒能力显著提高。经过低温锻炼后,植物组织的含糖量(如葡萄糖、果糖、蔗糖等可溶性糖)增多,还有一些多羟醇(如山梨醇、甘露醇、乙二醇等)也增多。

## 四、技能训练——测定低温对植物的伤害

【实训原理】

植物遭受冷害或冻害后,细胞质膜受损或破坏,导致其选择透性丧失,细胞内各种水溶性物质包括部分电解质、有机物等发生不同程度的外渗,电解质的外渗量与植物受冻的程度及抗冷、抗冻性等因素有关,可用电导率表示,伤害越重,外渗越多,电导率越大。故可通过电导法测定外渗液的电导率增加值而得知伤害程度。

电导率的大小可用电导仪进行测定,目前,电导法已成为鉴定植物抗逆性强弱的一个精确而实用的方法。

【材料与仪器】

1. 材料

植物(小麦、玉米、棉花、苹果、黄瓜等)的叶片。

2. 仪器

DDS-ⅡA型电导仪、冰箱、真空泵、钻孔器(直径1 cm左右)、烧杯、三角瓶(50 mL)、刻度试管(30 mL)、培养皿(直径9 cm)、量筒、橡胶塞、电炉、滤纸等。

3. 试剂

去离子水。

【方法与步骤】

1. 洗涤容器

电导法对水和容器的清洁度要求严格,所用容器必须彻底清洗,再用去离子水冲洗,倒置于铺有洁净滤纸的搪瓷盘中备用。为了检查试管是否洁净,可向试管中加入已知电导率的新制去离子水,用电导仪测定是否仍维持原电导率。

2. 处理材料

取棉花叶片,洗净,吸干,用直径为1 cm的钻孔器避开主脉取叶圆片20片(若为小麦叶片,可切成1 cm的片段),放入洁净的小烧杯内,用去离子水冲洗3~5遍,以洗去切口汁液。然后取出10片放入1号培养皿中,盖上培养皿盖,置温室下作为对照,余下的10片平放入2号培养皿中,盖上培养皿盖,于-4 ℃冰箱中处理5~6 h。

3. 抽气

处理结束并在温室下解冻后,将对照和处理的材料分别转移到相应编号的50 mL三角瓶(或30 mL刻度试管)中并向每个三角瓶加入20 mL去离子水,用真空泵抽气15 min左右(以抽出细胞间隙的空气),直到材料不再放出气泡;当缓缓放入空气时,水即渗入细胞间隙,叶片沉入水中。

4.测定电导率

抽气结束后,盖上瓶盖,于25 ℃的条件下外渗3 h。将各三角瓶(或刻度试管)充分摇匀后,用电导仪分别测定对照和处理的电导率,此电导率称为初电导率(用 $S_P$ 表示)。然后将各三角瓶煮沸2 min,冷却1 h,再分别测出对照和处理各自的电导率,此次所测定电导率为终电导率(用 $S_D$ 表示)。

5.计算叶片相对电导率($S_r$)

$$相对电导率\ S_r = (S_P/S_D) \times 100\%$$

利用上述公式分别计算对照和处理的相对电导率,比较二者相对电导率的大小并说明原因。

【注意事项】

1.本试验所用水必须是去离子水,所用各种器皿,最后必须用去离子水冲洗干净。

2.切取叶块时,避开主叶脉和其他较大叶脉。

3.由于 $CO_2$ 在水中的溶解度较高,故本试验进行过程中,仅在抽气和测定时可以打开瓶上橡胶塞,并应随时塞好。测定时尤其要防止口中呼出的 $CO_2$ 进入三角瓶,以免加大溶液的电导率。

4.每测定完一个样品后,需用去离子水冲洗电极,用清洁滤纸吸干后,再测定下一个样品。

5.温度对溶液的电导率影响很大,故初电导率和终电导率必须在相同温度下测定。

【实训报告】

1.测定植物的相对电导率有何意义?

2.电导率和相对电导率都可以作为抗冷性、抗冻性的生理指标,你认为哪个更好?为什么?

3.测定电解质外渗量时,为何要对材料进行真空渗入?测定过程中为什么要充分摇匀?

# 考核内容

【知识考核】

一、名词解释

抗寒性;冷害;抗冷性;冻害;抗冻性;抗冻锻炼。

二、简述题

1.冷害有哪两种类型?发生冷害时植物会出现哪些症状?

2.提高植物抗寒性有哪些措施?

3.简述植物组织结冰的类型和植物发生冻害时的症状。

4.植物进行抗寒锻炼时应该首先满足什么样的条件?

【专业能力考核】

请以工作小组形式,设计并实施测定低温对某种植物伤害的试验项目。

**【职业能力考核】**

考核评价表

子情境 7-2：锻炼植物抗寒性

| 姓名： |  |  | 班级： |  |  |  |
|---|---|---|---|---|---|---|
| 序号 | 评价内容 | 评价标准 | 分数 |  | 得分 | 备注 |
| 1 | 专业能力 | 资料准备充足，获取信息能力强 | 10 | 80 |  |  |
|  |  | 能准确把握植物抗寒性的基本理论知识，能掌握植物抗寒锻炼的基本方法 | 40 |  |  |  |
|  |  | 按要求完成技能训练，现象分析全面、结论总结到位 | 30 |  |  |  |
| 2 | 方法能力 | 获取信息能力、组织实施、问题分析与解决、解决方式与技巧、科学合理的评估等综合表现 | 10 |  |  |  |
| 3 | 社会能力 | 工作态度、工作热情、团队协作互助的精神、责任心等综合表现 | 5 |  |  |  |
| 4 | 个人能力 | 自我学习能力、创新能力、自我表现能力、灵活性等综合表现 | 5 |  |  |  |
|  |  | 合计 | 100 |  |  |  |

教师签字： 年 月 日

# 参 考 文 献

[1]王小菁.植物生理学[M].8版.北京:高等教育出版社,2020.
[2]王衍安,朱爱林,李永文.植物与植物生理[M].2版.北京:高等教育出版社,2015.
[3]李合生.现代植物生理学[M].北京:高等教育出版社,2016.
[4]武维华.植物生理学[M].3版.北京:科学出版社,2018.
[5]宋纯鹏,王学路,周云.植物生理学(中译本)[M].5版.北京:科学出版社,2018.
[6]强胜.植物学[M].北京:高等教育出版社,2017.
[7]姚家玲.植物学实验[M].北京:高等教育出版社,2017.
[8]周云龙.植物生物学[M].北京:高等教育出版社,2012.
[9]贺学礼,植物学[M].北京:科学出版社,2008..
[10]潘瑞炽,王小菁,李娘辉.植物生理学[M].7版.北京:高等教育出版,2012.
[11]姜在民,贺学礼.植物学[M].2版.西安:西北农林科技大学出版社,2016.
[12]姜在民,易华植.物学实验[M].西安:西北农林科技大学出版社,2017.
[13]熊耀康,严铸云.药用植物学[M].北京:人民卫生出版社,2012.
[14]马炜梁.植物学[M].2版.北京:高等教育出版社,2015.
[15]金银根.植物学[M].2版.北京:科学出版社,2017.
[16]谈献和,王德群.药用植物学[M].北京:中国医药出版社,2013.
[17]王三根,植物生理学[M].北京:高等教育出版社,2018.
[18]陆时万,徐祥生,沈敏健.植物学(上册)[M].2版.北京:高等教育出版社,2011.
[19]吴国芳,冯志坚,马炜梁.植物学(下册)[M].2版.北京:高等教育出版社,2011.
[20]黄宝康.药用植物学[M].7版.北京:人民卫生出版社,2016.
[21]莫蓓莘.植物生理学(英汉双语版)[M].北京:高等教育出版社,2016.
[22]中国科学院植物研究所.中国高等植物图鉴[M].北京:科学出版社,1972—1983.
[23]赵桂仿.植物学[M].北京:科学出版社,2009.
[24]刘文哲.植物学实验[M].北京:科学出版社,2015.
[25]Raven P. H.,Evert R. F.,Eichhorn S. E.. Biology of Plants(Seventh Edition)[M]. New York:W. H. Freeman and Company Publishers,2005.
[26]周云龙,刘全儒.植物生物学[M].4版.北京:高等教育出版社,2016.
[27]潘瑞炽.植物生理学[M].7版.北京:高等教育出版社,2008.
[28]蔡庆生.植物生理学[M].北京:中国农业大学出版社,2014.
[29]王忠.植物生理学[M].2版.北京:中国农业出版社,2009.
[30]萧浪涛,王三根.植物生理学[M].北京:中国农业出版社,2019.
[31]刘宁,刘全儒,姜帆,等.植物生物学实验指导[M].3版.北京:高等教育出版社,2016.

[32]朱诚,蔡冲.植物生物学[M].2版.北京:北京师范大学出版社,2019.
[33]蔡冲.植物生物学实验[M].2版.北京:北京师范大学出版社,2019.
[34]贺学礼.植物生物学[M].北京:科学出版社,2009.
[35]汪小凡,杨继,宋志平.植物生物学实验[M].3版.北京:高等教育出版社,2019.
[36]张志良,李小方.植物生理学实验指导[M].5版.北京:高等教育出版社,2016.
[37]傅承新,丁炳扬.植物学[M].杭州:浙江大学出版社,2002.
[38]Kingsley R. Stern, Shelley Jansky, James E. Bidlack. Introductory Plant Biology, 9th ed.（影印版）[M].北京:高等教育出版社,2004.
[39]汪劲武.种子植物分类学[M].2版.北京:高等教育出版社,2009.
[40]路金才.药用植物学[M].4版.北京:中国医药科技出版社,2020.
[41]Taiz, L. et al.. Plant physiology(6th Edition) [M]. Sunderland:Sinauer Associates,Inc. ,Publishers,2015.
[42]李合生,王学奎.现代植物生理学[M].4版.北京:高等教育出版社,2019.
[43]林宏辉,植物生物学[M].北京:高等教育出版社,2018.
[44]林宏辉,赵云,王茂林,等.现代生物学基础实验指导[M].成都:四川大学出版社,2003.
[45]苍晶,李唯.植物生理学[M].北京:高等教育出版社,2017.
[46]陈刚,李胜.植物生理学实验[M].北京:高等教育出版社,2016.
[47]蒋德安.植物生理学[M].2版.北京:高等教育出版社,2011.
[48]中国数字植物标本馆.
[49]中国植物图像库网站.
[50]中国植物志.电子版

# 【附图——植物缺素症】

## 一、缺氮

金银花缺氮,从下位叶开始均一黄化

刺葡萄缺氮,植株中、下位叶片黄绿色且叶小,株形矮小,抗逆性弱(左边为正常株)

马铃薯苗缺氮,叶片自下而上褪绿黄化,植株矮小(左边为正常株)

玉米缺氮,叶片呈现倒"V"形黄化叶,进而黄化枯死

玉米缺氮,叶片从下而上黄化

棉花缺氮,黄化叶片由下而上发展

棉花下位叶缺氮,黄化并显红色调

辣椒试管苗缺氮,下位叶黄化脱落

## 二、缺磷

水稻缺磷,植株发僵,分蘖能力弱,形同"一炷香",根系生长差(左边为正常株)

番茄叶片缺磷,叶色暗绿,皱缩反卷(右边为正常叶)

大麦缺磷,植株瘦小,叶窄细,下位叶近紫色,叶鞘尤为显著

小麦缺磷,叶色暗绿,下位叶常呈紫红色

油菜缺磷,分枝少,分枝节位高,莲座叶呈紫红色,叶柄和叶脉背面尤为明显

高粱缺磷,茎细小,下位叶呈紫红色

棉花缺磷,植株矮小,叶色无光泽,分枝减少,茎细,结果枝节位提高

玉米缺磷,植株生长缓慢,瘦弱,下部叶的叶鞘出现紫红色

# 三、缺钾

玉米缺钾，下位叶叶尖和叶缘褪绿黄化呈"V"字形，严重时出现焦枯

水稻缺钾，老叶叶尖、叶缘黄化甚至枯焦，叶面上出现不规则褐斑

水稻严重缺钾，呈现胡麻叶斑缺钾症

食用百合后期缺钾，叶由下至上在叶尖和叶缘处发黄变焦枯（右边为正常株）

黄瓜缺钾，下位叶的叶缘出现白化褪绿

棉花缺钾，中下位叶叶缘黄化焦枯，严重时下位叶呈"鸡爪形"

油菜缺钾，油菜抱茎叶和莲座叶叶缘褪绿、黄白化焦枯（上部为正常叶）

番茄缺钾，下位复叶的小叶叶尖、叶缘黄化焦枯

烟草缺钾，下部叶片前端褪绿变黄，叶尖、叶缘严重时焦枯（底部叶为正常叶）

## 四、缺钙

茉莉花试管苗缺钙，顶芽黄化枯死（左边为正常株）

冬瓜缺钙，顶芽和幼叶焦枯变褐死亡

香蕉缺钙，新叶横裂、破碎、残缺不全

小麦缺钙，顶端生长受阻，新叶枯萎卷曲

玉米缺钙，新叶黏连不易展开

向日葵缺钙，顶端生长抑制，新叶变褐、皱缩

# 五、缺镁

豇豆缺镁，中位叶的叶脉间最易失绿黄化

水稻缺镁，中下部叶片黄化，黄化叶常伴有紫色斑点，叶脉保持绿色，叶张角增大，叶披散

黄瓜缺镁，中下部叶片褪绿，严重时脉间出现白斑块，叶脉保持绿色

玉米缺镁，在穗着生部位附近叶片最易发生，叶缘完整，叶脉保持绿色，脉间失绿变黄白，呈明显的条纹花叶

油菜缺镁，不同叶位的叶片常褪绿呈紫红色（左侧为正常叶）

桑树缺镁，中、下位叶呈现明显的网目状花叶

## 六、缺硫

水稻施硫(左侧)与不施硫(右侧)比较

大豆缺硫,植株矮小,自上而下均一黄化(右侧为正常株)。

玉米缺硫,上位叶均匀黄化,叶变薄(右侧为正常株)

铁皮石斛试管丛生苗缺硫,新幼叶均匀失绿,呈黄绿色

马铃薯穴盘苗缺硫,新叶均匀黄化

# 七、缺其他矿质元素

玉米缺锌，呈现"白色条斑病"

向日葵缺钼，叶片黄化，皱缩，常伴有坏死斑

棉花缺锰，中上部叶片失绿黄化，对光观察更显著

小麦缺铜，不结实，成熟迟（右侧为施铜植株）

棉花缺硼，出现"蕾而不花，花而不铃"（下侧为正常蕾、花、铃）

水稻缺硅，叶片柔软披散（右侧为正常植株）

黄瓜缺铁，幼嫩新叶叶肉褪绿黄化，形成网状花纹